# じっくり学ぶ
# 曲線と曲面

## ―微分幾何学初歩―

中内 伸光　著

共立出版

本書の効用

# まえがき

本書は,「微積分」と「ベクトル・行列」の基本的なことがらを学んだ人が,「曲線と曲面の微分幾何学」を**じっくり**勉強するための教科書です．内容は標準的なものですが，独習書としても使用できるように，できる限りやさしい解説を心がけました．また，題材も基本的なことにしぼって，ていねいに述べてあります．「幾何学の教科書には，たくさん絵がないとなあ」という個人的な思いから，なるべく図やイラストを入れました．本書の図やイラストは，Adobe の Illustrator を用いて描いたものです[*]．

本書を読んで,「曲線と曲面」や「微分幾何学」が身近なものになれば望外の喜びです．最後になりましたが，本書のもととなる私の講義の板書の入力を手伝ってくれた大学院生の山下雅人君と，編集の際にお世話になりました共立出版㈱の赤城圭さんに感謝します．

それでは，魅惑的な「曲線と曲面の世界」への観光登山旅行のはじまりです[**]．

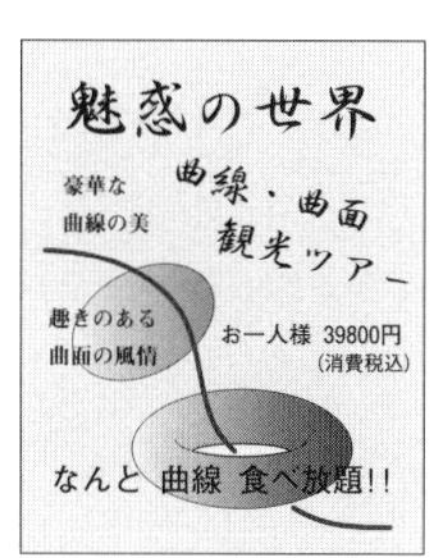


**曲線食べてどうするねん!**

---

[*] Illustrator の豊富な機能をあまり使いこなしておりません．このように「せっかくの道具を有効に活用していないこと」を昔から，「ネコに『ぶらさがり健康器』」とか，「ブタにウォシュレット」というらしいです．

[**] 「観光登山旅行」というのは,「ゆっくりと時間をかけて，山に登りながら，その土地の空気になじんでいく旅」です．歩き疲れたら休んで，自分のペースで進んでください．こらこら，誰だ，いきなりバスに乗ろうとしとるヤツは．

# 数学は登山である．

山頂のすばらしい風景は

一歩一歩の歩みから．

これは，とてもありがたい「おふだ」なので，このページを切りとって，机の上に貼っておきましょう．

きりとりせん
きりとりせん
きりとりせん

# 本書の概観図

ガウス山脈
曲面
法線ベクトル，ガウス写像
平均曲率，ガウス曲率
ガウスの基本定理
ガウス - ボネの定理
ここから
ここから
空间曲線
弧長パラメーター
曲率，捩率
フルネ - セレの公式
ここから
平面曲線
弧長パラメーター
曲率
フルネ - セレの公式
出発点

## 本書を読むのに必要なことがら

(1)「勉強したい」という気持ち

(2) 時間と労力

(3) 忍耐力

(4)「おやじギャグ」にアレルギーがないこと *

(5)「微分」を少し

(6)「ベクトル」と「行列」を少し

(7)「積分」をほんのちょっとだけ **

なお，基本的な数学用語や，上記の (5) の「微分」と (6) の「ベクトル」や「行列」の基本的ことがらについては，266 ページ以降の「数学の基本的な記号・用語のまとめ」にまとめてありますので，ごらんください．また，それ以外に，証明や議論の中で必要となった結果や事実は，巻末の付録に「補足」としてまとめてあります．必要に応じて参照してください．

---

* 本書の中に「おやじギャグ」が少しだけ現れます．これは，「ただ単に書きたかった」という“関西人のサガ”によるものであります．

** 「積分」は，ほとんど用いておりません．まぁ，「“微分”幾何学」ですからね．積分を用いるのは，以下の 5 箇所です．

(1) 23 ページの注意 1.3.2 の説明（曲線の長さ）

(2) 27 ページの「弧長パラメーターへのパラメーターのとりかえ」の説明文（常微分方程式の解を積分で表示）

(3) 131 ページからの定理 3.3.3, 定理 3.3.4, 定理 3.3.5（以上，曲面の面積）

(4) 177 ページの定理 3.8.3 の証明（曲面上の積分）

(5) 188 ページからの定理 3.10.1, 定理 3.10.2, 定理 3.10.3（以上，曲面上の積分）

# 目　次

# 第0章　はじめに

## 「曲線」とは？

「曲線」といってもムズカシイものを連想する必要はありません．ノートにラクガキをした経験があれば，誰でもたくさん曲線を書いています．以下はすべて曲線です．

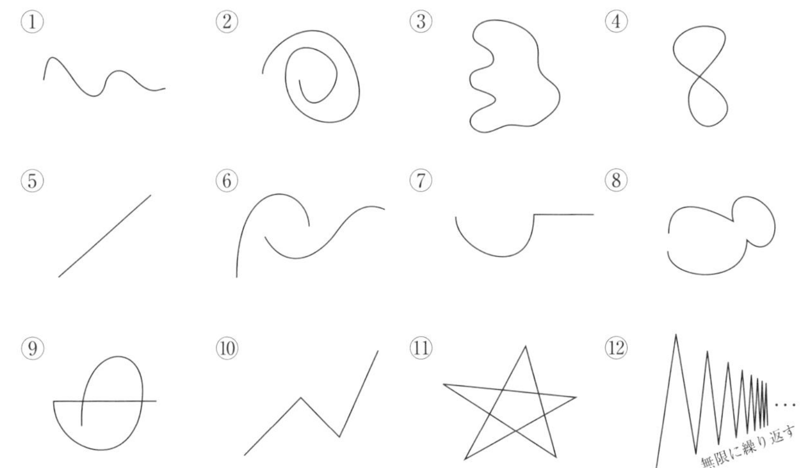


本書であつかう曲線は **なめらかな曲線** と呼ばれるもので，上記の①～⑥の曲線です．曲線③，④は，曲線の２つの端点が１つになって，端点のない“閉じた曲線”になっています*．これらは，数学では**閉曲線**と呼ばれています．また，“8の字”を描く④のよう

*

な曲線は，自分自身と交わっていることに注意してください．「⑤は曲線じゃなくて，直線じゃないか」と思うかもしれませんが，**数学で曲線というときは“曲がった線”という意味ではなくて，“1 次元のもの”という意味であり**[*]**，「直線」も特別な場合として含んでいます**[**]．曲線⑥は，なめらかな曲線が 2 つに分離しています．分離したそれぞれのパートを別々にあつかえばよいので，曲線というのははじめから，分離せずにつながっているもの（数学の言葉でいうと，連結なもの）であるとしてもよいです．

残りの⑦〜⑫の曲線はすべて，“折れ曲がった点”（“カド” になる点）をもっています[†]．曲線⑫を除いて，⑦〜⑪の曲線は “折れ曲がった点” が有限個しかありません．このように，“折れ曲がった点” が有限個である曲線は，**区分的になめらかな曲線**と呼ばれています[††]．「区分的になめらかな曲線」は，「なめらかな曲線がつながってできたもの」と見なせますので，“折れ曲がった点” を特別なあつかいにしてやることにより，「なめらかな曲線」と同様の議論が展開できます．それなら，“折れ曲がった点” はたいしたことはないんじゃないか，と思ってしまうかもしれませんが，少し注意してください．⑫のように，“折れ曲がった点” が無限個あるとあつかいが大変ムズカシくなってきて，へたをすると “モンスター” が現れます[‡]．

上にあげた ①〜⑫ の曲線は，「平面」内におさまる曲線であり，**平面曲線**と呼ばれています．「平面」内におさまらないような立体的な曲線もあり，こちらのほうは**空間曲線**と呼ばれています．以下はすべて空間曲線です．

---

[*] 「『次元』とは何か？」ということを真剣に考え出すと，数学的にも哲学的にも深いところに逝って，もとい，行ってしまいます．ここでの “1 次元のもの” というのは，「点が動いてできる軌跡」（点を鉛筆の先と思えば，「鉛筆を動かしてできた落書きの跡」ぐらいの意味）という程度のものと，とらえておいてください．

[**] 要するに，“1 次元のもの” は一般には曲がっているのだけど，たまたま まっすぐなものが直線だ，ということです．14 ページの脚注も参照してください．

[†] ここでは，“折れ曲がった点” と書きましたが，正確には「**（曲線をパラメーター表示したときの）微分可能でない点**」のことです．あとでちゃんと定義します．

[††] 「区分的になめらかな」というのは，「曲線をいくつかの部分に分けると（“区分すると”），そうやって分けた各部分は なめらかな曲線である」という意味です．

区分的になめらかな曲線

“折れ曲がっている点” 「なめらかな曲線」の集まり

[‡] 114 ページの「ちょっと休憩：奇妙な曲線」の「ヒルベルト曲線」のように，いたるところ “折れ曲がった点” をもつ曲線の中には，正方形の内部を埋めつくす曲線もあります．これは想像に余りあるものですが，数学では存在が証明されています．このように，人間の認知や想像を超えたところにおいてさえ，的確な判断を下せるところに，数学という分野の強力さが現れています．

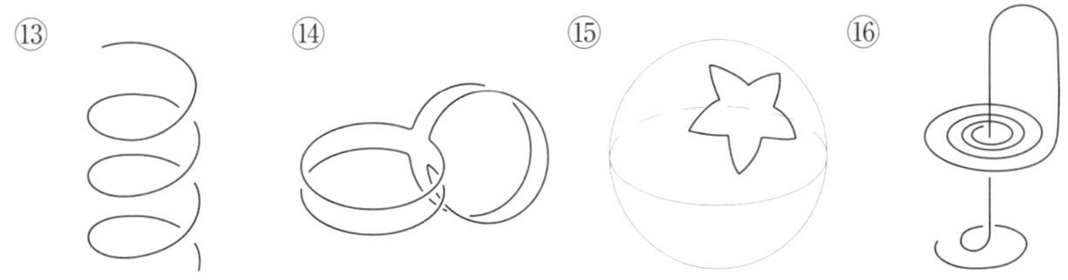


これらの曲線は立体的で，上記のイラストは，ななめ上から見たときの見取り図です．曲線⑬は「らせん」と呼ばれるもので，「らせん階段」や「旋回しながら上昇する飛行機の作る飛行機雲」と言えば，わかりやすいでしょうか．曲線⑭は，見ての通り，4 つの円周をつないで 1 つにしたような曲線です*．曲線⑮は，球の表面に

---

* 曲線⑭を針金で作り，せっけん液につけると，その針金（曲線）を“張る”せっけん膜ができますが，いろいろ試してみると，次のような 4 つのタイプのせっけん膜が得られることがわかります．

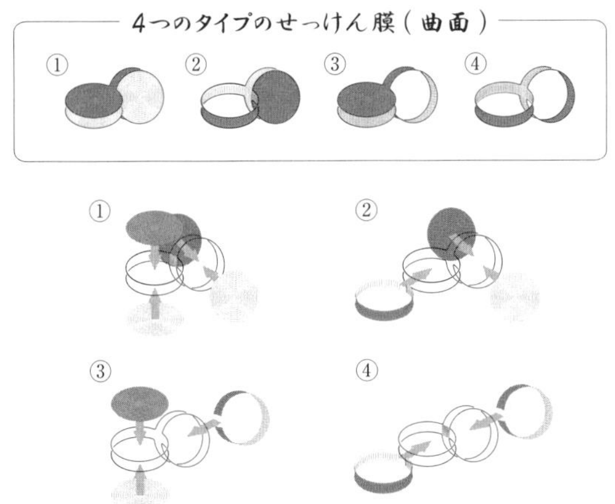


2 つの平行した円周を“張る”せっけん膜には 2 つのタイプがあることに注意すると，上記の 4 つのタイプの「せっけん膜」がどのような形であるか，想像がつくと思います．

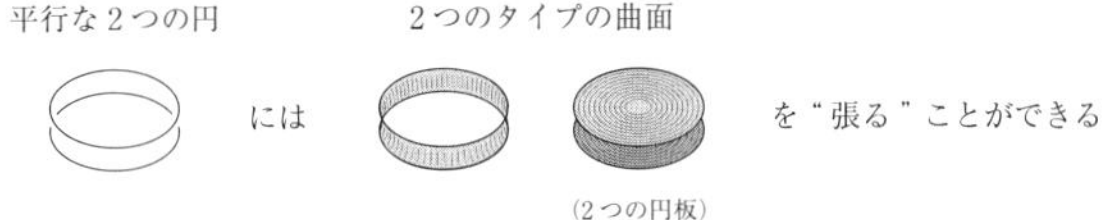


せっけん膜というのは，せっけん水の表面張力により，面積をより小さくしようという性質があり，せっけん膜としてできる曲面は，数学的には**極小曲面**と呼ばれるものになります．（極小曲面の定義は 148 ページの定義 3.5.6 で出てきます．）さらに，シャボン玉のように，シャボン玉によって囲まれた部分の体積が一定であるという条件のもとで，面積が最小である（正確には，停留値である）ものが，**平均曲率一定の曲面**というものに相当します．（平均曲率一定の曲面については 149 ページの脚注で少しだけふれます．）上記の事実は，「曲線⑭を境界とする極小曲面は（少なくとも）4 つある」ということを示しており，特に，**「与えられた曲線を境界とする極小曲面は，ただ一つとは限らない」**という**「極小曲面の解の**

“お星さま”の形の曲線を描いたもので，球面のふくらみの分だけ，立体的になっています*．曲線⑯は，その形を見てわかる通り，「自立型蚊取り線香曲線」と呼ばれています（←冗談です）．以上のような⑬～⑯の曲線は，平面にはおさまりきらないので，空間曲線というわけです**．本書では，平面曲線を第1章で，空間曲線を第2章であつかいます．

## 「曲面」とは？

世の中には「曲面」がたくさんあります．まわりを見回してください．机も，イスも，電球も，「もの」の表面はすべて「曲面」でできています†．「曲面」と一口にいっても，いろいろあります．以下にあげるのは，すべて曲面です．

**一意性」の反例**（成り立たない例）を与えています．

ところで，以上をふまえて，次のような曲線を考えたとき，その曲線を“張る”せっけん膜のタイプは**無限個**ありますが，おわかりですね．（無限回繰り返して構成されているので，この曲線を実際に，針金で作ることはできませんけど．）少し考えてみてください．

* “お星さま” が少し湾曲して，“ヒトデ（が少し背中をそっているような形）” になっています．（もちろん， も見取り図であって，実際の曲線は立体的です．）これは，“お星さま”を構成する**直線（線分）**が，“ヒトデ”を形づくる**円弧**になったわけで，**「平面上の『直線』は，球面上では何に対応するか？」**という幾何学的な問いかけを含んでいます．

** 実は，平面曲線も空間曲線の一種と考えることができます．空間曲線は一般には平面にはおさまりきらないのだけど，たまたま平面におさまったものが平面曲線というわけです．これはちょうど2ページで「直線も曲線である」というのと似たような状況です．

† まわりにある「もの」を，あらためてじっくりながめてみると，予想以上に複雑な形状をしていることに気づくことでしょう．

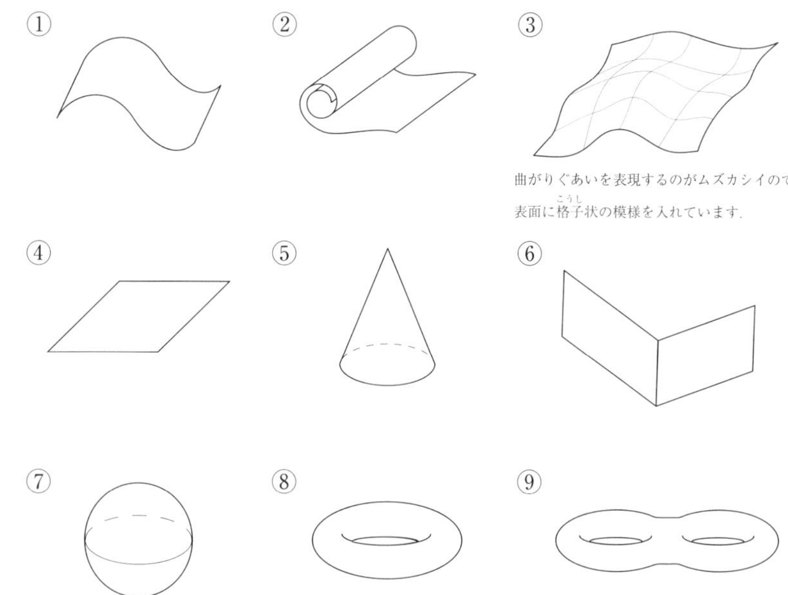


本書では**なめらかな曲面**を対象として議論していきます．上記の曲面の中では，⑤，⑥を除くすべての曲面がなめらかな曲面です．平面である④を曲面の仲間に入れるのは，「直線が曲線である」のと同様の理由です．曲面⑤は円錐ですが，“とんがったところ”である「頂点」では“なめらか”になっていません．曲面⑥は“紙を折ったような形”ですが，その折れ目である直線上の点では“なめらか”になっていません．また，①～④の曲面は“アイロンをかけて伸ばすと”平面になるのに対し，曲面⑦，⑧，⑨はそういうわけにはいきません．このような状況を数学では，「曲面⑦，⑧，⑨は，より複雑な位相型をもつ」と言ったりします*．本書では，① ～ ④のようななめらかな曲面を主にあつかい，⑦，⑧，⑨のような曲面は，「曲面」の章（第 3 章）の最後に出てくる「ガウス-ボネの定理（大域版）」のところ（191 ページ）でのみ登場します．

* イラストを見ればわかると思いますが，「曲面⑦」は球面です．「曲面⑧」は“浮き輪”あるいは“ドーナツの表面”のような形状であり，「曲面⑨」は“二人乗りの浮き輪”のような曲面です．これら⑦，⑧，⑨のような曲面は，「閉曲面」と呼ばれています．

## 「曲線と曲面の微分幾何学」とは？

「このような曲線や曲面を例とする，より一般的な対象」を研究する分野に「微分幾何学」というものがあります．「微分幾何学とは何か」を一言で述べると，次のようになります．

**微分幾何学の基本姿勢**

**微分幾何学とは，曲がったものを“定量的に” あつかう学問である．**

曲がったものを“定量的に”あつかうといっても，どう定量的にあつかうのか，方法はたくさんあります．これから学んでいく「曲線と曲面の微分幾何学」の標語は，次で与えられます．

**「曲線と曲面の微分幾何学」の標語（その 1）**

**「2 階微分までの情報」で，曲がった対象を調べていこう*．**

もう少しくわしく説明しましょう．微分積分学の勉強の中で，「関数 $y = f(x)$ の増減表」というのが出てきたと思います．

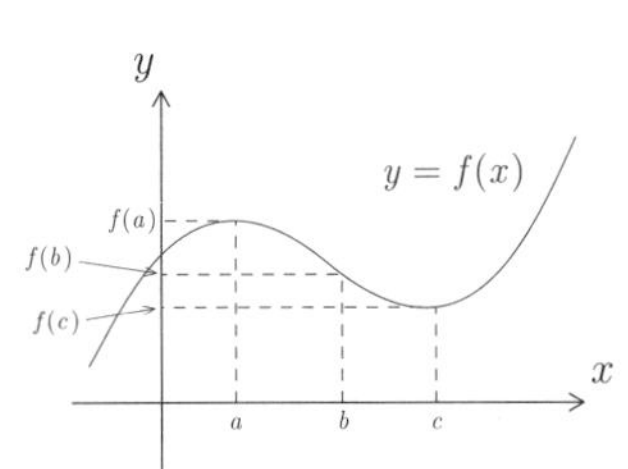


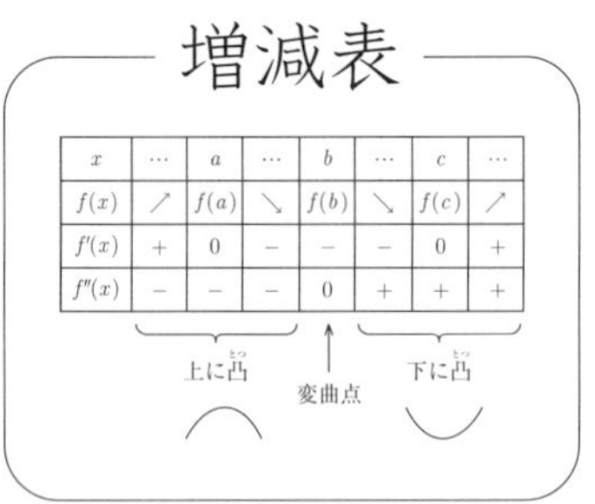


| $x$ | $\cdots$ | $a$ | $\cdots$ | $b$ | $\cdots$ | $c$ | $\cdots$ |
|---|---|---|---|---|---|---|---|
| $f(x)$ | ↗ | $f(a)$ | ↘ | $f(b)$ | ↘ | $f(c)$ | ↗ |
| $f'(x)$ | + | 0 | − | − | − | 0 | + |
| $f''(x)$ | − | − | − | 0 | + | + | + |

これは

$$1 \text{ 階微分 } f'(x) \longrightarrow \text{関数の増減}$$

---

* 実際には，空間曲線については，「曲率」の概念に加えて「捩率」を考えなければならないので，3 階微分まで必要です．また，曲面については，曲率は 2 階微分の情報である第 2 基本量で定まるのですが，これを曲面上の計量（第 1 基本量）の 2 階微分ととらえると（176 ページの定理 3.8.2），もとの曲面から見れば 3 階微分の表現になります．

ところで少し脱線しますが，「2 階微分」を「2 回微分」と書き間違える人がたまにいるので，注意してください．「階」は基準となるレベルからの**絶対的**な位置で，「回」は**相対的**な移動量を表しています．したがって例えば，「『2 **階**微分』を“3 **回**”微分すると『5 **階**微分』になる」という言い方になります．

$$2\text{ 階微分 } f''(x) \longrightarrow \text{関数の凹凸}$$

という情報を取り出して，関数のグラフの概形(がいけい)をとらえる方法でした．これは，要するに，“**2 階微分までの情報による「曲線の形状」の把握(はあく)**”です．「2 階微分までの情報で定まる曲線は，2 次曲線である」ということを考慮すれば*，上記の標語は「2 次曲線で近似しよう」ということになります．さらに，2 次曲線の中でも最も親しみ深い「円」を用いることにすると，次の標語が得られます．

**「曲線と曲面の微分幾何学」の標語（その 2）**

**曲がったものは円で近似しよう!!**

将来，より高度な微分幾何学を学んだときに，抽象的な概念や複雑な定義が出てくるかもしれませんが，それらのすべてのルーツは上記の標語にあります．

以上の説明を念頭において，「曲線と曲面の微分幾何学」の勉強をはじめましょう．

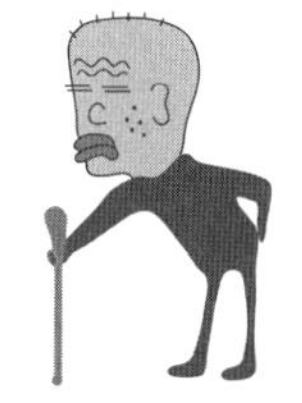

**曲がったものを調べる**

---

* 2 次曲線とは要するに 2 次式で定義される曲線のことです．ここでは，“本来の 2 次曲線”である「楕円」，「放物線」，「双曲線」に加えて，「直線」も“退化した 2 次曲線”（この場合，1 次式で定義される曲線）と見なしています．

# 第1章

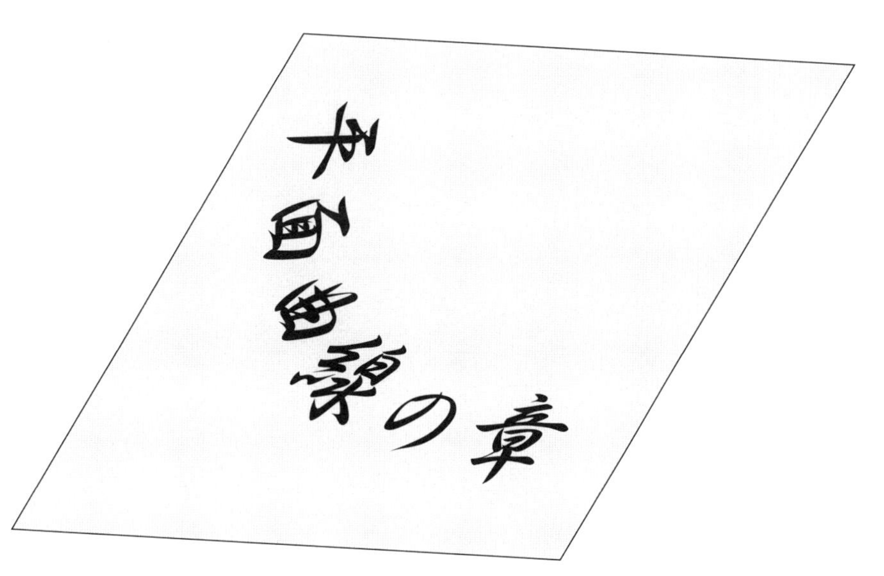

# 現在の地点

ガウス山脈
曲面
法線ベクトル，ガウス写像
平均曲率，ガウス曲率
ガウスの基本定理
ガウス－ボネの定理
ここから
ここから
空间曲線
弧長パラメーター
曲率，捩率
フルネ－セレの公式
ここから
平面曲線
弧長パラメーター
曲率
フルネ－セレの公式
出発点
現在地

この章では，平面上にある曲線（平面曲線）をあつかいます．まず，カーブしている道路を例にとって「『道路の曲がりぐあい』がどのようにとらえられているか」ということを見てみましょう．この例をもとに，**“曲線の「曲がりぐあい」を測るものさし”**として，「曲率半径（曲率円の半径）の逆数」，すなわち，

$$\frac{1}{\text{曲率半径}}$$

を採用し，「曲率」と呼びます．このような「『曲率』の素朴な定義」とは別に，「曲率」を微分幾何学的に定義します．そのためにまず，曲線をパラメーターつきで考えます．（良いパラメーターをもつ**「正則曲線」**というものを前提とします．）記述を簡単にするため，パラメーターを**弧長パラメーター**にとりかえてやりますが，これにより，議論も結果もスッキリしたものになります．そして，この章の目的地である**「(平面曲線に対する) フルネ-セレの公式」**に立ち寄り，その美しさを少し鑑賞することにしましょう．フルネ-セレの公式は，曲率の微分幾何学的な定義を含んでいますが，この**「微分幾何学的に定義された曲率」の絶対値が，最初に定義した「“曲率半径の逆数”としての曲率」に一致する**ことを確かめて，この章の旅は終わります．

## 1.1 基本的考察

この節では，平面曲線の**「曲がりぐあい」**を測る量（各点ごとに曲がり方が違うので，点の関数になる）をどうとらえるか，考えてみたい．まず，事例から見てみよう．

**あんたのは曲がっとる**

**事例**　高速道路では，急カーブが近づいてくると

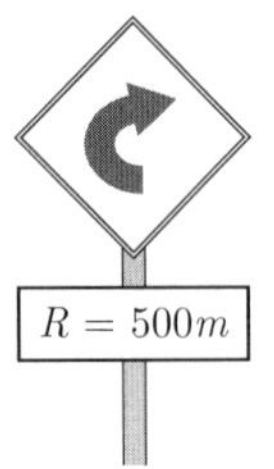


というような標識が現れる*．この「$R = 500m$」というのは，「半径 500 m」という意味で，カーブの曲線を“円で近似”したときの半径が 500 m であることを示している．

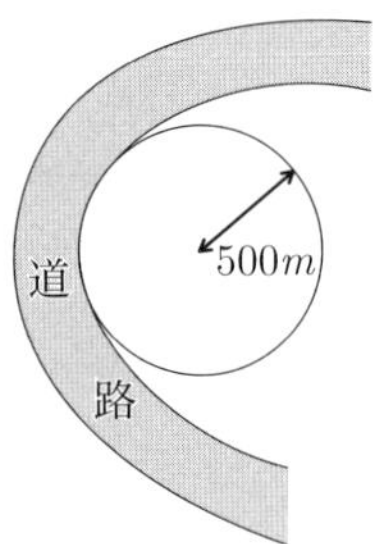


“円で近似する”ということを念頭において**，次の定義を与える．

**定義 1.1.1（曲率円，曲率中心，曲率半径）**　平面上の曲線 $C$ と，$C$ 上の点 $P$ があるとする．$C$ の点 $P$ における**曲率円** (**circle of curvature**) とは，点 $P$ 以外の，$C$ 上の 2 点 $Q$, $R$ で図のように $Q$, $P$, $R$ の順に並んでいるものをとり，この相異なる 3 点 $P$, $Q$, $R$ を通る円の†，$Q$ と $R$ を $P$ に近づけたときの極限として得られる円のことをいう††．また，曲率円の中心を**曲率中心** (**center of curvature**)，曲率円の半径を**曲率半径** (**radius of cuvature**) と呼ぶ．

---

* 全国の高速道路を調べたわけではありません．筆者がよく利用する「中国自動車道」の広島県内の山間部（カーブが多い）では，このような標識が立っています．ちなみに，鉄道にも「線路のカーブの度合い」を示す標識があり，「曲線標（きょくせんひょう）」というらしい．（こちらは，標識といっても，運転手には見えないほどの「小さな杭（くい）」のようである．）

** 第 0 章で少しふれたように，「円で近似する」ということは，「2 階微分の情報まで一致する円をとる」ということに他ならない．

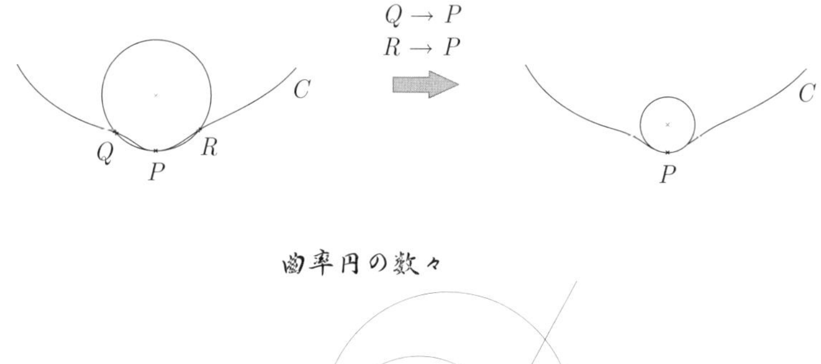


曲率円の数々

以上のようにして曲率円が得られ，**曲線の「曲がりぐあい」を示す尺度として曲率半径が得られた**．ここで，「曲がりぐあい」を示す量としては，「その量が増えると『曲がりぐあい』が大きくなる」ことが望ましいので，曲率半径そのものでなく，「曲率半径の逆数」をとる．このようにして次の定義が得られる．

> **定義 1.1.2（曲率）** 曲率半径の逆数，すなわち，$\dfrac{1}{\text{曲率半径}}$ のことを**曲率** (curvature) と呼ぶ*．

“曲がりぐあい” を測（はか）る量としての「曲率」は微分幾何学では重要な概念であり，対象や状況に応じて様々な曲率が定義されているが，上記の「曲率」が最も基本的なもので，「曲率」のルーツといえるものである．では，いくつかの具体例を少し調べてみよう．まずは簡単な例から始める．

† （前ページ）特にことわらない限り，直線も「半径 $\infty$ の円」と見なす．このとき，相異なる 3 点を通る円は一意的に定まることに注意せよ．

†† （前ページ）「極限となる円が存在すること」，および，「その円が，点 $Q, R$ のとり方によらずに定まること」は確かめる必要がありますが，ここではふれません．

* 実際には，**平面曲線の曲率は，「曲率半径の逆数」に符号 $(+, -)$ がついたものである．**（定理 1.5.2，および，44 ページの脚注を参照せよ．）

**例 1.1.3**

(1) **円の曲率**
半径 $r$ の円の曲率円はそれ自身である．曲率はその円のどの点でも $\dfrac{1}{r}$ である．

(2) **直線の曲率***
直線の曲率円はそれ自身である．（すでに注意したように，直線は「半径 $\infty$ の円」と見なしている．）曲率は，その直線のどの点でも $0 \left(= \dfrac{1}{\infty}\right)$ である．

以上をまとめると，次のようになる．

| | 一点<br>（半径 0 の円） | ⟵ | 半径 $r$ の円 | ⟶ | 直線<br>（半径 $\infty$ の円） |
|---|---|---|---|---|---|
| 曲率半径 | $0$ | ⟵ | $r$ | ⟶ | $\infty$ |
| 曲率 | $\infty$ | ⟵ | $\dfrac{1}{r}$ | ⟶ | $0$ |

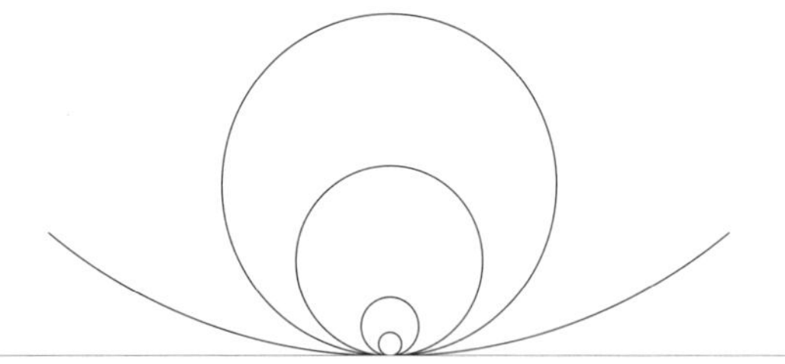

さきほど述べたように，微分幾何学では様々な「曲率」が出てくるが，曲率の“こころ”を表しているのは上の図式である．では，もう少し複雑な例で曲率を計算してみよう．

---

* 2 ページでもふれましたが，**「『直線』は曲がっていないのに，なぜ“曲線”なのか？」**というのは，一般の人からよく聞かれる素朴な疑問です．数学では「曲線」というのは“曲がった線”という意味でなく，“1 次元のもの”という意味で「直線」も特別な場合として含んでいます．同様に「平面」は「曲面」の仲間であり，「円」は「楕円」の一種です．**数学では，特別な場合を区別せず普遍(ふへんてき)的な態度で臨(のぞ)むというのが基本的な姿勢です．そのため，用語の意味が，名称から来る常識的な感覚からズレていることがあります．**

**例 1.1.4（放物線の曲率）** 放物線 $y = ax^2$ $(a \neq 0)$ の原点 $(0, 0)$ における曲率円は

$$x^2 + \left(y - \frac{1}{2a}\right)^2 = \left(\frac{1}{2a}\right)^2$$

$$\left(\text{中心 } (0, \tfrac{1}{2a}),\ \text{半径 } \tfrac{1}{2|a|} \text{ の円}\right)$$

であり[*]，曲率は

$$2|a|$$

となる．

（計算） 放物線上の 3 点 $(0, 0)$, $(\varepsilon, a\varepsilon^2)$, $(-\varepsilon, a\varepsilon^2)$ を通る円は

$$x^2 + \left(y - \frac{a^2\varepsilon^2 + 1}{2a}\right)^2 = \left(\frac{a^2\varepsilon^2 + 1}{2a}\right)^2$$

である．そこで，$\varepsilon$ を 0 に近づけたときの極限をとると

$$x^2 + \left(y - \frac{1}{2a}\right)^2 = \left(\frac{1}{2a}\right)^2$$

となり，求める曲率円が得られる．

**例 1.1.5（4 次曲線の曲率）** 4 次曲線 $y = ax^4$ $(a \neq 0)$ の原点 $(0, 0)$ における曲率円は

$$y = 0 \quad (x \text{ 軸})$$

であり，曲率は

$$0 \left(= \frac{1}{\infty}\right)$$

となる[**]．

---

[*] $a$ が負の場合を考慮すると，曲率半径は $\dfrac{1}{2a}$ でなくて，$\dfrac{1}{2|a|}$ である．

[**] したがって，直線 $y = 0$ と 4 次曲線 $y = ax^4$ は，原点 $(0, 0)$ では，どちらも曲率は 0 である．言いかえると，**原点のみで見れば**，直線と 4 次曲線は，微分幾何学的には区別がつかないことになる．ただし，原点以外の点では，4 次曲線 $y = ax^4$ の曲率は 0 でないので，すべての点で曲率が 0 である直線とは，微分幾何学的にも形状が異なることは言うまでもない．

（計算） 4次曲線上の3点 $(0,0)$, $(\varepsilon, a\varepsilon^4)$, $(-\varepsilon, a\varepsilon^4)$ を通る円は

$$x^2 + \left( y - \frac{a\varepsilon^4 + \dfrac{1}{a\varepsilon^2}}{2} \right)^2 = \left( \frac{a\varepsilon^4 + \dfrac{1}{a\varepsilon^2}}{2} \right)^2$$

である．両辺を展開して，$\varepsilon^2$ をかけて整理すると

$$\varepsilon^2 x^2 + \varepsilon^2 y^2 - \left( a\varepsilon^6 + \frac{1}{a} \right) y = 0$$

そこで，$\varepsilon$ を 0 に近づけたときの極限をとると

$$\frac{1}{a} y = 0, \quad すなわち， \quad y = 0$$

となり，求める曲率円が得られる*.

さて，以下の節では，曲線をもう少し系統的にとりあつかうことにする．そのために，**曲線をパラメーターで表示し，そのパラメーターに関する“2階微分量”として曲率を定義する**．そして，この章の最後で，この「**“2階微分量”としての曲率**」**の絶対値が，この節で考察した**「**“曲率半径の逆数”としての曲率**」**に一致すること**を確かめる．

## 1.2 正則曲線

曲線を式で表す場合，放物線 $y = x^2$ や円 $x^2 + y^2 = 1$ などのような「**方程式による表示**」をよく見かけるが，これには，一般に

**曲線上の点の表示が複雑になる**

ことがあるという大きな欠点がある．実際，次がそのことを示す一つの例である．

---

* 例 1.1.4 と例 1.1.5 の計算をながめてみると，一般に，$n = 1, 2, 3, \cdots$ に対して，$n$ 次曲線 $y = ax^n$ の3点 $(0,0)$, $(\varepsilon, a\varepsilon^n)$, $(-\varepsilon, a(-\varepsilon)^n)$ を通る円 (直線) は

$$\begin{cases} x^2 + \left( y - \dfrac{a\varepsilon^n + \dfrac{1}{a\varepsilon^{n-2}}}{2} \right)^2 = \left( \dfrac{a\varepsilon^n + \dfrac{1}{a\varepsilon^{n-2}}}{2} \right)^2 & (n \text{ が偶数のとき}) \\ y = a\varepsilon^{n-1} x & (n \text{ が奇数のとき}) \end{cases}$$

となる．このことから $y = ax^n$ の曲率は，$n = 2$ のとき $2|a|$ であり，それ以外のとき 0 であることが確かめられる．

**例 1.2.1**　円の定義方程式 $x^2+y^2=1$ は，きれいな形ではあるが，$x$ と $y$ の相関関係をみるためには，例えば，$y=\pm\sqrt{1-x^2}$ というように，$y$ について解いてやらねばならず，この円の点は

$$\begin{cases} (x,\,\sqrt{1-x^2}) & (-1\leq x\leq 1) \\ (x,\,-\sqrt{1-x^2}) & (-1<x<1) \end{cases}$$

と場合分けしてやらねばならない．話を進めていく上で，根号 ($\sqrt{\ }$) や場合分けにより，議論や計算が複雑なものになることが予想される．

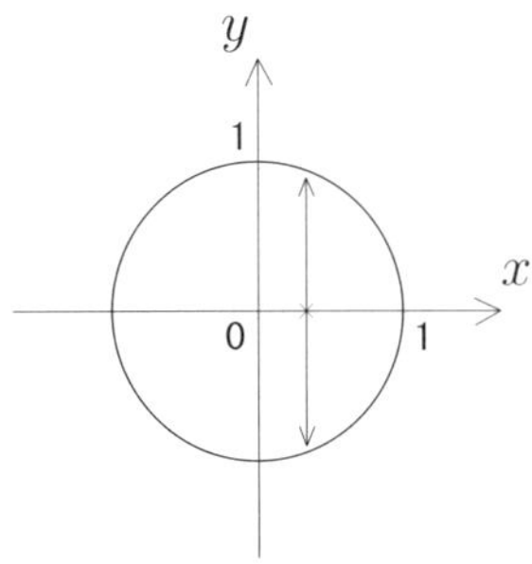


この例では，例えば，偏角（右図の角度）を $t$ としてパラメーターにとると，

$$(*)\qquad \begin{cases} x=\cos t \\ y=\sin t \end{cases} \qquad (0\leq t<2\pi)$$

とスッキリした表示ができる．しかも，$t$ に対応する点における接ベクトルは

$$\frac{d}{dt}(\cos t,\,\sin t)=\left(\frac{d\cos t}{dt},\,\frac{d\sin t}{dt}\right)=(-\sin t,\,\cos t)$$

であるなど*，表現や計算が大変わかりやすいものとなる．これを，**曲線のパラメーター表示**という．このようなパラメーターによる表示は，おのおのの曲線に応じた表示の仕方であり，非常に見通しのよい議論ができる．これからは，次の定義のように，「曲線」というときは，**パラメーターつきで曲線を考える**ことにしよう．

---

* 「接ベクトル」については，後で出てくる（19 ページ）．

**定義 1.2.2（曲線）** 平面 $\mathbb{R}^2$ の**曲線** (curve) $C$ とは*，ある閉区間 $\mathrm{I} = [a, b]$ の任意の要素 $t$ に対して**，$\mathbb{R}^2$ の点 $C(t) = (x(t), y(t))$ が定まるものであり†，$C(t)$ が $t$ についていくらでも微分ができるときをいう††．このとき，$t$ を 曲線 $C$ の**パラメーター** (parameter) という‡．また，

$C(a)$ のことを 曲線 $C$ の**始点** (initial point),

$C(b)$ のことを 曲線 $C$ の**終点** (terminal point)

という．さらに，始点と終点をあわせて**端点** (end point) と呼ぶ．

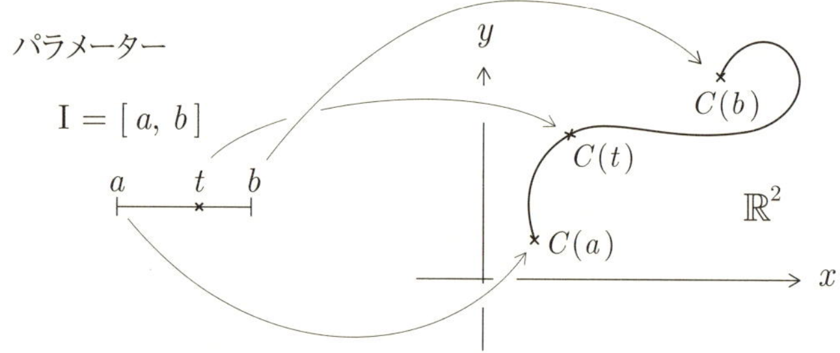


* 平面 $\mathbb{R}^2$ の曲線のことを**平面曲線** (plane curve) とも呼ぶ．また，ここでの「曲線」は「なめらかな曲線」と呼ぶほうが誤解がないかもしれないが，本書では（あるいは，微分幾何学では）「なめらかな曲線」を対象としているので，単に「曲線」と呼ぶことにしている．

** ここでは，閉区間 $\mathrm{I} = [a, b]$ をとったが，場合によっては，開区間 $(a, b)$ をとることもある．このときは，この曲線の端点は存在しないことになる．

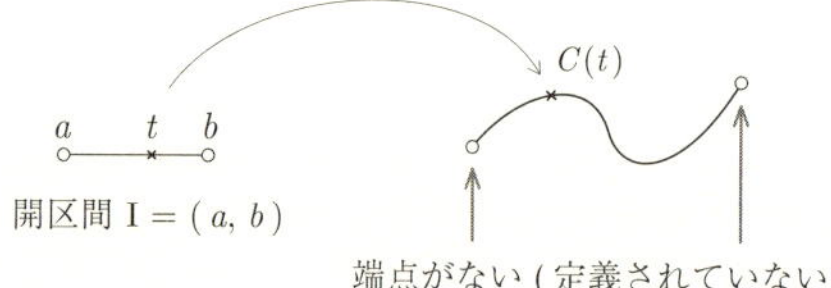


また，半開区間 $[a, b)$ や $(a, b]$ をとってもよい．この場合は，端点が 1 つしかない．さらに，$(-\infty, b)$, $(a, \infty)$, $(-\infty, \infty)$ などの無限区間を採用することもある．要するに，**「パラメーターの動く範囲は，区間なら何でもＯＫ！」**ということなので，頭のスミに入れといてください．

† パラメーター $t$ を，時間を表すパラメーターと見なして，「時刻 $t$ が変化するにつれて，平面 $\mathbb{R}^2$ 上の点が動いて，その軌跡(きせき)として曲線ができる」というイメージでとらえておけばよい．少し堅苦(かたくる)しい言い方をすれば，「平面曲線 $C$ とは，区間 I から $\mathbb{R}^2$ への（$C^\infty$ 級）写像である」となる．

†† 言うまでもなく，ベクトル $C(t) = (x(t), y(t))$ が微分可能であるというのは，各成分 $x(t), y(t)$ が微分可能であるということであって，$C'(t) = (x'(t), y'(t))$, $C''(t) = (x''(t), y''(t))$, $\cdots$ である．また，**「いくらでも微分可能な」というのは，数学では「なめらかな (smooth)」と表現することも多い**．例えば，「なめらかな関数」，「なめらかな曲線」，「なめらかな曲面」などという言い方はその意味である．

‡ 「パラメーター」は，語尾を伸ばさず「パラメータ」と書いたり，あるいは，英語 “parameter” を和訳して「媒介変数(ばいかいへんすう)」とか「助変数(じょへんすう)」とか「径数(けいすう)」と呼ぶこともある．ちなみに，ここで使用した単語「パラメーター」は，広辞苑（第五版）にも載(の)っているので，比較的ポピュラーな言い方であろう．

**注意 1.2.3** 上の定義では，“$C(t)$ はいくらでも微分可能” としているが，6 ページで述べたように，曲線と曲面の微分幾何学では 2 階微分（あるいは，3 階微分）までの情報しか必要ないので，“$C(t)$ は 2 階微分可能である”（あるいは，3 階微分可能である）ということで十分である*．ただ，そのあたりを厳密に書いても記述が複雑になるだけで，あまり御利益(ごりやく)がないので，“$C(t)$ はいくらでも微分可能” としておくことが多い**．

**注意 1.2.4** 曲線 $C$ のことを

$$\text{曲線}\, C(t) \quad (t \in \mathrm{I})$$

とか，

$$\text{曲線}\, C(t) = \big(x(t),\, y(t)\big) \quad (t \in \mathrm{I})$$

とか書くことがある．さらに，パラメーターを忘れて，曲線上の点の集まり

$$\{\, C(t); t \in \mathrm{I} \,\}$$

のことを “曲線 $C$” と呼ぶこともあるので，注意が必要である．

このとき，各 $t \in \mathrm{I}$ に対して，

$$\text{ベクトル}\, C'(t) = \big(x'(t),\, y'(t)\big)$$

は，ゼロベクトルでなければ，点 $C(t)$ において，曲線 $C$ に接するベクトルである．これを**接(せつ)ベクトル** (tangent vector) と呼ぶ†．

---

* 正確には，「2 階微分可能である」は，「2 階微分可能であって，その 2 階導関数が連続である」（すなわち，$C^2$ 級である）ということが仮定される．

** ちなみに，微分幾何学で「曲線」というと「微分可能な曲線」のことを意味するが，位相幾何学における「曲線」は単なる「連続曲線」のことであって，微分できるとは限らない．このように，数学では，同じ用語であっても分野によって意味が異なることがあることに注意しておかなければならない．ついでに言っておくと，複素解析学（複素関数論）では，通常は，「曲線」は 2 次元（複素 1 次元）であり，「曲面」は 4 次元（複素 2 次元）であるので，注意が必要である．

† 一般に，考えている対象に接する方向を**接線(せっせん)方向**と呼び，その方向を向いているベクトルをすべて，**接ベクトル** (tangent vector) という．（「接線方向」は「接方向」と呼んだり，「接ベクトル」は「接線ベクトル」といったりすることもある．本書では，33 ページの脚注で出てくる「法線方向」，「法ベクトル」と合わせて，こちらの呼び方を採用することにする．） 今の状況では，パラメーター $t$ を時間と思うと，曲線というのは動いていく点の軌跡であり，接ベクトルというのは，ある瞬間の**「速度ベクトル」**（“その瞬間に，どちらの方向にどれだけの速さで進んでいるか” を表すベクトル）に他ならない．

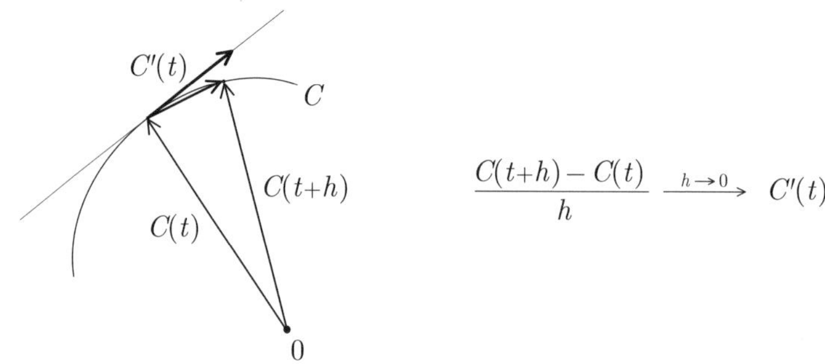


さて，定義 1.2.2 の状況では，$C'(t)=0$ となる点を許容するため，次のような不都合な場合が起こりうる（後で出てくる例 1.2.6 を参照せよ）．

① $C'(t)=0$ となる点が，“変な点”になる*．

② $C'(t)=0$ となる点があることによって，“行って戻って”というような，効率の悪いパラメーター表示も許してしまう．

そこで，曲線にははじめから $C'(t)\neq 0$ という仮定をつけておくことにする．それが「正則曲線」である．

**定義 1.2.5（正則曲線）** $\mathbb{R}^2$ の**正則曲線** (**regular curve**) $C$ とは**，$\mathbb{R}^2$ の中の曲線であって，正則性の仮定

$$(*)\qquad 任意の\ t\in \mathrm{I}\ について\ C'(t)\neq 0^{\dagger}$$

を満たすものをいう††．

---

* 22 ページの脚注で少しくわしい説明をするが，このような“変な点”のことを特異点と呼ぶ．

** 「正則 (regular)」という用語は，数学の様々な分野に現れる．一言で言えば，「正則」とは「**まともな**」ということであり，どういうものが正則であるかは，分野や状況に応じて定義される．また，複素解析学（複素関数論）では “holomorphic” を「正則」と訳すので，混同しないように注意しよう．

† 言うまでもなく，ここでの “0” はゼロベクトル (0, 0) の意味である．

†† 逆写像の定理（237 ページの定理 A.7.1）より，正則性の仮定 $(*)$ から，写像 $C(t)$ が**局所的に単射**である（すなわち，任意の $t\in\mathrm{I}$ に対して，$t$ を含む小さな区間 $U$ があって，パラメーターの動く範囲を $U$ に制限すると，単射である）ことが導かれる．

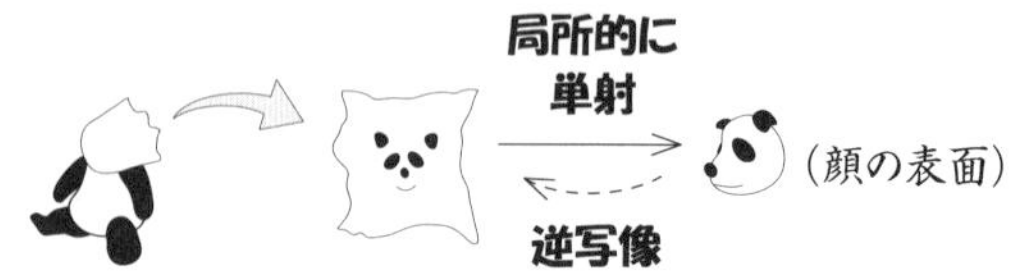

曲線　　正則曲線

**例 1.2.6**

(1) 曲線 $C(t) = (t, t^2)$ は，

$$C'(t) = (1, 2t) \neq (0, 0)$$

であるから，正則曲線である．これは，放物線 $y = x^2$ のパラメーター表示に他ならない．

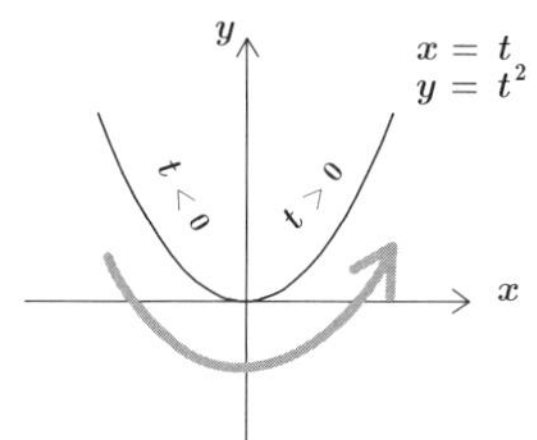


(2) 曲線 $C(t) = (t^2, t^3)$ は，

$$C'(t) = (2t, 3t^2)$$

であり，

$$C'(0) = (0, 0)$$

であるから正則曲線ではない．

曲線の形状を見ても，原点は“変な点”である*．

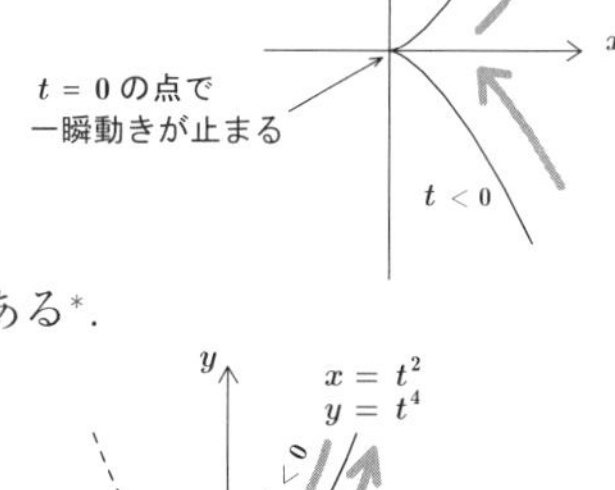


(3) 曲線 $C(t) = (t^2, t^4)$ は，

$$C'(t) = (2t, 4t^3)$$

であり，

$$C'(0) = (0, 0)$$

であるから正則曲線ではない．

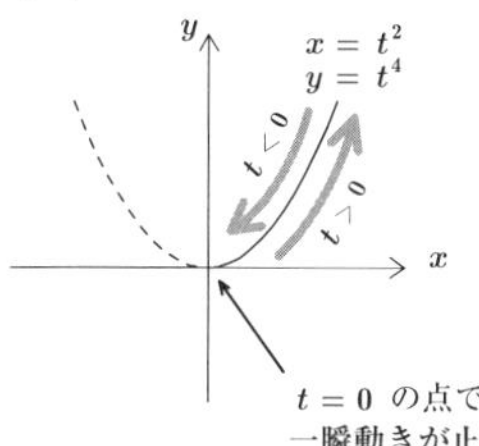

(3) の曲線は，放物線 $y=x^2$ の右半分をパラメーター表示したものである．実際，$t$ が $-\infty$ から $\infty$ まで動くとき，右上遠方から放物線に沿って動いてきて，$t=0$ で一瞬止まり，逆向きに戻っていく．(3) の曲線は，パラメーターを $\tilde{t}=t^2$ とおきかえてやれば，$\tilde{t}$ に関して (1) のパラメーター表示と一致する．(ただし，$\tilde{t}=t^2\geq 0$ であるから，放物線の右半分しか表示しないが．) 正則曲線でないときは，パラメーターがいかにムダな動きをするかを，この例が物語っている．

**以後，単に「曲線」というと「正則曲線」であることが多い．**

## 1.3 弧長パラメーター

この節は，曲線の記述を簡単にするための基本的なパラメーターを導入しよう．

**定義 1.3.1（弧長パラメーター）** 正則曲線 $C(t)=\big(x(t),\,y(t)\big)$ $(t\in \mathrm{I})$ に対して，$t$ が曲線 $C$ の**弧長**(こちょう)**パラメーター** (**arclength parameter**) であるとは，

$$\text{任意の } t\in \mathrm{I} \text{ に対して} \quad \big\|C'(t)\big\|=1$$

を満たすものをいう．ここで，

$$C'(t)=\big(x'(t),\,y'(t)\big)$$
$$\big\|C'(t)\big\|=\sqrt{x'(t)^2+y'(t)^2}$$

* (前ページ) このような点は，曲線の**特異点**と呼ばれる．一般に，曲線が $f(x,y)=0$ という方程式で表されるとき，$\dfrac{\partial f}{\partial x}(x_0,\,y_0)=\dfrac{\partial f}{\partial y}(x_0,\,y_0)=0$ となる点 $(x_0,\,y_0)$ を，その曲線の**特異点** (**singular point**) という．上記の曲線 $C(t)=(t^2,\,t^3)$ は，$x^3-y^2=0$ という方程式で表されるが，原点 $(0,0)$ が特異点であることは容易に確かめられる．

である*．一般のパラメーター $t$ と区別するため，**弧長パラメーターには $s$ という文字を用いるのが一般的である．**

**注意 1.3.2（弧長パラメーターと呼ぶ理由）** 正則曲線 $C$ の弧長パラメーターを $s$ とすると，任意の $s_1,\ s_2 \in \mathrm{I}\quad (s_1 < s_2)$ に対して，

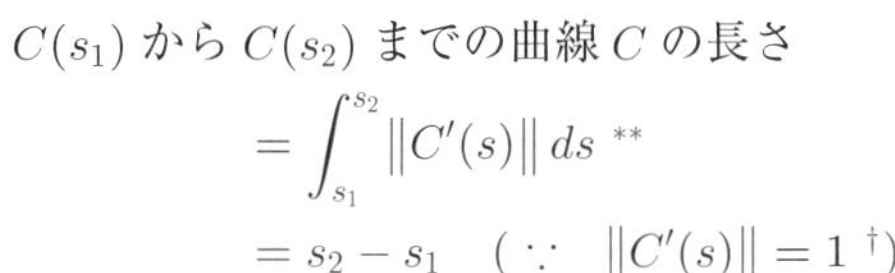

$$
\begin{aligned}
&C(s_1) \text{ から } C(s_2) \text{ までの曲線 } C \text{ の長さ} \\
&\qquad = \int_{s_1}^{s_2} \|C'(s)\|\, ds\ ^{**} \\
&\qquad = s_2 - s_1 \quad (\because\quad \|C'(s)\| = 1\ ^{\dagger})
\end{aligned}
$$

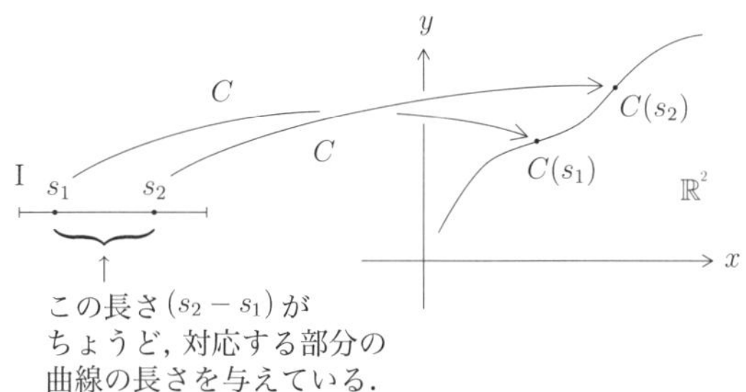


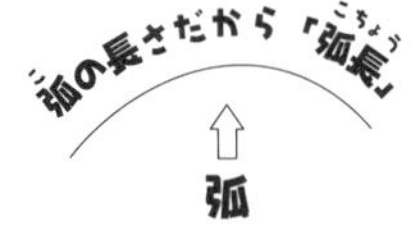

って，ちがうだろ，

こら!!

---

* ベクトル $\boldsymbol{a} = (a_1,\ a_2)$ に対して，$\|\boldsymbol{a}\| = \sqrt{(a_1)^2 + (a_2)^2}$ をベクトル $\boldsymbol{a}$ の大きさ，あるいは，$\boldsymbol{a}$ のノルム (norm) と呼ぶ．（巻末の 274 ページを参照せよ．）

曲線のパラメーターは弧長パラメーターとは限らないので，パラメーターをとりかえて，弧長パラメーターにすることを考える．そのために，パラメーターのとりかえに関連したいくつかの定義を与えておこう．

**定義 1.3.3（パラメーターのとりかえ）** 正則曲線 $C(t)=\big(x(t),\,y(t)\big)$ $(t\in \mathrm{I})$ に対して，$t$ が他の変数 $u$ の $C^\infty$ 級関数 $t=t(u)$ $(u\in \mathrm{J})$ になっていて，

$$(*)\qquad \text{任意の } u\in \mathrm{J} \text{ に対して } \ t'(u)\neq 0$$

を満たすとき

$$\tilde{C}(u)=C\big(t(u)\big)$$

とおくと[*]，

$$\tilde{C}'(u)=C'\big(t(u)\big)\,t'(u)\neq 0$$

---

[**] （前ページ）曲線 $C(t)$ に対して，一般に，

$$\int_{t_1}^{t_2}\|C'(t)\|\,dt=\int_{t_1}^{t_2}\sqrt{x'(t)^2+y'(t)^2}\,dt=\int_{t_1}^{t_2}\sqrt{\left(\frac{dx}{dt}\right)^2+\left(\frac{dy}{dt}\right)^2}\,dt$$

が，点 $C(t_1)$ から $C(t_2)$ までの曲線 $C(t)$ の長さを表す．「なぜ，これが曲線の長さなのか」については，少し荒っぽい議論であるが，

$$\sqrt{\left(\frac{dx}{dt}\right)^2+\left(\frac{dy}{dt}\right)^2}\,dt\ =\ \sqrt{\left\{\left(\frac{dx}{dt}\right)^2+\left(\frac{dy}{dt}\right)^2\right\}(dt)^2}\ \overset{(dt)^2\text{を「約分」した}}{=}\ \sqrt{(dx)^2+(dy)^2}$$

と形式的に変形すると，曲線の微小な部分の長さ $\sqrt{(dx)^2+(dy)^2}$ を積分して加え合わせたものが曲線全体の長さになる，と理解しておけばよい．

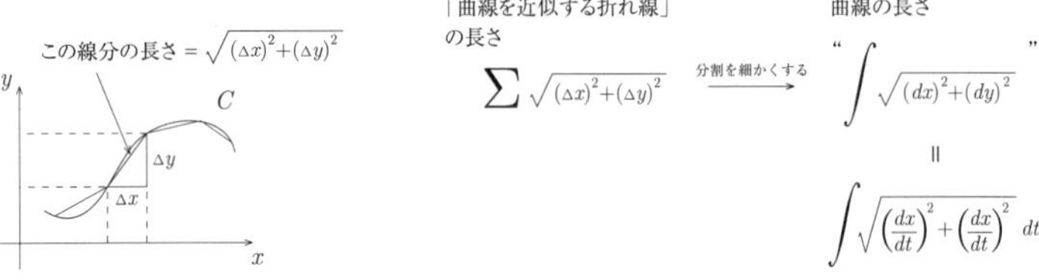


上記の “荒っぽい議論” では，導関数 $\dfrac{dx}{dt}$ を，あたかも分子が $dx$ で分母が $dt$ であるかのようにあつかっている．（導関数の記号 $\dfrac{dx}{dt}$ は，これで一つの記号であり，“$dx$ を $dt$ で割った分数” の意味ではないので，**本当は絶対にやってはいけないことである．**）このような状況は，合成関数の微分法の公式 $\dfrac{dz}{dy}\dfrac{dy}{dx}=\dfrac{dz}{dx}$ や置換積分法の公式 $\displaystyle\int f(x(t))\,\frac{dx}{dt}\,dt=\int f(x)dx$ にも見られる．このあたりは，「やってはいけない議論だけど，公式を覚えるのには便利だな」ぐらいの感覚でとらえておこう．

[†] （前ページ）記号 $\because$ は「なぜならば (because)」という意味の数学記号であり，これをひっくり返した記号 $\therefore$ は「ゆえに (therefore)」という意味である．

であるから，$\tilde{C}$ は $u$ をパラメーターと見た正則曲線と見なせる．このとき，$\tilde{C}(u)$ を単に $C(u)$ と書いて，$t$ から $u$ への**パラメーターのとりかえ**と呼ぶ．

**注意 1.3.4（パラメーターの向き）** 上の定義の $(*)$ は言いかえると，

$(*)_+$ 任意の $u \in \mathrm{J}$ に対して $t'(u) > 0$

あるいは，

$(*)_-$ 任意の $u \in \mathrm{J}$ に対して $t'(u) < 0$

のいずれかの条件を満たすことと同値である[†]．そこで，$(*)_+$ の場合，パラメーター $t$ と $u$ は**同じ向き**であるといい，$(*)_-$ の場合，パラメーター $t$ と $u$ は**逆の向き**であるという．

$(*)_+$ の場合　　$(*)_-$ の場合

**注意 1.3.5（向きのとりかえ）** 逆の向きのパラメーターにとりかえることを**パラメーターの向きをかえる**という．

向きの取りかえ　　向きの取りかえ

さて，本題の「弧長パラメーター」に戻ろう．

---

* （前ページ） $\tilde{C}$ は「シー・チルダ」と読む．(˜は「ティルド (tilde)」であり，「ティルダ」と読んだほうが原音に近い．）その他，数学でよく出てくる修飾記号として，$\overline{C}$ は「シー・バー」，$\hat{C}$ は「シー・ハット」と読む．また，$C'$ は「シー・ダッシュ」と読む人がいるが，「シー・プライム」と呼ぶほうが正しい．

† もし $t'(u_1) > 0$, $t'(u_2) < 0$ となる $u_1, u_2 \in \mathrm{J}$ があるとすると，中間値の定理より，$u_1$ と $u_2$ の間に $t'(u) = 0$ となる $u$ が存在することになり，仮定 $(*)$ に反する．したがって，$(*)_+$ か $(*)_-$ のいずれかが成立する．

**補題 1.3.6（弧長パラメーターの存在）** 任意の正則曲線は，パラメーターのとりかえにより，弧長パラメーターをとることができる．

**証明** 任意の正則曲線を $C(t)$ $\bigl(t \in [a, b]\bigr)$ とする．常微分方程式の初期値問題

$$(*) \qquad \begin{cases} \dfrac{ds}{dt} = \|C'(t)\| \\ s(a) = 0 \end{cases}$$

を考える*．この解は

$$(**) \qquad s(t) = \int_a^t \|C'(t)\|\, dt$$

で与えられる**．さらに，$C'(t) \neq 0$ より $\dfrac{ds}{dt} = \|C'(t)\| > 0$ であるから，逆関数 $t = t(s)$ が存在する†．そこで，

$$\tilde{C}(s) = C\bigl(t(s)\bigr)$$

とおくと，

$$\tilde{C}'(s) = C'\bigl(t(s)\bigr) \cdot t'(s)$$

であるから，任意の $s$ について

---

* 「常微分方程式の初期値問題」などという大（だい）それた用語を用いたが，それほどたいしたことではない．要するに $(*)$ の 2 つの条件を満たす関数 $s(t)$ を求めるということである．$(*)$ の第 1 式を「（常）微分方程式」といい，第 2 式を「初期条件」と呼ぶ．

** $\dfrac{ds}{dt} = \|C'(t)\|$ の両辺を $a$ から $t$ まで積分すると，$s(t) - s(a) = \displaystyle\int_a^t \|C'(t)\|\,dt$ となり，初期条件 $s(a) = 0$ を考慮すると求める解が得られる．あるいは，このように具体的に解を求めなくても，常微分方程式の解の存在定理（224 ページの定理 A.5.1 を参照のこと）により，解 $s(t)$ の存在は保証されている．

† すべての $t \in (a, b)$ に対して $\dfrac{ds}{dt}(t) \neq 0$ であることから，「すべての $t \in (a, b)$ に対して $\dfrac{ds}{dt}(t) > 0$ である」か，あるいは「すべての $t \in (a, b)$ に対して $\dfrac{ds}{dt}(t) < 0$ である」ことがわかる．（もし，ある $t_1 \in (a, b)$ で $\dfrac{ds}{dt}(t_1) > 0$ であって，ある $t_2 \in (a, b)$ で $\dfrac{ds}{dt}(t_1) < 0$ であるとすると，中間値の定理より，ちょうど $\dfrac{ds}{dt}(t_0) = 0$ となるような $t_0 \in (a, b)$ が存在することがわかり，矛盾である．）「すべての $t \in (a, b)$ に対して $\dfrac{ds}{dt}(t) > 0$ である」場合を考えよう．このとき，$t_1 < t_2$ ならば

$$s(t_2) - s(t_1) = \int_{t_1}^{t_2} \frac{ds}{dt}(t)dt > 0$$

であるから，$s(t_1) < s(t_2)$ となり，したがって，関数 $s(t)$ は単調増加である．このことから，特に，$t_1 \neq t_2$ ならば $s(t_1) \neq s(t_2)$ であることがわかるので，関数 $s(t)$ による対応 $t \to s$ が一対一になり，逆の対応を用いると，$s(t)$ の逆関数が得られる．「すべての $t \in (a, b)$ に対して $\dfrac{ds}{dt}(t) < 0$ の場合」も同様の議論で，$s(t)$ が単調減少であることがわかり，逆関数 $t(s)$ の存在が確かめられる．

$$\begin{aligned}
\left\|\tilde{C}'(s)\right\| &= \left\|C'\big(t(s)\big)\right\| \cdot \left|t'(s)\right| \\
&= \left\|C'\big(t(s)\big)\right\| \ \frac{1}{\left\|C'\big(t(s)\big)\right\|} \\
&\left(\begin{array}{l} \because \quad \text{逆関数の微分の公式より } \dfrac{dt}{ds}(s) = \dfrac{1}{\dfrac{ds}{dt}(t(s))} \text{ であるから} \\ \qquad \left|t'(s)\right| = \left|\dfrac{dt}{ds}(s)\right| = \dfrac{1}{\left|\dfrac{ds}{dt}(t(s))\right|} = \dfrac{1}{\left\|C'\big(t(s)\big)\right\|} \end{array}\right) \\
&= 1
\end{aligned}$$

となり，$s$ は $C$ の弧長パラメーターを与えている．□

弧長パラメーターへのパラメーターのとりかえを，もう少し具体的に書き下してみよう．曲線 $C(t) = \big(x(t),\, y(t)\big) \quad \big(t \in [a,\, b]\big)$ に対して，

$$C'(t) = \big(x'(t),\, y'(t)\big)$$

であるから，

$$\left\|C'(t)\right\| = \sqrt{x'(t)^2 + y'(t)^2}$$

となる．したがって，26 ページの $(*)$ の解 $(**)$ は，

$$s(t) = \int_a^t \sqrt{x'(t)^2 + y'(t)^2}\, dt$$

となる．この逆関数 $t(s)$ を用いて $C\big(t(s)\big)$ を考えたものが，曲線 $C$ の弧長パラメーター $s$ による表示になっている．

**例題 1.3.7** 例 1.2.6 の (1) の正則曲線のパラメーターをとりかえて，弧長パラメーター $s$ で表示せよ．

（解答例）

$$C(t) = (t,\, t^2)$$

であるから，

$$C'(t) = (1,\, 2t)$$

となり，したがって

$$\left\|C'(t)\right\| = \sqrt{1 + 4t^2}$$

である．そこで，常微分方程式の初期値問題

$$\begin{cases} \dfrac{ds}{dt} = \sqrt{1+4t^2} \\ s(0) = 0 \end{cases}$$

を解くと，

$$s(t) = \frac{1}{4}\sinh^{-1}(2t) + \frac{1}{2}t\sqrt{1+4t^2}$$

となる*．ここで，$\sinh^{-1} x$ は，双曲線関数 $\sinh x$ の逆関数である．関数 $s(t)$ は“$s$ が $t$ の関数の形”であるから，この逆関数 $t(s)$ をとれば**

$$C\big(t(s)\big) = \big(t(s),\, t(s)^2\big)$$

が弧長パラメーターによる表示である．□

上記のように，$s = s(t)$ の逆関数は存在しても，一般に，**よく知られている関数で書くことができない場合がほとんどである**．したがって，

**注 意**

(1) **理論上**，曲線の議論をするときには，計算や議論の簡略化のため，**弧長パラメーター** $s$ を用いることが多い．

(2) **実際の計算**では，よく知られている関数で表示できないことが多いため，その場合は，**一般のパラメーター** $t$ **のままで計算する**．

* 上記の初期値問題の解 $s(t)$ がこの式で与えられることは，微積分の演習問題ですが，29 ページでこの計算を補足しておきます．ちなみに，双曲線関数の逆関数 $\sinh^{-1}(2t)$ は，$\log(2t+\sqrt{1+4t^2})$ と書き表すこともできます．

** 何度も言うようですが，$\dfrac{ds}{dt} > 0$（今の場合，$\dfrac{ds}{dt} = \sqrt{1+4t^2} > 0$）なので，逆関数 $s(t)$ が存在します．ただ，逆関数は存在しても，よく知られている関数（指数関数，対数関数，三角関数などのいわゆる「初等関数」と呼ばれる関数）で書くことはできません．

はちべえ：「『弧長パラメーター』か….　そういえば，このあいだ，高校時代の校長先生に出会ったんだけど.」

くまさん：「それで？」

はちべえ：「昔はダンディだった校長先生が太っちゃってね．ずいぶんハラが出ているわけですよ.」

くまさん：「まさか，それで，『**弧長**(こちょう)**パラメーター**』じゃなくて『**校長**(こうちょう)**ハラ出**(で)**ーたー**』とかいうダジャレを言うつもりじゃないよね*.」

はちべえ：「・・・.」

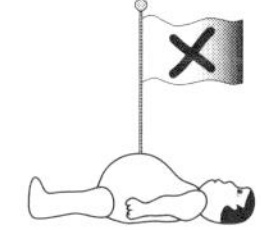

## （補足）　本文中に用いたこと

ここでは，例題 1.3.7 の解答例の中で用いた次の事実を示す．

> パラメーター $t$ の関数 $s(t)$ が，2 つの条件
>
> (1)　$\dfrac{ds}{dt} = \sqrt{1+4t^2}$
>
> (2)　$s(0) = 0$
>
> を満たすならば
>
> $$\begin{aligned} s(t) &= \frac{1}{4}\sinh^{-1}(2t) + \frac{1}{2}t\sqrt{1+4t^2} \\ &= \frac{1}{4}\log\left(2t + \sqrt{1+4t^2}\right) + \frac{1}{2}t\sqrt{1+4t^2} \end{aligned}$$
>
> となる．ここで，$\sinh^{-1} x$ は双曲線関数 $\sinh x$ の逆関数である．（双曲線関数については，293 ページを参照のこと.）

* 「こんなつまらないダジャレをどうして書くんだ」と思われた方に弁解を一言．ここに書かれた数行の会話は，「**『弧長パラメーター』という聞き慣れない用語を読者に印象づける**」という，きわめて効果的な教育的役割をはたしており，深い洞察にもとづく記述なのであります．（←とかなんとか言ってるが，ホントはダジャレを書きたかっただけらしい.）

**証明** 条件 (1) の両辺を 0 から $t$ まで積分すると

$$\int_0^t \frac{ds}{dt}\,dt = \int_0^t \sqrt{1+4t^2}\,dt$$

であるが，この式の左辺は

$$\int_0^t \frac{ds}{dt}\,dt \overset{\text{置換積分}}{=} \int_{s(0)}^{s(t)} ds = s(t) - s(0) \overset{\text{条件 (2) より}}{=} s(t)$$

であるので，

$$s(t) = \int_0^t \sqrt{1+4t^2}\,dt$$

となる．したがって

$$\begin{aligned}
s(t) &= \int_0^t \sqrt{1+4t^2}\,dt \\
&\overset{\substack{\sqrt{1+4t^2}=1\times\sqrt{1+4t^2} \\ \text{と思って部分積分}}}{=} \left[t\sqrt{1+4t^2}\right]_0^t - \int_0^t \frac{4t^2}{\sqrt{1+4t^2}}\,dt \\
&= t\sqrt{1+4t^2} - \int_0^t \frac{(1+4t^2)-1}{\sqrt{1+4t^2}}\,dt \\
&= t\sqrt{1+4t^2} - \int_0^t \sqrt{1+4t^2}\,dt + \int_0^t \frac{dt}{\sqrt{1+4t^2}} \\
&= t\sqrt{1+4t^2} - s(t) + \int_0^t \frac{dt}{\sqrt{1+4t^2}}
\end{aligned}$$

すなわち

$$s(t) = t\sqrt{1+4t^2} - s(t) + \int_0^t \frac{dt}{\sqrt{1+4t^2}}$$

となる．したがって，

$$s(t) = \frac{1}{2}t\sqrt{1+4t^2} + \frac{1}{2}\int_0^t \frac{dt}{\sqrt{1+4t^2}}$$

が得られる．この右辺の第 2 項の積分を計算すると

$$\begin{aligned}
\int_0^t \frac{dt}{\sqrt{1+4t^2}} &\overset{\substack{2t=\sinh\theta \\ \text{と変数変換}}}{=} \int_0^{\sinh^{-1}(2t)} \frac{1}{\sqrt{1+\sinh^2\theta}}\frac{1}{2}\cosh\theta d\theta \\
&\overset{\sqrt{1+\sinh^2\theta}=\cosh\theta}{=} \frac{1}{2}\int_0^{\sinh^{-1}(2t)} d\theta = \frac{1}{2}\sinh^{-1}(2t)
\end{aligned}$$

である．以上から

$$s(t) = \frac{1}{4}\sinh^{-1}(2t) + \frac{1}{2}t\sqrt{1+4t^2}$$

となる．さらに，一般に

$$(\sharp) \qquad \sinh^{-1} y = \log\left(y + \sqrt{1+y^2}\right)$$

であることを用いると*，

$$s(t) = \frac{1}{4}\log\left(2t + \sqrt{1+4t^2}\right) + \frac{1}{2}t\sqrt{1+4t^2}$$

と書き直すこともできる**．□

**以上，補足おわり**

## 1.4 （平面曲線に対する）フルネ-セレの公式

平面上の $xy$ 座標というような固定された座標系ではなく，おのおのの曲線に応じて，状況にあった座標系を用いると，曲線の記述が簡単になる．まず，そのよう

---

* $(\sharp)$ が成り立つことは次のようにして確かめられる．まず，定義より，

$$\sinh x = \frac{e^x - e^{-x}}{2}, \quad \cosh x = \frac{e^x + e^{-x}}{2}$$

であり，これらの 2 式を加え合わせると

$$\sinh x + \cosh x = e^x$$

となる．よって $\cosh x = \sqrt{1+\sinh^2 x}$ であることに注意すると

$$\sinh x + \sqrt{1+\sinh^2 x} = e^x$$

が得られる．そこで $y = \sinh x$ とおけば $x = \sinh^{-1} y$ であり，

$$y + \sqrt{1+y^2} = e^{\sinh^{-1} y}$$

となるが，この両辺の log をとると

$$\log\left(y + \sqrt{1+y^2}\right) = \sinh^{-1} y$$

となり，$(\sharp)$ が得られた．

** 双曲線関数の逆関数を使用せずに，積分の計算をして直接この式を導くには，もともとの積分で $u = 2t + \sqrt{1+4t^2}$ と変数変換すればよい．（このとき $\dfrac{1}{\sqrt{1+4t^2}}dt = \dfrac{1}{2u}du$ である．）

な座標系を導入しよう．

**定義 1.4.1（動標構）** 曲線 $C(s)$ $(s \in \mathrm{I})$ に対して*, 以下のようにして構成されたベクトルの組

$$\{e_1(s), e_2(s)\}_{s\in\mathrm{I}}$$

のことを，曲線 $C$ の**動標構**（どうひょうこう）(**moving frame**) と呼ぶ**：

(1) $e_1(s) = C'(s)$ とおく．

(2) $e_2(s)$ は，$e_1(s)$ を正の方向（反時計回り）に 90 度 $\left(弧度法でいうと\ \dfrac{\pi}{2}\right)$ だけ回転したベクトルとする．

上記の定義 1.4.1 より，次は明らかであろう．（したがって，証明は省略する．）

**補題 1.4.2** 各 $s \in \mathrm{I}$ に対して，

(1) ベクトル $e_1(s)$, $e_2(s)$ は，大きさが 1 であり，互いに直交している．言いかえると，これら 2 つのベクトルの組 $\{e_1(s), e_2(s)\}$ は正規直交基底である†.

(2) $e_1(s)$ は，点 $C(s)$ において曲線 $C$ に接するベクトルである．

(3) $e_2(s)$ は，点 $C(s)$ において曲線 $C$ に直交するベクトルである††.

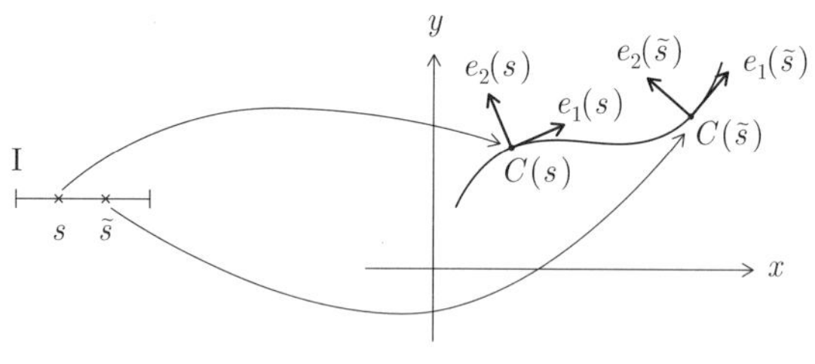


---

* これからは，**特にことわりがなければ「曲線」とは，「弧長パラメーターをもつ正則曲線」のこととする．**

** 「動標構」は "moving frame" の和訳であるが，名訳だと思う．また，「動標構」は**フルネ枠**（わく）(**Frenet frame**) とも呼ばれる．

† 正規直交基底（せいきちょっこうきてい）については，276 ページを参照せよ．

†† ベクトル $e_1(s)$ が曲線 $C$ の**接ベクトル** (**tangent vector**) と呼ぶのに対し（19 ページの脚注を参照），

**注意 1.4.3** 動標構 (moving frame) は，その名称から想像がつくように，**曲線に沿って動いていく座標系**である．

さて，空間曲線の曲率を，以下のようにして定めよう．まず，任意の $s \in \mathrm{I}$ をとり，固定する．$\|e_1(s)\|^2 = 1$ であるから，この両辺を微分すると，

$$2e_1(s) \cdot e_1'(s) = 0$$

となり*，したがって，

$e_1'(s)$ は $e_1(s)$ に直交する．

これは言いかえると

$e_1'(s)$ は $e_2(s)$ の定数倍である．

そこで，その定数（各 $s$ ごとに決まる）を $\kappa(s)$ とおくと，

$$e_1'(s) = \kappa(s)e_2(s)$$

と書ける．$\kappa(s)$ を，平面曲線の曲率として定義しておこう**．

---

ベクトル $e_2(s)$ は 曲線 $C$ の**法**(ほう)**ベクトル** (**normal vector**) であるという．一般に，考えている対象に垂直な方向を**法線**(ほうせん)**方向**と呼び，その方向を向いているベクトルをすべて，**法ベクトル**という．(19 ページの脚注におけるのと同様に，「法ベクトル」を「法線ベクトル」と呼び，「法線方向」を「法方向」と言ったりすることもある．)

* ベクトル $e_1(s)$ について $\left(\|e_1(s)\|^2\right)' = 2e_1(s) \cdot e_1'(s)$ である．(ただし，$\cdot$ はベクトルの内積である．) 実際，$e_1(s) = (p(s), q(s))$ というように成分で書くと，$e_1'(s) = \left(p'(s), q'(s)\right)$, $\|e_1(s)\|^2 = p(s)^2 + q(s)^2$ であるから，$\left(\|e_1(s)\|^2\right)' = 2e_1(s) \cdot e_1'(s) = 2\left(p(s)p'(s) + q(s)q'(s)\right)$ である．このようなベクトルの微分の議論は，以降もよく用いられるので，確認しておこう．

** ここで定義される曲率 $\kappa(s)$ に対して，その絶対値が，定義 1.1.2 で定義した曲率と同じものであること，すなわち，

$$|\kappa(s)| = \frac{1}{\text{曲率半径}} \ (\leftarrow \text{定義 1.1.2 で定義した曲率})$$

であることが後で示される（定理 1.5.2）．

**定義 1.4.4（曲率）**　曲線 $C(s)$ $(s \in \mathrm{I})$ の**曲率** (**curvature**) $\kappa(s)$ とは*，この曲線の動標構 $\{e_1(s),\, e_2(s)\}_{s\in\mathrm{I}}$ に対して，

$$(*)\qquad e_1'(s) = \kappa(s) e_2(s)$$

を満たすものをいう**.

次の命題は，「**弧長パラメーター表示された曲線を局所的にテイラー展開したときの，2 次の項の係数が曲率である**」ことを示している．

**命題 1.4.5**　曲線 $C(s)$ $(s \in \mathrm{I})$ は，任意の $s_0$ $(s_0 \in \mathrm{I})$ の近くで，

$$C(s) = C(s_0) + (s - s_0)\, e_1(s_0) + \frac{1}{2}\,(s - s_0)^2\, \kappa(s_0)\, e_2(s_0) + O\big((s - s_0)^3\big)$$

と書ける†．ここで，$\{e_1(s),\, e_2(s)\}$ および $\kappa(s)$ はそれぞれ，曲線 $C(s)$ の動標構および曲率とする．

---

* $\kappa$ は，英文字の $k$ に対応するギリシャ文字で「カッパ」と読む．(288 ページの「ギリシャ文字の一覧表」を参照せよ．) 前にアクセントをおいてカッコよく「カッパ」と読むこと．だらしなく「かっぱ」と読むと，「雨の日に着る和製レインコート」か「頭に皿をのせた空想上の動物」と誤解される．

** $e_1'(s) = C''(s)$ であり，また，$e_2(s)$ は $e_1(s)$ $(= C'(s))$ を 90 度回転したベクトルであるから，等式 $(*)$ は

$$C''(s) = \kappa(s) \times (C'(s) \text{ を 90 度回転したベクトル})$$

であることに他ならない．したがって，**$\kappa(s)$ は，曲線 $C(s)$ の 2 階微分までの情報で決まる量であること**がわかる．

† $O$ はランダウ (Landau) の記号で，$O\big((s - s_0)^3\big)$ で表される項を $f(s)$ と表すと，$s_0$ の近くで $\|f(s)\| \leq C(s - s_0)^3$（$C$ は定数）を満たすことを示している．

**平面曲線のテイラー展開**

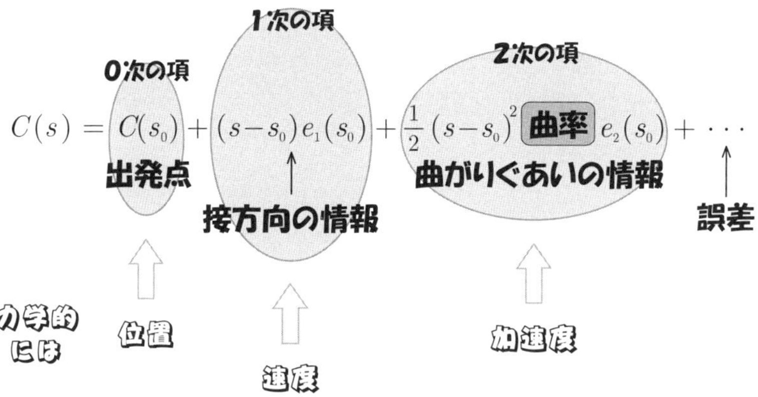


**証明** 定義より

$$C'(s_0) = e_1(s_0)$$
$$C''(s_0) = e_1'(s_0) = \kappa(s_0)\,e_2(s_0)$$

である．これらを，$C(s)$ の $s = s_0$ におけるテイラー展開*

$$C(s) = C(s_0) + C'(s_0)\,(s - s_0) + \frac{1}{2}C''(s_0)\,(s - s_0)^2 + O\big((s - s_0)^3\big)$$

に代入すると**，求める等式が得られる．□

**魚のテイラー展開**

* 「テイラー展開」については，212 ページの定理 A.1.1 とその脚注を参照のこと．ここでの $C(s) = (x(s), y(s))$ は単なる関数でなくて，ベクトル値関数（値がベクトルであるような関数）であるが，ベクトル $C(s)$ の各成分 $x(s), y(s)$ をそれぞれテイラー展開したと思えばよい．

** そのまま代入すると

$$C(s) = C(s_0) + e_1(s_0)\,(s - s_0) + \frac{1}{2}\kappa(s_0)\,e_2(s_0)\,(s - s_0)^2 + O\big((s - s_0)^3\big)$$

となるが，上記では $e_1(s_0), e_2(s_0)$ を各項の最後に書いている．これは，テイラー展開を知る人にとって，少し違和感を覚えるかもしれない．理由は単純で，$e_1(s_0), e_2(s_0)$ はベクトルであるので，スカラー（定数のこと）である $(s - s_0)$ や $(s - s_0)^2$ を前に書いただけである．ベクトル $\boldsymbol{u}$ と定数 $c$ があったとき，$\boldsymbol{u}c$ と書かずに，$c\boldsymbol{u}$ と記載する線形代数の習慣にしたがったものである．

動標構の動きは，曲率を係数とする微分方程式で規定される．これが次にあげるフルネ-セレの公式である．

**定理 1.4.6（（平面曲線に対する）フルネ-セレの公式*）** 曲線 $C(s)$ と，その曲線の動標構 $\{e_1(s),\, e_2(s)\}$ に対して，

$$\frac{d}{ds}\begin{pmatrix} e_1 \\ e_2 \end{pmatrix} = \begin{pmatrix} 0 & \kappa \\ -\kappa & 0 \end{pmatrix}\begin{pmatrix} e_1 \\ e_2 \end{pmatrix} \;{}^{**}$$

すなわち，

$$\begin{cases} e_1'(s) = \kappa(s)\, e_2(s) \\ e_2'(s) = -\kappa(s)\, e_1(s) \end{cases}$$

が成り立つ[†]．ここで $\kappa(s)$ は曲線 $C$ の曲率とする．

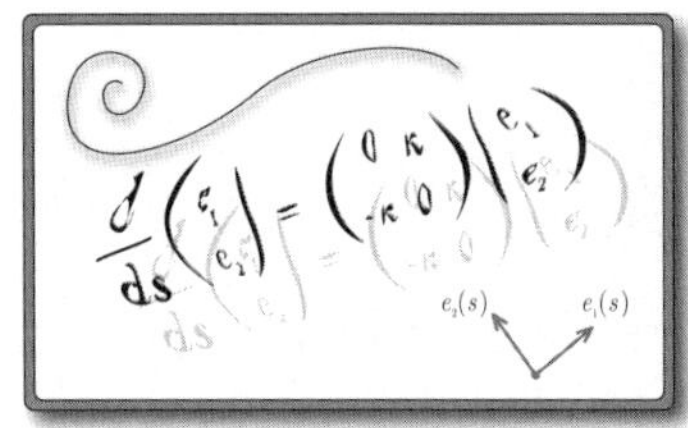

名画「フルネ-セレ」

名画「裸（はだか）のクマ」

---

* 「平面曲線に対する」という修飾語をつけたのは，**単に「フルネ-セレの公式」というと，空間曲線に対するもの（後出の定理 2.3.4）を意味するのがふつうであるから**である．

** $e_1, e_2$ は実際はベクトルであるが，$\begin{pmatrix} e_1 \\ e_2 \end{pmatrix}$ という記述は，「それがまるでスカラー（ふつうの数）であるかのようにとりあつかっている」と見てもよいし，「$e_1$ と $e_2$ を横（よこ）ベクトル $e_1 = (e_{11},\, e_{12}),\, e_2 = (e_{21},\, e_{22})$ と見て，それを縦（たて）に並べて作られた 2 次の正方行列 $\begin{pmatrix} e_{11} & e_{12} \\ e_{21} & e_{22} \end{pmatrix}$ である」と見なしてもよい．それぞれの解釈に応じて，積 $\begin{pmatrix} 0 & \kappa \\ -\kappa & 0 \end{pmatrix}\begin{pmatrix} e_1 \\ e_2 \end{pmatrix}$ は，「$e_1, e_2$ を単なるスカラー（ふつうの数）であるかのように，ふつうの行列とベクトルの積をとったもの」と見ているか，あるいは，「2 次の正方行列の積」と見なしている．（見なし方によらずに，フルネ-セレの公式の内容は同じである．）いずれにしても，**このような一般的なことがらが，簡単で美しい一つの公式として記述できることが，数学という分野のもつ大きな長所の一つである．**

† この公式をながめてみると，平面曲線は，（フルネ-セレの公式を通して）**曲率によって与えられる**と見なせる．言いかえると，曲率

$$(*) \qquad \kappa = \kappa(s)$$

が，平面曲線を記述する方程式であると思ってよいわけである．この意味で $(*)$ を，平面曲線の**自然方程式** (natural equation) と呼ぶこともある．

くまさん：「(うっとりした表情で) 美しい….」
はちべえ：「どうしたの，くまさん.」
くまさん：「なんてスマートな表情なんだ….」
はちべえ：「おーい，だれかー．くまさんがこわれたー.」
くまさん：「ちがうって．ちょっと，フルネ-セレの公式の鑑賞(かんしょう)をね.」
はちべえ：「公式を鑑賞？ おーい，だれかー．やっぱり，くまさんがこわれたー.」
くまさん：「ちがう，ちがう．**数学は美的センスが大切**なんだぞ.」
はちべえ：「美的センス？」
くまさん：「そうだ．曲線は動標構の動きで決まるんだが，上の公式は，**動標構の時間発展が 1 次式によって (すなわち，線形に) 決まり**[*]，しかも**係数が，「曲率」という幾何学的量を成分とする交代行列** $\begin{pmatrix} 0 & \kappa \\ -\kappa & 0 \end{pmatrix}$ **だ**[**]．非常に，シンプルで美しいじゃないか.」
はちべえ：「ふ〜ん.」
くまさん：「ま，この美しさがわかるようになるまで，少しながめていなさい.」
はちべえ：「えー？」

＊＊＊＊＊＊＊＊＊　30 分経過　＊＊＊＊＊＊＊＊＊

くまさん：「おい，はちべぇ．どうだ，少しはわかった？」
はちべえ：「(よだれをたらして，恍惚(こうこつ)とした表情で) へへへ，きれいだなー.」
くまさん：「おまえ，なんか様子がおかしいぞ.」
はちべえ：「あ，こんなところに，ピンクのゾウさんが….」
くまさん：「いてててて，こら，それは私の鼻だ.」
はちべえ：「あー，こんなところに，こびとさんが….」
くまさん：「やめろ，そこは私のヘソだ．わかった，わかった．お前にはムリだったんだな，美しさを鑑賞するなんて.」
はちべえ：「でへへへ，かわいいネズミさん，いっしょに遊びましょう….」
くまさん：「やめろー，やめてくれー.」

---

* 「時間発展」とは「時間が経(た)つにつれ，どう変化していくか」ということ．要するに，この場合はフルネ-セレの公式の左辺のことである．

** $A = \begin{pmatrix} 0 & c \\ -c & 0 \end{pmatrix}$ の形の行列を交代行列と呼ぶ．行列 $A$ の転置行列 ${}^tA$ を用いると (転置行列については 282 ページを参照)，$A$ が交代行列であることは ${}^tA = -A$ という条件で書ける．

**定理 1.4.6 の証明** まず，$\|e_2(s)\|^2 = 1$ であるから，この両辺を微分すると，

$$2\, e_2(s) \cdot e_2'(s) = 0,$$

すなわち，

$$e_2'(s) \text{ は } e_2(s) \text{ に直交する．}$$

言いかえると

$$e_2'(s) \text{ は } e_1(s) \text{ の定数倍である．}$$

したがって，ある $\lambda(s)$ があって，

$$e_2'(s) = \lambda(s)\, e_1(s) \tag{1}$$

となる．一方，$e_1(s) \cdot e_2(s) = 0$ であるから，この両辺を微分すると，

$$e_1'(s) \cdot e_2(s) + e_1(s) \cdot e_2'(s) = 0 \tag{2}$$

となる．また，曲率 $\kappa(s)$ の定義から

$$e_1'(s) = \kappa(s)\, e_2(s) \tag{3}$$

であった．そこで，(1) と (3) を (2) に代入し，$\|e_1(s)\| = \|e_2(s)\| = 1$ であることに注意すると，

$$\kappa(s) + \lambda(s) = 0,$$

すなわち，$\lambda(s) = -\kappa(s)$ となって，(1) および (3) が求める公式を与えている．□

「常微分方程式の解の一意的存在」(224 ページ）により，**回転と平行移動の自由度を除いて，フルネ-セレの公式が曲線を定める**ことが次のようにわかる．

**定理 1.4.7**

(1) 任意に与えられた $C^\infty$ 級関数 $\kappa(s)$ に対して，曲率が $\kappa(s)$ であるような，$\mathbb{R}^2$ の曲線が存在する[*].

(2) このような曲線（すなわち，与えられた曲率をもつ曲線）は，$\mathbb{R}^2$ 上の回転と平行移動の自由度を除いて，一意的である[**].

曲線 $C(s)$ の 2 階微分から，曲率 $\kappa(s)$ が得られるが，**定理 1.4.7 はその逆，すなわち，曲率 $\kappa(s)$ から曲線 $C(s)$ が構成できることを主張している．** 構成した曲線は，回転と平行移動の分だけを除いて一意的に定まる[†]：

$$\boxed{\text{曲線 } C(s)} \quad \underset{\text{定理 1.4.7}}{\overset{\longrightarrow}{\longleftarrow}} \quad \boxed{\text{曲率 } \kappa(s)}$$

後出の命題 1.5.1（43 ページ）により，「回転と平行移動の自由度」は，上記の図式の "$\longrightarrow$" の向きの対応についても両立し[††]，「回転と平行移動の自由度」を無視すれば，一対一の対応を与えていることがわかる．また，曲率はフルネ-セレの公式で定まり，フルネ-セレの公式は動標構の動きの記述であるから，上の図式は次のように書きかえられる：

$$\boxed{\text{曲線 } C(s)} \quad \underset{\text{定理 1.4.7}}{\overset{\longrightarrow}{\longleftarrow}} \quad \boxed{\text{動標構} + \text{フルネ-セレの公式}}$$

[*] 曲線の定義域については，明記していないが，$\kappa(s)$ の定義域と同じである．

[**] 「一意的」とは「ただ一つである」という意味である．ここでは，同じ曲率をもつ平面曲線が $C_1(s), C_2(s)$ と 2 つあったとすると，$\mathbb{R}^2$ の「回転と平行移動の合成で表される変換」$T$ が存在して，$T(C_1(s)) = C_2(s)$ となるということである．

[†] **大ざっぱに言うと，曲率 $\kappa(s)$ は $C(s)$ の "2 階微分" なので，それを 2 回 "積分" すると，もとの曲線 $C(s)$ が得られるが，2 回 "積分" したときに現れる 2 つの "積分定数" の自由度が『回転』と『平行移動』である．**（"積分定数" といっても，実際は，$C(s)$ はベクトルであり，"積分" する対象は「フルネ-セレの公式」という連立微分方程式なので，『回転』と『平行移動』という形で "積分定数" が表れている．）

[††] 「回転と平行移動で重ね合わせることのできる 2 つの曲線の曲率は等しいということ．これにより，回転と平行移動で曲線 $C$ に移すことができる曲線をすべて集めたものを $[C]$ と書いて，曲線 $C$ の同値類と呼ぶことにすると

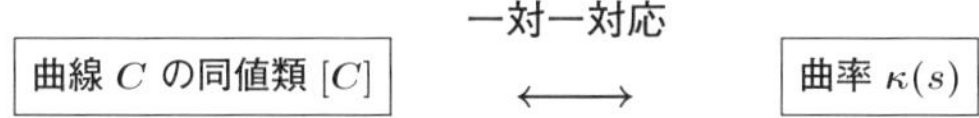


となる．ここで，「同値類」と呼んだのは，「回転と平行移動で移り合うものは同値である」とした同値関係による同値類であり，ユークリッド幾何学においては，図形はすべて上記の同値類としてあつかっていることを思い起こせば，上記の対応はきわめて自然なものであることがわかる．（例えば，回転と平行移動で移り合う "合同な" 3 角形は同じものと "見なしている"．実際，「2 辺の長さが 1 の直角 3 角形」と言われたときに，各自がノートに描く 3 角形は，描く場所も向きもバラバラであろう．でも，それらはすべて「2 辺の長さが 1 の直角 3 角形」なのである．）

(52 ページの「平面曲線のまとめ」のようになる.)

**定理 1.4.7 の証明** フルネ-セレの公式を $e_1(s), e_2(s)$ に関する常微分方程式と見る. $\mathbb{R}^2$ の任意の正規直交基底 $\{\boldsymbol{a}, \boldsymbol{b}\}$ (ここでは, 単位ベクトル $\boldsymbol{a}$ と, $\boldsymbol{a}$ を反時計回りに 90 度回転したベクトル $\boldsymbol{b}$ の組) をとり, 初期値問題

$$\begin{cases} \dfrac{d}{ds}\begin{pmatrix} e_1(s) \\ e_2(s) \end{pmatrix} = \begin{pmatrix} 0 & \kappa(s) \\ -\kappa(s) & 0 \end{pmatrix}\begin{pmatrix} e_1(s) \\ e_2(s) \end{pmatrix} \\ \begin{pmatrix} e_1(0) \\ e_2(0) \end{pmatrix} = \begin{pmatrix} \boldsymbol{a} \\ \boldsymbol{b} \end{pmatrix} \end{cases}$$

b

a

を考えると*, この解 $\{e_1(s), e_2(s)\}$ は一意的に存在する. (224 ページの定理 A.5.1 を参照せよ**.) このとき, この $e_1(s)$ をとると, $\mathbb{R}^2$ の任意の点 $\boldsymbol{p}$ に対して, 初期値問題

$$\begin{cases} \dfrac{dC}{ds}(s) = e_1(s) \\ C(0) = \boldsymbol{p} \end{cases}$$

の解 $C(s)$ は一意的に存在する. この解である曲線 $C(s)$ の曲率が $\kappa(s)$ であることは作り方から明らかである†. 以上で存在が証明された.

---

* ベクトルを $\boldsymbol{a}, \boldsymbol{b}$ と太字で書いたり, $e_1(0), e_2(0)$ と普通の太さの書体で書いたりするのは統一性がありませんが, 単に $a, b$ と書くと定数 $a, b$ という気持ちになるので, ベクトルであるという心理的効果を期待して太字で書きました. この記法が気持ち良くない人は, 全部同じ太さの書体で書き直してください. この後に出てくるベクトル $\boldsymbol{p}, \boldsymbol{q}$ についても同様です.

** 定理 A.5.1 を適用するには, ベクトル $e_1, e_2$ をそれぞれ, 一時的に縦(たて)ベクトル $e_1 = \begin{pmatrix} e_{11} \\ e_{12} \end{pmatrix}$, $e_2 = \begin{pmatrix} e_{21} \\ e_{22} \end{pmatrix}$ と見なすことにより, フルネ-セレの公式を

$$\frac{d}{dt}\begin{pmatrix} e_{11} \\ e_{12} \\ e_{21} \\ e_{22} \end{pmatrix} = \begin{pmatrix} \kappa(s)e_{21} \\ \kappa(s)e_{22} \\ -\kappa(s)e_{11} \\ -\kappa(s)e_{12} \end{pmatrix} = \begin{pmatrix} 0 & 0 & \kappa(s) & 0 \\ 0 & 0 & 0 & \kappa(s) \\ -\kappa(s) & 0 & 0 & 0 \\ 0 & -\kappa(s) & 0 & 0 \end{pmatrix}\begin{pmatrix} e_{11} \\ e_{12} \\ e_{21} \\ e_{22} \end{pmatrix}$$

と書き直す必要がある. (初期条件のベクトル $\boldsymbol{a}, \boldsymbol{b}$ についても, 一時的に縦(たて)ベクトル $\boldsymbol{a} = \begin{pmatrix} a_1 \\ a_2 \end{pmatrix}$, $\boldsymbol{b} = \begin{pmatrix} b_1 \\ b_2 \end{pmatrix}$ と見なしておく.) 上記のように書き直した微分方程式は, フルネ-セレの公式と同等なので, 得られた解 $e_1(s), e_2(s)$ が求める初期値問題の解である.

† その前に, $e_1(s), e_2(s)$ が曲線 $C(s)$ の動標構であることは確かめる必要がある. 作り方から $C'(s) = e_1(s)$ であることは明らかであるから, あとは,

(1) ベクトル $e_1(s), e_2(s)$ の大きさが 1 であること
(2) ベクトル $e_2(s)$ は, ベクトル $e_1(s)$ を反時計回りに 90 度回転したものであること (特に, ベクトル $e_1(s), e_2(s)$ は直交していること)

を示せばよい. これについては 54 ページを参照せよ.

次に，回転と平行移動の自由度を除いて一意的であることを示そう*．曲率が $\kappa(s)$ である平面曲線が，$C^{(1)}(s)$, $C^{(2)}(s)$ と 2 つあったとする．曲線 $C^{(j)}(s)$ の動標構を $\{e_1^{(j)}(s), e_2^{(j)}(s)\}$ $(j=1, 2)$ とする．このとき

$$(*) \qquad \frac{d}{ds}\begin{pmatrix} e_1^{(j)}(s) \\ e_2^{(j)}(s) \end{pmatrix} = \begin{pmatrix} 0 & \kappa(s) \\ -\kappa(s) & 0 \end{pmatrix}\begin{pmatrix} e_1^{(j)}(s) \\ e_2^{(j)}(s) \end{pmatrix}$$

である $(j=1, 2)$．一方，$e_1^{(1)}(0)$ を $e_1^{(2)}(0)$ に回転して重ね合わせる変換を $A$ とする．ベクトル $e_1^{(1)}(0)$, $e_1^{(2)}(0)$ をそれぞれを反時計回りに 90 度回転したものが $e_2^{(1)}(0)$, $e_2^{(2)}(0)$ であるから，

$$A\big(e_1^{(1)}(0)\big) = e_1^{(2)}(0)$$
$$A\big(e_2^{(1)}(0)\big) = e_2^{(2)}(0)$$



となる**．さて，任意の $s$ と $i=1,2$ に対して $A\big(e_i^{(1)}(s)\big) = e_i^{(2)}(s)$ であることを示そう．そのために

$$\varepsilon_i(s) = A\big(e_i^{(1)}(s)\big) - e_i^{(2)}(s) \quad (i=1, 2)$$

とおくと，$(*)$ より

$$\begin{cases} u_1(s) &= \varepsilon_1(s) \\ u_2(s) &= \varepsilon_2(s) \end{cases}$$

は，初期値問題

$$(**) \qquad \begin{cases} \dfrac{d}{ds}\begin{pmatrix} u_1(s) \\ u_2(s) \end{pmatrix} = \begin{pmatrix} 0 & \kappa(s) \\ -\kappa(s) & 0 \end{pmatrix}\begin{pmatrix} u_1(s) \\ u_2(s) \end{pmatrix} \\ \begin{pmatrix} u_1(0) \\ u_2(0) \end{pmatrix} = \begin{pmatrix} 0 \\ 0 \end{pmatrix} \end{cases}$$

---

* 以下の証明を追わなくても，存在を証明した前半の議論を注意深く見ると一意性がわかる．実際，フルネ-セレの公式から決まる曲線 $C(s)$ には，正規直交基底 $\{\boldsymbol{a}, \boldsymbol{b}\}$ とベクトル $\boldsymbol{p}$ の自由度があるが，それぞれ，回転と平行移動でその自由度はなくすことができるからである．

** $A\big(e_i^{(1)}(0)\big)$ は，回転を与える行列 $A$ と縦（たて）ベクトル $e_i^{(j)}(0)$ の積と見なしてもよい．

の解であることが容易に確かめられる*．一方，

$$\begin{cases} u_1(s) &= 0 \quad \text{（定数関数）} \\ u_2(s) &= 0 \quad \text{（定数関数）} \end{cases}$$

も $(**)$ を満たすことが容易に確かめられるから，これも初期値問題 $(**)$ の解である．ところが初期値問題の解の一意性（定理 A.5.1）から，これら 2 つの解は一致しなければならないので，

$$\begin{cases} \varepsilon_1(s) &= 0 \quad \text{（定数関数）} \\ \varepsilon_2(s) &= 0 \quad \text{（定数関数）} \end{cases}$$

すなわち

$$A\bigl(e_i^{(1)}(s)\bigr) = e_i^{(2)}(s) \quad (i = 1, 2)$$

となる．特に，$A\bigl(e_1^{(1)}(s)\bigr) = e_1^{(2)}(s)$ である．したがって

$$\frac{d}{ds}A\bigl(C^{(1)}(s)\bigr) = A\left(\frac{dC^{(1)}}{ds}(s)\right) = A\bigl(e_1^{(1)}(s)\bigr) = e_1^{(2)}(s) = \frac{dC^{(2)}}{ds}(s),$$

すなわち，

$$\frac{d}{ds}\Bigl\{C^{(2)}(s) - A\bigl(C^{(1)}(s)\bigr)\Bigr\} = 0$$

となる．ゆえに，ある（$s$ によらない）ベクトル $\boldsymbol{q}$ が存在して，

$$C^{(2)}(s) - A\bigl(C^{(1)}(s)\bigr) = \boldsymbol{q}, \quad \text{すなわち，} \quad C^{(2)}(s) = A\bigl(C^{(1)}(s)\bigr) + \boldsymbol{q}$$

となり**，証明が終わった．□

## 1.5 曲率の幾何学的意味

前節では，定義 1.4.4 において，フルネ-セレの公式により曲率を定義した．この節では，この「“フルネ-セレの公式” による曲率」と，基本的考察（第 1.1 節）で

---

* 確かめる際には，微分するときに $\dfrac{d}{dt}\bigl(A\bigl(e_i^{(1)}(s)\bigr)\bigr) = A\left(\dfrac{d}{dt}e_i^{(1)}(s)\right)$ であることに注意する．この等式は，$A\bigl(e_i^{(1)}(s)\bigr)$ を（定数が成分の）行列 $A$ とベクトル $e_i^{(1)}(s)$ の積であると見なせば，成り立つことは容易に確かめられる．

** 「微分してゼロであれば，定数（定数関数）である」という，微積分の基本的性質を使用するときに，$C^{(2)}(s) - A\bigl(C^{(1)}(s)\bigr)$ が関数でなくて，ベクトル値関数であることが気になる人がいるかもしれないが，ベクトル $C(s) = \bigl(x(s), y(s)\bigr)$ の各成分 $x(s), y(s)$ それぞれについて適用すればよいので問題はない．このように，**「ベクトル値関数の微分積分学」は，「関数に対するふつうの微分積分学」とほとんど内容が平行している**ことに注意しておこう．（「積」や「絶対値」がそれぞれ，「内積」や「ノルム」になるなどの，いくつかの修正は必要であるが．）

定義した「“『曲率半径』の逆数”としての曲率」(定義 1.1.1) が，符号を除いて一致することを示す．その前に，曲率の重要な性質を一つ証明しておこう．

**命題 1.5.1 (曲率の，回転と平行移動による不変性)** 2 つの平面曲線 $C(s), \overline{C}(s)$ があって，それぞれの曲率を $\kappa(s), \overline{\kappa}(s)$ とする．このとき，次の 2 つは同値である:

(1) $\kappa(s) = \overline{\kappa}(s)$ である．

(2) 回転と平行移動の合成で表される変換 $T$ が存在して*，$T\big(C(s)\big) = \overline{C}(s)$ となる．

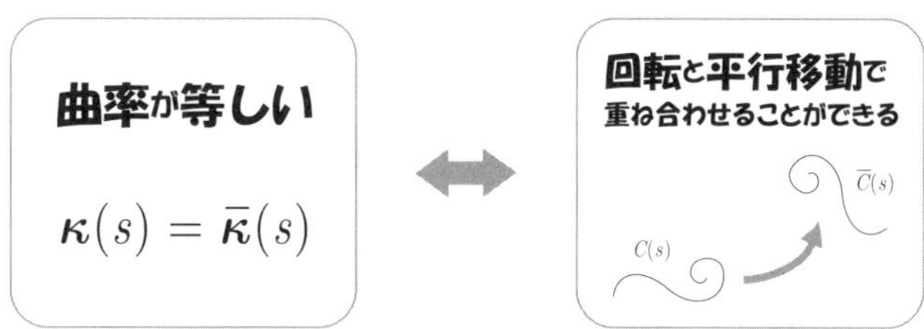


**証明** **(1) ⇒ (2) であること** 定理 1.4.7 の (2) より直ちに導かれる**．

**(2) ⇒ (1) であること** 任意の $s$ を 1 つとって固定し，それを $s_0$ とする．命題 1.4.5 により，$s = s_0$ の近くで，

$$\text{(a)} \qquad C(s) = C(s_0) + (s - s_0)\, e_1(s_0) + \frac{1}{2}\,(s - s_0)^2\, \kappa(s_0)\, e_2(s_0) + O\big((s - s_0)^3\big)$$

$$\text{(b)} \qquad \overline{C}(s) = \overline{C}(s_0) + (s - s_0)\, \overline{e}_1(s_0) + \frac{1}{2}\,(s - s_0)^2\, \overline{\kappa}(s_0)\, \overline{e}_2(s_0) + O\big((s - s_0)^3\big)$$

---

* 一般に，集合 $A$ からそれ自身への一対一対応（一対一写像）のことを $A$ 上の**変換**と呼ぶ．今の場合は $A = \mathbb{R}^2$ で，平面 $\mathbb{R}^2$ 上の変換である．

$\mathbb{R}^2$ 上の「変換」の数々

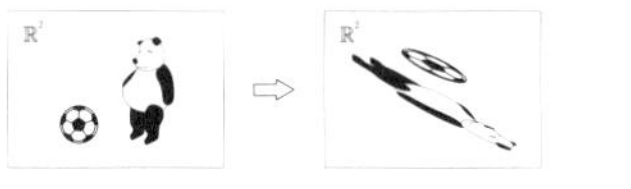

「回転」と「平行移動」

** 曲線 $C(s)$ と $\overline{C}(s)$ の曲率が等しければ，定理 1.4.7 の (2) より，その 2 つの曲線の違いは，回転と平行移動の自由度しかない．

となる．ここで，$\overline{e}_1(s), \overline{e}_2(s)$ は $\overline{C}(s)$ の動標構である．一方，変換 $T$ は，$\mathbb{R}^3$ の回転を表す変換 $A$ と，$\mathbb{R}^3$ の定ベクトル $q$ を用いて，$T(x) = A(x) + q$ と書ける．そこで，$T\bigl(C(s)\bigr) = A\bigl(C(s)\bigr) + q, T\bigl(C(s_0)\bigr) = A\bigl(C(s_0)\bigr) + q$ であることに注意して，$(a)$ の両辺に変換 $T$ を作用させると，

$$\text{(c)} \qquad T\bigl(C(s)\bigr) = T\bigl(C(s_0)\bigr) + (s - s_0)\,A\bigl(e_1(s_0)\bigr) + \frac{1}{2}(s - s_0)^2\,\kappa(s_0)\,A\bigl(e_2(s_0)\bigr) + O\bigl((s - s_0)^3\bigr)$$

となる．仮定より，$\overline{e}_1(s) = \overline{C}'(s) = \Bigl(T\bigl(C(s)\bigr)\Bigr)' = \Bigl(A\bigl(C(s)\bigr) + q\Bigr)' = A\bigl(C'(s)\bigr) = A\bigl(e_1(s)\bigr)$ である．このとき，$e_2(s), \overline{e}_2(s)$ の定義から $\overline{e}_2(s) = A\bigl(e_2(s)\bigr)$ となる．したがって (c) より

$$\text{(d)} \qquad \overline{C}(s) = \overline{C}(s_0) + (s - s_0)\,\overline{e}_1(s_0) + \frac{1}{2}(s - s_0)^2\,\kappa(s_0)\,\overline{e}_2(s_0) + O\bigl((s - s_0)^3\bigr)$$

が得られる．(b) と (d) を比較することにより，$\overline{\kappa}(s_0) = \kappa(s_0)$ となる*．$s_0$ は任意にとったものであるから，任意の $s$ について $\overline{\kappa}(s) = \kappa(s)$ である．□

それでは，**「フルネ-セレの公式で定義された曲率」の絶対値が，「曲率半径」の逆数に等しいことを示そう****

**定理 1.5.2**

$$\Bigl|（\text{定義 1.4.4 で定義された}）\textbf{曲率}\Bigr| = （\text{定義 1.1.2 で定義された}）\textbf{曲率}$$

すなわち

---

* (b) と (d) より，$\frac{1}{2}(s - s_0)^2\,\overline{\kappa}(s_0)\,\overline{e}_2(s_0) + O\bigl((s - s_0)^3\bigr) = \frac{1}{2}(s - s_0)^2\,\kappa(s_0)\,\overline{e}_2(s_0) + O\bigl((s - s_0)^3\bigr)$ となるが，この両辺を $\frac{1}{2}(s - s_0)^2 (\neq 0)$ で割って整理すると $\bigl(\overline{\kappa}(s_0) - \kappa(s_0)\bigr)\,\overline{e}_2(s_0) = O\bigl((s - s_0)\bigr)$ となる．そこで $s \to s_0$ のときの極限をとると $\bigl(\overline{\kappa}(s_0) - \kappa(s_0)\bigr)\,\overline{e}_2(s_0) = 0$，ゆえに，$\overline{\kappa}(s_0) = \kappa(s_0)$ が得られる．

** 12 ページの事例でふれたように，「道路の曲がりぐあい」で考えてみると，「曲率半径」だけからは，道が左に曲がっているのか，あるいは，右に曲がっているのかはわからない．一方，「フルネ-セレの公式で定義された曲率」では，進行方向のベクトル $e_1(s)$ に対して，左手側の方向のベクトル $e_2(s)$ を基準にとっているので，曲率は符号つきで与えられている．実際，曲率は

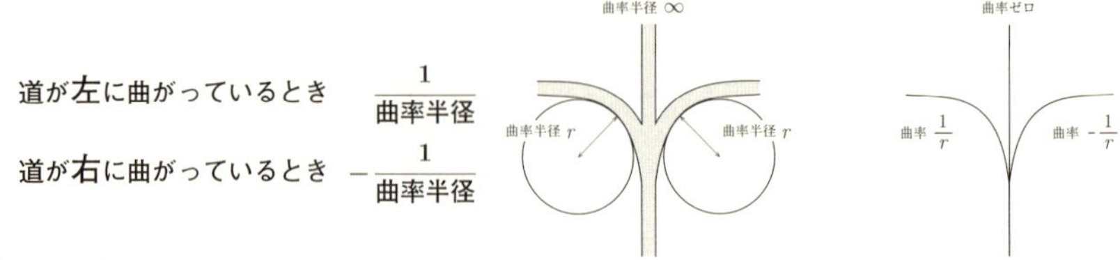


となっている．

$$\left|（定義 1.4.4 で定義された）\textbf{曲率}\right| = \frac{1}{（定義 1.1.1 で定義された）\textbf{曲率半径}}$$



**証明**　任意の $s$ を 1 つとって固定し，それを $s_0$ とする．命題 1.4.5 により，$s = s_0$ の近くで，

$$C(s) = C(s_0) + (s - s_0)\, e_1(s_0) + \frac{1}{2}(s - s_0)^2\, \kappa(s_0)\, e_2(s_0) + O\big((s - s_0)^3\big)$$

と書ける．回転と平行移動をしてやることにより，

$$C(s_0) = \begin{pmatrix} 0 \\ 0 \end{pmatrix}$$

$$e_1(s_0) = \begin{pmatrix} 1 \\ 0 \end{pmatrix}$$

$$e_2(s_0) = \begin{pmatrix} 0 \\ 1 \end{pmatrix}$$



であるとしてよい*．そこで，

$$C(s) = \begin{pmatrix} x(s) \\ y(s) \end{pmatrix}$$

と書くと，

$$\begin{pmatrix} x(s) \\ y(s) \end{pmatrix} = (s - s_0)\begin{pmatrix} 1 \\ 0 \end{pmatrix} + \frac{1}{2}(s - s_0)^2\, \kappa(s_0)\begin{pmatrix} 0 \\ 1 \end{pmatrix} + O\big((s - s_0)^3\big)$$

---

* 証明すべき等式の左辺の「フルネ-セレの公式で現れた曲率」は，命題 1.5.1 により，「回転と平行移動の合成からなる変換」で不変であり，また，右辺の「曲率半径」も，定義から明らかにそのような変換で不変であるからである．（ここで，「変換で不変」というのは，変換する前と変換した後で値が変わらないということ．）このように，考えているすべての変換で不変な量のことを**不変量** (**invariant**) と呼ぶ．例えば，長さや面積は，回転と平行移動の合成からなるすべての変換で不変な不変量である．ユークリッド幾何学は，このような不変量，さらに，もっと一般に，「回転と平行移動の合成からなる変換で不変な性質」を調べる学問であるといえる．これは，「変換群による幾何学の特徴づけ」を与えたクライン (F. Klein) による「エルランゲン・プログラム」(1872 年発表）の思想の一例である．

$$= \begin{pmatrix} (s-s_0) + O\big((s-s_0)^3\big) \\ \frac{1}{2}\kappa(s_0)(s-s_0)^2 + O\big((s-s_0)^3\big) \end{pmatrix},$$

すなわち，

$$\text{(a)} \qquad x(s) = (s-s_0) + O\big((s-s_0)^3\big)$$

$$\text{(b)} \qquad y(s) = \frac{1}{2}\,\kappa(s_0)\,(s-s_0)^2 + O\big((s-s_0)^3\big)$$

である．このとき，次が成り立つ．

**主張 A** 上記の状況において，この曲線は，$x=0$ の近くで，

$$(*) \qquad y = \frac{1}{2}\,\kappa(s_0)\,x^2 + O(x^3)$$

と表される*

**主張 A の証明** (a) により $x'(s_0) = 1 \neq 0$ であるから，$s = s_0$ の近くで $x(s)$ の逆関数 $s = s(x)$ が存在する．そこで，

$$(\sharp) \qquad \begin{cases} x(s) &= (s-s_0) &+ f(s) \\ s(x) - s_0 &= x &+ g(x) \end{cases}$$

とおく**．このとき

$$(\sharp\sharp) \qquad g(x) = O\big(x^2\big)$$

であることを証明しよう．これには $g(0) = g'(0) = 0$ であることを示せばよい．まず，(a) より $f(s) = O\big((s-s_0)^3\big)$ となり，$f(s_0) = f'(s_0) = f''(s_0) = 0$ であることを注意しておく．$s(x)$ が $x(s)$ の逆関数であり，また，$x(s_0) = 0$ であるから，$s(0) = s_0$

---

* これは，$x=0$ の近くでは，この曲線が放物線

$$(**) \qquad y = \frac{1}{2}\,\kappa(s_0)\,x^2$$

で近似できることを示している．一方，放物線の $x=0$ での曲率は，例 1.1.4 で計算されていて，もし，考えている曲線が放物線 (**) なら，その曲率は $|\kappa(s_0)|$ となり証明が終わる．実際には (*) のように，余分な項 $O(x^3)$ がついているが，この場合も，例 1.1.4 での議論と同様にして，計算することができる．この議論が主張 A の証明の後にある定理 1.5.2 の証明の残りの部分である．

** ここでは，何もムズカシイことはやっていない．関数 $f(s)$ と関数 $g(x)$ を

$$f(s) = x(s) - (s-s_0)$$
$$g(x) = (s(x) - s_0) - x$$

とおいただけである．

である．したがって，(♯) の第 2 式で $x=0$ とおくと，$g(0)=0$ が得られる．また，(♯) の 2 式の両辺を，それぞれ $s, x$ で微分することにより

$$\begin{cases} x'(s_0) &= 1 + f'(s_0) \\ s'(0) &= 1 + g'(0) \end{cases}$$

となるが，$f'(s_0)=0$ であることに注意すれば，$x'(s_0)=1$ である．したがって，逆関数の微分の公式より $s'(0)=\dfrac{1}{x'(s_0)}=1$ となり，上式より $g'(0)=0$ が得られる．以上で，(♯♯) が示された．ゆえに，(♯♯) と (♯) の第 2 式より

(♯♯♯)
$$s(x)-s_0 = x + O(x^2)$$

となる．(b) に，逆関数 $s=s(x)$ を代入し，さらに (♯♯♯) を用いると，$(*)$ が得られる．以上で，主張 A の証明が終わった．□

定理 1.5.2 の証明を続けよう．これには，$\left|\kappa(s_0)\right| = \dfrac{1}{(s=s_0\text{ における})\text{曲率半径}}$ であることを示せばよい．まず，$\kappa(s_0)\neq 0$ の場合を考える．点 $C(s_0)=(0,0)$ であるから，曲線 $(*)$ の原点 $(0,0)$ における曲率円を求める．曲線 $(*)$ 上の 3 点 $(0,0)$, $\left(\varepsilon,\ \dfrac{1}{2}\kappa(s_0)\varepsilon^2+O(\varepsilon^3)\right)$, $\left(-\varepsilon,\ \dfrac{1}{2}\kappa(s_0)\varepsilon^2+O(\varepsilon^3)\right)$ を通る円は

$$x^2+\left(y-\frac{\kappa(s_0)^2\varepsilon^2+4}{4\kappa(s_0)}+O(\varepsilon^3)\right)^2=\left(\frac{\kappa(s_0)^2\varepsilon^2+4}{4\kappa(s_0)}+O(\varepsilon^3)\right)^2$$

であり，$\varepsilon$ を 0 に近づけたときの極限をとると

$$x^2+\left(y-\frac{1}{\kappa(s_0)}\right)^2=\left(\frac{1}{\kappa(s_0)}\right)^2$$

となる．これが $(*)$ の原点における曲率円である．したがって，

$$\text{曲率半径}=\frac{1}{\left|\kappa(s_0)\right|}$$

となり，求める関係式が得られた．最後に，$\kappa(s_0)=0$ の場合を調べてみよう．この場合は，曲線 $(*)$ は $y=O(x^3)$ となるので，曲線 $(*)$ の原点での曲率円は直線（$x$ 軸）であることが容易に確かめられる．したがって，曲率半径は無限大となり，この場合も

$$\left|\kappa(s_0)\right|=0=\frac{1}{\infty}=\frac{1}{\text{曲率半径}}$$

となって，求める関係式が成り立つ．□

この節を終わる前に，弧長パラメーターで表示されて**いない**場合の，平面曲線の曲率を計算してみよう．以下の計算では，パラメーターのとりかえにより，曲線 $C$ は，$C(s)$ というように弧長パラメーター表示されていると見たり，$C(t)$ というように一般のパラメーターで表示されているものと見なしたりする．このとき，$C$ の微分が，弧長パラメーター $s$ に関するものなのか，一般のパラメーター $t$ に関するものなのか，判別がつかなくなるので，“慣習” にしたがって

$$s\text{ による微分を }{}' \quad \left(\text{例えば，} C' = \frac{dC}{ds},\ C'' = \frac{d^2C}{ds^2}\right)$$

$$t\text{ による微分を }\dot{} \quad \left(\text{例えば，} \dot{C} = \frac{dC}{dt},\ \ddot{C} = \frac{d^2C}{dt^2}\right)$$

で表すことにする．

′ と ・ のちがい

このとき，合成関数の微分法より，

$$C'(s) = \dot{C}(t(s))\,\frac{dt}{ds}(s)$$

$$C''(s) = \left(\dot{C}(t(s))\,\frac{dt}{ds}(s)\right)' = \ddot{C}(t(s))\,\left(\frac{dt}{ds}(s)\right)^2 + \dot{C}(t(s))\,\frac{d^2t}{ds^2}(s)$$

が成り立つことに注意しておく*．さて，次の結果は弧長パラメーターとは限らないパラメーターのときの曲率の計算公式である．

**命題 1.5.3**

$$C(t) = \big(x(t),\, y(t)\big)$$

のとき，

$$\kappa(t) = \frac{\dot{x}(t)\,\ddot{y}(t) - \ddot{x}(t)\dot{y}(t)}{\big(\dot{x}(t)^2 + \dot{y}(t)^2\big)^{\frac{3}{2}}}.$$

* これらの式において，パラメーター $t$ は $s$ の関数 $t = t(s)$ として計算している．

である．特に，弧長パラメーター $s$ で

$$C(s) = \bigl(x(s),\, y(s)\bigr)$$

と表示されているときは，

$$\kappa(s) = x'(s)\, y''(s) - x''(s)\, y'(s).$$

となる．

**証明**　まず，弧長パラメーター $s$ の場合を示し，その後，一般のパラメーター $t$ の場合を証明する．

(I)　弧長パラメーター $s$ の場合

$$C(s) = \bigl(x(s),\, y(s)\bigr)$$

より，

$$e_1(s) = C'(s) = \bigl(x'(s),\, y'(s)\bigr)$$

$$e_1(s) \xrightarrow[\text{90 度回転}]{\text{反時計回りに}} e_2(s)$$

である．反時計回りに 90 度の回転を与える行列は，

$$\begin{pmatrix} \cos\dfrac{\pi}{2} & -\sin\dfrac{\pi}{2} \\ \sin\dfrac{\pi}{2} & \cos\dfrac{\pi}{2} \end{pmatrix} = \begin{pmatrix} 0 & -1 \\ 1 & 0 \end{pmatrix}$$

であるから，

$$e_2(s) = \begin{pmatrix} 0 & -1 \\ 1 & 0 \end{pmatrix} \begin{pmatrix} x'(s) \\ y'(s) \end{pmatrix} = \begin{pmatrix} -y'(s) \\ x'(s) \end{pmatrix}$$

となる．いきなり縦（たて）ベクトルになったが，本当ははじめから，ベクトルは縦（たて）に書いておきたかったのを，スペースの節約のために横（よこ）にしていただけで，したがって，

$$e_2(s) = \bigl(-y'(s),\, x'(s)\bigr)$$

と再び横（よこ）になる．別に疲れて横（よこ）になっているわけではない．

平面曲線の曲率 $\kappa(s)$ は，定義より $e_1'(s) = \kappa(s)e_2(s)$ であるが，$e_1(s) = C'(s)$ であることに注意すると

$$C''(s) = \kappa(s)\, e_2(s)$$

となる．この両辺に $e_2(s)$ を内積して，$e_2(s)$ が単位ベクトルであることを用いると，$C''(s)\cdot e_2(s) = \kappa(s)$ が得られる．したがって

$$\begin{aligned}\kappa(s) &= C''(s)\cdot e_2(s)\\ &= \text{ベクトル}\bigl(x''(s),\, y''(s)\bigr)\text{とベクトル}\bigl(-y'(s),\, x'(s)\bigr)\text{の内積}\\ &= x'(s)\, y''(s) - x''(s)\, y'(s)\end{aligned}$$

となり，求める表示式が得られた．

(II) 一般のパラメーター $t$ の場合

パラメーターのとりかえにより，$t$ は $s$ の関数 $t = t(s)$ と見ることができる．（また，$t$ と $s$ は同じ向きとしてよい．）このとき，合成関数の微分法より

(1) $$x'(s) = \frac{dx}{ds}(s) = \frac{dx}{dt}(t(s))\,\frac{dt}{ds}(s) = \dot{x}(t(s))\,\frac{dt}{ds}(s)$$

であり，さらに，

(2) $$x''(s) = \frac{dx'(s)}{ds} = \frac{d}{ds}\left(\dot{x}(t(s))\frac{dt}{ds}(s)\right) = \ddot{x}(t(s))\left(\frac{dt}{ds}(s)\right)^2 + \dot{x}(t(s))\frac{d^2t}{ds^2}(s)$$

である．ここで，$s$ と $t$ が同じ向きであることから，$\dfrac{dt}{ds}(s) > 0$ であることに注意すると，

(3) $$\frac{dt}{ds}(s) = \frac{1}{\|\dot{C}(t(s))\|} = \frac{1}{\sqrt{\dot{x}(t(s))^2 + \dot{y}(t(s))^2}}$$

$$\left(\because\ 1 = \|C'(s)\| = \left\|\frac{dC}{dt}(t(s))\,\frac{dt}{ds}(s)\right\| = \frac{dt}{ds}(s)\left\|\frac{dC}{dt}(t(s))\right\| = \frac{dt}{ds}(s)\|\dot{C}(t(s))\|\right)$$

となる．ここで，$s = s(t)$ だから

$$\kappa(t) = \kappa(s(t))\ ^*$$

$$
\begin{aligned}
&= x'(s(t))\,y''(s(t)) - x''(s(t))\,y'(s(t)) \\
&= \dot{x}(t)\,\frac{dt}{ds}(s(t))\left(\ddot{y}(t)\left(\frac{dt}{ds}(s(t))\right)^2 + \dot{y}(t)\,\frac{d^2t}{ds^2}(s(t))\right) \\
&\qquad - \left(\ddot{x}(t)\left(\frac{dt}{ds}(s(t))\right)^2 + \dot{x}(t)\,\frac{d^2t}{ds^2}(s(t))\right)\dot{y}(t)\,\frac{dt}{ds}(s(t))\ ^{\dagger}
\end{aligned}
$$

((1), (2)，および，それらにおいて $x$ を $y$ にとりかえたものより)

$$
\begin{aligned}
&= \left(\dot{x}(t)\,\ddot{y}(t) - \ddot{x}(t)\,\dot{y}(t)\right)\left(\frac{dt}{ds}(s(t))\right)^3 \\
&\overset{(3)\text{より}}{=} \frac{\dot{x}(t)\,\ddot{y}(t) - \ddot{x}(t)\dot{y}(t)}{\left(\dot{x}(t)^2 + \dot{y}(t)^2\right)^{\frac{3}{2}}}
\end{aligned}
$$

となる．

以上で，命題 1.5.3 の証明が終わった．□

最後に，具体的な例で曲率を計算してみよう．

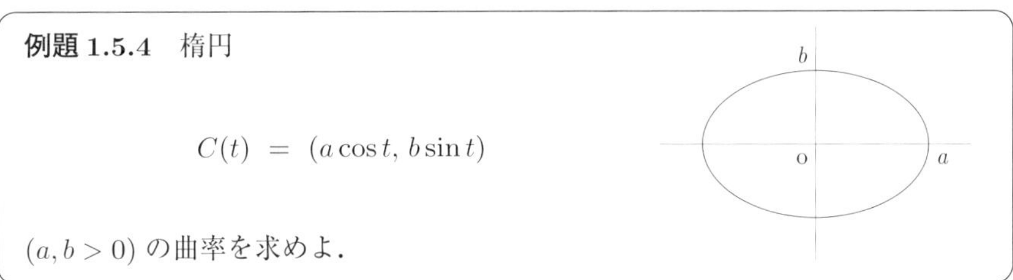


**例題 1.5.4**　楕円

$$
C(t) \ = \ (a\cos t,\, b\sin t)
$$

$(a, b > 0)$ の曲率を求めよ．

（解答例）

$$
\dot{C}(t) = \left(\dot{x}(t),\, \dot{y}(t)\right) = (-a\sin t,\, b\cos t)
$$

---

*（前ページ）（$\kappa(t) = \kappa(s(t))$ という書き方に違和感を覚えた人のために）この違和感は，曲率 $\kappa$ を $s$ の関数と見たときも $t$ の関数と見たときも同じ $\kappa$ という記号を用いていることに原因がある．曲率 $\kappa$ を $s$ の関数と見たときは $\kappa(s)$ と書き，$t$ の関数と見たときは $\tilde{\kappa}(t)$ とでも書くことにすれば，この部分の記述は $\tilde{\kappa}(t) = \kappa(s(t))$ となり，すんなりと受け入れられるに違いない．

† 式 (2), (3) においては $t$ は $s$ の関数 $t = t(s)$ と見ていたが，ここでは $s$ を $t$ の関数 $s = s(t)$ と見ている．関数 $t = t(s)$ と関数 $s = s(t)$ は互いに他の逆関数であるから，$\boldsymbol{t(s(t)) = t}$, $\boldsymbol{s(t(s)) = s}$ である．したがって，パラメーター $s$ のほうを $t$ の関数 $s = s(t)$ として見るなら，式 (2), (3) はそれぞれ

$$
(2) \qquad x''(s(t)) = \ddot{x}(t)\left(\frac{dt}{ds}(s(t))\right)^2 + \dot{x}(t)\,\frac{d^2t}{ds^2}(s(t))
$$

$$
(3) \qquad \frac{dt}{ds}(s(t)) = \frac{1}{\sqrt{\dot{x}(t)^2 + \dot{y}(t)^2}}
$$

となる．

$$\ddot{C}(t) = \big(\ddot{x}(t),\, \ddot{y}(t)\big) = (-a\cos t,\, -b\sin t)$$

である．これらを命題 1.5.3 の公式に代入して計算すると

$$\kappa(t) = \frac{ab\sin^2 t + ab\cos^2 t}{\big(a^2\sin^2 t + b^2\cos^2 t\big)^{\frac{3}{2}}} = \frac{ab}{\big(a^2\sin^2 t + b^2\cos^2 t\big)^{\frac{3}{2}}}$$

となる．□

## 1.6 平面曲線のまとめ

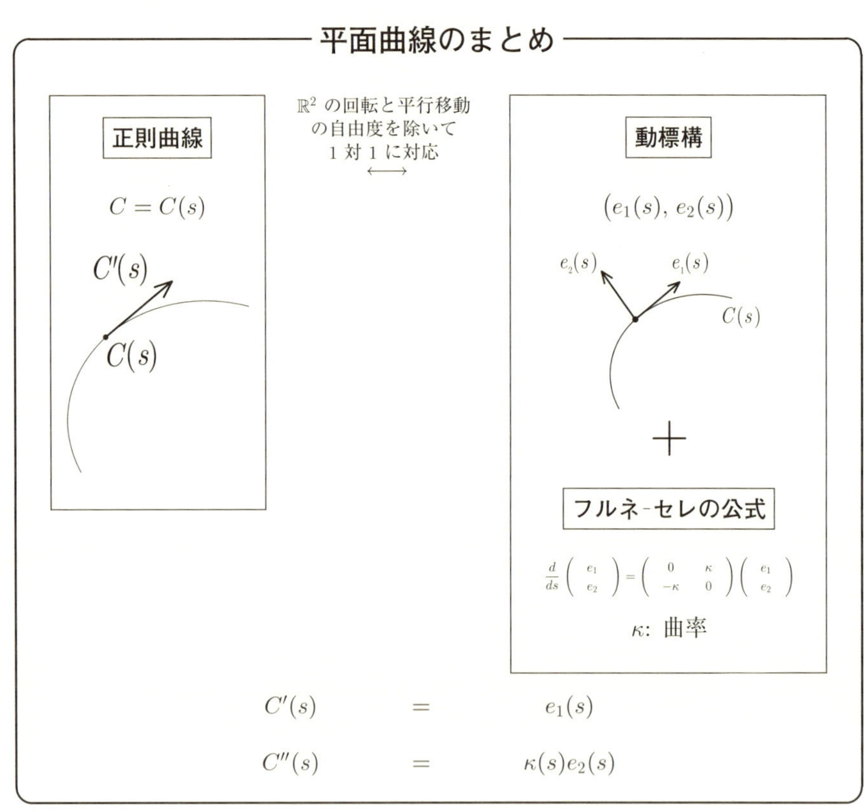

やっと終わった，第1章が・・・

## 1.7 補足（飛ばしちゃってもよいけど，気になる人は読んでね）

定理 1.4.7 の“与えられた曲率をもつ曲線が存在する”の証明において，与えられた曲率 $\kappa(s)$ から

曲率 $\kappa(s)$ $\underset{\substack{\text{フルネ-セレの公式を}\\ e_1(s),e_2(s)\text{についての}\\ \text{微分方程式と見なして解く}}}{\Longrightarrow}$ $e_1(s),\, e_2(s)$ $\underset{\substack{\frac{dC}{ds}(s)=e_1(s)\text{を}\\ C(s)\text{についての}\\ \text{微分方程式と見なして解く}}}{\Longrightarrow}$ 曲線 $C(s)$

という流れで，曲線 $C(s)$ を得た．こうして得られた曲線 $C(s)$ の曲率が $\kappa(s)$ になっているためには，微分方程式の解 $e_1(s)$, $e_2(s)$ が曲線 $C(s)$ の動標構になっていることを確認する必要がある．そのためには次を示せばよい．

**補題 1.7.1**

(1) ベクトル $e_1(s), e_2(s)$ の大きさが 1 である．

(2) ベクトル $e_2(s)$ は，ベクトル $e_1(s)$ を反時計回りに 90 度回転したものである．（特に，ベクトル $e_1(s), e_2(s)$ は直交している．）

$C'(s) = e_1(s)$ であることは $C(s)$ の作り方から明らかであるから*，上記の補題が示されれば，$e_1(s), e_2(s)$ は曲線 $C(s)$ の動標構であることがわかる．

以下，この補題を示そう．

$$\begin{cases} f(s) &= e_1(s)\cdot e_2(s) \\ g(s) &= \|e_1(s)\|^2 - \|e_2(s)\|^2 = e_1(s)\cdot e_1(s) - e_2(s)\cdot e_2(s) \end{cases}$$

とおく．このとき，フルネ-セレの公式（定理 1.4.6）を考慮すれば

$$\begin{aligned} f'(s) &= e_1'(s)\cdot e_2(s) + e_1(s)\cdot e_2'(s) \\ &= \kappa(s)e_2(s)\cdot e_2(s) + e_1(s)\cdot(-\kappa(s)e_1(s)) \\ &= -\kappa(s)(\|e_1(s)\|^2 - \|e_2(s)\|^2) \\ &= -\kappa(s)g(s) \\ g'(s) &= 2e_1(s)\cdot e_1'(s) - 2e_2(s)\cdot e_2'(s) \\ &= 4\kappa(s)e_1(s)\cdot e_2(s) \\ &= 4\kappa(s)f(s) \end{aligned}$$

* $C(s)$ は $C'(s) = e_1(s)$ を微分方程式と見たときの解だから，この式を満たすことは明らかである．

となる．したがって

$$\begin{cases} f'(s) &= -\kappa(s)g(s) \\ g'(s) &= 4\kappa(s)f(s) \end{cases}$$

すなわち，

$$\frac{d}{ds}\begin{pmatrix} f(s) \\ g(s) \end{pmatrix} = \begin{pmatrix} 0 & -\kappa(s) \\ 4\kappa(s) & 0 \end{pmatrix}\begin{pmatrix} f(s) \\ g(s) \end{pmatrix}$$

となる．また，

$$\begin{pmatrix} f(0) \\ g(0) \end{pmatrix} = \begin{pmatrix} e_1(0)\cdot e_2(0) \\ \|e_1(0)\|^2 - \|e_2(0)\|^2 \end{pmatrix} = \begin{pmatrix} 0 \\ 0 \end{pmatrix}$$

であるから，

$$\begin{cases} u_1(s) &= f(s) \\ u_2(s) &= g(s) \end{cases}$$

は初期値問題

$$\begin{cases} \dfrac{d}{ds}\begin{pmatrix} u_1(s) \\ u_2(s) \end{pmatrix} &= \begin{pmatrix} 0 & -\kappa(s) \\ 4\kappa(s) & 0 \end{pmatrix}\begin{pmatrix} u_1(s) \\ u_2(s) \end{pmatrix} \\ \begin{pmatrix} u_1(0) \\ u_2(0) \end{pmatrix} &= \begin{pmatrix} 0 \\ 0 \end{pmatrix} \end{cases}$$

の解である．一方，

$$\begin{cases} u_1(s) &= 0 \quad (\text{定数関数}) \\ u_2(s) &= 0 \quad (\text{定数関数}) \end{cases}$$

も，上記の初期値問題の解であることは明らかである．ところが初期値問題の解の一意性（定理 A.5.1）から，これら 2 つの解は一致しなければならないので，

$$\begin{cases} f(s) &= 0 \quad (\text{定数関数}) \\ g(s) &= 0 \quad (\text{定数関数}) \end{cases}$$

すなわち，

$$\begin{cases} e_1(s)\cdot e_2(s) = 0 \\ \|e_1(s)\| = \|e_2(s)\| \end{cases}$$

となる．このとき，さらに

$$\frac{d}{ds}\|e_1(s)\|^2 = \frac{d}{ds}\left(e_1(s)\cdot e_1(s)\right) = 2e_1(s)\cdot e_1'(s) \overset{\text{フルネ-セレの公式より}}{=} 2\kappa(s)e_1(s)\cdot e_2(s) = 0$$

となるから，$\|e_1(s)\|$ は $s$ によらない定数になるが，$\|e_1(0)\| = 1$ に注意すると $\|e_1(s)\| = 1$ である．このようにして，$e_1(s)\cdot e_2(s) = 0$，$\|e_1(s)\| = \|e_2(s)\| = 1$ であることがわかった．$e_2(s)$ が $e_1(s)$ を反時計回りに 90 度回転したものであることは，$s = 0$ において $e_2(0)$ が $e_1(0)$ を反時計回りに 90 度回転したものであることから明らかである．（任意の $s$ に対して $e_1(s)$ と $e_2(s)$ は直交しているから，そうなっていないとすると $s = 0$ から $s$ を増加させていくと，どこかで「**反時計回りに** 90 度回転したもの」から「**時計回りに** 90 度回転したもの」へ“不連続に飛ぶ”という状況になってしまう.）以上で補題の証明が終わった.

## 1.8　演習問題

[1]　**懸垂線**（けんすいせん） (catenary)*

$$C(t) \;=\; \left(t,\, a\cosh\left(\frac{t}{a}\right)\right)$$

の曲率を求めよ．$(a > 0)$

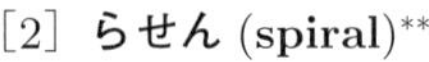
[2]　**らせん** (spiral)**

$$C(t) \;=\; (at\cos t,\, at\sin t)$$

の曲率を求めよ．$(a > 0)$

[3]　**対数らせん** (logarithmic spiral)†

$$C(t) \;=\; (ae^{bt}\cos t,\, ae^{bt}\sin t)$$

の曲率を求めよ．$(a,\, b > 0)$

---

* ひもの両端を手に持ったとき，ひもが垂れ下がってできる曲線である．「懸垂」という名称も，そのあたりから来ている．

** **アルキメデス (Archimedes) のらせん** とも呼ぶ．ちなみに，「らせん」は漢字で書くと「螺旋」だが，ムズカシイのでひらがなで書くことにする．

† **ベルヌーイ (Bernoulli) のらせん** とも呼ぶ．巻き貝の形など，自然界で見られる「らせん」は，対数らせんであるという説もある．

[4] **双曲らせん (hyperbolic spiral)**

$$C(t) \;=\; \left(\frac{a}{t}\cos t,\; \frac{a}{t}\sin t\right)$$

の曲率を求めよ．$(a>0)$

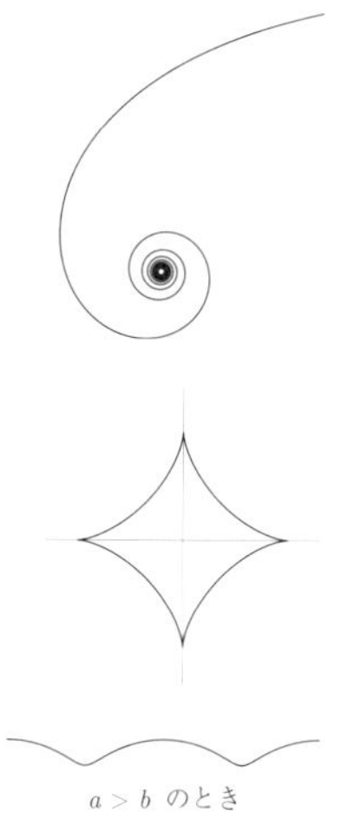

[5] **アステロイド (asteroid)**[*]

$$C(t) \;=\; (a\cos^3 t,\; a\sin^3 t)$$

の曲率を求めよ．$(a>0)$

[6] **トロコイド (trochoid)**[**]

$$C(t) \;=\; (at - b\sin t,\; a - b\cos t)\ ^{\dagger}$$

の曲率を求めよ．$(a, b>0)$

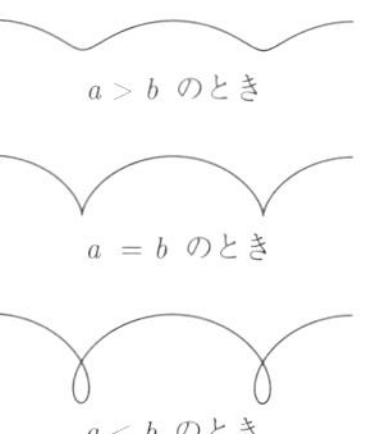


---

[*] 陰関数で表示すると，$x^{\frac{2}{3}}+y^{\frac{2}{3}}=a^{\frac{2}{3}}$ である．

[**] 「とろい（にぶい）」という言葉は，関西では「とろこい」ともいい，「君は，とろいぞー」は，

**「おまえ，とろこいどー」**

とも表現される．(注意：「とろこい」というのは関西弁だと信じていたのだが，どうも阿波弁(あわべん)らしい．そういえば，うちのオヤジは徳島出身だったからなぁ．)

[†] 円板を縦に転がしたとき，円板上（あるいは，円板の外）の1点が描く軌跡である．

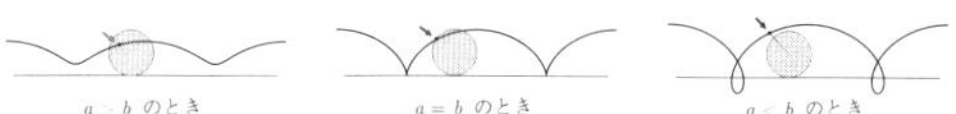


特に $a=b$ の場合を**サイクロイド (cycloid)** という．サイクロイドは，最短降下線あるいは最速降下線とも呼ばれる．坂道で同じ高さから，ボールをころがしていくとき，坂道の断面がサイクロイドのときが最も短い時間でころがり落ちるからである．

最も短い時間でころがり落ちる

[7] **レムニスケート (lemniscate)***

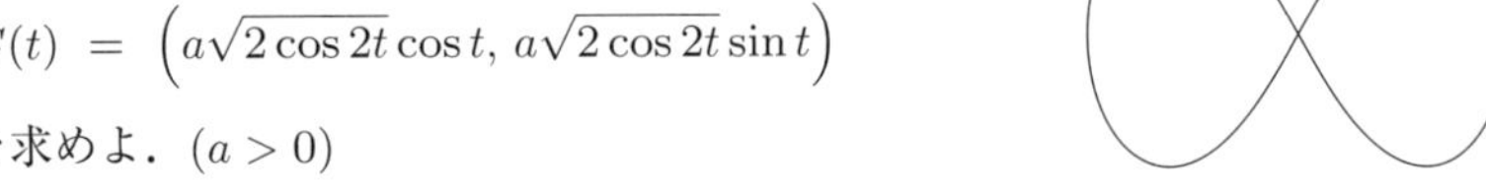

$$C(t) \;=\; \left(a\sqrt{2\cos 2t}\cos t,\, a\sqrt{2\cos 2t}\sin t\right)$$

の曲率を求めよ．$(a > 0)$

[8] **デカルト (Descartes) の葉線(ようせん)****

$$C(t) \;=\; \left(\frac{3at}{1+t^3},\, \frac{3at^2}{1+t^3}\right)$$

の曲率を求めよ．$(a > 0)$

[9] **カルジオイド (cardioid)†**

$$C(t) \;=\; \big(a(1+\cos t)\cos t,\, a(1+\cos t)\sin t\big)$$

の曲率を求めよ．$(a > 0)$

[10] 平面曲線 $C(s) = (x(s), y(s))$ があったとき（$s$ は，曲線 $C$ の弧長パラメーター)，正の実数 $a$ に対して，

$$\overline{C}(s) = aC(s) = (ax(s), ay(s))$$

とおくと，$\overline{C}$ も平面曲線である．

(1) 曲線 $\overline{C}$ の弧長パラメーターを $\overline{s}$ とするとき，(ただし，$s = 0$ が $\overline{s} = 0$ に対応するように，言いかえると，$aC(0) = \overline{C}(0)$ であるように，弧長パラメーター $\overline{s}$ をとる）

$$\overline{s} \;=\; as$$

であることを示せ．

---

* 距離が $2a$ だけ離れた 2 点に対して，その 2 点からの距離の**積**が $a^2$ で一定である点の軌跡である．ここでの曲線の表示は，正確には，レムニスケートの一部（右半分）である．左半分は，$C(t) = \left(-a\sqrt{2\cos 2t}\cos t,\, -a\sqrt{2\cos 2t}\sin t\right)$ また，陰関数で表示すると，$(x^2+y^2)^2 = 2a^2(x^2-y^2)$ である．ちなみに，2 点からの距離の**和**が一定である点の軌跡は楕円であり，2 点からの距離の**差**が一定である点の軌跡は双曲線となる．

** 陰関数で表示すると，$x^3 + y^3 = 3axy$ となる．

† 「カージオイド」ともいう．「ハート (♡)」が横になった形から，「心臓形」とも訳される．(「心臓」という言葉がこんなところに急に出てくると，少しドキッとして，心臓に悪い．）陰関数で表示すると，$(x^2+y^2-ax)^2 = a^2(x^2+y^2)$ となる．

(2) 曲線 $\overline{C}(\overline{s})$ の曲率を $\overline{\kappa}(\overline{s})$ とするとき,

$$\overline{\kappa}(\overline{s}) \;=\; \frac{1}{a}\,\kappa(s)$$

であることを示せ[*].

[11] 平面曲線に対して,その曲率円の中心の軌跡を **縮閉線** (evolute) と呼ぶ[**]. 曲線 $C(t) = \big(x(t),\, y(t)\big)$ の縮閉線を $x(t),\, y(t)$, および, それらの微分で表せ.

************************

ここで,次の問題の準備として,少し用語の定義を書いておこう.

(1) (**なめらかな閉曲線**) なめらかな曲線 $C(t)$ $(t \in [a,\, b])$ のパラメーターの動く区間が $[a,\, b]$ より少し大きい区間 $[a-\varepsilon,\, b+\varepsilon]$ で定義され[†], 次の 2 条件を満たすとき, 曲線 $C(t)$ を **なめらかな閉曲線** (smooth closed curve) と呼ぶ[††].

(i) 端点 $C(a),\, C(b)$ が一致する, すなわち, $C(a) = C(b)$ である

---

[*] 言いかえると, "**$a$ 倍してできた曲線の曲率は, $\frac{1}{a}$ 倍になること**" に他ならない. これは, "**曲率は曲率円の逆数である**" という**基本的思想**に戻ると, 成り立つことが確信できる.

[**] 曲線 $C$ の縮閉線に対して, もとの曲線 $C$ を **伸開線** (involute) と呼ぶ.

[†] 少し大きい区間 $[a-\varepsilon,\, b+\varepsilon]$ に広げたのは, $t=a$ と $t=b$ における微分を考えたかったからである. これにより,「閉曲線の端点での "なめらかさ(微分可能性)"」を, 上記の条件 (ii) としてつけ加えることができる.

[††] **単に「閉曲線 (closed curve)」というときは,「なめらかさ(微分可能性)」を仮定せずに,「端点が一致する ($C(a) = C(b)$ である)」という条件だけで定義するのがふつうである.** この場合は, 下図のような「"一致する端点" で折れ曲がった曲線」も「閉曲線」となる. (これは「なめらかな閉曲線」ではない.) 単に「閉曲線」というときは, もっと一般に, 端点以外の点でも「なめらかさ」をまったく仮定しないような, 位相幾何学における「閉曲線」のことである. 状況に応じて対応しよう.

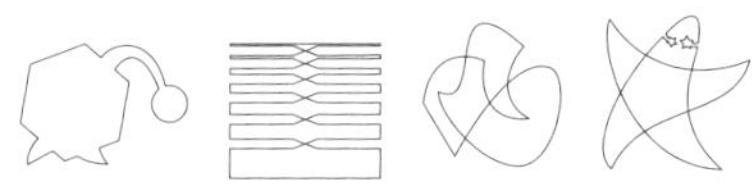

**なめらかでない閉曲線**

**「閉曲線」とは一般には「閉じた曲線」, すなわち,**
**「端点が一致した曲線」のことである.**

(ii) $a, b$ における微分がすべて一致する，すなわち，$C'(a) = C'(b)$，$C''(a) = C''(b)$，$C'''(a) = C'''(b)$，$\cdots$ である．

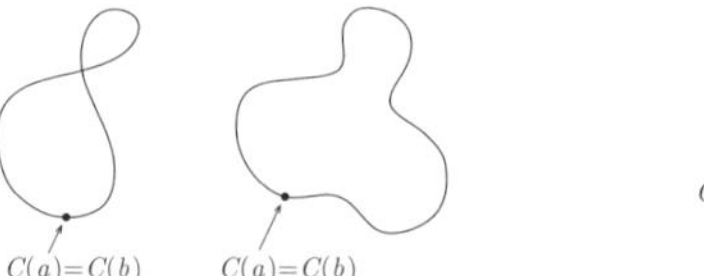


C(a)

C(b)

**なめらかな閉曲線**　　**閉曲線でない**

(2)（**なめらかな単純閉曲線**）曲線 $C(t)$ が自分自身と交わらないとき，すなわち，$t_1 \neq t_2$ ならば $C(t_1) \neq C(t_2)$ であるとき，曲線 $C(t)$ は**単純** (simple) であるという．なめらかな閉曲線が単純であるとき，その曲線は**なめらかな単純閉曲線** (simple closed curve) と呼ぶ*．

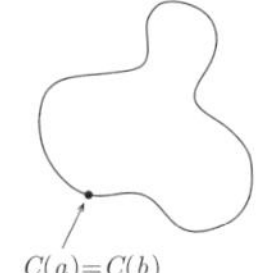


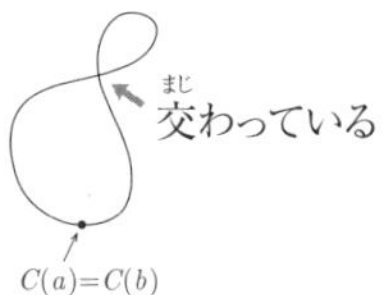


**なめらかな単純閉曲線**　　**（なめらかな）単純閉曲線ではない**

* **単に「単純閉曲線 (simple closed curve)」というときは，「なめらかさ（微分可能性）」を仮定せずに，「自分自身と交わらない」という条件だけで定義するのがふつうである．**（このような「なめらかさ」を仮定しない）「単純閉曲線」のことを**ジョルダン曲線** (Jordan curve) と呼ぶことも多い．

**なめらかでない単純閉曲線**

**「単純閉曲線」とは一般には，**
**「自分自身と交わらない閉曲線」のことである．**

なんか，説明がごちゃごちゃしているので，もう一度まとめておこう．

| | | |
|---|---|---|
| 閉曲線 | 端点が一致する曲線 | → なめらかなもの |
| 単純閉曲線<br>（ジョルダン曲線） | 自分自身と交わらない閉曲線 | → なめらかなもの |

平面上の（「なめらかな曲線」とは限らない）単純閉曲線 $C(t)$ は，その平面を**有界な**領域と**非有界な**領域の 2 つの領域に分けることが知られている．有界な領域のほうを曲線 $C$ の**内部** (interior) と呼び，非有界な領域のほうを曲線 $C$ の**外部** (exterior) と呼ぶ*．この事実は**ジョルダン** (Jordan) **の曲線定理**と呼ばれている**．

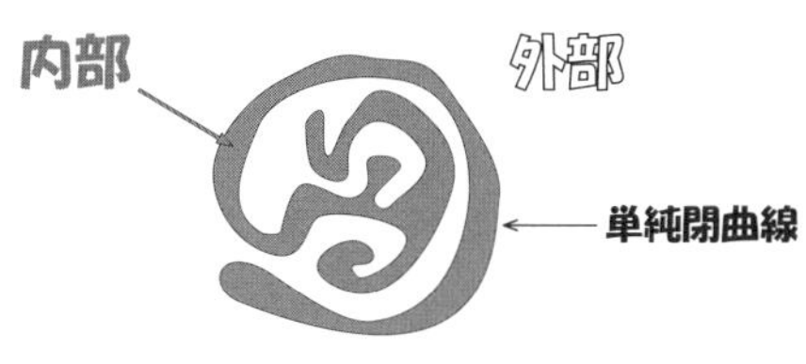


(3)（凸閉曲線）平面上の領域 $D$ が**凸**（とつ）であるとは，$D$ の任意の 2 点を結ぶ線分が $D$ に含まれるときをいう．なめらかな単純閉曲線の内部が凸であるとき，その曲線は**なめらかな凸閉曲線**であるという†．

* ある半径の円板の中にすっぽり含まれるとき，その領域は**有界** (bounded) であるといい，有界でないとき**非有界** (unbounded) であるという．

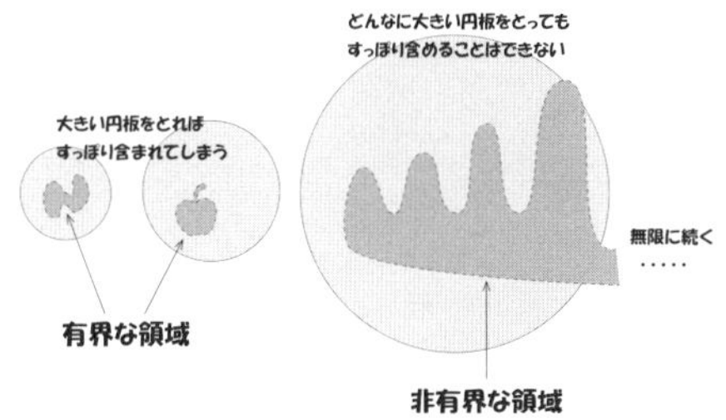


** 「『曲線が内部と外部の 2 つの部分に分けること』など，図を描けばほとんど明らかじゃないか」と思った人は，**「どんな単純閉曲線についても」という一般的記述の深遠さ**が把握できていない人である．実際，曲線といっても，例えば「正方形の内部を埋め尽くす（正方形の内部のどの点もその曲線が通る）連続曲線」というのがありますが，それがどのような曲線か想像できますか？（ペアノ曲線やヒルベルト曲線など．もちろんこれらは単純閉曲線ではない．ヒルベルト曲線については，114 ページを参照せよ．）このような“**病的な**例”が一般論の影に隠れていることを知っていれば，おいそれと「明らか」などという言葉を使う気にはならないでしょう．

† なめらかな凸閉曲線のことを**卵形線**（らんけいせん） (oval) とも呼ぶ．また，単に「凸閉曲線」というと，曲線がなめらかである必要ない．これは「閉曲線」や「単純閉曲線」の場合と同様である．

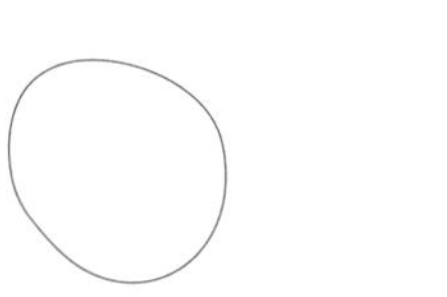
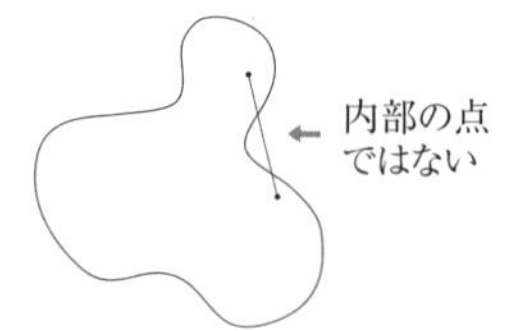


**凸閉曲線** **凸閉曲線でない**

＊＊＊＊＊＊＊＊＊＊＊＊＊＊＊＊＊＊＊＊＊＊＊

さて，曲線 $C(s)$ の曲率 $\kappa(s)$ の微分がゼロになる点，すなわち，$\kappa'(s_0)=0$ となるような点 $C(s_0)$ のことを，曲線 $C$ の**頂点**という*．このとき，次の定理が知られている．

**四頂点定理**

**平面上のなめらかな凸閉曲線には，少なくとも 4 つの頂点が存在する****．

「『四頂点定理』を証明せよ」というのは少しムズカシイので，とりあえず，次の問題をこの章の最後の演習問題とします．

[12]「平面上の凸閉曲線上には，少なくとも 2 つの頂点が存在する」ことを示せ．

余裕のある人は，残りの 2 つの頂点の存在をどうやって示すか，考えてみてください．この「残りの 2 つの頂点」の存在証明についても，[12] の略解の後（301 ページ）に書いておきました．

---

* 曲率 $\kappa(s)$ が極大値あるいは極小値になる点を曲線の頂点と呼ぶ流儀もある．（図形的には，こちらの定義のほうが "頂点" らしいかもしれない．）$\kappa(s)$ が極大値あるいは極小値ならば $\kappa'(s)=0$ となるので，ここでの定義 $(\kappa'(s)=0)$ のほうが広い意味である．

** この頂点の数の "4" という数字は最良である．実際，例えば，「（円でない）楕円はちょうど 4 つの頂点をもつ」ことが容易に確かめられる．

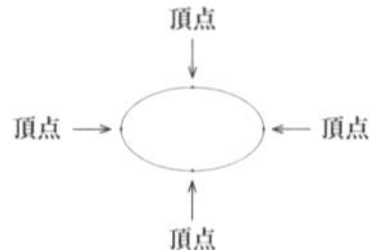


円は，すべての点が頂点である．（なぜなら，円の曲率 $\kappa(s)$ は定数関数であるから，その微分 $\kappa'(s)$ はいたるところゼロである．）

これまであつかってきた「曲率」などの概念は各点で定義され，曲線の**局所的な (local) 性質**を記述するものであったが，「四頂点定理」は「曲線上に 4 つの頂点がある」という，曲線全体を見渡した**大域的な (global) 性質**について述べるものである．このような「大域的性質」をあつかう微分幾何学を「大域的微分幾何学」と呼ぶこともある．

# 第2章

# 現在の地点

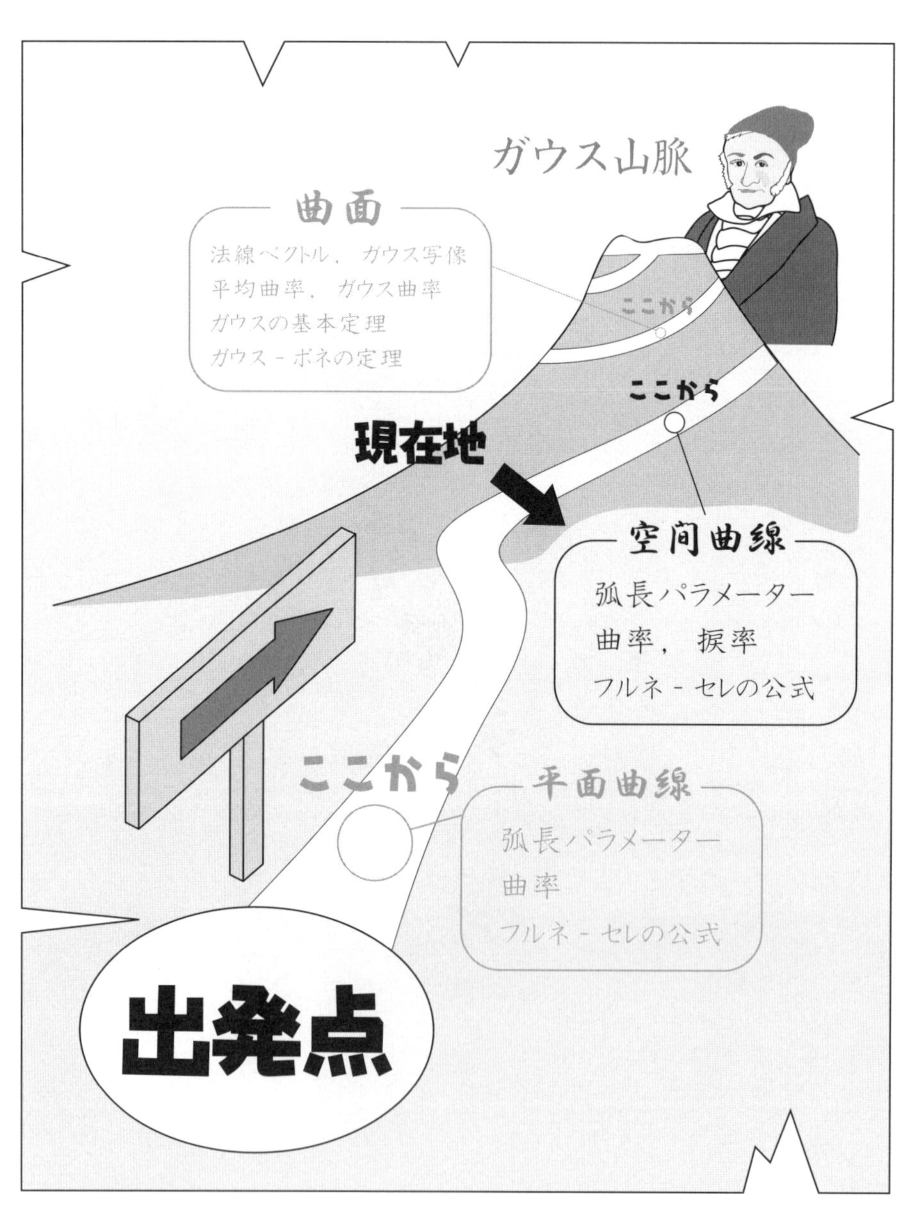

ガウス山脈
曲面
法線ベクトル，ガウス写像
平均曲率，ガウス曲率
ガウスの基本定理
ガウス－ボネの定理
ここから
ここから
現在地
空间曲線
弧長パラメーター
曲率，捩率
フルネ－セレの公式
ここから
平面曲線
弧長パラメーター
曲率
フルネ－セレの公式
出発点

この章では，空間内の曲線（空間曲線）をあつかいます．平面曲線と同様に，空間曲線に対しても，パラメーターつきで曲線を考え，**弧長パラメーター**による表示のもとで，空間曲線に対する**フルネ-セレ (Frenet-Serret) の公式**を導きます．この中に現れるのが，**曲率** (curvature) と**捩率** (torsion) という，2 つの重要な幾何学的量（パラメーターの関数）です．平面曲線の場合に基本となるのは「曲率」だけでしたが，空間曲線の場合は立体的になるので，“曲がる方向”の「曲率」に加えて，“ねじれる方向”の「捩率」が必要となります．空間曲線については，$\mathbb{R}^3$ の回転と平行移動の自由度を除いて，次の 3 つの主張は同じことがらを与えている[*]ことがわかります（定理 2.3.21 および 命題 2.3.22）：

(1) $\mathbb{R}^3$ の曲線を与えること，

(2) フルネ-セレの公式を与えること，

(3) 曲率と捩率を与えること．

「『フルネ-セレの公式』の鑑賞」と「『上記の 3 つの主張の同値性』の体験」が，この章の旅の主な目的です．旅の途中で，「曲率と捩率の基本的な性質」をいくつか見学し，具体的な計算で軽く汗を流しましょう．

## 2.1 正則曲線

前節の平面曲線（平面 $\mathbb{R}^2$ の曲線）の場合と同様に，空間 $\mathbb{R}^3$ の「曲線」や「正則曲線」などを考えることができる．（$\mathbb{R}^2$ のところが $\mathbb{R}^3$ に代わっただけで，定義はほとんど同じである．）

---

[*] 正確に述べると，「特殊な場合を除いては，この 3 つの主張が同値である」ということです．ここで，「特殊な場合」とは，$C''(s)=0$ となる点が存在する場合です。$C''(s)=0$ となる点では，$e_2(s)$ が一意的に定まらず，その点で動標構が“退化”してしまうからです．（後出の注意 2.3.7，注意 2.3.15 を参照してください．）

**定義 2.1.1（曲線）** 空間 $\mathbb{R}^3$ の**曲線** (curve) $C$ とは*，ある閉区間 $\mathrm{I} = [a, b]$ の任意の要素 $t$ に対して**，$\mathbb{R}^3$ の点 $C(t) = (x(t), y(t), z(t))$ が定まるものであり†，$C(t)$ が $t$ についていくらでも微分可能のときをいう††．このとき，$t$ を曲線 $C$ の**パラメーター** (parameter) という．また，

$C(a)$ のことを 曲線 $C$ の**始点** (initial point),
$C(b)$ のことを 曲線 $C$ の**終点** (terminal point)

という．さらに，始点と終点をあわせて**端点** (end point) と呼ぶ．

平面曲線の場合（19 ページ）と同様に，各 $t \in \mathrm{I}$ に対して，

$$\text{ベクトル } C'(t) = \big(x'(t),\, y'(t),\, z'(t)\big)$$

は‡，ゼロベクトルでなければ，点 $C(t)$ において，曲線 $C$ に接するベクトルである．これを**接ベクトル** (**tangent vector**) と呼ぶ．

---

* 空間 $\mathbb{R}^3$ の曲線のことを**空間曲線** (space curve) とも呼ぶ．また，18 ページの脚注では，平面 $\mathbb{R}^2$ の曲線のことを平面曲線と呼んだが，ここでは，空間曲線に対して，「ある平面に含まれる曲線のこと」を**平面曲線** (plane curve) という．

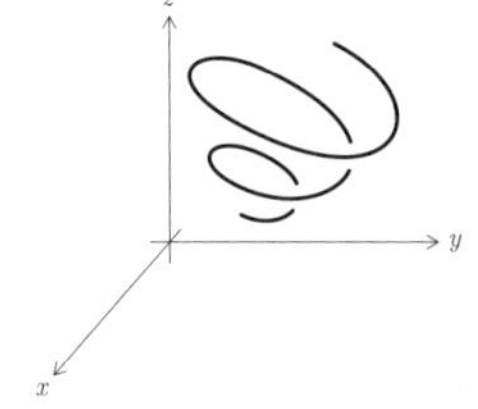


空間曲線

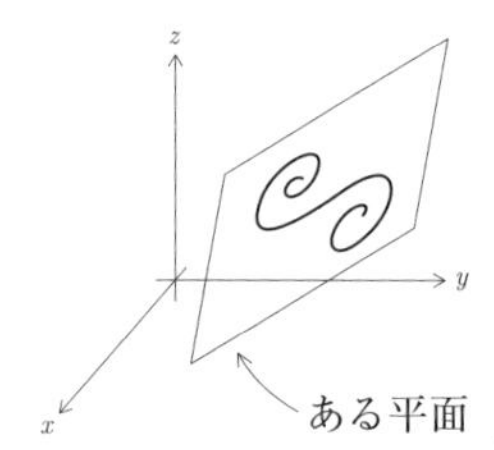


平面曲線

$\mathbb{R}^2$ の点 $(x, y)$ を $\mathbb{R}^3$ の点 $(x, y, 0)$ と同一視して，$\mathbb{R}^2$ を $\mathbb{R}^3$ の中の平面と見なせば，上記の「平面曲線の定義」は，18 ページの脚注における「平面曲線の定義」を含んでいる．

** 平面曲線のときと同様に，I は閉区間とは限らない一般の区間でよい．18 ページの脚注を参照せよ．

† 平面曲線のときと同様に，$t$ を時間を表すパラメーターと見なして，「時刻 $t$ が変化するにつれて，空間 $\mathbb{R}^3$ 上の点が動いていって曲線ができる」というイメージでとらえておけばよい．少し堅苦（かたくる）しい言い方をすれば，「空間曲線 $C$ とは区間 I から $\mathbb{R}^3$ への（$C^\infty$ 級）写像である」となるのも，平面曲線の場合と同様である．

†† 言うまでもなく，ベクトル $C(t) = (x(t), y(t), z(t))$ の微分可能性は，各成分 $x(t), y(t), z(t)$ の微分可能性であって，$C'(t) = (x'(t), y'(t), z'(t))$, $C''(t) = (x''(t), y''(t), z''(t))$, $\cdots$ である．

‡ 平面曲線のとき（48 ページ）と同様に，後で，一般のパラメーター $t$ による微分と弧長パラメーター $s$ による微分を区別してそれぞれ，$\dot{C}(t)$, $C'(s)$ という記号で表す（92 ページを参照）．

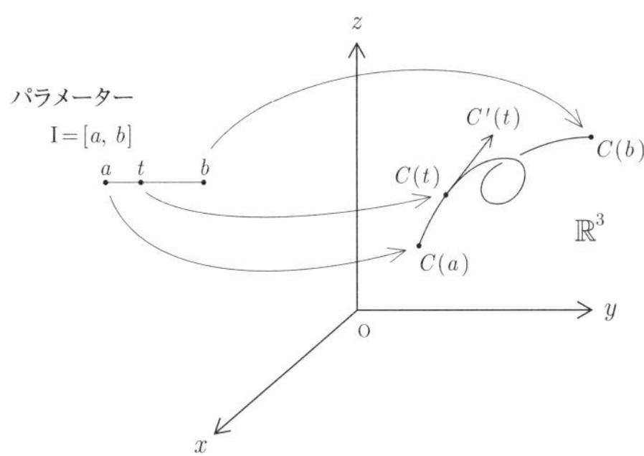


**注意 2.1.2** 平面曲線における 2 つの注意―― "$C(t)$ はとりあえず，いくらでも微分可能であると仮定しておくことについての注意"（注意 1.2.3）や "曲線の記号など慣用的なことがら"（注意 1.2.4）は，空間曲線についても有効であるものとする．

次の「正則曲線」の定義は，平面曲線のときと同様である．

**定義 2.1.3（正則曲線）** $\mathbb{R}^3$ の**正則曲線** (**regular curve**) $C$ とは，$\mathbb{R}^3$ の曲線であって，正則性の仮定

$$(*) \qquad \text{任意の } t \in \mathrm{I} \text{ について} \quad C'(t) \neq 0 \text{ *}$$

を満たすものをいう**．

ここで，空間曲線の例を一つあげておこう．

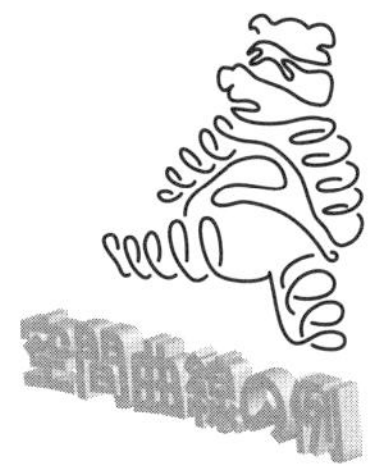


* 言うまでもなく，ここでの "0" はゼロベクトル (0, 0, 0) の意味である．

** 20 ページの脚注におけるのと同様に，正則性の仮定 $(*)$ より，写像 $C(t)$ が**局所的に単射**であることが導かれる．

**例 2.1.4（常らせん）** 正の実数 $a$ と実数 $b$ に対して，空間曲線

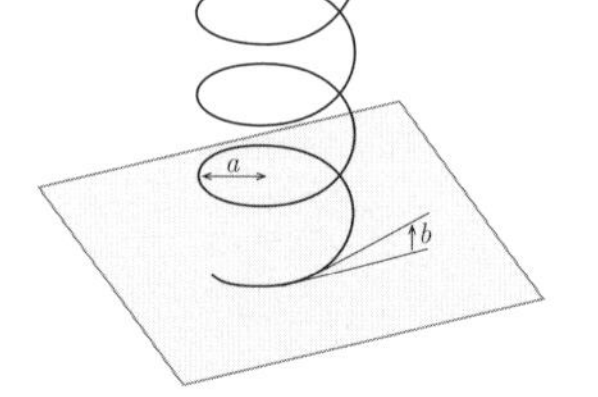


$$C(t) = (a\cos t,\, a\sin t,\, bt) \qquad (t \in \mathbb{R})$$

は*，任意の $t$ について

$$C'(t) = (-a\sin t,\, a\cos t,\, b) \neq 0$$

であるから，正則曲線である．これを常（じょう）らせん (ordinary helix) という**．

## 「らせん」の実践（じっせん）

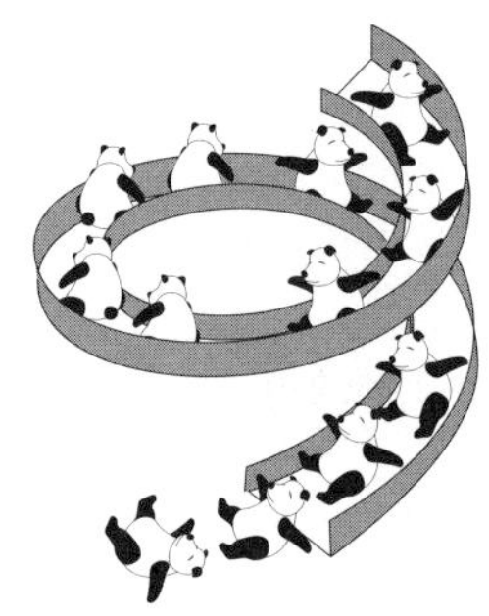

さて，平面曲線のときと同様に，次のように思っておこう．

---

* パラメーター $t$ の動く範囲は実数全体 $\mathbb{R}$ であり，これは閉区間ではない（$\mathbb{R}$ の閉集合ではある）．18 ページの脚注を参照のこと．

** 平面曲線のときに出てきた「らせん」(56 ページ) は，“spiral” の和訳であったが，ここでの「らせん」は “helix” の和訳である．混乱をさけるために，“spiral” を「うずまき線」，“helix” を「つるまき線」と訳す流儀もある．いずれも “ぐるぐる巻いている線” の総称であるが，後出の「捩率」の言葉を用いると，

捩率がゼロであるもの（平面曲線）が spiral
捩率がゼロでないもの（空間曲線）が helix

である．(捩率がゼロでないものは，厳密には「平面曲線でない空間曲線」と言うべきかもしれない．)

**空間曲線に対しても，単に「曲線」というと「正則曲線」であることが多い．**

## 2.2 弧長パラメーター

空間曲線についても，平面曲線の場合と同様に，弧長パラメーターが定義される．

**定義 2.2.1（弧長パラメーター）** 正則曲線 $C(t) = \bigl(x(t), y(t), z(t)\bigr)$ $(t \in \mathrm{I})$ に対して，$t$ が $C$ の**弧長パラメーター**であるとは，

$$\text{任意の } t \in \mathrm{I} \text{ に対して } \quad \|C'(t)\| = 1$$

を満たすものをいう．ここで，

$$C'(t) = \bigl(x'(t), y'(t), z'(t)\bigr)$$
$$\|C'(t)\| = \sqrt{x'(t)^2 + y'(t)^2 + z'(t)^2}$$

である．平面曲線の場合と同様に，**弧長パラメーターには $s$ という文字を用いるのが一般的である．**

空間曲線の場合も，平面曲線のときと同様に

パラメーターのとりかえ（定義 1.3.3）
パラメーターの向き（注意 1.3.4，注意 1.3.5）

が定義され，また，

弧長パラメーターの存在（補題 1.3.6）

が示される．（同様なので，省略する．）

**例題 2.2.2** 例 2.1.4 の常らせんについて，パラメーターをとりかえて，弧長パラメーター $s$ で表示せよ．

（解答例）

$$C(t) = (a\cos t,\, a\sin t,\, bt)$$

であるから，

$$C'(t) = (-a\sin t,\, a\cos t,\, b)$$

となり，

$$\|C'(t)\| = \sqrt{a^2\sin^2 t + a^2\cos^2 t + b^2} = \sqrt{a^2+b^2}$$

である．そこで常微分方程式の初期値問題

$$\begin{cases} \dfrac{ds}{dt} = \sqrt{a^2+b^2} \\[2ex] s(0) = 0 \end{cases}$$

を解くと

$$s = \sqrt{a^2+b^2}\,t, \quad すなわち, \quad t = \frac{1}{\sqrt{a^2+b^2}}\,s$$

となる．したがって，

$$C(s) = \left(a\cos\left(\frac{1}{\sqrt{a^2+b^2}}\,s\right),\, a\sin\left(\frac{1}{\sqrt{a^2+b^2}}\,s\right),\, \frac{b}{\sqrt{a^2+b^2}}\,s\right)$$

が求める表示を示している．□

空間曲線についても，平面曲線の場合（28 ページ）と同様に，以下のような「弧長パラメーター $s$ と一般のパラメーター $t$ の使い分け」を心得ておこう．

**注 意**

(1) **理論上**，曲線の議論をするときには，計算や議論の簡略化のため，**弧長パラメーター $s$** を用いることが多い．

(2) **実際の計算では**，よく知られている関数で表示できないことが多いため，その場合は，**一般のパラメーター $t$** のままで計算する．

## 2.3 フルネ-セレの公式

この節の目的は，平面曲線のときと同様に，空間曲線の場合に動標構を定義してフルネ-セレの公式を示すことである．まずは，「動標構」の定義から始めよう．

**定義 2.3.1（動標構）** $C''(s) \neq 0$ であるような空間曲線 $C(s)$ $(s \in \mathrm{I})$ に対して*，以下のようにして構成されたベクトルの組

$$\{e_1(s),\, e_2(s),\, e_3(s)\}_{s\in \mathrm{I}}$$

のことを，曲線 $C$ の**動標構** (**moving frame**) と呼ぶ．

$$e_1(s) = \frac{C'(s)}{\|C'(s)\|} = C'(s)$$

（$s$ は弧長パラメーターであるから $\|C'(s)\| = 1$）

$$e_2(s) = \frac{C''(s)}{\|C''(s)\|}$$

$$e_3(s) = e_1(s) \times e_2(s),\quad \text{ここで} \times \text{はベクトルの外積である}^{**}.$$

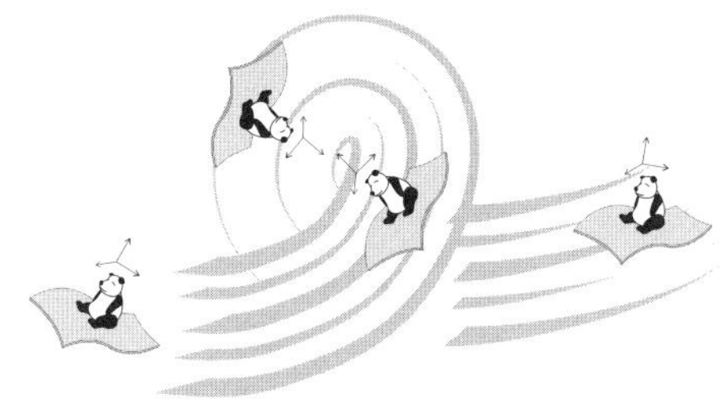

* ここでの「$C''(s) \neq 0$ である」というのは，「すべての $s \in \mathrm{I}$ について $C''(s) \neq 0$" である」という意味である．以後，この記述が出てきたときは，この意味とする．

** ベクトルの外積については，巻末の補足（214 ページ）を参照のこと．

**補題 2.3.2** $C''(s) \neq 0$ であるような空間曲線 $C(s)$ $(s \in \mathrm{I})$ の動標構を $e_1(s)$, $e_2(s)$, $e_3(s)$ とする．このとき，任意の $s \in \mathrm{I}$ に対して，

(1) ベクトル $e_1(s)$, $e_2(s)$, $e_3(s)$ は大きさが 1 であり，互いに直交している*.

(2) $e_1(s)$ は，点 $C(s)$ において曲線 $C$ に接するベクトルである．

(3) $e_2(s)$ および $e_3(s)$ は，点 $C(s)$ において曲線 $C$ に直交するベクトルである．

$e_2(s)$, $e_3(s)$ はいずれも法線方向（接線と直交する方向）のベクトルであり，

$e_2(s)$ の方向を **主法線方向**（しゅほうせん）

$e_3(s)$ の方向を **従法線方向**（じゅうほうせん）

と呼ぶ**.

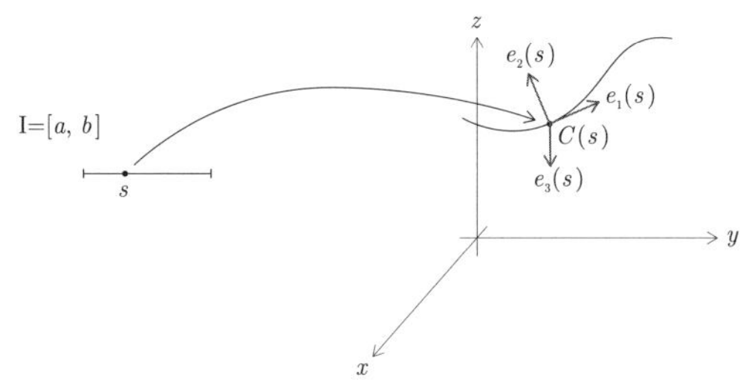


---

* したがって，$e_1(s)$, $e_2(s)$, $e_3(s)$ は $\mathbb{R}^3$ の正規直交基底（せいきちょっこうきてい）である．ここで，「（$\mathbb{R}^3$ の）基底」とは，「$\mathbb{R}^3$ のすべてのベクトルが，$e_1(s)$, $e_2(s)$, $e_3(s)$ の線形結合で表すことができるようなベクトルの組」であり，「正規直交基底」は「大きさが 1 であり，互いに直交しているような基底」である．276 ページを参照せよ．

** 点 $C(s)$ において

$e_1(s)$ と $e_2(s)$ を含む平面を**接触平面**

$e_2(s)$ と $e_3(s)$ を含む平面を**法平面**

$e_3(s)$ と $e_1(s)$ を含む平面を**展直平面**（てんちょく）

と呼ぶこともある．

**証明** (2) および (3) は，$e_1(s)$ の定義と (1) より明らかであるので，(1) を示す．

(i)：$\|e_1(s)\| = 1$ であること．
$\because$ $s$ が弧長パラメーターであることから明らかである．

(ii)：$\|e_2(s)\| = 1$ であること．
$\because$ $e_2(s)$ の定義から明らかである．

(iii)：$e_1(s) \cdot e_2(s) = 0$ であること．
$\because$ $\|e_1(s)\|^2 = 1$ の両辺を微分すると，

$$2\,e_1(s) \cdot e_1'(s) = 0$$

である．ところが，$e_1(s)$ と $e_2(s)$ の定義式（定義 2.3.1）より，$e_1'(s) = C''(s) = \|C''(s)\|\,e_2(s)$，すなわち，$e_1'(s) = \|C''(s)\|\,e_2(s)$ であるから，これを上式に代入すると

$$2\|C''(s)\|\,e_1(s) \cdot e_2(s) = 0$$

となる．ところが仮定より $C''(s) \neq 0$ であるから $e_1(s) \cdot e_2(s) = 0$ が得られる．

(iv)：$\|e_3(s)\| = 1$ であること．

$$\begin{aligned}\because\ \|e_3(s)\| &= \|e_1(s) \times e_2(s)\| \\ &= \|e_1(s)\|\,\|e_2(s)\|\ ^{*} \qquad (\because\ e_1(s) \cdot e_2(s) = 0) \\ &= 1\end{aligned}$$

(v)：$e_1(s) \cdot e_3(s) = e_2(s) \cdot e_3(s) = 0$ であること．
$\because$ $e_3(s) = e_1(s) \times e_2(s)$ であることから $e_3(s) \cdot e_1(s) = (e_1(s) \times e_2(s)) \cdot e_1(s) = \det(e_1(s)\ e_1(s)\ e_2(s)) = 0$ である**．同様に $e_3(s) \cdot e_2(s) = 0$ も得られる． □

"2 階微分の情報" として，ここでは，「曲線 $C(s)$ の 2 階微分の大きさ」を曲率と定義することにしよう．

**定義 2.3.3（曲率）** 曲線 $C(s)$ の**曲率** (**curvature**) を

$$\kappa(s) \overset{\text{定義}}{=} \|e_1'(s)\| = \|C''(s)\|$$

と定義する†．

---

* 215 ページの補題 A.2.2 の (5) を参照のこと．

** 215 ページの補題 A.2.2 の (4) を参照のこと．

ここで，お待ちかねの「フルネ-セレの公式」の登場です*.

**定理 2.3.4（フルネ-セレの公式）** $C''(s) \neq 0$ を満たす曲線 $C(s)$ と**，その曲線の動標構 $\{e_1(s), e_2(s), e_3(s)\}$ に対して，

$$\frac{d}{ds}\begin{pmatrix} e_1 \\ e_2 \\ e_3 \end{pmatrix} = \begin{pmatrix} 0 & \kappa & 0 \\ -\kappa & 0 & \tau \\ 0 & -\tau & 0 \end{pmatrix}\begin{pmatrix} e_1 \\ e_2 \\ e_3 \end{pmatrix}^{\dagger}$$

すなわち，

$$\begin{aligned} &(1)\quad e_1'(s) = \kappa(s)\, e_2(s) \\ &(2)\quad e_2'(s) = -\kappa(s)\, e_1(s) + \tau(s)\, e_3(s) \\ &(3)\quad e_3'(s) = -\tau(s)\, e_2(s) \end{aligned}$$

が成り立つ††．このとき，

$\kappa(s)$ は曲線 $C(s)$ の**曲率** (**curvature**)

であり，また，

$\tau(s)$ を‡ 曲線 $C(s)$ の**捩率**（れいりつ） (**torsion**)

という‡‡.

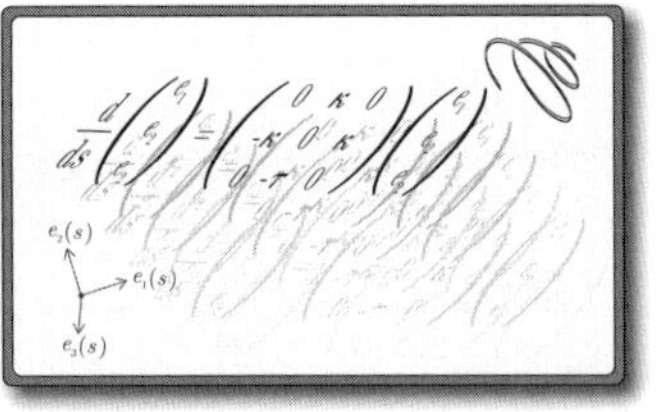

名画「フルネ－セレ」

名画「着衣のクマ」

† (前ページ)　$\kappa(s) = \|e_1'(s)\|$ が定義である．2 つめの等式は，$e_1(s)$ の定義より $e_1'(s) = C''(s)$ であることから明らかである．ちなみに，ここでの（すなわち，空間曲線に対する）曲率 $\kappa(s)$ は定義から常に 0 以上であり，平面曲線の曲率が負の値をとりうるのとは対照的である．実は，**平面曲線に対して，「空間曲線としての曲率」は，「平面曲線としての曲率」の絶対値をとったものになっている**（例題 2.3.9）.

* 36 ページでもふれたように，単に「フルネ-セレの公式」というと，ここにあげた，空間曲線に対する公式のことを意味するのがふつうである.

** 曲率の定義式（定義 2.3.3）より，$C''(s) \neq 0$ は $\kappa(s) \neq 0$ であることに他ならない.

平面曲線のときは，曲率が重要であったが，空間曲線に対しては，上記のフルネ-セレの公式を見てわかるように，曲率に加えて捩率（れいりつ）というものが必要になる．曲率と捩率は，読んで字のごとく，曲線の「**曲がりぐあい**」と「**ねじれぐあい**」を表している*．

---

† (前ページ)　$e_1, e_2, e_3$ はベクトルであるが，平面曲線の場合と同様に (36 ページの脚注参照)，積 $\begin{pmatrix} 0 & \kappa & 0 \\ -\kappa & 0 & \tau \\ 0 & -\tau & 0 \end{pmatrix}\begin{pmatrix} e_1 \\ e_2 \\ e_3 \end{pmatrix}$ は，$e_1, e_2, e_3$ を単なるスカラーと思って，ふつうの行列とベクトルの積をとったものである．

†† (前ページ)　平面曲線の場合 (36 ページの脚注) と同様に，空間曲線は，フルネ-セレの公式を通じて，**曲率と捩率によって与えられる**と見なせる．言いかえると，曲率と捩率

$$(*)\qquad \kappa = \kappa(s), \quad \tau = \tau(s)$$

が，空間曲線を記述する方程式であると思ってよいわけであり，この意味で $(*)$ を，空間曲線の**自然方程式 (natural equation)** と呼ぶこともある．

‡ (前ページ)　$\tau$ は，英文字の $t$ に対応するギリシャ文字で「タウ」と読む．(288 ページの「ギリシャ文字の一覧表」を参照せよ．)

‡‡ (前ページ)　捩率 $\tau(s)$ は，フルネ-セレの公式によって定義されている．すなわち，フルネ-セレの公式の式 (2) の右辺の $e_3(s)$ の係数 (あるいは，式 (3) の右辺の $e_2(s)$ の係数) を捩率と呼び，$\tau(s)$ で表す．言いかえると，フルネ-セレの公式の (2) の両辺に $e_3(s)$ を内積して得られた

$$(*)\qquad \tau(s) = e_2'(s)\cdot e_3(s),$$

あるいは，(3) の両辺に $e_2(s)$ を内積して得られた

$$(**)\qquad \tau(s) = -e_3'(s)\cdot e_2(s)$$

が捩率の定義式であるとしてよい．どちらを定義にしても，もう一方の等式が導かれ，フルネ-セレの公式が成り立つ．($e_2'(s)\cdot e_3(s) = -e_3'(s)\cdot e_2(s)$ であることは，等式 $e_2(s)\cdot e_3(s) = 0$ の両辺を微分すれば得られる．)

* 注意 2.3.5 とその脚注を参照せよ．

はちべえ：「(空間曲線に対する) フルネ-セレの公式って，平面曲線の場合と似ているね.」

くまさん：「うん．動標構の動きを決める右辺の行列が，今度は，**「曲率」と「捩率」という2つの幾何学的量を成分とする交代行列になっている.」**

はちべえ：**「とても美しい形だ (うっとり).」**

くまさん：「ちょっと待て．君は鑑賞しなくていいからな．もうこりごりだよ，いきなりこわれちゃうんだからな.」

はちべえ：「あれは何もかも，こびとさんのせいなんです.」

くまさん：「こびとさん？」

はちべえ：「ほら，そこにいるじゃないですか，ちっちゃなこびとさん.」

くまさん：「やめろ，やめてくれー.」

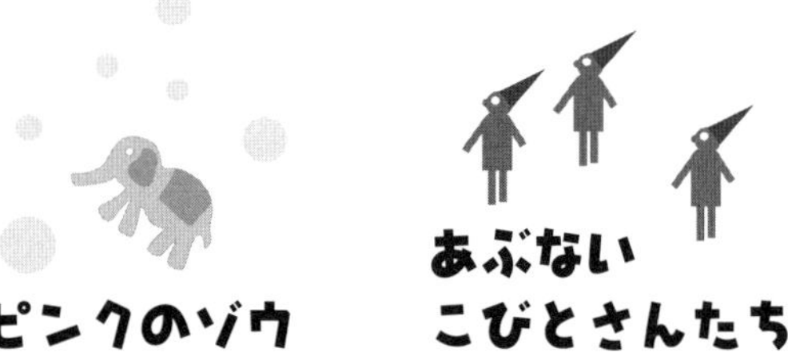


フルネ-セレの公式の証明の前に，注意を2つほど与えておく.

**注意 2.3.5**　後出の例題 2.3.13 で，常らせんの曲率と捩率を計算した結果を見ると感じがわかると思うが，大ざっぱに言えば，**曲率は曲線の“回転半径”を定め，捩率は曲線の“立ち上がりぐあい”**を決めている*.

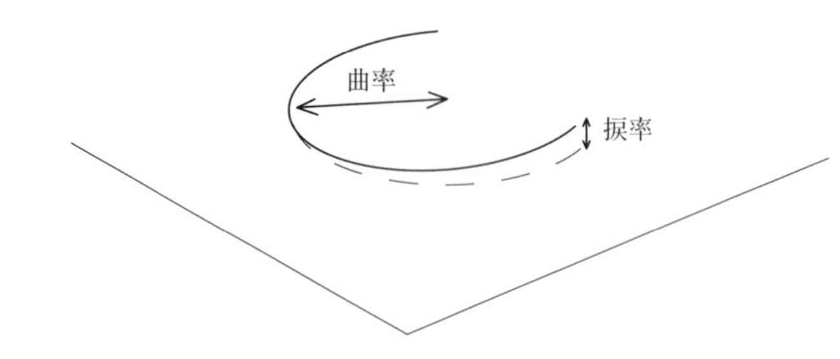

**注意 2.3.6** 上記の注意を，さらに，平面曲線の場合と比較して確認してみよう．

**平面曲線の場合**

$$e_1'(s) = \kappa(s)e_2(s)$$
$$e_2'(s) = -\kappa(s)e_1(s)$$

**空間曲線の場合**

$$e_1'(s) = \kappa(s)e_2(s)$$
$$e_2'(s) = -\kappa(s)e_1(s) + \boldsymbol{\tau(s)e_3(s)}$$

↑ $e_3(s)$ 方向の成分

空間曲線の場合は平面曲線の場合に比べて，$e_2'(s)$ に，$e_3(s)$ 方向，すなわち，“平面に垂直な方向”の成分が加わっていて，その大きさ（係数）が捩率 $\tau(s)$ である．

平面曲線

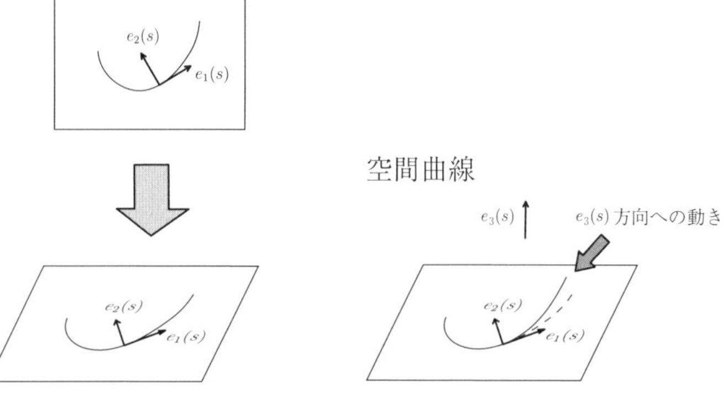


では，フルネ-セレの公式にとりかかることにしよう．

---

* （前ページ） 曲線の“立ち上がりぐあい”は，“ねじれぐあい”と見なして「捩率（れいりつ）」(= “捩（ねじ）れの率”) という用語が用いられる．

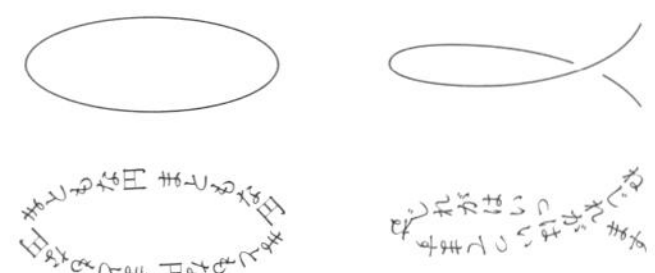

**定理 2.3.4 の証明**

(1)：$e_1'(s) = C''(s) \neq 0$ より，

$$e_1'(s) = \|e_1'(s)\| \frac{e_1'(s)}{\|e_1'(s)\|} = \|e_1'(s)\| \frac{C''(s)}{\|C''(s)\|} = \kappa(s) e_2(s)$$

である．

(2)：パラメーター $s$ を固定して考えると，$e_1(s), e_2(s), e_3(s)$ は $\mathbb{R}^3$ の基底であるから，$\mathbb{R}^3$ のベクトル $e_2'(s)$ は，$e_1(s), e_2(s), e_3(s)$ の線形結合で

$$e_2'(s) = a(s)\, e_1(s) + b(s)\, e_2(s) + c(s)\, e_3(s)$$

の形に表せる．($a(s), b(s), c(s)$ は実数であるが，$s$ ごとに決まるので，$a(s)$, $b(s), c(s)$ と書いた．）一方，$\|e_2(s)\|^2 = 1$ であるから，この両辺を微分すると，

$$2\, e_2'(s) \cdot e_2(s) = 0$$

となり，$e_2'(s)$ は $e_2(s)$ に直交する．以上から，

$$e_2'(s) = a(s)\, e_1(s) + c(s)\, e_3(s)$$

となる．この両辺に $e_1(s)$ を内積し，$\|e_1(s)\| = 1$ および $e_1(s) \cdot e_3(s) = 0$ であることを使うと，

(A)
$$e_2'(s) \cdot e_1(s) = a(s)$$

となる．一方，$e_1(s) \cdot e_2(s) = 0$ であるから，この両辺を微分すると，

$$e_1'(s) \cdot e_2(s) + e_1(s) \cdot e_2'(s) = 0$$

であるが，$e_1'(s) = \kappa(s)\, e_2(s)$ および $\|e_2(s)\| = 1$ であることに注意すると，

(B)
$$\kappa(s) + e_1(s) \cdot e_2'(s) = 0$$

となる．(A), (B) から，

$$a(s) = -\kappa(s)$$

が得られる．そこで，係数 $c(s)$ を $\tau(s)$ と書くと*，結局，

$$e_2'(s) = -\kappa(s)\, e_1(s) + \tau(s)\, e_3(s)$$

が得られる．

(3)：パラメーター $s$ を固定して考えると，$e_1(s)$, $e_2(s)$, $e_3(s)$ は $\mathbb{R}^3$ の基底であるから，$\mathbb{R}^3$ のベクトル $e_3'(s)$ は，$e_1(s)$, $e_2(s)$, $e_3(s)$ の線形結合で

$$e_3'(s) = a(s)\,e_1(s) + b(s)\,e_2(s) + c(s)\,e_3(s) \tag{C}$$

の形に表せる．（$a(s)$, $b(s)$, $c(s)$ は実数であるが，$s$ ごとに決まるので，$a(s)$, $b(s)$, $c(s)$ と書いた．）このとき (C) の両辺に $e_1(s)$, $e_2(s)$, $e_3(s)$ それぞれとの内積をとり，$e_1(s)\cdot e_2(s) = e_2(s)\cdot e_3(s) = e_3(s)\cdot e_1(s) = 0$ であることを用いると

$$\begin{cases} e_3'(s)\cdot e_1(s) = a(s) \\ e_3'(s)\cdot e_2(s) = b(s) \\ e_3'(s)\cdot e_3(s) = c(s) \end{cases} \tag{D}$$

が得られる．一方，等式 $e_3(s)\cdot e_1(s) = 0$ の両辺を微分し，$e_1'(s) = \kappa(s)\,e_2(s)$ を用いると

$$e_3'(s)\cdot e_1(s) = 0 \tag{E}$$

が得られる．また，等式 $e_3(s)\cdot e_2(s) = 0$ の両辺を微分し，$e_2'(s) = -\kappa(s)e_1(s) + \tau(s)\,e_3(s)$ を用いると

$$e_3'(s)\cdot e_2(s) = -\tau(s) \tag{F}$$

であることがわかる．さらに，等式 $\|e_3(s)\|^2 = 1$ の両辺を微分すると

$$e_3'(s)\cdot e_3(s) = 0 \tag{G}$$

であることが直ちに導かれる．ゆえに，(C), (D), (E), (F), (G) より，

$$e_3'(s) = a(s)\,e_1(s) + b(s)\,e_2(s) + c(s)\,e_3(s) = -\tau(s)e_2(s)$$

となる． □

---

* （前ページ） これが，捩率 $\tau(s)$ の定義である．言いかえると，$\tau(s) = e_2'(s)\cdot e_3(s)$ であり，75 ページの脚注の説明につながる．

**フルネ-セレの公式には，“$C''(s) \neq 0$” という仮定がついていることは頭のスミにおいておく必要がある．**それは，「**$C''(s) = 0$ となる点では，動標構が定まらないからである**」というのが，次の注意である．

**注意 2.3.7** フルネ-セレの公式では $C''(s) \neq 0$（すなわち，$\kappa(s) \neq 0$）を仮定したが，$C''(s) = 0$ となる点では，動標構 $\{e_1(s), e_2(s), e_3(s)\}$ のベクトル $e_2(s)$ を定めることができない*．実際，例えば，$z$ 軸上の線分 $C(s) = (0, 0, s)$ では，$C''(s) = 0$ なので定まらない．

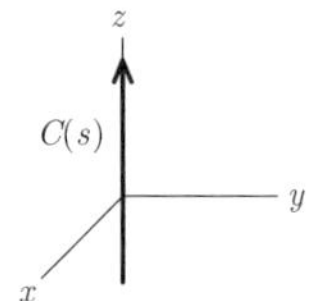


$e_1(s)$ は $z$ 軸の正の方向の単位ベクトルであるが，対称性からそれに垂直なベクトルは，$xy$ 平面上の単位ベクトルはすべてそうであって，

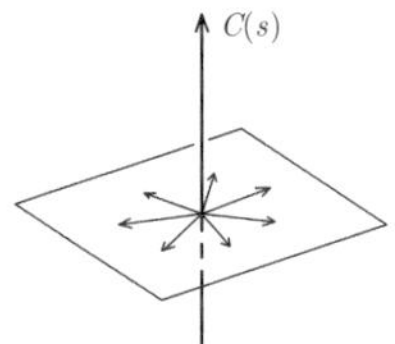


特別なベクトル $e_2(s)$ をこの曲線（直線）から定めることができないという状況である**．

---

* 平面曲線のときの フルネ-セレの公式では，$C''(s) \neq 0$ の条件が仮定されていない．平面曲線では，平面上で $e_1(s)$ を反時計回りに 90 度（弧度法では，$\frac{\pi}{2}$）だけ回転したベクトルを $e_2(s)$ と定めたからであった．

** ここのところが平面曲線の場合と異なる．平面上では，（$C''(s) = 0$ であっても）ベクトル $e_1(s)$ に垂直なベクトルは，向きの違いを除けば一意的に定まる．

そして，その 2 つのベクトルのうち “$e_1(s)$ を反時計回りに 90 度 $\left(\frac{\pi}{2}\right)$ だけ回転したほうのベクトル” を $e_2(s)$ にとった．

第1章で「平面曲線の曲率」を，そして第2章では「空間曲線の曲率」をそれぞれ“独立に”定義した．では，それらの2つの曲率の間にはどのような関係があるのか，以下の2つの例題（とその後の注意）で調べてみることにしよう．

**例題 2.3.8（平面曲線を空間曲線と見たときの曲率と捩率）** $C''(s) \neq 0$ を満たす平面曲線 $C(s) = \big(x(s), y(s)\big)$ に対して*，これを空間曲線 $C(s) = \big(x(s), y(s), 0\big)$ と見なすことができる．このとき，曲線 $C(s)$ の（空間曲線と見たときの）曲率 $\kappa(s)$ と捩率 $\tau(s)$ は，

$$\kappa(s) = \sqrt{x''(s)^2 + y''(s)^2}$$
$$\tau(s) = 0$$

であることを示せ．

（解答例）

$$C(s) = \big(x(s), y(s), 0\big)$$

であるから，

$$e_1(s) = C'(s) = \big(x'(s), y'(s), 0\big)$$
$$e_1'(s) = C''(s) = \big(x''(s), y''(s), 0\big)$$
$$\kappa(s) = \|e_1'(s)\| = \sqrt{x''(s)^2 + y''(s)^2}$$
$$e_2(s) = \frac{1}{\kappa(s)}\, e_1'(s) = \frac{1}{\sqrt{x''(s)^2 + y''(s)^2}}\,\big(x''(s), y''(s), 0\big)$$

* $C''(s) \neq 0$ という条件は，捩率 $\tau(s)$ の定義の仮定として用いられたものであり，結論の中の，曲率に関する結果 $\kappa(s) = \sqrt{x''(s)^2 + y''(s)^2}$ には，この条件は必要がない．

$$\begin{aligned}
e_3(s) &= e_1(s) \times e_2(s) \\
&= \frac{1}{\sqrt{x''(s)^2 + y''(s)^2}} \left( \begin{vmatrix} y'(s) & 0 \\ y''(s) & 0 \end{vmatrix}, \begin{vmatrix} 0 & x'(s) \\ 0 & x''(s) \end{vmatrix}, \begin{vmatrix} x'(s) & y'(s) \\ x''(s) & y''(s) \end{vmatrix} \right) \\
&= \left( 0,\, 0,\, \frac{x'(s)\,y''(s) - x''(s)\,y'(s)}{\sqrt{x''(s)^2 + y''(s)^2}} \right)
\end{aligned}$$

となる*．したがって，この場合は $e_2(s)$ と $e_3(s)$ の形から，明らかに $e_2'(s) \cdot e_3(s) = 0$ となり**，ベクトル $e_2'(s)$ と $e_3(s)$ は直行している．

一方，フルネ-セレの公式より，

$$e_2'(s) = -\kappa(s)\,e_1(s) + \tau(s)\,e_3(s)$$

であるが，この両辺の $e_3(s)$ との内積をとり，$e_1(s) \cdot e_3(s) = 0,\ \|e_3(s)\| = 1$ であることに注意すれば，

$$0 = 0 + \tau(s),$$

すなわち，$\tau(s) = 0$ となる．以上から，

曲率は $\kappa(s) = \sqrt{x''(s)^2 + y''(s)^2}$,
捩率は $\tau(s) = 0$

であることがわかった．□

きわめて
平面的

* 例題 2.3.9 より，$|x'(s)\,y''(s) - x''(s)\,y'(s)| = \sqrt{x''(s)^2 + y''(s)^2}$ であることがわかり，したがって，$e_3(s) = (0, 0, 1)$ あるいは $e_3(s) = (0, 0, -1)$ である．

** 上で計算した結果の形から，ベクトル $e_2(s)$ は（したがって，$e_2'(s)$ も），**第 3 成分が 0 である**ようなベクトルであるのに対し，ベクトル $e_3(s)$ は，**第 3 成分のみが 0 でない**ベクトルであるので，それらのベクトルの内積は 0 である．

**例題 2.3.9（「平面曲線としての曲率」と「空間曲線としての曲率」）** $C''(s) \neq 0$ を満たす平面曲線 $C(s) = \bigl(x(s),\, y(s)\bigr)$ の曲率 $\kappa(s)$ は，命題 1.5.3 により

$$\kappa(s) = x'(s)\,y''(s) - x''(s)\,y'(s)\,.$$

と表された．一方，上記の例題 2.3.8 で見たように，曲線 $C(s)$ を空間曲線と見たときの曲率を $\tilde{\kappa}(s)$ とすると，

$$\tilde{\kappa}(s) = \sqrt{x''(s)^2 + y''(s)^2}$$

である．このとき，

$$\tilde{\kappa}(s) = |\kappa(s)|$$

であることを示せ．

**平面曲線に対して**

**|平面曲線としての曲率| = 空間曲線としての曲率**

（解答例） まず，$s$ が弧長パラメーターであることから，$\|C'(s)\|^2 = 1$，すなわち，

$$x'(s)^2 + y'(s)^2 = 1$$

である．この両辺を微分することにより

$$x'(s)x''(s) + y'(s)y''(s) = 0$$

が得られ，ベクトル $a(s) = \bigl(x''(s),\, y''(s)\bigr)$ はベクトル $e_1(s) = \bigl(x'(s),\, y'(s)\bigr)$ に直交することがわかった．一方，ベクトル $b(s) = \bigl(-y'(s),\, x'(s)\bigr)$ はベクトル $e_1(s)$ に直交している．（内積をとれば 0 だから．）$C(s)$ が平面曲線であることから，3 つのベクトル $a(s)$, $b(s)$, $e_1(s)$ は同一平面上にあり，しかも，$a(s)$, $b(s)$ は $e_1(s)$ に直行するベクトルであるから，各 $s$ に対して，ある実数 $\lambda(s)$ が存在して $b(s) = \lambda(s)a(s)$，すなわち，

$$(*) \qquad \bigl(-y'(s),\, x'(s)\bigr) = \lambda(s)\bigl(x''(s),\, y''(s)\bigr)$$

となる．この両辺のベクトルの大きさをとると

$$\sqrt{x'(s)^2+y'(s)^2}=|\lambda(s)|\sqrt{x''(s)^2+y''(s)^2}$$

となり，したがって

$$(**)\qquad |\lambda(s)|=\frac{1}{\sqrt{x''(s)^2+y''(s)^2}}$$

である．ゆえに，

$$\begin{aligned}|\kappa(s)| &= |x'(s)\,y''(s)-x''(s)\,y'(s)|\\ &= |\,\text{ベクトル}\ (x''(s),\,y''(s))\ \text{と}\ (-y'(s),\,x'(s))\ \text{の内積}\,|\\ &\overset{(*)\ \text{より}}{=} |\,\text{ベクトル}\ (x''(s),\,y''(s))\ \text{と}\ \lambda(s)\,(x''(s),\,y''(s))\ \text{の内積}\,|\\ &= |\lambda(s)|\left(x''(s)^2+y''(s)^2\right)\\ &\overset{(**)\ \text{より}}{=} \sqrt{x''(s)^2+y''(s)^2}=\tilde{\kappa}(s)\end{aligned}$$

となり，求める等式が得られた． □

**注意 2.3.10** 上の例題 2.3.9 で見たように，**「平面曲線としての曲率」と「空間曲線としての曲率」には符号だけの差があるが，これは，動標構のとり方（$e_2(s)$ のとり方）からくるものである．** 実際，空間曲線の場合は，$e_2(s)=\dfrac{1}{||e_1'(s)||}\,e_1'(s)$ というように，$e_1(s)$ の変化方向（$e_1'(s)$ の方向）に $e_2(s)$ をとったのに対し，平面曲線の場合は，$e_1(s)$ を平面上反時計回りに 90 度（弧度法でいうと $\dfrac{\pi}{2}$）回転して $e_2(s)$ をとっている．したがって，**それぞれの $e_2(s)$ の間には，向きの違いが出る場合があり**，これが曲率の定義の符号の差となって現れているものである．

例題 2.3.8 により，**平面曲線の捩率はゼロである**ことがわかったが*，実は次が成り立つ．

**定理 2.3.11** 空間曲線 $C(s)$ に対して，$C''(s)\neq 0$ が成り立つときには**，曲線 $C(s)$ が平面曲線であることと，捩率 $\tau(s)$ に対して $\tau(s)=0$ であることは同値である．

* 例題 2.3.8 では，曲線 $C(s)$ が $xy$ 平面に含まれるという特別な場合で計算したが，一般の場合（一般の平面に含まれる場合）も，回転と平行移動により，この場合に帰着できるので，「空間曲線が平面曲線ならば捩率はゼロ（定数関数のゼロ）である」が成り立つ．

**証明** 例題 2.3.8 より，$C$ が平面曲線であるならば $\tau(s)=0$ であるので，逆の主張 "$\tau(s)=0$ ならば，$C$ は平面曲線である" ことを示せばよい．平行移動により，$C(0)=0$ としても一般性は失わない．フルネ-セレの公式を用いると（ここで，条件 $C''(s)\neq 0$ を用いた)，$\tau(s)=0$ であることより，

(1) $$e_1'(s)=\kappa(s)e_2(s)$$

(2) $$e_2'(s)=-\kappa(s)e_1(s)$$

(3) $$e_3'(s)=0$$

である．このとき，(3) より $e_3(s)$ は定ベクトルである（$s$ によらない）ので，特に

(4) $$e_3(s)=e_3(0)$$

である．そこで，ベクトル $e_3(0)$ と直交し，原点を通る平面を $P$ とする，すなわち，

$$P=\left\{x\in\mathbb{R}^3;\ e_3(0)\cdot x=0\right\}$$

とおく．このとき，任意の $s$ に対して，$C(s)\in P$ であることを示そう．これが示されれば，曲線 $C$ は平面 $P$ 上にあることになり，平面曲線であることがわかる．まず

$$\begin{aligned}(e_3(0)\cdot C(s))' &= e_3(0)\cdot C'(s) \overset{e_1(s)\text{ の定義より}}{=} e_3(0)\cdot e_1(s)\\ &\overset{(4)\text{ より}}{=} e_3(s)\cdot e_1(s) \overset{e_3(s)\text{ の定義より}}{=} 0\end{aligned}$$

となり，$(e_3(0)\cdot C(s))'=0$ である．したがって $e_3(0)\cdot C(s)$ は定数（$s$ によらない）であるから，特に

$$e_3(0)\cdot C(s)=e_3(0)\cdot C(0) \overset{\substack{C(0)=0\text{ である}\\ \text{ことより}}}{=} 0$$

となる．ゆえに，$C(s)\in P$ となり，定理の証明が終わった．□

---

** (前ページ) 上記の仮定 $C''(s)\neq 0$ は必要である．これは捩率を定義するための仮定でもあるが，後出の命題 2.3.17 を用いて，条件 $\tau(s)=0$ を $\det\big(C'(s),C''(s),C'''(s)\big)=0$ という捩率が出てこない条件に書きかえたとしても，仮定 $C''(s)\neq 0$ は必要である．(後出の命題 2.3.19 を参照.) 実際，後出の注意 2.3.15 における例は，$\det\big(\dot{C}(t),\ddot{C}(t),\dddot{C}(t)\big)=0$（これは $\det\big(C'(s),C''(s),C'''(s)\big)=0$ という条件と同じである．97 ページの記述を参照せよ.）を満たしているが，平面曲線ではない．

定理 2.3.11 を（弧長パラメーターとは限らない）一般のパラメーター $t$ について書き直しておこう．まず，$\kappa(s) = \|C''(s)\|$ であることより，条件 "$C''(s) \neq 0$" と条件 "$\kappa(s) \neq 0$" は同値であることに注意すると，定理 2.3.11 は

$(*)$　　$\kappa(s) \neq 0$ のとき，平面曲線であることと $\tau(s) = 0$ とは同値である

という主張に書き直せる．一方，曲率 $\kappa(s)$，捩率 $\tau(s)$ をパラメーター $t$ の関数と思い直したものがそれぞれ $\kappa(t)$, $\tau(t)$ であるから，上記の主張 $(*)$ をパラメーター $t$ について書き直してやることにより，定理 2.3.11 は以下のようになる*.

**定理 2.3.12**　空間曲線 $C(t)$ に対して，$\kappa(t) \neq 0$ が成り立つときには，曲線 $C(t)$ が平面曲線であることと，捩率 $\tau(t) = 0$ であることは同値である．

ここで，具体的な例で曲率と捩率を計算してみよう．

**例題 2.3.13**　例 2.1.4 の常らせんについて曲率と捩率を求めよ．

（解答例）　例題 2.2.2 により，常らせんの弧長パラメーター表示は，

$$C(s) = \left(a\cos\left(\frac{1}{\sqrt{a^2+b^2}}s\right), a\sin\left(\frac{1}{\sqrt{a^2+b^2}}s\right), \frac{b}{\sqrt{a^2+b^2}}\,s\right)$$

であるから，

$$\begin{aligned}
e_1(s) &= C'(s) \\
&= \left(-\frac{a}{\sqrt{a^2+b^2}}\sin\left(\frac{1}{\sqrt{a^2+b^2}}s\right), \frac{a}{\sqrt{a^2+b^2}}\cos\left(\frac{1}{\sqrt{a^2+b^2}}s\right), \frac{b}{\sqrt{a^2+b^2}}\right) \\
e_1'(s) &= C''(s) = \left(-\frac{a}{a^2+b^2}\cos\left(\frac{1}{\sqrt{a^2+b^2}}s\right), -\frac{a}{a^2+b^2}\sin\left(\frac{1}{\sqrt{a^2+b^2}}s\right), 0\right) \\
\kappa(s) &= \|e_1'(s)\| \\
&= \sqrt{\left\{-\frac{a}{a^2+b^2}\cos\left(\frac{1}{\sqrt{a^2+b^2}}s\right)\right\}^2 + \left\{-\frac{a}{a^2+b^2}\sin\left(\frac{1}{\sqrt{a^2+b^2}}s\right)\right\}^2}
\end{aligned}$$

---

* 定理 2.3.11 のもともとの条件 "$C''(s) \neq 0$" は "$\ddot{C}(t) \neq 0$" という条件に書きかえることはできない．なぜならば，後出の 94 ページの式 (2) より，"$\ddot{C}(t) \neq 0$" という条件は "$C''(s) \neq 0$" という条件に対応しているわけではないからである．（例えば，$\ddot{C}(t) = 0$ の場合でも，一般には $C''(s) \neq 0$ である．実際，$\ddot{C}(t) = 0$ のとき，94 ページの式 (2) より $C''(s) = \dot{C}(t)\dfrac{d^2t}{ds^2}$ が導かれ，この等式の右辺は一般には 0 ではない．）

$$= \frac{a}{a^2+b^2}$$

$$e_2(s) = \frac{C''(s)}{\|C''(s)\|} = \frac{e_1'(s)}{\|e_1'(s)\|} = \frac{1}{\kappa(s)}e_1'(s) = \frac{a^2+b^2}{a}e_1'(s)$$
$$= \left(-\cos\left(\frac{1}{\sqrt{a^2+b^2}}s\right), -\sin\left(\frac{1}{\sqrt{a^2+b^2}}s\right), 0\right)$$

$$e_3(s) = e_1(s) \times e_2(s)$$
$$= \left( \begin{vmatrix} \frac{a}{\sqrt{a^2+b^2}}\cos\left(\frac{1}{\sqrt{a^2+b^2}}s\right) & \frac{b}{\sqrt{a^2+b^2}} \\ -\sin\left(\frac{1}{\sqrt{a^2+b^2}}s\right) & 0 \end{vmatrix}, \begin{vmatrix} \frac{b}{\sqrt{a^2+b^2}} & -\frac{a}{\sqrt{a^2+b^2}}\sin\left(\frac{1}{\sqrt{a^2+b^2}}s\right) \\ 0 & -\cos\left(\frac{1}{\sqrt{a^2+b^2}}s\right) \end{vmatrix}, \begin{vmatrix} -\frac{a}{\sqrt{a^2+b^2}}\sin\left(\frac{1}{\sqrt{a^2+b^2}}s\right) & \frac{a}{\sqrt{a^2+b^2}}\cos\left(\frac{1}{\sqrt{a^2+b^2}}s\right) \\ -\cos\left(\frac{1}{\sqrt{a^2+b^2}}s\right) & -\sin\left(\frac{1}{\sqrt{a^2+b^2}}s\right) \end{vmatrix} \right)$$
$$= \left(\frac{b}{\sqrt{a^2+b^2}}\sin\left(\frac{1}{\sqrt{a^2+b^2}}s\right), -\frac{b}{\sqrt{a^2+b^2}}\cos\left(\frac{1}{\sqrt{a^2+b^2}}s\right), \frac{a}{\sqrt{a^2+b^2}}\right)$$

$$e_2'(s) = \left(\frac{1}{\sqrt{a^2+b^2}}\sin\left(\frac{1}{\sqrt{a^2+b^2}}s\right), -\frac{1}{\sqrt{a^2+b^2}}\cos\left(\frac{1}{\sqrt{a^2+b^2}}s\right), 0\right)$$

が得られる．したがって，フルネ-セレの公式より，

$$\tau(s)\, e_3(s) \overset{\text{フルネ-セレ の公式}}{=} e_2'(s) + \kappa(s)\, e_1(s)$$
$$= \left(\frac{1}{\sqrt{a^2+b^2}}\sin\left(\frac{1}{\sqrt{a^2+b^2}}s\right), -\frac{1}{\sqrt{a^2+b^2}}\cos\left(\frac{1}{\sqrt{a^2+b^2}}s\right), 0\right)$$
$$+ \frac{a}{a^2+b^2}\left(-\frac{a}{\sqrt{a^2+b^2}}\sin\left(\frac{1}{\sqrt{a^2+b^2}}s\right), \frac{a}{\sqrt{a^2+b^2}}\cos\left(\frac{1}{\sqrt{a^2+b^2}}s\right), \frac{b}{\sqrt{a^2+b^2}}\right)$$
$$= \left(\frac{b^2}{\left(\sqrt{a^2+b^2}\right)^3}\sin\left(\frac{1}{\sqrt{a^2+b^2}}s\right), -\frac{b^2}{\left(\sqrt{a^2+b^2}\right)^3}\cos\left(\frac{1}{\sqrt{a^2+b^2}}s\right), \frac{ab}{\left(\sqrt{a^2+b^2}\right)^3}\right)$$
$$= \frac{b}{a^2+b^2}\left(\frac{b}{\sqrt{a^2+b^2}}\sin\left(\frac{1}{\sqrt{a^2+b^2}}s\right), -\frac{b}{\sqrt{a^2+b^2}}\cos\left(\frac{1}{\sqrt{a^2+b^2}}s\right), \frac{a}{\sqrt{a^2+b^2}}\right)$$
$$= \frac{b}{a^2+b^2}e_3(s)$$

となるから，

$$\tau(s)=\frac{b}{a^2+b^2}$$

である．以上から，常らせんの曲率は $\kappa(s)=\dfrac{a}{a^2+b^2}$，捩率は $\tau(s)=\dfrac{b}{a^2+b^2}$ であることがわかった*．□

注意 2.3.7 で述べたように，動標構を考えるためには，$C''(s)\neq 0$ という仮定が必要であった．では，$C''(s)=0$ の点ではどうかというと，動標構がその点でも考えられる場合もあれば，考えられない場合もある．以下の 2 つの注意は，そのことについてである．

**注意 2.3.14** $C''(s)=0$ となる点でも動標構が考えられる場合がある．例えば，次のような場合は大丈夫である．

$C''(s_0)=0$ であり，$s_0$ の近傍 I 上で $C''(s)\neq 0$ を満たすとし，$\{e_1(s), e_2(s), e_3(s)\}$ を $\mathrm{I}-\{s_0\}$ 上での動標構とする．このとき，$e_i(s)$ の $s\to s_0$ のときの左極限と右極限が一致するならば，すなわち，

$$(*)\qquad \lim_{s\to s_0-0} e_i(s)=\lim_{s\to s_0+0} e_i(s)\quad (i=1,\,2,\,3)$$

を満たすならば**，極限

$$\{\lim_{s\to s_0} e_1(s),\ \lim_{s\to s_0} e_2(s),\ \lim_{s\to s_0} e_3(s)\}$$

を，$\{e_1(s_0), e_2(s_0), e_3(s_0)\}$ と定めると，動標構を $s=s_0$ まで自然に拡張できる．

---

* 分母の $a^2+b^2$ を無視すると，曲率が $a$ で，捩率が $b$ である．これは，常らせん（例 2.1.4）に対する曲率と捩率の感覚（注意 2.3.5）と一致することに注意しておこう．

** $\displaystyle\lim_{s\to s_0-0}$ は左極限，すなわち，$s$ を $s_0$ に左から近づけたときの極限である $\left(\displaystyle\lim_{s\to s_0-0}=\lim_{\substack{s<s_0\\ s\to 0}}\right)$．同様に，$\displaystyle\lim_{s\to s_0+0}$ は右極限，すなわち，$s$ を $s_0$ に右から近づけたときの極限である $\left(\displaystyle\lim_{s\to s_0+0}=\lim_{\substack{s>s_0\\ s\to 0}}\right)$．

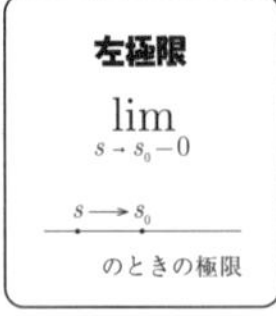

**注意 2.3.15** 次の例は，$C''(s) = 0$ の点では，うまくいかない例である．(弧長パラメーターになっていないので，パラメーターは $t$ を用いている．)

$$C(t) = \begin{cases} (t,\, e^{-\frac{1}{t^2}},\, 0) & (t > 0) \\ 0 & (t = 0) \\ (t,\, 0,\, e^{-\frac{1}{t^2}}) & (t < 0) \end{cases}$$

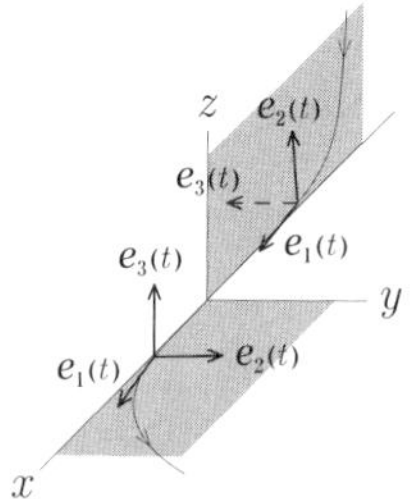


$C(t)$ は（$t = 0$ をこめて）なめらかな曲線であることが確かめられるが*，

$t > 0$ では，$xy$ 平面上の平面曲線
$t < 0$ では，$xz$ 平面上の平面曲線

であるので，$e_2(t)$ は $t > 0$ では $xy$ 平面上にあり，$t < 0$ では $xz$ 平面上にあって，$t = 0$ で不連続になっている．

平面曲線については，局所的にテイラー展開したときの，2 次の項の係数が曲率であった（命題 1.4.5）．空間曲線に対しては，さらに，3 次の項に捩率（および，曲率とその微分）が現れることを示しているのが，次の**ブーケ (Bouquet) の公式**である**．

* $C(t)$ はなめらか（$C^\infty$ 級）であることが，以下のように確かめられる．関数 $f(x) = e^{-\frac{1}{x^2}}$ $(x \neq 0)$ は，$f(0) = 0$ とおくことによって，連続関数となり，さらに，**$x = 0$ においても高階微分係数（1 階微分，2 階微分，3 階微分，…）が存在して，それらはすべてゼロである**ことが，ロピタルの定理を使って確かめることができる．したがって，上記のように，$t > 0$ における曲線と $t < 0$ における曲線を $t = 0$ で接続したとき，$t = 0$ において**なめらかに**つながっていることがわかる．

** ブーケ (Bouquet) は人名である．普通名詞の “bouquet” はフランス語由来で，「花束」の意味．

**命題 2.3.16（ブーケの公式）** 弧長パラメーター表示された曲線 $C(s)$ $(s \in \mathrm{I})$ が $\kappa(s) \neq 0$ を満たすならば，任意の $s_0$ $(s_0 \in \mathrm{I})$ の近くで，

$$
\begin{aligned}
C(s) = C(s_0) &+ (s-s_0)\, e_1(s_0) + \frac{1}{2!}\,(s-s_0)^2\,\kappa(s_0)\,e_2(s_0) \\
&+ \frac{1}{3!}\,(s-s_0)^3\,\left\{-\kappa(s_0)^2 e_1(s_0) + \kappa'(s_0)e_2(s_0) + \kappa(s_0)\tau(s_0)e_3(s_0)\right\} \\
&\quad + O\big((s-s_0)^4\big)
\end{aligned}
$$

と書ける．ここで，$\{e_1(s), e_2(s), e_3(s)\}$ は曲線 $C(s)$ の動標構であり，$\kappa(s)$, $\tau(s)$ は，曲率および捩率とする．

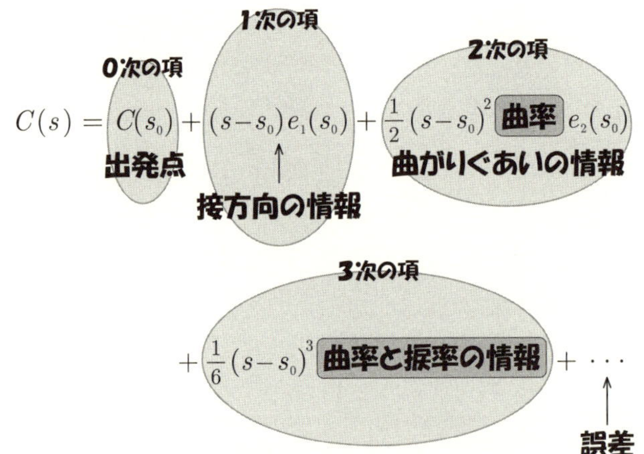


**証明** 動標構の定義とフルネ-セレの公式により

$$
(*) \qquad
\left\{
\begin{aligned}
C'(s) &= e_1(s) \\
C''(s) &= e_1'(s) = \kappa(s)e_2(s) \\
C'''(s) &= (\kappa(s)e_2(s))' = \kappa'(s)e_2(s) + \kappa(s)e_2'(s) \\
&= \kappa'(s)e_2(s) + \kappa(s)\left(-\kappa(s)e_1(s) + \tau(s)e_3(s)\right) \\
&= -\kappa(s)^2 e_1(s) + \kappa'(s)e_2(s) + \kappa(s)\tau(s)e_3(s)
\end{aligned}
\right.
$$

となるので，これらを，$C(s)$ の $s = s_0$ におけるテイラー展開（212 ページの定理 A.1.1 とその脚注を参照）

$$C(s) = C(s_0) + (s - s_0)\,C'(s_0) + \frac{1}{2!}\,(s-s_0)^2\,C''(s_0) + \frac{1}{3!}\,(s-s_0)^3\,C'''(s_0) + O\big((s-s_0)^4\big)$$

に代入すると，求める公式が得られる．□

ここで，曲率と捩率の表示式を整理しておこう．

**命題 2.3.17**

$$\kappa(s) = \|e_1'(s)\| = e_1'(s)\cdot e_2(s)$$
$$\tau(s) = e_2'(s)\cdot e_3(s) = \det\big(e_1(s),\ e_2(s),\ e_2'(s)\big)\ ^{*}$$

言いかえると

$$\kappa(s) = \|C''(s)\|$$
$$\tau(s) = \frac{1}{\|C''(s)\|^2}\ \det\big(C'(s),\ C''(s),\ C'''(s)\big)\ ^{**}$$

**証明**　後半（「言いかえると」以降の部分）は，$e_1'(s) = C''(s)$ であることと，90 ページの式 $(*)$ に注意すれば，前半から直ちに得られる[†]．前半を証明する．曲率 $\kappa(s)$ については，1 つめの等式は定義式であり，2 つめの等式は，フルネ-セレの公式の第 1 式の両辺に $e_2(s)$ を内積して，$\|e_2(s)\| = 1$ であることを使うと得られる．

捩率 $\tau(s)$ については，1 つめの等式は，フルネ-セレの公式の第 2 式の両辺に $e_3(s)$ を内積して，$\|e_3(s)\| = 1$ であることを使うと得られる．また，2 つめの等式

[*] $\det\big(e_1(s),\ e_2(s),\ e_2'(s)\big)$ は，ベクトル $e_1(s), e_2(s), e_2'(s)$ を縦ベクトルと見て，この 3 つのベクトルを横にならべてできた 3 行 3 列の行列の行列式である．

[**] 曲線 $C(s)$ を成分で表示して，$C(s) = (x(s), y(s), z(s))$ と表したとき，$\kappa(s)$ と $\tau(s)$ に関するこれらの 2 式を書き直すと

$$\kappa(s) = \sqrt{x''(s)^2 + y''(s)^2 + z''(s)^2}$$
$$\tau(s) = \frac{1}{x''(s)^2 + y''(s)^2 + z''(s)^2}\ \det\begin{pmatrix} x'(s) & x''(s) & x'''(s) \\ y'(s) & y''(s) & y'''(s) \\ z'(s) & z''(s) & z'''(s) \end{pmatrix}$$

となる．

[†] $\tau(s)$ については，$\det(C'(S), C''(s), C'''(s))$ に 90 ページの式 $(*)$ を代入し，286 ページの行列式の基本的性質の (i)〜(iii) を考慮して計算すれば $\det\big(C'(s),\ C''(s),\ C'''(s)\big) = \|\kappa(s)\|^2 \det\big(e_1(s),\ e_2(s),\ e_2'(s)\big) = \|C''(s)\|^2 \det\big(e_1(s),\ e_2(s),\ e_2'(s)\big)$，すなわち，$\det\big(e_1(s),\ e_2(s),\ e_2'(s)\big) = \dfrac{1}{\|C''(s)\|^2}\det\big(C'(s),\ C''(s),\ C'''(s)\big)$ が得られる．

は，$e_3(s)$ の定義と外積の性質（215 ページの補題 A.2.2 の (4)）から直ちに得られる．□

さて，弧長パラメーターとは限らない一般のパラメーター $t$ で表示すると，曲率と捩率がどう表されるか，計算しておこう．48 ページで説明したように，ここでも，**$t$ による微分を $\dot{}$ と表して，$s$ による微分 $'$ と区別することにする．**

**命題 2.3.18** （弧長パラメーターとは限らない）一般のパラメーター $t$ で表された空間曲線 $C(t)$ に対して，

$$\kappa(t) = \frac{\sqrt{\|\dot{C}(t)\|^2\|\ddot{C}(t)\|^2 - (\dot{C}(t)\cdot\ddot{C}(t))^2}}{\|\dot{C}(t)\|^3} \quad {}^{*}$$

$$\tau(t) = \frac{\det\bigl(\dot{C}(t),\, \ddot{C}(t),\, \dddot{C}(t)\bigr)}{\|\dot{C}(t)\|^2\|\ddot{C}(t)\|^2 - \bigl(\dot{C}(t)\cdot\ddot{C}(t)\bigr)^2} \quad {}^{**}$$

である．ただし，各々の右辺の分母が 0 でない場合に限る．

---

* 平面曲線 $C(t) = (x(t),\, y(t))$ を空間曲線 $C(t) = (x(t),\, y(t),\, 0)$ と見なした場合は，$\dot{C}(t) = (\dot{x}(t),\, \dot{y}(t),\, 0)$, $\ddot{C}(t) = (\ddot{x}(t),\, \ddot{y}(t),\, 0)$ であることから，簡単な計算により $\dfrac{\sqrt{\|\dot{C}(t)\|^2\|\ddot{C}(t)\|^2 - (\dot{C}(t)\cdot\ddot{C}(t))^2}}{\|\dot{C}(t)\|^3} = \dfrac{|\dot{x}\ddot{y} - \ddot{x}\dot{y}|}{(\dot{x}^2+\dot{y}^2)^{\frac{3}{2}}}$ であることがわかる．したがって，この曲線を空間曲線と見なした場合の曲率 $\tilde{\kappa}(t)$ は $\tilde{\kappa}(t) = \dfrac{|\dot{x}\ddot{y} - \ddot{x}\dot{y}|}{(\dot{x}^2+\dot{y}^2)^{\frac{3}{2}}}$ である．一方，曲線 $C(t)$ の平面曲線としての曲率 $\kappa(t)$ は，命題 1.5.3 より，$\kappa(t) = \dfrac{\dot{x}\ddot{y} - \ddot{x}\dot{y}}{(\dot{x}^2+\dot{y}^2)^{\frac{3}{2}}}$ となる．以上から，一般のパラメーター $t$ についても，例題 2.3.9 で確かめた事実 $\tilde{\kappa}(t) = |\kappa(t)|$ が再確認できる．

** $\|\dot{C}(t)\|^2\|\ddot{C}(t)\|^2 - \bigl(\dot{C}(t)\cdot\ddot{C}(t)\bigr)^2 = \|\dot{C}(t)\times\ddot{C}(t)\|^2$ であることに注意すれば

$$\kappa(t) = \frac{\|\dot{C}(t)\times\ddot{C}(t)\|}{\|\dot{C}(t)\|^3},\quad \tau(t) = \frac{\det\bigl(\dot{C}(t),\, \ddot{C}(t),\, \dddot{C}(t)\bigr)}{\|\dot{C}(t)\times\ddot{C}(t)\|^2}$$

とも書ける．

曲率を計算するときに・・・

どうせ
オレなんか,
役にたたねえよ

**証明**　一般のパラメーター $t$ に対して，同じ向きの弧長パラメーターを $s$ とする．（したがって，$\dfrac{dt}{ds} > 0$ である．）以下の計算では $s$ と $t$ は $s = s(t)$, $t = t(s)$ というようにお互いに相手の関数と見なす*．このとき，次を示そう．

$$\text{(A)}\qquad e_1(s) = \frac{\dot{C}(t)}{\|\dot{C}(t)\|}$$

$$\text{(B)}\qquad e_1'(s) = \frac{1}{\|\dot{C}(t)\|^2}\ddot{C}(t) - \frac{\dot{C}(t)\cdot\ddot{C}(t)}{\|\dot{C}(t)\|^4}\dot{C}(t)$$

$$\text{(C)}\qquad e_2(s) = \lambda(t)\ddot{C}(t) + \mu(t)\dot{C}(t)$$

$$\text{(D)}\qquad e_2'(s) = \frac{\lambda(t)}{\|\dot{C}(t)\|}\dddot{C}(t) + \nu_1(t)\ddot{C}(t) + \nu_2(t)\dot{C}(t)$$

ただし，

$$\lambda(t) = \frac{\|\dot{C}(t)\|}{\sqrt{\|\dot{C}(t)\|^2\|\ddot{C}(t)\|^2 - \left(\dot{C}(t)\cdot\ddot{C}(t)\right)^2}}$$

$$\mu(t) = -\frac{\dot{C}(t)\cdot\ddot{C}(t)}{\|\dot{C}(t)\|\sqrt{\|\dot{C}(t)\|^2\|\ddot{C}(t)\|^2 - \left(\dot{C}(t)\cdot\ddot{C}(t)\right)^2}}$$

$$\nu_1(t) = \frac{\dot{\lambda}(t) + \mu(t)}{\|\dot{C}(t)\|}$$

$$\nu_2(t) = \frac{\dot{\mu}(t)}{\|\dot{C}(t)\|}$$

である．まず，合成関数の微分法により，

* 例えば，上述の式 (A) は，$e_1(s) = \dfrac{\dot{C}(t)}{\|\dot{C}(t)\|}$ であるが，これは両辺を $s$ の関数と見て $e_1(s) = \dfrac{\dot{C}(t(s))}{\|\dot{C}(t(s))\|}$ と思っているか，両辺を $t$ の関数と見て $e_1(s(t)) = \dfrac{\dot{C}(t)}{\|\dot{C}(t)\|}$ と解釈しているということである．

$$\text{(1)} \qquad C'(s) = \dot{C}(t)\frac{dt}{ds}$$

$$\text{(2)} \qquad C''(s) = \ddot{C}(t)\left(\frac{dt}{ds}\right)^2 + \dot{C}(t)\,\frac{d^2t}{ds^2}$$

である．(1) の両辺のノルム（ベクトルの大きさ）をとると，$\|C'(s)\| = \|\dot{C}(t)\|\left|\dfrac{dt}{ds}\right|$ となるが，$\|C'(s)\| = 1$ および $\dfrac{dt}{ds} > 0$ であることに注意すると

$$\text{(3)} \qquad \frac{dt}{ds} = \frac{1}{\|\dot{C}(t)\|}$$

が得られる．したがって，(1) と (3) より (A) が示された．また，(3) より

$$\text{(4)} \qquad \frac{d^2t}{ds^2} = \frac{d}{ds}\left(\frac{dt}{ds}\right) = \frac{dt}{ds}\frac{d}{dt}\left(\frac{dt}{ds}\right) = \frac{1}{\|\dot{C}(t)\|}\frac{d}{dt}\left(\frac{1}{\|\dot{C}(t)\|}\right) = -\frac{\dot{C}(t)\cdot\ddot{C}(t)}{\|\dot{C}(t)\|^4}$$

である*．ゆえに，(2), (3), (4) より

$$\text{(5)} \qquad e_1'(s) = C''(s) = \frac{1}{\|\dot{C}(t)\|^2}\ddot{C}(t) - \frac{\dot{C}(t)\cdot\ddot{C}(t)}{\|\dot{C}(t)\|^4}\dot{C}(t)$$

となり，(B) が得られる．また，このとき，

$$\begin{aligned}\|e_1'(s)\|^2 &= \left\|\frac{1}{\|\dot{C}(t)\|^2}\ddot{C}(t) - \frac{\dot{C}(t)\cdot\ddot{C}(t)}{\|\dot{C}(t)\|^4}\dot{C}(t)\right\|^2 \\ &= \frac{\|\ddot{C}(t)\|^2}{\|\dot{C}(t)\|^4} - 2\frac{\left(\dot{C}(t)\cdot\ddot{C}(t)\right)^2}{\|\dot{C}(t)\|^6} + \frac{\left(\dot{C}(t)\cdot\ddot{C}(t)\right)^2\|\dot{C}(t)\|^2}{\|\dot{C}(t)\|^8} \\ &= \frac{\|\dot{C}(t)\|^2\|\ddot{C}(t)\|^2 - \left(\dot{C}(t)\cdot\ddot{C}(t)\right)^2}{\|\dot{C}(t)\|^6}\end{aligned}$$

であるから

$$\|e_1'(s)\| = \frac{\sqrt{\|\dot{C}(t)\|^2\|\ddot{C}(t)\|^2 - \left(\dot{C}(t)\cdot\ddot{C}(t)\right)^2}}{\|\dot{C}(t)\|^3}$$

となり，したがって，この式と (5) より

---

* $\|\dot{C}(t)\|$ をそのまま微分するより，その 2 乗 $\|\dot{C}(t)\|^2$ を微分する方が簡単である．実際，$\|\dot{C}(t)\|^2 = \dot{C}(t)\cdot\dot{C}(t)$ であるから，積の微分法により $\dfrac{d}{dt}\|\dot{C}(t)\|^2 = \dfrac{d}{dt}\left(\dot{C}(t)\cdot\dot{C}(t)\right) = 2\ddot{C}(t)\cdot\dot{C}(t)$ となる．したがって

$$\frac{d}{dt}\left(\frac{1}{\|\dot{C}(t)\|}\right) = \frac{d}{dt}(\|\dot{C}(t)\|^2)^{-\frac{1}{2}} = -\frac{1}{2}(\|\dot{C}(t)\|^2)^{-\frac{3}{2}} \times 2(\ddot{C}(t)\cdot\dot{C}(t)) = -\frac{\ddot{C}(t)\cdot\dot{C}(t)}{\|\dot{C}(t)\|^3}$$

である．

$$(6) \qquad e_2(s) = \frac{e_1'(s)}{\|e_1'(s)\|} = \lambda(t)\ddot{C}(t) + \mu(t)\dot{C}(t)$$

となることが確かめられ，(C) が得られる．最後に，

$$\begin{aligned}
e_2'(s) &= \frac{dt}{ds}\frac{d}{dt}e_2(s) \\
&\overset{(3)\text{と(C)より}}{=} \frac{1}{\|\dot{C}(t)\|}\frac{d}{dt}\big(\lambda(t)\ddot{C}(t) + \mu(t)\dot{C}(t)\big) \\
&= \frac{\lambda(t)}{\|\dot{C}(t)\|}\dddot{C}(t) + \frac{\dot{\lambda}(t)+\mu(t)}{\|\dot{C}(t)\|}\ddot{C}(t) + \frac{\dot{\mu}(t)}{\|\dot{C}(t)\|}\dot{C}(t) \\
&= \frac{\lambda(t)}{\|\dot{C}(t)\|}\dddot{C}(t) + \nu_1(t)\ddot{C}(t) + \nu_2(t)\dot{C}(t)
\end{aligned}$$

であるから，(D) が得られた．

さて，命題 2.3.18 の証明を続けよう．曲率の表示式のほうは，命題 2.3.17 の曲率の表示式に (B), (C) を代入すれば

$$\begin{aligned}
\kappa(t) &= \kappa(s) = e_1'(s)\cdot e_2(s) \\
&= \left(\frac{1}{\|\dot{C}(t)\|^2}\ddot{C}(t) - \frac{\dot{C}(t)\cdot\ddot{C}(t)}{\|\dot{C}(t)\|^4}\dot{C}(t)\right)\cdot\big(\lambda(t)\ddot{C}(t) + \mu(t)\dot{C}(t)\big) \\
&= \frac{\|\ddot{C}(t)\|^2}{\|\dot{C}(t)\|^2}\lambda(t) - \frac{\big(\dot{C}(t)\cdot\ddot{C}(t)\big)^2}{\|\dot{C}(t)\|^4}\lambda(t) + \frac{\dot{C}(t)\cdot\ddot{C}(t)}{\|\dot{C}(t)\|^2}\mu(t) - \frac{\dot{C}(t)\cdot\ddot{C}(t)}{\|\dot{C}(t)\|^2}\mu(t) \\
&= \frac{\lambda(t)}{\|\dot{C}(t)\|^4}\left\{\|\dot{C}(t)\|^2\|\ddot{C}(t)\|^2 - \big(\dot{C}(t)\cdot\ddot{C}(t)\big)^2\right\} \\
&= \frac{\sqrt{\|\dot{C}(t)\|^2\|\ddot{C}(t)\|^2 - \big(\dot{C}(t)\cdot\ddot{C}(t)\big)^2}}{\|\dot{C}(t)\|^3}
\end{aligned}$$

となり，求める等式が得られる．また，捩率のほうは，命題 2.3.17 の捩率の表示式に (A), (C), (D) を代入して，行列式の性質を使ってやると*，

$$\begin{aligned}
&\det\big(e_1(s),\, e_2(s),\, e_2'(s)\big) \\
&= \det\left(\frac{\dot{C}(t)}{\|\dot{C}(t)\|},\, \lambda(t)\ddot{C}(t) + \mu(t)\dot{C}(t),\, \frac{\lambda(t)}{\|\dot{C}(t)\|}\dddot{C}(t) + \nu_1(t)\ddot{C}(t) + \nu_2(t)\dot{C}(t)\right) \\
&= \det\left(\frac{\dot{C}(t)}{\|\dot{C}(t)\|},\, \lambda(t)\ddot{C}(t),\, \frac{\lambda(t)}{\|\dot{C}(t)\|}\dddot{C}(t)\right) + \det\left(\frac{\dot{C}(t)}{\|\dot{C}(t)\|},\, \mu(t)\dot{C}(t),\, \frac{\lambda(t)}{\|\dot{C}(t)\|}\dddot{C}(t)\right)
\end{aligned}$$

* 286 ページの「行列式の基本的性質」の (i) と (iii) を用いた．

$$
\begin{aligned}
&+\det\left(\frac{\dot{C}(t)}{\|\dot{C}(t)\|},\,\lambda(t)\ddot{C}(t),\,\nu_1(t)\ddot{C}(t)\right)+\det\left(\frac{\dot{C}(t)}{\|\dot{C}(t)\|},\,\mu(t)\dot{C}(t),\,\nu_1(t)\ddot{C}(t)\right)\\
&+\det\left(\frac{\dot{C}(t)}{\|\dot{C}(t)\|},\,\lambda(t)\ddot{C}(t),\,\nu_2(t)\dot{C}(t)\right)+\det\left(\frac{\dot{C}(t)}{\|\dot{C}(t)\|},\,\mu(t)\dot{C}(t),\,\nu_2(t)\dot{C}(t)\right)\\
=&\frac{\lambda(t)^2}{\|\dot{C}(t)\|^2}\det\big(\dot{C}(t),\,\ddot{C}(t),\,\dddot{C}(t)\big)+\frac{\lambda(t)\mu(t)}{\|\dot{C}(t)\|^2}\det\big(\dot{C}(t),\,\dot{C}(t),\,\dddot{C}(t)\big)\\
&+\frac{\lambda(t)\nu_1(t)}{\|\dot{C}(t)\|}\det\big(\dot{C}(t),\,\ddot{C}(t),\,\ddot{C}(t)\big)+\frac{\mu(t)\nu_1(t)}{\|\dot{C}(t)\|}\det\big(\dot{C}(t),\,\dot{C}(t),\,\ddot{C}(t)\big)\\
&+\frac{\lambda(t)\nu_2(t)}{\|\dot{C}(t)\|}\det\big(\dot{C}(t),\,\ddot{C}(t),\,\dot{C}(t)\big)+\frac{\mu(t)\nu_2(t)}{\|\dot{C}(t)\|}\det\big(\dot{C}(t),\,\dot{C}(t),\,\dot{C}(t)\big)\\
=&\frac{\lambda(t)^2}{\|\dot{C}(t)\|^2}\det\big(\dot{C}(t),\,\ddot{C}(t),\,\dddot{C}(t)\big)\\
=&\frac{\det\big(\dot{C}(t),\,\ddot{C}(t),\,\dddot{C}(t)\big)}{\|\dot{C}(t)\|^2\|\ddot{C}(t)\|^2-\big(\dot{C}(t)\cdot\ddot{C}(t)\big)^2}
\end{aligned}
$$

となり，証明が終わった．□

平面曲線の判定条件を，次のようにまとめておこう．

**命題 2.3.19** 弧長パラメーターで表示された空間曲線 $C(s)$ に対して，$C''(s)\neq 0$ の仮定のもとで，$C(s)$ が平面曲線（ある平面に含まれる曲線）であるための必要十分条件は

$$\det\big(C'(s),\,C''(s),\,C'''(s)\big)=0$$

が成り立つことである．

**証明** 条件 $C''(s)\neq 0$ のもとで

$$
\begin{aligned}
&C(s)\text{ が平面曲線}\\
\overset{\text{定理 2.3.11}}{\Longleftrightarrow}\;&\text{捩率}\,\tau(s)=0\\
\overset{\text{命題 2.3.17}}{\Longleftrightarrow}\;&\det\big(C'(s),\,C''(s),\,C'''(s)\big)=0
\end{aligned}
$$

であるから，求める主張が成り立つ．□

命題 2.3.19 を一般のパラメーター $t$ について書き直すと，次のようになる．

**命題 2.3.20** （弧長パラメーターとは限らない）一般のパラメーターで表示された空間曲線 $C(t)$ に対して，$\kappa(t) \neq 0$ の仮定のもとで，$C(t)$ が平面曲線（ある平面に含まれる曲線）であるための必要十分条件は

$$\det\bigl(\dot{C}(t),\, \ddot{C}(t),\, \dddot{C}(t)\bigr) = 0$$

が成り立つことである．

**証明** 命題 2.3.19 の "$C''(s) \neq 0$" という条件は，これと同値な条件 "$\kappa(s) \neq 0$" と見なすと，パラメーター $t$ に関する条件 "$\kappa(t) \neq 0$" に書き直せる．（定理 2.3.11 を定理 2.3.12 に書き直したときと同様である．(86 ページの説明および脚注を参照のこと.）したがって，あとは，"$\det\bigl(C'(s), C''(s), C'''(s)\bigr) = 0$" という条件が "$\det\bigl(\dot{C}(t), \ddot{C}(t), \dddot{C}(t)\bigr) = 0$" という条件に対応していることを確かめればよい．以下，これを示そう．

定理 2.3.18 の証明でも用いたが（94 ページ），合成関数の微分法により，

$$C'(s) = \dot{C}(t)\frac{dt}{ds} \tag{1}$$

$$C''(s) = \ddot{C}(t)\left(\frac{dt}{ds}\right)^2 + \dot{C}(t)\,\frac{d^2t}{ds^2} \tag{2}$$

が成り立つ．さらに，微分して合成関数の微分法を使用すると

$$C'''(s) = \dddot{C}(t)\left(\frac{dt}{ds}\right)^3 + 3\ddot{C}(t)\frac{d^2t}{ds^2}\frac{dt}{ds} + \dot{C}(t)\,\frac{d^3t}{ds^3} \tag{3}$$

であることが容易に確かめられる．上記の等式 (1), (2), (3) を用いると

$$\begin{aligned}
&\det\bigl(C'(s),\, C''(s),\, C'''(s)\bigr)\\
&= \det\left(\dot{C}(t)\frac{dt}{ds},\ \ddot{C}(t)\left(\frac{dt}{ds}\right)^2 + \dot{C}(t)\,\frac{d^2t}{ds^2},\ \dddot{C}(t)\left(\frac{dt}{ds}\right)^3 + 3\ddot{C}(t)\frac{d^2t}{ds^2}\frac{dt}{ds} + \dot{C}(t)\,\frac{d^3t}{ds^3}\right)\\
&= \det\left(\dot{C}(t)\frac{dt}{ds},\ \ddot{C}(t)\left(\frac{dt}{ds}\right)^2,\ \dddot{C}(t)\left(\frac{dt}{ds}\right)^3\right)\\
&\qquad + \det\left(\dot{C}(t)\frac{dt}{ds},\ \ddot{C}(t)\left(\frac{dt}{ds}\right)^2,\ 3\ddot{C}(t)\frac{d^2t}{ds^2}\frac{dt}{ds}\right)\\
&\qquad + \det\left(\dot{C}(t)\frac{dt}{ds},\ \ddot{C}(t)\left(\frac{dt}{ds}\right)^2,\ \dot{C}(t)\,\frac{d^3t}{ds^3}\right)
\end{aligned}$$

$$
\begin{aligned}
&\quad + \det\left(\dot{C}(t)\frac{dt}{ds},\ \dot{C}(t)\frac{d^2t}{ds^2},\ \dddot{C}(t)\left(\frac{dt}{ds}\right)^3\right) \\
&\quad + \det\left(\dot{C}(t)\frac{dt}{ds},\ \dot{C}(t)\frac{d^2t}{ds^2},\ 3\ddot{C}(t)\frac{d^2t}{ds^2}\frac{dt}{ds}\right) \\
&\quad + \det\left(\dot{C}(t)\frac{dt}{ds},\ \dot{C}(t)\frac{d^2t}{ds^2},\ \dot{C}(t)\frac{d^3t}{ds^3}\right) \\
&= \left(\frac{dt}{ds}\right)^6 \det\left(\dot{C}(t), \ddot{C}(t), \dddot{C}(t)\right) + 3\frac{d^2t}{ds^2}\left(\frac{dt}{ds}\right)^4 \det\left(\dot{C}(t), \ddot{C}(t), \ddot{C}(t)\right) \\
&\quad + \frac{d^3t}{ds^3}\left(\frac{dt}{ds}\right)^3 \det\left(\dot{C}(t), \ddot{C}(t), \dot{C}(t)\right) \\
&\quad + \frac{d^2t}{ds^2}\left(\frac{dt}{ds}\right)^4 \det\left(\dot{C}(t), \dot{C}(t), \dddot{C}(t)\right) + 3\left(\frac{d^2t}{ds^2}\right)^2\left(\frac{dt}{ds}\right)^2 \det\left(\dot{C}(t), \dot{C}(t), \ddot{C}(t)\right) \\
&\quad + \frac{d^3t}{ds^3}\frac{d^2t}{ds^2}\frac{dt}{ds} \det\left(\dot{C}(t), \dot{C}(t), \dot{C}(t)\right) \\
&= \left(\frac{dt}{ds}\right)^6 \det\big(\dot{C}(t), \ddot{C}(t), \dddot{C}(t)\big)
\end{aligned}
$$

となる．ここで，途中の式変形では，行列式の一般的性質を使用した*．したがって $\det\big(C'(s), C''(s), C'''(s)\big) = \left(\frac{dt}{ds}\right)^6 \det\big(\dot{C}(t), \ddot{C}(t), \dddot{C}(t)\big)$ である．ゆえに，条件 “$\det\big(C'(s), C''(s), C'''(s)\big) = 0$” と条件 “$\det\big(\dot{C}(t), \ddot{C}(t), \dddot{C}(t)\big) = 0$” が同値であることがわかり，証明が終わった．□

平面曲線の場合と同様に，**回転と平行移動の自由度を除いて，フルネ-セレの公式が曲線を定める**ことが以下のようにわかる．

**定理 2.3.21**

(1) 任意に与えられた $C^\infty$ 級**非負値**関数 $\kappa(s)$ と $C^\infty$ 級関数 $\tau(s)$ に対して，曲率が $\kappa(s)$ で，捩率が $\tau(s)$ であるような，$\mathbb{R}^3$ の曲線が存在する．

(2) このような曲線（すなわち，与えられた曲率と捩率をもつ曲線）は，$\mathbb{R}^3$ 上の回転と平行移動の自由度を除いて，一意的である**．

* 286 ページの「行列式の基本的性質」の (i) と (iii) を用いた．

** 「回転と平行移動により，この 2 つの曲線を重ねることができること」に他ならない．

**証明**　平面曲線の場合（定理 1.4.7）の証明とほとんど同じであるが，確認のために証明を書いておこう．フルネ-セレの公式を $e_1(s), e_2(s), e_3(s)$ に関する常微分方程式と見て，$\mathbb{R}^3$ の任意の正規直交基底 $\{\boldsymbol{a}, \boldsymbol{b}, \boldsymbol{c}\}$（この順に「右手系」をなすもの）に対し，初期値問題

$$\begin{cases} \dfrac{d}{ds}\begin{pmatrix} e_1(s) \\ e_2(s) \\ e_3(s) \end{pmatrix} = \begin{pmatrix} 0 & \kappa & 0 \\ -\kappa & 0 & \tau \\ 0 & -\tau & 0 \end{pmatrix}\begin{pmatrix} e_1(s) \\ e_2(s) \\ e_3(s) \end{pmatrix} \\ \begin{pmatrix} e_1(0) \\ e_2(0) \\ e_3(0) \end{pmatrix} = \begin{pmatrix} \boldsymbol{a} \\ \boldsymbol{b} \\ \boldsymbol{c} \end{pmatrix} \end{cases}$$

を考えると，この解 $\{e_1(s), e_2(s), e_3(s)\}$ は一意的に存在する．（224 ページの定理 A.5.1 を参照.）このとき，この $e_1(s)$ をとると，$\mathbb{R}^3$ の任意の点 $\boldsymbol{p}$ に対して，初期値問題

$$\begin{cases} \dfrac{dC}{ds}(s) = e_1(s) \\ C(0) = \boldsymbol{p} \end{cases}$$

の解 $C(s)$ は一意的に存在する．この解である曲線 $C(s)$ の曲率が $\kappa(s)$ で，捩率が $\tau(s)$ であることは作り方から明らかである*．以上で存在が証明された．

次に，回転と平行移動の自由度を除いて一意的であることを示そう**．曲率が $\kappa(s)$ で，捩率が $\tau(s)$ である空間曲線が，$C^{(1)}(s), C^{(2)}(s)$ と 2 つあったとする．曲線 $C^{(j)}(s)$ の動標構を $\{e_1^{(j)}(s), e_2^{(j)}(s), e_3^{(j)}(s)\}$ とする $(j = 1, 2)$．このとき

---

* その前に，$e_1(s), e_2(s), e_3(s)$ が曲線 $C(s)$ の動標構であることを確かめる必要があるのは，平面曲線のときと同様である（40 ページの脚注を参照）．作り方から $C'(s) = e_1(s)$ であることは明らかであるから，あとは，

(1)　ベクトル $e_1(s), e_2(s), e_3(s)$ の大きさが 1 であること
(2)　ベクトル $e_1(s), e_2(s), e_3(s)$ は互いに直交して，しかも，この順で右手系になっていること（すなわち，$e_3(s) = e_1(s) \times e_2(s)$ であること）

を示せばよい．これについては 105 ページを参照せよ．

** 以下の証明を追わなくても，存在を証明した前半の議論を注意深く見ると一意性がわかる．実際，フルネ-セレの公式から決まる曲線 $C(s)$ には，正規直交基底 $\{\boldsymbol{a}, \boldsymbol{b}, \boldsymbol{c}\}$ とベクトル $\boldsymbol{p}$ の自由度があるが，それぞれ，回転と平行移動でその自由度はなくすことができるからである．

$$(*)\qquad \frac{d}{ds}\begin{pmatrix} e_1^{(j)}(s) \\ e_2^{(j)}(s) \\ e_3^{(j)}(s) \end{pmatrix} = \begin{pmatrix} 0 & \kappa(s) & 0 \\ -\kappa(s) & 0 & \tau(s) \\ 0 & -\tau(s) & 0 \end{pmatrix}\begin{pmatrix} e_1^{(j)}(s) \\ e_2^{(j)}(s) \\ e_3^{(j)}(s) \end{pmatrix}$$

である ($j = 1, 2$)．一方，$s = 0$ のときの $\{e_1^{(j)}(0), e_2^{(j)}(0), e_3^{(j)}(0)\}$ は，$\mathbb{R}^3$ の正規直交基底（この順に「右手系」をなすもの）であるから，ある（$\mathbb{R}^3$ における回転の合成で表される）変換 $A$ が存在して，

$$A\big(e_i^{(1)}(0)\big) = e_i^{(2)}(0) \quad (i = 1, 2, 3)$$

となる*．さて，任意の $s$ に対して $A\big(e_i^{(1)}(s)\big) = e_i^{(2)}(s)$ であることを示そう．そのために

$$\varepsilon_i(s) = A\big(e_i^{(1)}(s)\big) - e_i^{(2)}(s) \quad (i = 1, 2, 3)$$

とおくと，$(*)$ より

$$\begin{cases} u_1(s) = \varepsilon_1(s) \\ u_2(s) = \varepsilon_2(s) \\ u_3(s) = \varepsilon_3(s) \end{cases}$$

は，初期値問題

$$(**)\qquad \begin{cases} \dfrac{d}{ds}\begin{pmatrix} u_1(s) \\ u_2(s) \\ u_3(s) \end{pmatrix} = \begin{pmatrix} 0 & \kappa(s) & 0 \\ -\kappa(s) & 0 & \tau(s) \\ 0 & -\tau(s) & 0 \end{pmatrix}\begin{pmatrix} u_1(s) \\ u_2(s) \\ u_3(s) \end{pmatrix} \\ \begin{pmatrix} u_1(0) \\ u_2(0) \\ u_3(0) \end{pmatrix} = \begin{pmatrix} 0 \\ 0 \\ 0 \end{pmatrix} \end{cases}$$

の解であることが容易に確かめられる**．一方，

$$\begin{cases} u_1(s) = 0 & \text{（定数関数）} \\ u_2(s) = 0 & \text{（定数関数）} \\ u_3(s) = 0 & \text{（定数関数）} \end{cases}$$

* $A\big(e_i^{(1)}(0)\big)$ は，回転の合成を与える行列 $A$ と縦ベクトル $e_i^{(j)}(0)$ の積と見なしてもよい．

** 確かめる際には，微分するときには $\dfrac{d}{dt}\big(A\big(e_i^{(1)}(s)\big)\big) = A\left(\dfrac{d}{dt}e_i^{(1)}(s)\right)$ であることに注意する．この等式は，$A\big(e_i^{(1)}(s)\big)$ を（定数が成分の）行列 $A$ とベクトル $e_i^{(1)}(s)$ の積であると見なせば，成り立つことは容易に確かめられる．

も $(**)$ を満たすことが容易に確かめられるから，これも初期値問題 $(**)$ の解である．ところが初期値問題の解の一意性（定理 A.5.1）から，これら 2 つの解は一致しなければならないので，

$$\begin{cases} \varepsilon_1(s) &= 0 \quad \text{（定数関数）} \\ \varepsilon_2(s) &= 0 \quad \text{（定数関数）} \\ \varepsilon_3(s) &= 0 \quad \text{（定数関数）} \end{cases}$$

すなわち

$$A\big(e_i^{(1)}(s)\big) = e_i^{(2)}(s) \quad (i = 1,\, 2,\, 3)$$

となる．特に，$A\big(e_1^{(1)}(s)\big) = e_1^{(2)}(s)$ である．したがって

$$\frac{d}{ds}A\big(C^{(1)}(s)\big) = A\left(\frac{dC^{(1)}}{ds}(s)\right) = A\big(e_1^{(1)}(s)\big) = e_1^{(2)}(s) = \frac{dC^{(2)}}{ds}(s),$$

すなわち，

$$\frac{d}{ds}\Big\{C^{(2)}(s) - A\big(C^{(1)}(s)\big)\Big\} = 0$$

となる．ゆえに，ある（$s$ によらない）ベクトル $\boldsymbol{q}$ が存在して，

$$C^{(2)}(s) - A\big(C^{(1)}(s)\big) = \boldsymbol{q}, \quad \text{すなわち，} \quad C^{(2)}(s) = A\big(C^{(1)}(s)\big) + \boldsymbol{q}$$

となり，証明が終わった．□

この節の最後に，平面曲線のときの命題 1.5.1 に対応する結果をあげておこう．

**命題 2.3.22（曲率と捩率の，回転と平行移動による不変性）** $C''(s) \neq 0$, $\overline{C}''(s) \neq 0$*を満たす 2 つの空間曲線 $C(s)$, $\overline{C}(s)$ があって，それぞれの曲率を $\kappa(s)$, $\overline{\kappa}(s)$ とし，また，それぞれの捩率を $\tau(s)$, $\overline{\tau}(s)$ とする．このとき，次の 2 つは同値である:

(1) $\kappa(s) = \overline{\kappa}(s)$, $\tau(s) = \overline{\tau}(s)$ である．

(2) 回転と平行移動の合成で表される変換 $T$ が存在して $T\big(C(s)\big) = \overline{C}(s)$ となる．

* これらの条件は $\kappa(s) \neq 0$, $\overline{\kappa}(s) \neq 0$ であることと同値である．

$\kappa(s) = \bar{\kappa}(s)$

$\tau(s) = \bar{\tau}(s)$

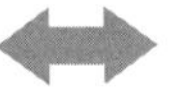

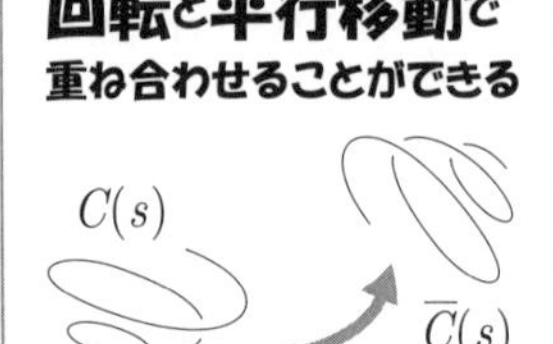


**証明** **(1) ⇒ (2) であること** 定理 2.3.21 の主張の後半部分より直ちに得られる．**(2) ⇒ (1) であること** 変換 $T$ は $T(x) = A(x) + q$ という形であるとして良い．ここで，$A$ は $\mathbb{R}^3$ の回転の合成で表される変換で，$q$ は $\mathbb{R}^3$ の定ベクトルである．そこで，$e_1(s), e_2(s), e_3(s)$ を $C(s)$ の動標構とし，$\overline{e}_1(s), \overline{e}_2(s), \overline{e}_3(s)$ を $\overline{C}(s)$ の動標構とすると，

$$(*) \qquad \overline{e}_i(s) = A\bigl(e_i(s)\bigr) \qquad (i = 1, 2, 3)$$

である．実際，$\overline{e}_1(s) = \overline{C}'(s) = \bigl(T\bigl(C(s)\bigr)\bigr)' = \bigl(A\bigl(C(s)\bigr) + q\bigr)' = A\bigl(C'(s)\bigr) = A\bigl(e_1(s)\bigr)$ である．また，$\overline{C}''(s) = A\bigl(C''(s)\bigr)$ であることから，$\overline{e}_2(s) = A\bigl(e_2(s)\bigr)$ であることも確かめられる．(なぜならば，$\overline{e}_2(s), e_2(s)$ はそれぞれ，$\overline{C}''(s), C''(s)$ の大きさを 1 にしたものであるから．) さらに，$\overline{e}_3(s) = A\bigl(e_3(s)\bigr)$ であることは，$e_3(s), \overline{e}_3(s)$ の定義からわかる*．以上で $(*)$ が確かめられた．また，$\overline{e}_2'(s) = A\bigl(e_2'(s)\bigr)$ であることが同様に得られる．これらのことから

$$\overline{\kappa}(s) = \|\overline{e}_1(s)\| \;=\; \|A\bigl(e_1(s)\bigr)\| \;=\; \|e_1(s)\| \;=\; \kappa(s)$$
$$\overline{\tau}(s) = \overline{e}_2'(s) \cdot \overline{e}_3(s) \;=\; A\bigl(e_2'(s)\bigr) \cdot A\bigl(e_3(s)\bigr) \;=\; e_2'(s) \cdot e_3(s) \;=\; \tau(s)$$

となり**，証明が終わった．□

上記の証明の「(2) ⇒ (1) であること」は，$(*)$ を用いると，ブーケの公式 (命題 2.3.16) からも以下のように導かれる．

任意の $s$ を 1 つとって固定し，それを $s_0$ とする．命題 2.3.16 により，$s = s_0$ の近くで，

$$\text{(a)} \qquad C(s) = C(s_0) + (s - s_0)\, e_1(s_0) + \frac{1}{2!}\,(s - s_0)^2\, \kappa(s_0)\, e_2(s_0)$$
$$+ \frac{1}{3!}\,(s - s_0)^3 \left\{ -\kappa(s_0)^2 e_1(s_0) \;+\; \kappa'(s_0) e_2(s_0) \;+\; \kappa(s_0)\tau(s_0) e_3(s_0) \right\}$$
$$+ O\bigl((s - s_0)^4\bigr)$$

(b) $$\overline{C}(s) = \overline{C}(s_0) + (s - s_0)\,\overline{e}_1(s_0) + \frac{1}{2!}\,(s - s_0)^2\,\overline{\kappa}(s_0)\,\overline{e}_2(s_0) + \frac{1}{3!}\,(s - s_0)^3\left\{-\,\overline{\kappa}(s_0)^2\overline{e}_1(s_0) + \overline{\kappa}'(s_0)\overline{e}_2(s_0) + \overline{\kappa}(s_0)\overline{\tau}(s_0)\overline{e}_3(s_0)\right\} + O\bigl((s - s_0)^4\bigr)$$

と書ける．そこで，$T\bigl(C(s)\bigr) = A\bigl(C(s)\bigr) + q$, $T\bigl(C(s_0)\bigr) = A\bigl(C(s_0)\bigr) + q$ であることに注意して，(a) の両辺に変換 $T$ を作用させると，

$$T\bigl(\overline{C}(s)\bigr) = T\bigl(C(s_0)\bigr) + (s - s_0)\,A\bigl(e_1(s_0)\bigr) + \frac{1}{2!}\,(s - s_0)^2\,\kappa(s_0)\,A\bigl(e_2(s_0)\bigr) + \frac{1}{3!}\,(s - s_0)^3\left\{-\,\kappa(s_0)^2 A\bigl(e_1(s_0)\bigr) + \kappa'(s_0)A\bigl(e_2(s_0)\bigr) + \kappa(s_0)\tau(s_0)A\bigl(e_3(s_0)\bigr)\right\} + O\bigl((s - s_0)^4\bigr)$$

となる．したがって，(*) と $\overline{C}(s) = T\bigl(C(s)\bigr)$ より

(c) $$\overline{C}(s) = \overline{C}(s_0) + (s - s_0)\,\overline{e}_1(s_0) + \frac{1}{2!}\,(s - s_0)^2\,\kappa(s_0)\,\overline{e}_2(s_0) + \frac{1}{3!}\,(s - s_0)^3\left\{-\,\kappa(s_0)^2\overline{e}_1(s_0) + \kappa'(s_0)\overline{e}_2(s_0) + \kappa(s_0)\tau(s_0)\overline{e}_3(s_0)\right\} + O\bigl((s - s_0)^4\bigr)$$

となる．(b) と (c) を比較すると，$\overline{\kappa}(s_0) = \kappa(s_0)$, $\overline{\tau}(s_0) = \tau(s_0)$ が得られる．$s_0$ は任意にとったものであるから，任意の $s$ について $\overline{\kappa}(s) = \kappa(s)$, $\overline{\tau}(s) = \tau(s)$ である．

ち、ちからつきました・・・

---

* (前ページ) $e_1(s)$, $e_2(s)$, $e_3(s)$ は (この順で右手系の) 正規直交系 (ベクトルの大きさが 1 であり，互いに直交しているもの) であるので，これらに，回転の合成で表される変換 $A$ を作用させたベクトル $A\bigl(e_1(s)\bigr)$, $A\bigl(e_2(s)\bigr)$, $A\bigl(e_3(s)\bigr)$ も (右手系の) 正規直交系である．

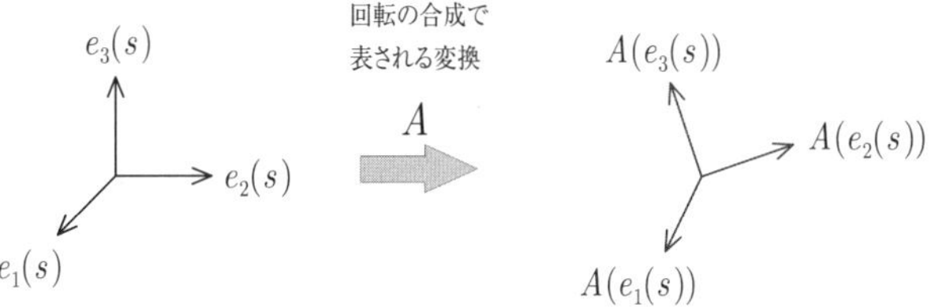


** (前ページ) 内積 · やノルム $\|\ \|$ は，回転の合成で表される変換 $A$ (一般には，直交変換) で不変である，すなわち，$\|A(x)\| = \|x\|$, $A(x) \cdot A(y) = x \cdot y$ である．

## 2.4 空間曲線のまとめ

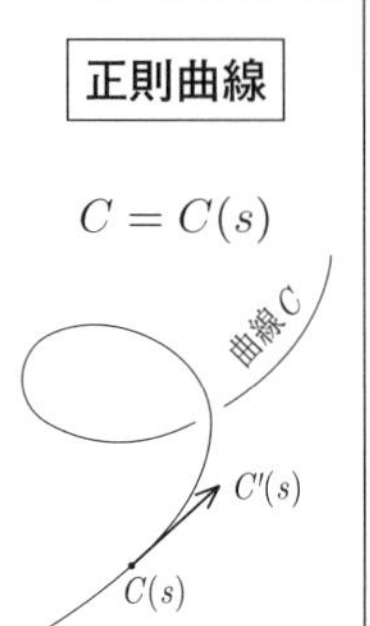


$\mathbb{R}^3$ の回転と平行移動の自由度を除いて一対一に対応 $\longleftrightarrow$

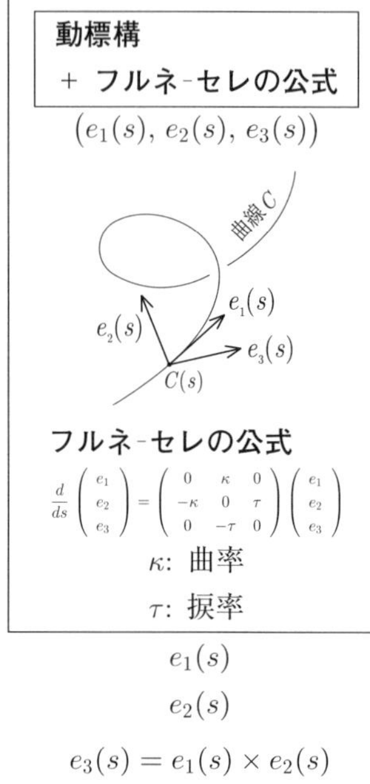


$$\frac{d}{ds}\begin{pmatrix} e_1 \\ e_2 \\ e_3 \end{pmatrix} = \begin{pmatrix} 0 & \kappa & 0 \\ -\kappa & 0 & \tau \\ 0 & -\tau & 0 \end{pmatrix}\begin{pmatrix} e_1 \\ e_2 \\ e_3 \end{pmatrix}$$

$$C'(s) \longleftrightarrow e_1(s)$$

$$C''(s) \longleftrightarrow e_2(s)$$

$$\frac{C'(s) \times C''(s)}{\|C'(s) \times C''(s)\|} \longleftrightarrow e_3(s) = e_1(s) \times e_2(s)$$

第2章も終わりましたな・・・

## 2.5　補足（飛ばしちゃってもよいけど，気になる人は読んでね）

定理 2.3.21 の“与えられた曲率と捩率をもつ曲線が存在する”の証明において，与えられた曲率 $\kappa(s)$ および 捩率 $\tau(s)$ から

$$\begin{matrix}\text{曲率 } \kappa(s) \\ \text{捩率 } \tau(s)\end{matrix} \underset{\substack{\text{フルネ-セレの公式を} \\ e_1(s), e_2(s), e_3(s)\text{ についての} \\ \text{微分方程式と見なして解く}}}{\Longrightarrow} e_1(s),\ e_2(s),\ e_3(s) \underset{\substack{\frac{dC}{ds}(s)=e_1(s)\text{ を} \\ C(s)\text{ についての} \\ \text{微分方程式と見なして解く}}}{\Longrightarrow} \text{曲線 } C(s)$$

という流れで，曲線 $C(s)$ を得た．こうして得られた曲線 $C(s)$ の曲率および捩率がそれぞれ $\kappa(s)$, $\tau(s)$ になっているためには，微分方程式の解 $e_1(s)$, $e_2(s)$, $e_3(s)$ が曲線 $C(s)$ の動標構になっていることを確認する必要がある．そのためには次を示せばよい．

**補題 2.5.1**

(1) ベクトル $e_1(s)$, $e_2(s)$, $e_3(s)$ の大きさが 1 である．

(2) ベクトル $e_1(s)$, $e_2(s)$, $e_3(s)$ は互いに直交して，しかも，この順で右手系になっている．（すなわち，$e_3(s) = e_1(s) \times e_2(s)$ である．）

$C'(s) = e_1(s)$ であることは $C(s)$ の作り方から明らかであるから*，上記の補題が示されれば，$e_1(s)$, $e_2(s)$, $e_3(s)$ は曲線 $C(s)$ の動標構であることがわかる．

上記の補題 2.5.1 の証明は，平面曲線のときの補題 1.7.1 の証明と同様である．ただ，空間曲線のときは，動標構のベクトルが $e_1(s)$, $e_2(s)$, $e_3(s)$ と 3 つあって，それらの大きさと内積について調べなければならないので，式が多くなって大変うっとうしい．以下の証明において，細かいチェックがイヤになったときは，とりあえず**「おおざっぱに読んじゃえ大作戦」**に変更しよう．では，補題 2.5.1 の証明を始める．

$$\begin{cases} f_1(s) &=& e_1(s) \cdot e_2(s) \\ f_2(s) &=& e_2(s) \cdot e_3(s) \\ f_3(s) &=& e_3(s) \cdot e_1(s) \\ g_1(s) &=& \|e_1(s)\|^2 - \|e_2(s)\|^2 = e_1(s) \cdot e_1(s) - e_2(s) \cdot e_2(s) \\ g_2(s) &=& \|e_2(s)\|^2 - \|e_3(s)\|^2 = e_2(s) \cdot e_2(s) - e_3(s) \cdot e_3(s) \\ g_3(s) &=& \|e_3(s)\|^2 - \|e_1(s)\|^2 = e_3(s) \cdot e_3(s) - e_1(s) \cdot e_1(s) \end{cases}$$

* $C(s)$ は $C'(s) = e_1(s)$ を微分方程式と見たときの解だから，この式を満たすことは明らかである．

とおく．このとき，フルネ-セレの公式（定理 2.3.4）を考慮すれば

$$
\begin{aligned}
f_1'(s) &= e_1'(s)\cdot e_2(s) + e_1(s)\cdot e_2'(s) \\
&= \kappa(s)e_2(s)\cdot e_2(s) + e_1(s)\cdot(-\kappa(s)e_1(s) + \tau(s)e_3(s)) \\
&= \tau(s)e_3(s)\cdot e_1(s) - \kappa(s)(\|e_1(s)\|^2 - \|e_2(s)\|^2) \\
&= \tau(s)f_3(s) - \kappa(s)g_1(s) \\
f_2'(s) &= e_2'(s)\cdot e_3(s) + e_2(s)\cdot e_3'(s) \\
&= (-\kappa(s)e_1(s) + \tau(s)e_3(s))\cdot e_3(s) + e_2(s)\cdot(-\tau(s)e_2(s)) \\
&= -\kappa(s)e_3(s)\cdot e_1(s) - \tau(s)(\|e_2(s)\|^2 - \|e_3(s)\|^2) \\
&= -\kappa(s)f_3(s) - \tau(s)g_2(s) \\
f_3'(s) &= e_3'(s)\cdot e_1(s) + e_3(s)\cdot e_1'(s) \\
&= (-\tau(s)e_2(s))\cdot e_1(s) + e_3(s)\cdot(\kappa(s)e_2(s)) \\
&= -\tau(s)e_1(s)\cdot e_2(s) - \kappa(s)e_2(s)\cdot e_3(s) \\
&= -\tau(s)f_1(s) + \kappa(s)f_2(s) \\
g_1'(s) &= 2e_1(s)\cdot e_1'(s) - 2e_2(s)\cdot e_2'(s) \\
&= 2e_1(s)\cdot(\kappa(s)e_2(s)) - 2e_2(s)\cdot(-\kappa(s)e_1(s) + \tau(s)e_3(s)) \\
&= 4\kappa(s)e_1(s)\cdot e_2(s) - 2\tau(s)e_2(s)\cdot e_3(s) \\
&= 4\kappa(s)f_1(s) - 2\tau(s)f_2(s) \\
g_2'(s) &= 2e_2(s)\cdot e_2'(s) - 2e_3(s)\cdot e_3'(s) \\
&= 2e_2(s)\cdot(-\kappa(s)e_1(s) + \tau(s)e_3(s)) - 2e_3(s)\cdot(-\tau(s)e_2(s)) \\
&= -2\kappa(s)e_1(s)\cdot e_2(s) + 4\tau(s)e_2(s)\cdot e_3(s) \\
&= -2\kappa(s)f_1(s) + 4\tau(s)f_2(s) \\
g_3'(s) &= 2e_3(s)\cdot e_3'(s) - 2e_1(s)\cdot e_1'(s) \\
&= 4e_3(s)\cdot(-\tau(s)e_2(s)) - 2e_1(s)\cdot(\kappa(s)e_2(s)) \\
&= -2\kappa(s)e_1(s)\cdot e_2(s) - 2\tau(s)e_2(s)\cdot e_3(s) \\
&= -2\kappa(s)f_1(s) - 2\tau(s)f_2(s)
\end{aligned}
$$

となる．したがって

$$
\begin{cases}
f_1'(s) &= \tau(s)f_3(s) - \kappa(s)g_1(s) \\
f_2'(s) &= -\kappa(s)f_3(s) - \tau(s)g_2(s) \\
f_3'(s) &= -\tau(s)f_1(s) + \kappa(s)f_2(s) \\
g_1'(s) &= 4\kappa(s)f_1(s) - 2\tau(s)f_2(s) \\
g_2'(s) &= -2\kappa(s)f_1(s) + 4\tau(s)f_2(s) \\
g_3'(s) &= -2\kappa(s)f_1(s) - 2\tau(s)f_2(s)
\end{cases}
$$

すなわち，行列を用いて表現すると

$$
\frac{d}{ds}\begin{pmatrix} f_1(s) \\ f_2(s) \\ f_3(s) \\ g_1(s) \\ g_2(s) \\ g_3(s) \end{pmatrix}
= \begin{pmatrix}
0 & 0 & \tau(s) & -\kappa(s) & 0 & 0 \\
0 & 0 & \tau(s) & 0 & -\tau(s) & 0 \\
-\tau(s) & \kappa(s) & 0 & 0 & 0 & 0 \\
\kappa(s) & -2\tau(s) & 0 & 0 & 0 & 0 \\
-2\kappa(s) & 4\tau(s) & 0 & 0 & 0 & 0 \\
-2\kappa(s) & -2\tau(s) & 0 & 0 & 0 & 0
\end{pmatrix}
\begin{pmatrix} f_1(s) \\ f_2(s) \\ f_3(s) \\ g_1(s) \\ g_2(s) \\ g_3(s) \end{pmatrix}
$$

となる．また，

$$
\begin{pmatrix} f_1(0) \\ f_2(0) \\ f_3(0) \\ g_1(0) \\ g_2(0) \\ g_3(0) \end{pmatrix}
= \begin{pmatrix}
e_1(0)\cdot e_2(0) \\
e_2(0)\cdot e_3(0) \\
e_3(0)\cdot e_1(0) \\
\|e_1(0)\|^2 - \|e_2(0)\|^2 \\
\|e_2(0)\|^2 - \|e_3(0)\|^2 \\
\|e_3(0)\|^2 - \|e_1(0)\|^2
\end{pmatrix}
= \begin{pmatrix} 0 \\ 0 \\ 0 \\ 0 \\ 0 \\ 0 \end{pmatrix}
$$

であるから，

$$
\begin{cases}
u_1(s) &= f_1(s) \\
u_2(s) &= f_2(s) \\
u_3(s) &= f_3(s) \\
u_4(s) &= g_1(s) \\
u_5(s) &= g_2(s) \\
u_6(s) &= g_3(s)
\end{cases}
$$

は初期値問題

$$
\begin{cases}
\dfrac{d}{ds}\begin{pmatrix} u_1(s) \\ u_2(s) \\ u_3(s) \\ u_4(s) \\ u_5(s) \\ u_6(s) \end{pmatrix} = \begin{pmatrix} 0 & 0 & \tau(s) & -\kappa(s) & 0 & 0 \\ 0 & 0 & \tau(s) & 0 & -\tau(s) & 0 \\ -\tau(s) & \kappa(s) & 0 & 0 & 0 & 0 \\ \kappa(s) & -2\tau(s) & 0 & 0 & 0 & 0 \\ -2\kappa(s) & 4\tau(s) & 0 & 0 & 0 & 0 \\ -2\kappa(s) & -2\tau(s) & 0 & 0 & 0 & 0 \end{pmatrix} \begin{pmatrix} u_1(s) \\ u_2(s) \\ u_3(s) \\ u_4(s) \\ u_5(s) \\ u_6(s) \end{pmatrix} \\
\begin{pmatrix} u_1(0) \\ u_2(0) \\ u_3(0) \\ u_4(0) \\ u_5(0) \\ u_6(0) \end{pmatrix} = \begin{pmatrix} 0 \\ 0 \\ 0 \\ 0 \\ 0 \\ 0 \end{pmatrix}
\end{cases}
$$

の解である．一方，

$$
\begin{cases}
u_1(s) = 0 & (\text{定数関数}) \\
u_2(s) = 0 & (\text{定数関数}) \\
u_3(s) = 0 & (\text{定数関数}) \\
u_4(s) = 0 & (\text{定数関数}) \\
u_5(s) = 0 & (\text{定数関数}) \\
u_6(s) = 0 & (\text{定数関数})
\end{cases}
$$

も，上記の初期値問題の解であることは明らかである．ところが初期値問題の解の一意性（定理 A.5.1）から，これら 2 つの解は一致しなければならないので，

$$
\begin{cases}
f_1(s) = 0 & (\text{定数関数}) \\
f_2(s) = 0 & (\text{定数関数}) \\
f_3(s) = 0 & (\text{定数関数}) \\
g_1(s) = 0 & (\text{定数関数}) \\
g_2(s) = 0 & (\text{定数関数}) \\
g_3(s) = 0 & (\text{定数関数})
\end{cases}
$$

すなわち，

$$
\begin{cases}
e_1(s)\cdot e_2(s) = e_2(s)\cdot e_3(s) = e_3(s)\cdot e_1(s) = 0 \\
\|e_1(s)\| = \|e_2(s)\| = \|e_3(s)\|
\end{cases}
$$

となる．このとき，さらに

$$\frac{d}{ds}\|e_1(s)\|^2 = \frac{d}{ds}(e_1(s)\cdot e_1(s)) = 2e_1(s)\cdot e_1'(s) \overset{\text{フルネ-セレの公式より}}{=} 2\kappa(s)e_1(s)\cdot e_2(s) = 0$$

となるから，$\|e_1(s)\|$ は $s$ によらない定数になるが，$\|e_1(0)\| = 1$ に注意すると $\|e_1(s)\| = 1$ である．さらに，$\|e_1(s)\| = \|e_2(s)\| = \|e_3(s)\|$ であることを考慮すると，$\|e_2(s)\| = 1$ と $\|e_3(s)\| = 1$ も得られる．以上から，$e_1(s), e_2(s), e_3(s)$ は互いに直交し，その大きさは 1 であることがわかった．最後に，$e_1(s), e_2(s), e_3(s)$ が右手系であることは，$s = 0$ において $e_1(s), e_2(s), e_3(s)$ が右手系であることから明らかである．（任意の $s$ に対して $e_1(s), e_2(s), e_3(s)$ は正規直交系（互いに直交していて，各ベクトルの大きさが 1）であるから，もし右手系でない（すなわち，左手系）とすると，$s = 0$ から $s$ を増加させていくとき，どこかで右手系から左手系へ“不連続に飛ぶ”という状況になってしまう．）以上で補題の証明が終わった．

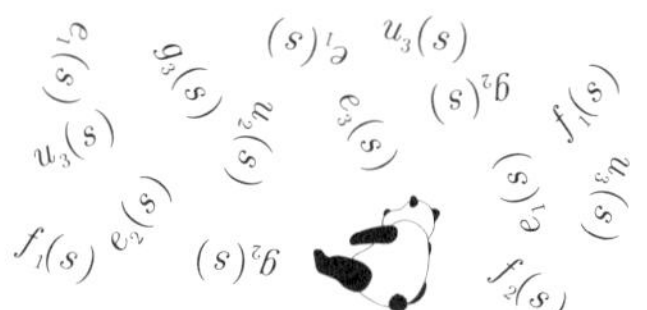

ここはどこ？ わたしはだれ？

## 2.6 演習問題

［1］空間曲線

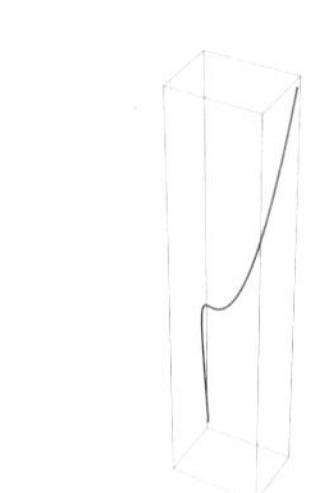

$$C(t) = (at,\, bt^2,\, ct^3)$$

の曲率と捩率を求めよ．$(a,\, b,\, c > 0)$

［2］**双曲的常らせん** (hyperbolic ordinary helix)*

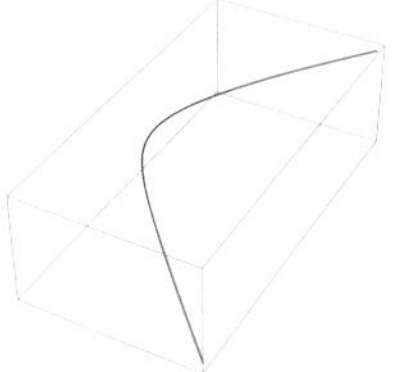

$$C(t) = (a\cosh t,\, a\sinh t,\, bt)$$

の曲率と捩率を求めよ．$(a,\, b > 0)$

[3] 空間曲線[†]

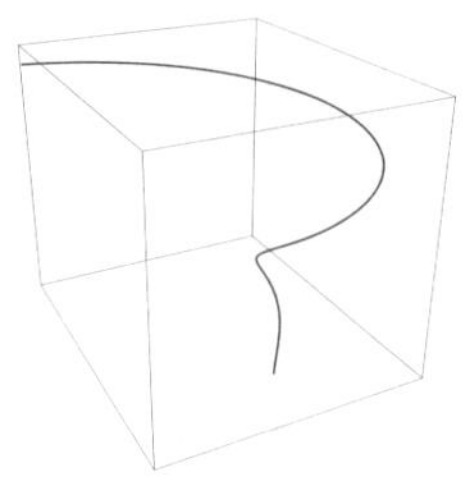

$$C(t) = (ae^{bt}\cos t,\, ae^{bt}\sin t,\, ct)$$

の曲率と捩率を求めよ．$(a, b, c > 0)$

[4] 空間曲線[††]

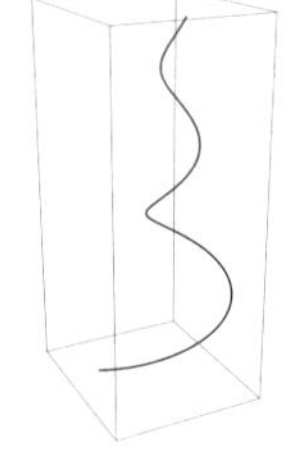

$$C(t) = \left(\frac{a}{t}\cos t,\, \frac{a}{t}\sin t,\, bt\right)$$

の曲率と捩率を求めよ．$(a, b, c > 0)$

[5] 空間曲線[‡]

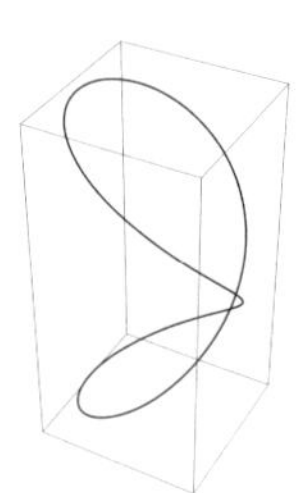

$$C(t) = (a\cos^2 t,\, a\sin t\cos t,\, a\sin t)$$

の曲率と捩率を求めよ．$(a > 0)$

[6] 空間曲線[‡‡]

$$C(t) = (a\cos kt\, \cos t,\, a\cos kt\, \sin t,\, a\sin kt)$$

の曲率（←曲率だけ）を求めよ[**]．（$a > 0$ であり，$k$ は正の整数）

---

[*]（前ページ）「双曲的常らせん」と呼ばれる理由は，常らせん（例 2.1.4）において，三角関数を双曲線関数で置きかえたものになっているからである．曲線の形状は“らせん”（“ぐるぐる巻いている曲線”という意味の“らせん”）ではない．

[†] 対数らせん（第1章の演習問題の [3]，56 ページ）と比較せよ．

[††] 双曲らせん（第1章の演習問題の [4]，57 ページ）と比較せよ．

[‡] この曲線は，半径 $a$ の球面上にあることが容易に確かめられる．一般に，球面上にある曲線のことを「球面曲線」と呼ぶこともある．（平面上にある曲線を「平面曲線」と言うがごとし．）

[‡‡] この曲線も，半径 $a$ の球面上にあることが確かめられる．球面上をらせん上に（往復して）いるので「球面らせん」と呼ぶ人もいる．（$k$ は“球面に巻きつく回数”である．）ちなみに，上記の [5] の曲線は $k = 1$ の場合に他ならない．

[**] この曲線は，計算がたいへん煩雑（はんざつ）であるので，捩率は求めなくてよい．

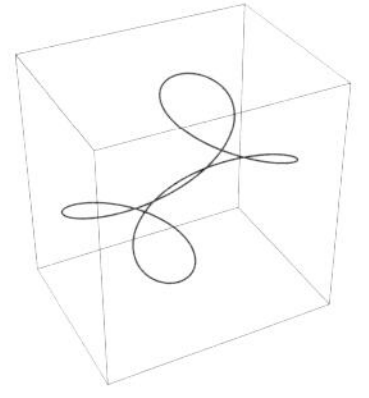

$k=2$

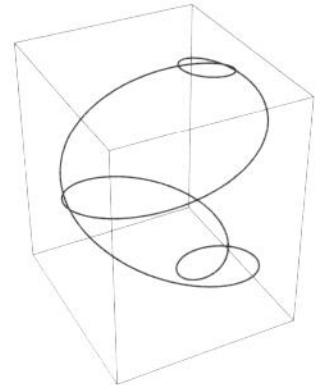

$k=3$

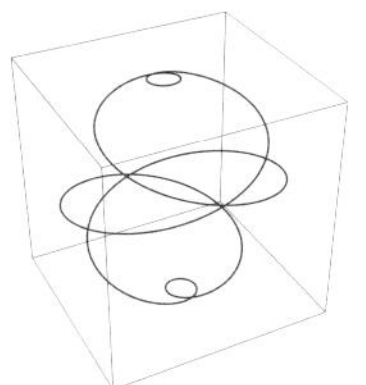

$k=4$

[7] 定理 2.3.20 を用いて，曲線

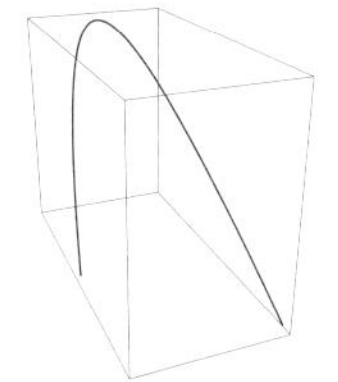

$$C(t) = (t,\, t^2 - t,\, 1 - t^2)$$

が平面曲線であることを示せ．

[8] 例題 2.3.13 で，**常らせんは，曲率および捩率が一定であることがわかったが，**この逆が成り立つこと，すなわち，「**曲率と捩率が一定の曲線は，（回転と平行移動の自由度を除いて）常らせんに限ること**」を示せ．（すなわち，「適当な回転と平行移動により，例 2.1.4 の曲線（常らせん）に一致する（定数 $a, b$ は曲率と捩率に応じて定まる)」ことを示せ．）

**「回転と平行移動」の巻**

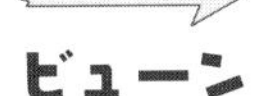

# ちょっと休憩：奇妙な曲線

本書であつかう曲線は，微分幾何学の対象となる曲線なので，いたるところ微分可能ですが，曲線には“折れ線”のように，なめらかではない曲線もあります．なめらかでない曲線の中から，少し奇妙なものを２つ選んで紹介します．

## (1) コッホ (Koch) 曲線

まずは，コッホ曲線を構成するための「基本ステップ」を見てみましょう．

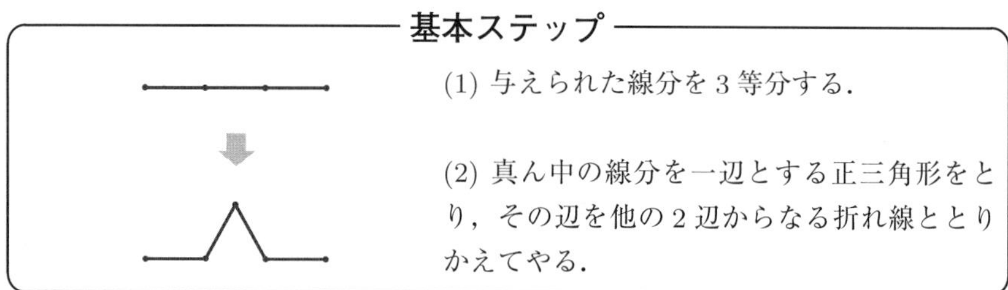

**基本ステップ**

(1) 与えられた線分を３等分する．

(2) 真ん中の線分を一辺とする正三角形をとり，その辺を他の２辺からなる折れ線ととりかえてやる．

**この「基本ステップ」を１回適用すると，長さが $\frac{4}{3}$ 倍になる**ことに注意しておいてください．この事実は後で必要となります．

さて，コッホ曲線を作ってみましょう．まず，与えられた線分に対して「基本ステップ」を適用すると，上記の図のような折れ線が得られます．その折れ線は４つの線分から成り立っていますので，その各線分に対して「基本ステップ」を適用しますと，さらに細かな折れ線ができます．あとは，これの繰り返しです．これを**無限回繰り返して**できあがった曲線を，発見者コッホ (Koch) の名前をとって**コッホ曲線**と呼びます．

**コッホ曲線は長さが無限大の曲線です．**なぜならば，「『基本ステップ』を１回おこなうごとに，長さが $\frac{4}{3}$ 倍になる」ことに注意すると，この「基本ステップ」を無限回繰り返して得られるコッホ曲線の長さは，最初に与えられた線分の長さの

$$\frac{4}{3} \times \frac{4}{3} \times \frac{4}{3} \times \cdots = \infty \text{ 倍}$$

になるからです．もっとすごいのは，**コッホ曲線上の任意の２点をとったとき，その２点間のコッホ曲線に沿（そ）った線分の長さは無限大になる**ことです．（これも上記と同様の理由によります．）

線分でなく正三角形から出発して「基本ステップ」を無限回適用していくと，“雪の結晶”のような閉じたコッホ曲線が得られます．この曲線で囲まれる領域の面積は有限であるのに，曲線の長さは無限大という奇妙な図形です．

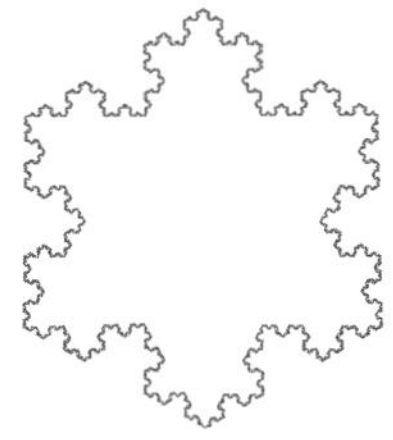

コッホ曲線は，**単純な操作を無限回繰り返すことにより得られるもの**です．このように無限回の繰り返し操作で得られる対象は他にもたくさんあり，一般に**フラクタル図形**とか**フラクタル集合**と呼ばれています．自然界に現れる複雑な形や文様（もんよう）のいくつかは，フラクタル図形に大変よく似ているという観察もあります．

## (2) ヒルベルト (Hilbert) 曲線

ヒルベルト曲線は，正方形の内部を埋めつくす曲線です*．2次元の広がりをもつ正方形を，1次元のものが埋めつくすのですから**，日常的な感覚がおよばない不思議な世界です．「正方形の内部を埋めつくす曲線」というのは，イタリアの数学者ペアノ (Peano) が最初に発見し（これは「ペアノ曲線」と呼ばれています)，後にヒルベルトがもう少しわかりやすい構成のものを与えました（こちらは「ヒルベルト曲線」と呼ばれています).

さて，ヒルベルト曲線を構成してみましょう．まず，与えられた正方形を下図のように細かく分割していきます．

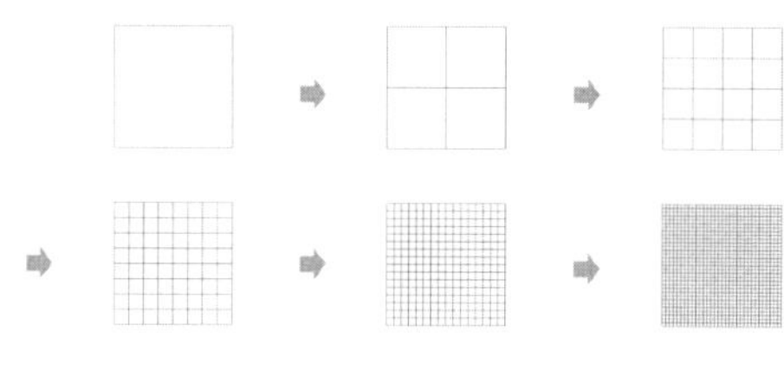

無限に繰り返す

そして，この分割でできた正方形の中心点をとります．

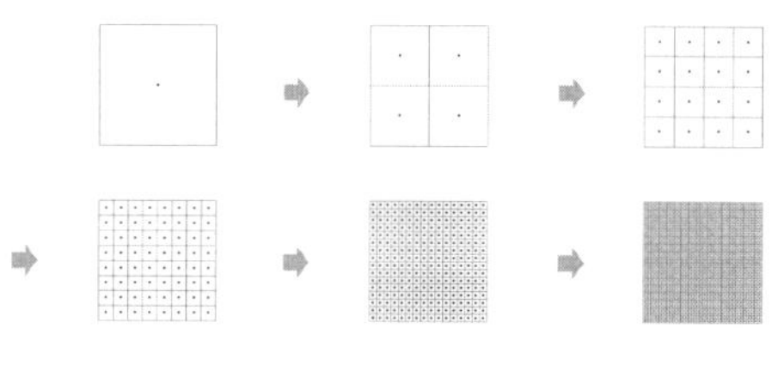

無限に繰り返す

これらの中心点を，次の図のように線分で結んでいって，折れ線を作っていきます．

---

* 「埋めつくす」というのは文字通り，「正方形の内部にある**任意の点**をその曲線が通る」という意味です．

** ユークリッドの「原論」(初等幾何学のバイブル) にある「直線とは長さがあって，**幅をもたないものである**」という言葉が，心なしか新鮮な音色で響いてきます．

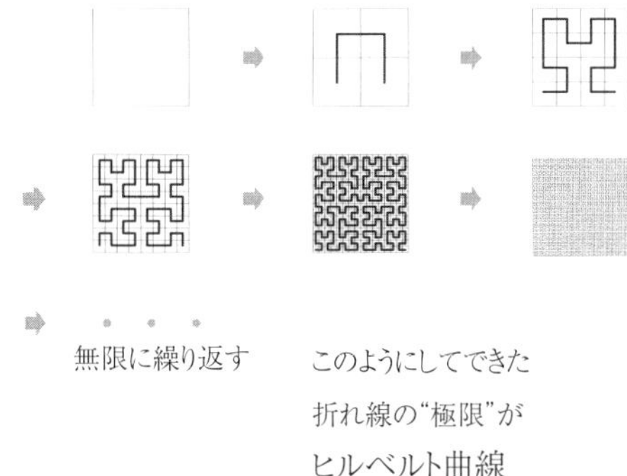


折れ線は，上の図のような規則的なパターンで構成していきます．（他の規則的パターンでも「正方形を埋めつくす曲線」は構成できますが，ヒルベルトの与えた方法は上記のものです．）そして，このように構成した，どんどん複雑になっていく「折れ線」の極限として得られる曲線がヒルベルト曲線です．ヒルベルト曲線は，**いたるところ微分不可能な連続曲線である**という奇妙な性質ももっています[*]．

ヒルベルト曲線は正方形を埋めつくす曲線ですが，立方体や空間を埋めつくす曲線も知られています．ヒルベルト曲線やこれらの曲線を総称して**空間充填**（くうかんじゅうてん）**曲線**と呼んでいます．

コッホ曲線やヒルベルト曲線の奇妙な性質は，「無限回の操作」という過程から産み出されたものです．人間があつかえるのは，たかだか「有限」の世界のことがらであり[**]，「無限」の世界というのは，言わば“神の領域”です（←出ました，神様）．そこでは，**人間の直感や常識はしばしば裏切られます**[†]．そして，そのような「無限」の世界を探求し，理解するための方法を「数学」が与えてくれています．せっかく「数学」を勉強するのであれば，この奇妙で不思議な「無限」の世界を，楽しんでみてはいかがでしょうか．

---

[*] 「このような『折れ線』の極限が実際に存在して，いたるところ微分不可能な連続曲線になる」などという，人間の想像を超えた事実を確かめることができるところに，数学という分野の“強力さ”の一端をかいま見ることができます．

[**] 人類が誕生して以来，得られた「知識」や「情報」はそれこそ膨大（ぼうだい）な数でしょうが，有限であることには変わりがありません．また，「無限回繰り返す」と言葉で言ってみても，人間が実際におこなえるのは，どうがんばっても有限回です．心にとめておかなければならないことは，**たとえそれが，ものすごく大きな『有限』であったとしても，『有限』と『無限』の間にはやはり，埋めることのできない本質的な差がある**ということです．

[†] **人間の直感や常識が通用しない世界で効果のある唯一の武器は，「一つ一つ論理的に確かめていく方法」すなわち「証明」という手段です．** 数学の勉強をしているときに「どうしてこんなに明らかなことを，ゴタゴタと証明するのだろう」と思ったことのある人は，もう一度このことをかみしめてみてください．

言いたいことは たくさんあるが
このぐらいに しとこう.

# 第3章

# 現在の地点

ガウス山脈
曲面
法線ベクトル，ガウス写像
平均曲率，ガウス曲率
ガウスの基本定理
ガウス - ボネの定理
ここから
ここから
現在地
空间曲線
弧長パラメーター
曲率，捩率
フルネ - セレの公式
ここから
平面曲線
弧長パラメーター
曲率
フルネ - セレの公式
出発点

この章では，曲面が対象となります．曲線の場合と同様に，曲面についても**パラメーター**による表示が出発点です．曲面のもつ２つのパラメーターの方向にそれぞれ微分することにより，曲面上の各点において，曲面に接する２つの線形独立なベクトル（**接ベクトル**）が得られます．この２つのベクトルに，曲面に直交するベクトル（**法ベクトル**）を加えた３つのベクトルが，曲面の議論をする上での基本的な設定であり，曲線論における「動標構」に相当するものとなります．これらのベクトルを用いて，曲面の基本的量である**第１基本量**と**第２基本量**を与えます．さらに，曲面の「曲がりぐあい」を示す量として，**平均曲率**と**ガウス曲率**という２つの重要な曲率を定義します．これらの曲率は，第１基本量と第２基本量で表せますが，実は，**「ガウス曲率は，第１基本量だけで書ける」**という**ガウスの基本定理**を知って，「びっくりしたなあ，もう」と驚くことにより，からだを活性化し，健康づくりに役立てます．最後に，曲面論の最高峰とも言うべき**ガウス-ボネの定理***を心ゆくまで味わって，本書の旅は終了します．

**こんな感じのおっさん**

ガウス(C.F.Gauss)　1777-1855

私はガウスに会ったことがないので，このイラストは「数学辞典 第3版」(岩波書店)に載っていた肖像画を参考にさせていただきました

* ガウスは最も偉大な数学者の一人であり，天文学や電磁気学にも多大な貢献をしている．また，「ボネ (Bonnet)」は「ボンネ」と表記してある本も少なくないが，「ボネ」のほうがもともとの発音に近い．(「ボネ」という表記は，「数学辞典 第３版」(岩波書店) にしたがった．)

## 3.1 正則曲面

曲線のときと同様に，**パラメーターをつけて考えたものを曲面と呼ぶことにしよう．**

**定義 3.1.1（曲面）** 空間 $\mathbb{R}^3$ の**曲面** (**surface**) $S$ とは，$\mathbb{R}^2$ のある領域 $D$ の任意の要素 $(u, v)$ に対して，$\mathbb{R}^3$ の点 $S(u, v) = (x(u, v), y(u, v), z(u, v))$ が定まるものであり*，$S(u, v)$ が $u, v$ の 2 変数関数としていくらでも偏微分可能であるときをいう**．このとき，$u, v$ を 曲面 $S$ の**パラメーター** (**parameter**) という．

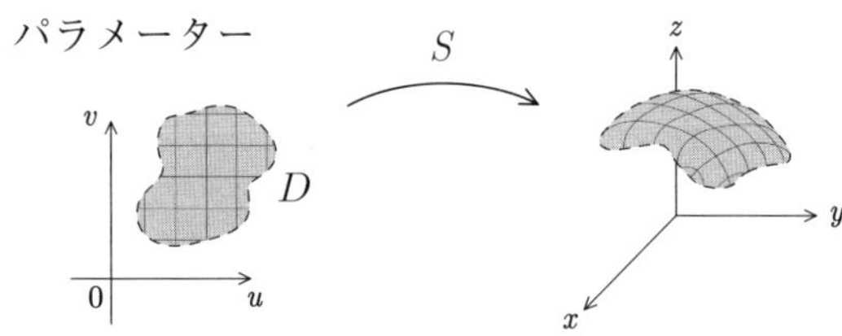


曲線の場合（注意 1.2.3，注意 2.1.2）と同様に，曲面についても，いくらでも偏微分可能であるとしておくというのが，次の注意である．

**注意 3.1.2** 上記の曲面の定義において“$S(u, v)$ はいくらでも偏微分可能である”としているが，曲線の場合（注意 1.2.3）と同様に，“$S(u, v)$ は 2 階偏微分可能である”（一部では，3 階偏微分可能であることが必要なところもある）ということで十分であるが†，“$S(u, v)$ はいくらでも偏微分可能である”としておくことが多い††．

---

* 曲面は 2 次元の広がりをもつので，パラメーターは $u$ と $v$ の 2 つが必要である．少し堅苦(かたくる)しい言い方をすれば，「曲面 $S$ とは，パラメーターの領域 $D$ から $\mathbb{R}^3$ への（$C^\infty$ 級）写像である」となる．

** 言うまでもなく，ベクトル $S(u, v) = (x(u, v), y(u, v), z(u, v))$ の微分可能性は，各成分 $x(u, v)$, $y(u, v)$, $z(u, v)$ の微分可能性であって，例えば $\dfrac{\partial S}{\partial u} = \left(\dfrac{\partial x}{\partial u}, \dfrac{\partial y}{\partial u}, \dfrac{\partial z}{\partial u}\right)$, $\dfrac{\partial^2 S}{\partial u^2} = \left(\dfrac{\partial^2 x}{\partial u^2}, \dfrac{\partial^2 y}{\partial u^2}, \dfrac{\partial^2 z}{\partial u^2}\right)$, $\dfrac{\partial^3 S}{\partial u^2 \partial v} = \left(\dfrac{\partial^3 x}{\partial u^2 \partial v}, \dfrac{\partial^3 y}{\partial u^2 \partial v}, \dfrac{\partial^3 z}{\partial u^2 \partial v}\right), \cdots$ である．上記の脚注でふれたように，曲面 $S$ をパラメーターの領域から $\mathbb{R}^3$ への写像と見なしたとき，写像 $S$ が $C^\infty$ 級であるという言い方もできる．

† 正確には，「2 階偏微分可能である」は「2 階偏微分可能であって，その 2 階偏導関数が連続である」（すなわち，$C^2$ 級である）ということが仮定される．

†† 曲線のときと同様に（19 ページの脚注を参照），位相幾何学における「曲面」は単なる「連続な曲面」のことであって，微分できるとは限らない．

次の注意も曲線の場合（注意 1.2.4，注意 2.1.2）と同様である．（曲面の場合は，$u$ 方向と $v$ 方向の 2 つある．）

**注意 3.1.3** 曲面 $S$ のことを

$$曲面\ S(u,\,v)\quad ((u,\,v)\in D)$$

とか，

$$曲面\ S(u,\,v)=\big(x(u,\,v),\,y(u,\,v),\,z(u,\,v)\big)\quad ((u,\,v)\in D)$$

とか書くことがある．さらに，パラメーターを忘れて，曲面上の点の集まり

$$\{S(u,\,v)\ ;\ (u,\,v)\in D\}$$

のことを，“曲面 $S$” と呼んだりすることもあるので注意が必要である．

はちべえ：「やっと『局面』にたどり着いたね．」
くまさん：「『**局面**』じゃなくて，『**曲面**』だろ．」
はちべえ：「これからの対局は，一手 30 秒以内でお願いします．」
くまさん：「なんで早指（はやざ）しなんだよ．」
はちべえ：「先手 7 六歩．」
くまさん：「こらこら，もういい．」
はちべえ：「いきなり大事な局面になりましたね，解説者のくまさん．」
くまさん：「なっとらん，なっとらん．」

次の注意にあるように，微分（偏微分）したものが接ベクトルを表すのは，曲線の場合（19, 66 ページ）と同様である．（曲面の場合は，$u$ 方向の接ベクトルと $v$ 方向の接ベクトルの 2 つあるが．）

**注意 3.1.4**　領域 $D$ の各点 $(u_0, v_0)$ において，ベクトル

$$\frac{\partial S}{\partial u}(u_0, v_0) = \left(\frac{\partial x}{\partial u}(u_0, v_0), \frac{\partial y}{\partial u}(u_0, v_0), \frac{\partial z}{\partial u}(u_0, v_0)\right)$$
$$\frac{\partial S}{\partial v}(u_0, v_0) = \left(\frac{\partial x}{\partial v}(u_0, v_0), \frac{\partial y}{\partial v}(u_0, v_0), \frac{\partial z}{\partial v}(u_0, v_0)\right)$$

は，それぞれ（ゼロベクトルでなければ）点 $S(u_0, v_0)$ において，曲面に接するベクトル（**接ベクトル**）である．

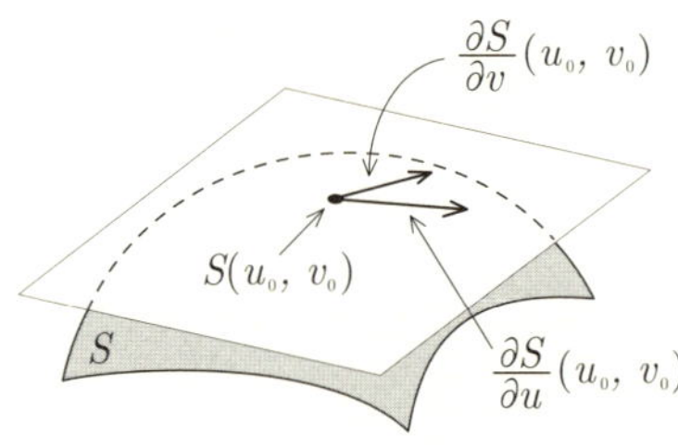


上記の曲面の定義（定義 3.1.1）は，このままでは少し問題がある．不都合と思われるのは，次の 2 つである：

① （曲面の退化）　パラメーター $u, v$ が動いたときに $S(u, v)$ が変化しない場合なども含んでしまっている．言いかえると，曲面でなく，点や曲線などを表している場合もある．

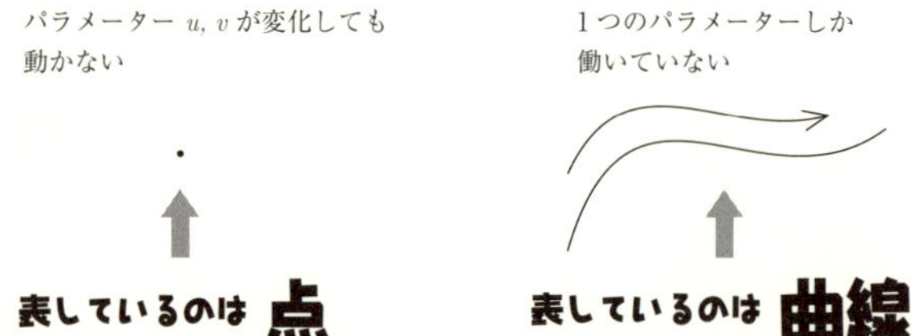


② （パラメーターの浪費）　曲面を表している場合であっても，パラメーターがムダな表示を与えるために，本質的でない複雑さを含んでしまう．

この 2 つの問題点をとり除いた，**“良いパラメーターをもつ”曲面**が，次にあげる**正則曲面**である*.

* 「正則曲面」という呼び名は「正則曲線」ほどポピュラーではないかもしれないが，便利なので，本書では使用することにする．

**定義 3.1.5（正則曲面）** 空間 $\mathbb{R}^3$ の**正則曲面** (**regular surface**) $S$ とは，$\mathbb{R}^3$ の曲面であって，正則性の仮定

(∗) 任意の $(u, v) \in D$ に対して
ベクトル $\dfrac{\partial S}{\partial u}(u, v)$ と $\dfrac{\partial S}{\partial v}(u, v)$ は線形独立である

を満たすものをいう．

線形独立な 2 つのベクトル $\dfrac{\partial S}{\partial u}(u_0, v_0)$ と $\dfrac{\partial S}{\partial v}(u_0, v_0)$ で定まる平面を，点 $S(u_0, v_0)$ における**接平面** (**tangent plane**) と呼ぶ．

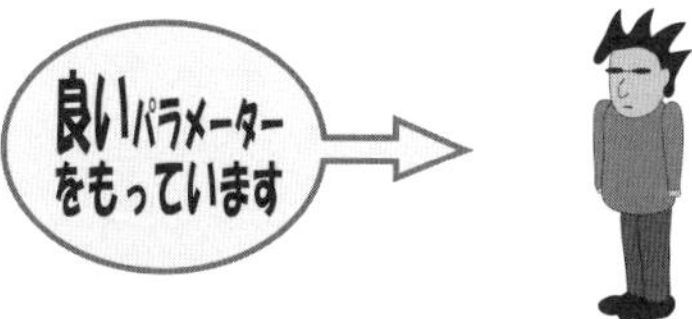

**注意 3.1.6（正則性の仮定の同値条件）** 正則性の仮定 $(*)$ は次にあげる 2 つの条件のいずれとも同値である．

(1) 任意の $(u, v) \in D$ に対して

$$\frac{\partial S}{\partial u}(u, v) \times \frac{\partial S}{\partial v}(u, v) \neq 0$$

である．ここで $\times$ はベクトルの外積であり，また，右辺の 0 はゼロベクトルである．

(2) 各点 $(u, v) \in D$ において，写像 $S$ のヤコビ行列 (Jacobian matrix)

$$J_{(u,v)}S = \begin{pmatrix} \dfrac{\partial x}{\partial u}(u, v) & \dfrac{\partial x}{\partial v}(u, v) \\ \dfrac{\partial y}{\partial u}(u, v) & \dfrac{\partial y}{\partial v}(u, v) \\ \dfrac{\partial z}{\partial u}(u, v) & \dfrac{\partial z}{\partial v}(u, v) \end{pmatrix}$$

の階数 (rank) が 2 である*．（階数が最大である．）

$(*)$ と (1) の同値性は外積の性質（216 ページの定理 A.2.3 の (2)）から明らかである．$(*)$ と (2) の同値性は，行列の階数の定義（286 ページ）から直ちに得られる．さらに逆写像の定理（237 ページの定理 A.7.1）より，正則性の仮定 $(*)$ から，次の性質が導かれる．

$S$ は局所的に単射である．（すなわち，$D$ の任意の点 $(u, v)$ に対して，$(u, v)$ の近傍 $U$ があって，写像 $S$ の $U$ への制限 $S|_U$ は**，単射である．）

**以降，単に「曲面」というと「正則曲面」のこととする．**

* 「ヤコビ行列の階数が定義域の次元（今の場合は 2 である）に一致している」という条件は，ヤコビ行列 $J_{(u,v)}S$ を $\mathbb{R}^2$ から $\mathbb{R}^3$ への線形写像と見なしたときに，ヤコビ行列が単射であることに他ならない．すべての点でヤコビ行列が単射であるとき，写像 $S$ は**はめ込み (immersion)** であると呼ぶ．写像が「はめ込み」であれば，その写像は局所的に単射である．（237 ページの定理 A.7.1 を参照．）微分幾何学であつかう対象は，「はめ込み」であることが大前提である．「正則曲線」や「正則曲面」の「正則」とは，「はめ込み」であることに他ならない．

** 一般に，集合 $D$ からの写像 $f$（すなわち，$f$ の定義域が $D$）と，$D$ の部分集合 $E$ があったとき，$f$ の定義域を $D$ から $E$ に制限したもの（すなわち，$f$ を $E$ からの写像と見なしたもの）を $f$ の $E$ への**制限**と呼ぶ．記号で $f|_E$ と表すことも多い．

曲線の場合，正則曲線 $C(s)$ に対して $\|C'(s)\| = 1$ という正規化されたパラメーターをとり[*]，それを弧長パラメーターと呼んだ．このような特別なパラメーターを使用することにより，計算が簡略化され，見通しもよいものとなった．

では，曲面の場合にも，このような特別なパラメーターをとることを考えてみよう．上で述べたように，正則曲線 $C(s)$ に対しては，その微分の大きさ $\|C'(s)\|$ を 1 に正規化したが，曲面に対しても，なんらかの微分量を正規化したい．正則曲面 $S(u, v)$ の微分は，

$$\frac{\partial S}{\partial u}(u, v), \quad \frac{\partial S}{\partial v}(u, v)$$

の 2 つで，それらの 2 つのベクトルについて内積をとると，得られる量は

$$\left\|\frac{\partial S}{\partial u}(u, v)\right\|^2 \ \left(= \frac{\partial S}{\partial u}(u, v) \cdot \frac{\partial S}{\partial u}(u, v)\right)$$

$$\frac{\partial S}{\partial u}(u, v) \cdot \frac{\partial S}{\partial v}(u, v)$$

$$\left\|\frac{\partial S}{\partial v}(u, v)\right\|^2 \ \left(= \frac{\partial S}{\partial v}(u, v) \cdot \frac{\partial S}{\partial v}(u, v)\right)$$

の 3 つある．曲面の場合は，この 3 つの量のうち，計算や議論の簡略化のために，2 番目の量を“正規化”して，

$$(**) \qquad \frac{\partial S}{\partial u}(u, v) \cdot \frac{\partial S}{\partial v}(u, v) = 0$$

すなわち，

$$\frac{\partial S}{\partial u}(u, v) \text{ と } \frac{\partial S}{\partial v}(u, v) \text{ は直交する}$$

とすることが多い[**]．実は，局所的には，残りの 2 つの量も“正規化”することができて，さらに次のようなもっと強い事実が成り立つ．(興味のある人は，237 ページの補足 A.8 を参照のこと．)

---

[*] 「正規(せいき) (normal)」という言葉は，「正則(せいそく) (regular)」と同様に，数学ではいろんな分野で見かける用語である．大ざっぱに言って，**「正則」とは「まともな」ということであるの**に対し，**「正規」とは「規格が統一された」という意味である．(「正規化 (normalization)」は「正規な形にする」ということである．)**

[**] 後出の記号（定義 3.3.1）を使えば，$(**)$ は $F = 0$ という条件に他ならない．

**定理 3.1.7（等温パラメーターの存在）** 曲面 $S(u, v)$ と，曲面上の任意の点 $S(u_0, v_0)$ に対して，$(u_0, v_0)$ の近くでパラメーターをとりかえてやることにより，（とりかえたあとのパラメーターも同じ記号 $(u, v)$ で表すことにする）$(u_0, v_0)$ の近くで

$$\begin{cases} \left\| \dfrac{\partial S}{\partial u}(u, v) \right\| = \left\| \dfrac{\partial S}{\partial v}(u, v) \right\| \\ \dfrac{\partial S}{\partial u}(u, v) \cdot \dfrac{\partial S}{\partial v}(u, v) = 0 \end{cases}$$

とすることができる*．このとき，このようなパラメーターのことを**等温パラメーター** (isothermal parameter) と呼ぶ**．

## 3.2 法ベクトルとガウス写像

**定義 3.2.1（単位法ベクトル）** 曲面 $S$ に対して†，点 $S(u, v)$ を始点とする「曲面に垂直なベクトル」(法ベクトルと呼ばれる††）で長さが 1 であるものを，点 $S(u, v)$ における，曲面 $S$ の**単位法ベクトル**と呼ぶ‡．ここでは，（向きの違いにより，2 つのベクトルがあるが，）ベクトルの外積を用いて，

$$(\star) \qquad n(u, v) = \frac{\dfrac{\partial S}{\partial u}(u, v) \times \dfrac{\partial S}{\partial v}(u, v)}{\left\| \dfrac{\partial S}{\partial u}(u, v) \times \dfrac{\partial S}{\partial v}(u, v) \right\|}$$

と表せるほうのベクトルを単位法ベクトル $n(u, v)$ と書くことにする．

---

* この 2 式は，後で出てくる第 1 基本量（定義 3.3.1）の記号を使えば，$\begin{cases} E = G \\ F = 0 \end{cases}$ ということに他ならない．

** **等温座標** (isothermal coordinate) とも呼ぶ．

† 124 ページの末尾に書いたように，曲面はすべて正則曲面である．ここでは，正則曲面でないと，ベクトル $\dfrac{\partial S}{\partial u}$ と $\dfrac{\partial S}{\partial v}$ が線形独立でない点があることになり，その点では法ベクトルが一意的に定まらなくなる．（言いかえると，ベクトルの外積 $\dfrac{\partial S}{\partial u} \times \dfrac{\partial S}{\partial v}$ がその点でゼロベクトルになってしまう．）

†† 「法（ほう）ベクトル」を「法線（ほうせん）ベクトル」といい，また，「単位法ベクトル」を「単位法線ベクトル」と呼ぶ人もいる．たぶん，このほうが口調がよいからだと思う．ちなみに，「法線」は "normal line" の和訳であり，「法ベクトル」と「法線ベクトル」はどちらも "normal vector" の和訳である．

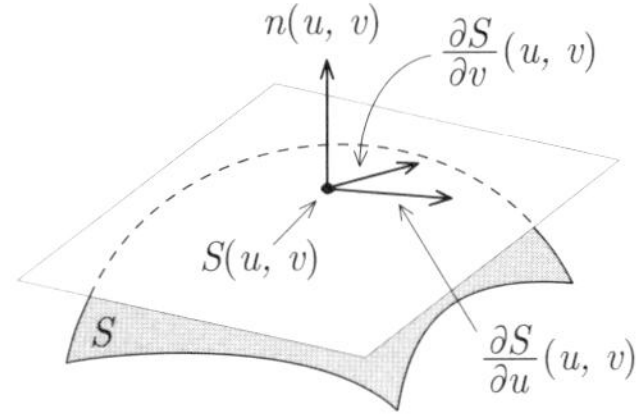


**定義 3.2.2（ガウス写像）** 曲面 $S(u, v)$ に対して，単位法ベクトル $n(u, v)$ は単位ベクトルなので，その始点を原点にもってきたベクトルを $\hat{n}(u, v)$ と書くことにすると，ベクトル $\hat{n}(u, v)$ の終点は単位球面

$$\mathrm{S}^2 = \{(x, y, z) \in \mathbb{R}^3\ ;\ x^2 + y^2 + z^2 = 1\}$$

上の点である*．この対応 $(u, v) \to \hat{n}(u, v)$ のことを曲面 $S$ の**ガウス (Gauss) 写像**と呼ぶ．

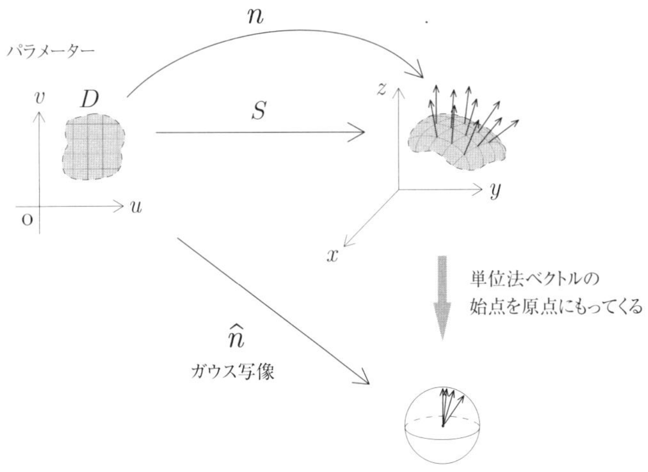


‡（前ページ） 単に「単位法ベクトル」といえば，「曲面に垂直な，長さ 1 のベクトル」のことであり，向きが異なる 2 つのベクトルがとれるので，一意的には定まらない． ここでは (⋆) で定めたほうのベクトルを「単位法ベクトル」と呼んでいる．

* $\mathrm{S}^2$ の S は “sphere”（球面）の頭文字の s からきている．球面についての，この記法は一般的慣習である．曲面 $S(u, v)$ の $S$ と混同しないように．

## 3.3 第1基本量

この節では，曲面論の基本的な量である第1基本量を定義し，曲面の面積をこの量を用いて表しておこう．

**定義 3.3.1（第1基本量）** 曲面 $S(u,\,v)$ に対して，

$$E(u,\,v) = \frac{\partial S}{\partial u}(u,\,v)\cdot\frac{\partial S}{\partial u}(u,\,v) = \left\|\frac{\partial S}{\partial u}(u,\,v)\right\|^2$$
$$F(u,\,v) = \frac{\partial S}{\partial u}(u,\,v)\cdot\frac{\partial S}{\partial v}(u,\,v)$$
$$G(u,\,v) = \frac{\partial S}{\partial v}(u,\,v)\cdot\frac{\partial S}{\partial v}(u,\,v) = \left\|\frac{\partial S}{\partial v}(u,\,v)\right\|^2$$

とおいて，曲面 $S$ の**第1基本量** (**first fundamental quantity**) と呼ぶ[*]．さらに，形式的に

$$\mathrm{I} = Edu^2 + 2Fdudv + Gdv^2$$

とおいて，曲面 $S$ の**第1基本形式** (**first fundamental form**) と呼ぶ[**]．

偉大なる記念碑（きねんひ）

**補題 3.3.2** 曲面 $S$ の第1基本形式 I は，形式的に，

$$\mathrm{I} = dS\cdot dS$$

と書ける．

---

* 第1基本"量"といっても，$(u,\,v)$ を決めるごとに決まるので，$(u,\,v)$ の関数である．

** 形式的であるが

$$\mathrm{I} = \begin{pmatrix} du & dv \end{pmatrix}\begin{pmatrix} E & F \\ F & G \end{pmatrix}\begin{pmatrix} du \\ dv \end{pmatrix}$$

と書ける．（いわゆる，「2次形式」と呼ばれるものである．）

**証明**[*] $S$ の微分 $dS$ を考えると[**]

$$dS = \frac{\partial S}{\partial u}du + \frac{\partial S}{\partial v}dv$$

であるから，

$$\begin{aligned} dS \cdot dS &= \left(\frac{\partial S}{\partial u}du + \frac{\partial S}{\partial v}dv\right) \cdot \left(\frac{\partial S}{\partial u}du + \frac{\partial S}{\partial v}dv\right) \\ &= \frac{\partial S}{\partial u} \cdot \frac{\partial S}{\partial u}du^2 + 2\frac{\partial S}{\partial u} \cdot \frac{\partial S}{\partial v}dudv + \frac{\partial S}{\partial v} \cdot \frac{\partial S}{\partial v}dv^2 \ ^{\dagger} \\ &= Edu^2 + 2Fdudv + Gdv^2 \\ &= \mathrm{I} \end{aligned}$$

となる．□

はちべえ：「第 1 基本量かぁ．」

くまさん：「要するに，曲面の 1 階微分の情報だ．」

はちべえ：「確かに，$S$ の 1 階微分が入っているね．」

くまさん：「まず，1 階微分は

$$\frac{\partial S}{\partial u}, \ \frac{\partial S}{\partial v}$$

の 2 つだ．」

はちべえ：「そうだな．」

くまさん：「しかし，これらはベクトルだ．量としてはスカラーが欲しい[††]．2 つのベクトルからスカラーを作るのに一番てっとり早い方法は，内積をとることだ．」

はちべえ：「もっと簡単に，お湯をかけるだけってのはないの？」

くまさん：「（無視して）この 2 つのベクトルで内積をとると，組合せが 3 通りで

$$\frac{\partial S}{\partial u} \cdot \frac{\partial S}{\partial u}, \ \frac{\partial S}{\partial u} \cdot \frac{\partial S}{\partial v} \ \left(= \frac{\partial S}{\partial v} \cdot \frac{\partial S}{\partial u}\right), \ \frac{\partial S}{\partial v} \cdot \frac{\partial S}{\partial v}$$

---

[*] 今の段階では，形式的な計算であるから，「証明」というにはおこがましい．

[**] $dS$ は（多変数の）微積分で習う「全微分」と思ってもよいし，「微分形式」を知っている人は，1 次微分形式と見なしてもよい．

[†] $dudv = dvdu$ であることを使っている．「微分形式」を知っている人は，$du \wedge dv = -dv \wedge du$ なので，「あれっ？」と思うかもしれないが，ここでの $dudv$ は実は，$du$ と $dv$ のテンソル積，あるいは，対称積と呼ばれるものである．

[††] 「ベクトル」に対して，ふつうの数を「スカラー」と呼ぶ．

となる.」

はちべえ：「なるほど.」

くまさん：「これらが曲面の第1基本量と呼ばれるものだ.」

はちべえ：「基本量か. 私もこれを払ってなかったから, 電気を止められたんだよね.」

くまさん：「それは基本料 (金). あんたの頭の中も, 電気が止められてるんじゃないの.」

ここで, 曲面の面積について考えてみよう. 曲面 $S: D \longrightarrow \mathbb{R}^3$ の定義域 $D$ を下図のように小さな長方形に細分し, そのような長方形の1つを $\Delta D$ で表すことにする. また, この長方形 $\Delta D$ の横と縦の長さをそれぞれ $\Delta u$, $\Delta v$ としておく.

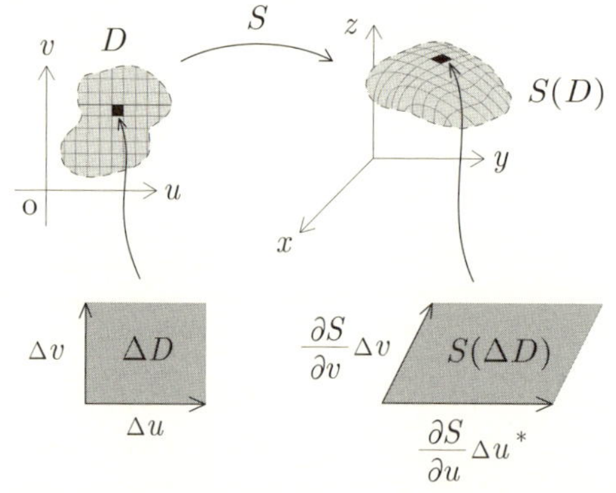


* $\dfrac{\partial S}{\partial u}$ はベクトルで, $\Delta u$ はスカラーである. したがって, ベクトルの通常の表記法にしたがえば, $\dfrac{\partial S}{\partial u}\Delta u$ は $\Delta u \dfrac{\partial S}{\partial u}$ と書くべきかもしれない. $\dfrac{\partial S}{\partial v}\Delta v$ についても同様である. すぐ後に出てくる式変形も,

$$\frac{\partial S}{\partial u}\Delta u \times \frac{\partial S}{\partial v}\Delta v = \left(\frac{\partial S}{\partial u} \times \frac{\partial S}{\partial v}\right)\Delta u \Delta v$$

というように, 外積の性質により, スカラー倍 $\Delta u \Delta v$ が出てきて, 両辺のノルムをとると

このとき，その $S$ による像 $S(\Delta D)$ は曲面上の微小領域であるが，1 次近似（線形近似）により，2 つのベクトル $\dfrac{\partial S}{\partial u}\,\Delta u$ と $\dfrac{\partial S}{\partial v}\,\Delta v$ で作られる平行四辺形と見なしてよく，ベクトルの外積の記号を用いると

$$S(\Delta D)\text{ の面積} \fallingdotseq \left\| \frac{\partial S}{\partial u}\,\Delta u \times \frac{\partial S}{\partial v}\,\Delta v \right\| \overset{\text{補題 A.2.2 の (2) より}}{=} \left\| \frac{\partial S}{\partial u} \times \frac{\partial S}{\partial v} \right\| \Delta u \Delta v$$

である*.（216 ページの命題 A.2.3 の (2) を参照せよ.）したがって，曲面 $S$ の面積，すなわち，$S$ の像 $S(D)$ の面積は，このような微小領域 $S(\Delta D)$ の面積を寄せ集めたものであるから，

$$S(D)\text{ の面積} \fallingdotseq \sum_{\Delta D} \left\| \frac{\partial S}{\partial u} \times \frac{\partial S}{\partial v} \right\| \Delta u \Delta v$$

となる．そこで，細分を細かくして，$\Delta u$ と $\Delta v$ を 0 に近づけたときの極限をとることにより

$$S(D)\text{ の面積} = \int_D \left\| \frac{\partial S}{\partial u} \times \frac{\partial S}{\partial v} \right\| dudv$$

が得られる．したがって，次が示された.

**定理 3.3.3（曲面の面積）**　曲面 $S(u, v)$ $\big((u, v) \in D\big)$ に対して，

$$S\text{ の面積} = \int_D \left\| \frac{\partial S}{\partial u}(u, v) \times \frac{\partial S}{\partial v}(u, v) \right\| dudv$$

である**.

さらに，第 1 基本量を使って，曲面の面積を表しておこう.

---

$$\left\| \frac{\partial S}{\partial u}\,\Delta u \times \frac{\partial S}{\partial v}\,\Delta v \right\| = \left\| \frac{\partial S}{\partial u} \times \frac{\partial S}{\partial v} \right\| \Delta u \Delta v$$

となるわけである．どれがベクトルで，どれがスカラーかを注意しておかないと，すごい結論に到達するので用心しよう.

* ここで用いられた ≒ という記号は，「ほとんど等しい」という意味の，非常に便利な，そして，とても怪（あや）しい記号である.

** もちろん，曲面 $S$ の面積が定義されるのは，「右辺の積分が確定するとき」という条件のもとである.

**定理 3.3.4（曲面の面積）** 曲面 $S(u,v)$ $\bigl((u,v)\in D\bigr)$ に対して，

$$\text{曲面 } S \text{ の面積 } = \int_D \sqrt{\det\begin{pmatrix} E & F \\ F & G \end{pmatrix}}\,dudv = \int_D \sqrt{EG-F^2}\,dudv\ ^{*}$$

である**.

**証明** これは，外積の一般的性質（215 ページの補題 A.2.2 の (5)）より

$$\|\boldsymbol{a}\times\boldsymbol{b}\|^2 = \|\boldsymbol{a}\|^2\,\|\boldsymbol{b}\|^2 - (\boldsymbol{a}\cdot\boldsymbol{b})^2$$

であることに注意すれば，

$$\left\|\frac{\partial S}{\partial u}\times\frac{\partial S}{\partial v}\right\|^2 = \left\|\frac{\partial S}{\partial u}\right\|^2\left\|\frac{\partial S}{\partial v}\right\|^2 - \left(\frac{\partial S}{\partial u}\cdot\frac{\partial S}{\partial v}\right)^2 = EG-F^2$$

となって†，求める等式が直ちに得られる．□

---

* （この脚注は，より進んだ人のための注意なので，わからない人は読み飛ばしてください．） 計量 (metric) という言葉を用いると，曲面 $S: D\to\mathbb{R}^3$ に対して，$\mathbb{R}^3$ の計量を $S$ で引き戻した計量（を行列で表現したもの）が

$$\begin{pmatrix} E & F \\ F & G \end{pmatrix}$$

であり，その引き戻した計量から定まる面積要素が

$$\sqrt{EG-F^2}\,dudv$$

である．

** 「曲面の面積とは何か？」などという根源的な疑問をもち出すと状況が複雑になるので，逆に，この式で曲面の面積を**定義する**手もあります．「面積なんて，適当に測ればいいじゃん」などとお気楽に考えている人は，114 ページで紹介した「正方形を埋めつくす曲線」を思い起こすとよいでしょう．「正方形を埋めつくす」ということは，パラメーターを無視して単なる“点の集合”と考えれば，正方形の内部と区別がつかないわけです．それじゃ，**この曲線には面積があるの？** 少し悩(なや)んでみてください．

† 正則曲面については $\dfrac{\partial S}{\partial u}\times\dfrac{\partial S}{\partial v}\neq 0$ であること（注意 3.1.6）を考慮すれば，正則曲面に対しては，$EG-F^2>0$，すなわち，行列 $\begin{pmatrix} E & F \\ F & G \end{pmatrix}$ の行列式が正であることが，この式から直ちにわかる．（この式の左辺が正であるから．）さらに，第 1 基本量の定義より $E\geq 0$ であることに注意すると，**行列** $\begin{pmatrix} \boldsymbol{E} & \boldsymbol{F} \\ \boldsymbol{F} & \boldsymbol{G} \end{pmatrix}$ **は正定値 (positive definite) である**ことが結論づけられる．ここで，行列 $A=\begin{pmatrix} E & F \\ F & G \end{pmatrix}$ が正定値であるとは，ゼロベクトルでない任意のベクトル $\boldsymbol{x}=\begin{pmatrix} x \\ y \end{pmatrix}$ に対して

$${}^t\boldsymbol{x}A\boldsymbol{x} = (x,\,y)\begin{pmatrix} E & F \\ F & G \end{pmatrix}\begin{pmatrix} x \\ y \end{pmatrix} = Ex^2+2Fxy+Gy^2$$

が常に正であることをいう．

もっと一般に次が成り立つ．（証明は，まったく同様であるので省略する．）

**定理 3.3.5（曲面上の領域の面積）** 曲面 $S(u, v)$ $\big((u, v) \in D\big)$ があったとき，$D$ の部分領域 $D'$ に対して，

$$
\begin{aligned}
S(D') \text{ の面積} &= \int_{D'} \left\| \frac{\partial S}{\partial u} \times \frac{\partial S}{\partial v} \right\| dudv \\
&= \int_{D'} \sqrt{EG - F^2}\, dudv
\end{aligned}
$$

である*．

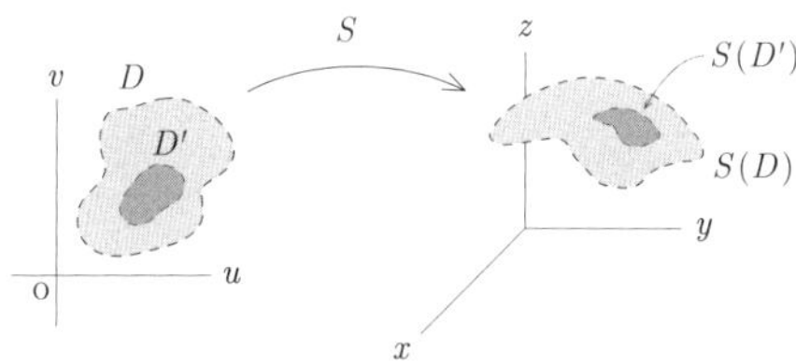


## 3.4 第 2 基本量

第 1 基本量というのは，曲面 $S$ の 1 階微分から作られる量であったが，この節では $S$ の 2 階微分から得られる量である第 2 基本量を定義する．

**定義 3.4.1（第 2 基本量）** 曲面 $S(u, v)$ に対して，

$$
\begin{aligned}
L(u, v) &= \frac{\partial^2 S}{\partial u^2}(u, v) \cdot n(u, v) \\
M(u, v) &= \frac{\partial^2 S}{\partial u \partial v}(u, v) \cdot n(u, v) \text{ **} \\
N(u, v) &= \frac{\partial^2 S}{\partial v^2}(u, v) \cdot n(u, v)
\end{aligned}
$$

とおいて，曲線 $S$ の**第 2 基本量** (second fundamental quantity) と呼ぶ．ここで，$n(u, v)$ は曲面 $S$ の点 $S(u, v)$ における単位法ベクトルである．さらに形式的に，

---

* 定理 3.3.3 におけるのと同様に，曲面 $S$ の一部分である $S(D')$ の面積が定義されるのは，「この式の右辺の積分が確定するとき」という条件のもとである．

$$\mathrm{II} = L\,du^2 + 2\,M\,dudv + N\,dv^2$$

とおいて†，曲面 $S$ の**第 2 基本形式** (second fundamental form) と呼ぶ．

## 偉大なる記念碑(きねんひ)（パート2）

はちべえ：「また基本量かぁ〜．」

くまさん：「そうそう．」

はちべえ：「このペースでいくと，年末あたりには第 150 基本量あたりまでいくんでないかい．」

くまさん：「あのなー．そんなにあるかー††．」

はちべえ：「じゃあ，今年もこれで終わりというわけですな．メリークリスマス！」

**なにがメリークリスマスじゃ**

くまさん：「第 2 基本量は 2 階微分の情報だが，$S$ の 2 階微分は

---

** （前ページ） $S(u, v)$ は $C^\infty$ 級（$C^2$ 級でも十分である）であるから，（偏）微分の順序を交換してもよい，すなわち，

$$\frac{\partial^2 S}{\partial u \partial v}(u, v) = \frac{\partial^2 S}{\partial v \partial u}(u, v)$$

が成り立つことに注意せよ．

† 第 1 基本形式のときと同様に形式的であるが，

$$\mathrm{II} = \begin{pmatrix} du & dv \end{pmatrix} \begin{pmatrix} L & M \\ M & N \end{pmatrix} \begin{pmatrix} du \\ dv \end{pmatrix}$$

と書ける．

†† 1 階微分の情報が第 1 基本量で，2 階微分の情報が第 2 基本量であることをふまえると，3 階微分の情報から第 3 基本量が定義できないこともありません．しかし，本書の冒頭（6 ページ）で述べた「2 階微分までの情報で曲がった対象を調べていこう」という標語を思い起こすと，ここで重要なのは第 2 基本量まで，と言えます．

$$(*) \qquad \frac{\partial^2 S}{\partial u^2}, \quad \frac{\partial^2 S}{\partial u \partial v}\left(=\frac{\partial^2 S}{\partial v \partial u}\right), \quad \frac{\partial^2 S}{\partial v^2}$$

と 3 つある．しかも，これらはベクトルなので，第 1 基本量のときと同様に，内積をとってスカラーを作ることにしよう．」

はちべえ：「それじゃ，お互いに内積をとって….」

くまさん：「待て待て，急ぐんじゃない．」

はちべえ：「えっ？」

くまさん：「今度は曲面の法線方向の成分をとるんだよ．」

はちべえ：「どうして？」

くまさん：「第 1 基本量のときは接線方向のベクトルだったので，そのまま内積をとったのだが，今度はそうはいかないからな．」

はちべえ：「どういうこと？」

くまさん：「曲線のときを思い出してみるとわかるんだが，弧長パラメーターで表示された曲線 $C(s)$ の **1 階微分 $C'(s)$ は接線方向**で，**2 階微分 $C''(s)$ は接線と垂直な方向（法線方向）を向いていた**よね*．」

はちべえ：「確かに．」

くまさん：「でも，一般のパラメーター $t$ の場合はそうはいかない．2 階微分であるベクトルには，**法線方向の成分のみでなくて**，パラメーターの速度の自由度から来る，**接線方向の“余分な成分”が加わっている．**」

はちべえ：「ふむふむ．」

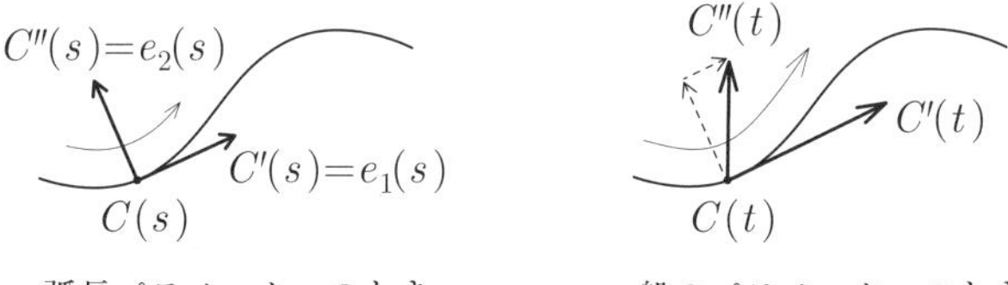


弧長パラメーターのとき　　一般のパラメーターのとき

くまさん：「**もちろん，曲面のパラメーター $u, v$ についても**，弧長パラメーターのように**“正規化”されているわけではない．**」

---

* $s$ が弧長パラメーターであることから，

$$(\star) \qquad \|e_1(s)\|^2 = 1$$

が成り立つが，この両辺を微分することにより，$e_1'(s) \cdot e_1(s) = 0$ となり，$C''(s) = e_1'(s)$ と $C'(s) = e_1(s)$ は直交することがわかる．これは，$\{e_1(s), e_2(s), e_3(s)\}$ が正規直交系であること（補題 2.3.2）の証明の中心部分である．一般のパラメーター $t$ の場合は $(\star)$ が成り立つとはいえないので，2 階微分 $C''(t)$ は接線と垂直な方向を向いているとは限らない．すなわち，ベクトル $C''(t)$ には，パラメーターの速度の違いにもとづく成分が加わっている．**弧長パラメーターの使用による，曲線表示の簡素化**に感謝しよう．

はちべえ：「なるほど.」

くまさん：「そこで，その“余分な成分”を無理矢理カットするために，法線方向の成分だけ抽出するんだ.」

はちべえ：「それで，法ベクトルとの内積をとるのか.」

くまさん：「そうそう，上の3つのベクトル $(*)$ と法ベクトル $n(u, v)$ との内積が第2基本量というわけだ.」

はちべえ：「やはり余分な成分をカットし，節約してでも基本料金は払っとかないといけないわけだね.」

くまさん：「そういうあんた自身が節約の対象だと思うよ.」

**補題 3.4.2** 曲面 $S(u, v)$ に対して，第2基本量は次のように書ける:

$$\begin{aligned}
L(u, v) &= -\frac{\partial S}{\partial u}(u, v) \cdot \frac{\partial n}{\partial u}(u, v) \\
M(u, v) &= -\frac{\partial S}{\partial u}(u, v) \cdot \frac{\partial n}{\partial v}(u, v) \\
&= -\frac{\partial S}{\partial v}(u, v) \cdot \frac{\partial n}{\partial u}(u, v) \\
N(u, v) &= -\frac{\partial S}{\partial v}(u, v) \cdot \frac{\partial n}{\partial v}(u, v)
\end{aligned}$$

ここで，$n(u, v)$ は曲面 $S$ の点 $S(u, v)$ における単位法ベクトルである.

**証明** 法ベクトル $n(u, v)$ の定義から，

$$\begin{aligned}
\frac{\partial S}{\partial u}(u, v) \cdot n(u, v) = 0 \\
\frac{\partial S}{\partial v}(u, v) \cdot n(u, v) = 0
\end{aligned}$$

である．それぞれの式の両辺を $u, v$ それぞれで偏微分すると，

$$\begin{aligned}
\frac{\partial^2 S}{\partial u^2}(u, v) \cdot n(u, v) + \frac{\partial S}{\partial u}(u, v) \cdot \frac{\partial n}{\partial u}(u, v) = 0 \\
\frac{\partial^2 S}{\partial u \partial v}(u, v) \cdot n(u, v) + \frac{\partial S}{\partial u}(u, v) \cdot \frac{\partial n}{\partial v}(u, v) = 0 \\
\frac{\partial^2 S}{\partial u \partial v}(u, v) \cdot n(u, v) + \frac{\partial S}{\partial v}(u, v) \cdot \frac{\partial n}{\partial u}(u, v) = 0 \\
\frac{\partial^2 S}{\partial v^2}(u, v) \cdot n(u, v) + \frac{\partial S}{\partial v}(u, v) \cdot \frac{\partial n}{\partial v}(u, v) = 0
\end{aligned}$$

となる．これらの4式と第2基本量 $L(u, v)$, $M(u, v)$, $N(u, v)$ の定義から，求める結論が得られる．□

**補題 3.4.3** 曲面 $S$ の第 2 基本形式 II は形式的に,

$$\mathrm{II} = -\, dS \cdot dn$$

と書ける.

**証明** $S$ と $n$ の微分 $dS, dn$ を考えると

$$dS = \frac{\partial S}{\partial u}\,du + \frac{\partial S}{\partial v}\,dv$$
$$dn = \frac{\partial n}{\partial u}\,du + \frac{\partial n}{\partial v}\,dv$$

であるから,

$$\begin{aligned}-dS \cdot dn &= -\left(\frac{\partial S}{\partial u}\,du + \frac{\partial S}{\partial v}\,dv\right)\cdot\left(\frac{\partial n}{\partial u}\,du + \frac{\partial n}{\partial v}\,dv\right)\\ &= -\frac{\partial S}{\partial u}\cdot\frac{\partial n}{\partial u}\,du^2 - \left(\frac{\partial S}{\partial u}\cdot\frac{\partial n}{\partial v} + \frac{\partial S}{\partial v}\cdot\frac{\partial n}{\partial u}\right)dudv - \frac{\partial S}{\partial v}\cdot\frac{\partial n}{\partial v}\,dv^2\\ &= L\,du^2 + 2\,M\,dudv + N\,dv^2\\ &= \mathrm{II}\end{aligned}$$

となる. □

ここでちょっと一言:

**第 1 基本量と第 2 基本量——曲面の内在的量と外在的量**

「第 1 基本量」は曲面 $S$ の微分だけから定まるのに対し,「第 2 基本量」の定義には曲面の法ベクトル $n$ が必要でした. これは, **曲面の接線方向の情報が「曲面の内部の情報(曲面の線形近似)」と見なせる**のに対し, **曲面の法線方向の情報は「曲面の外部の情報(曲面が $\mathbb{R}^3$ の中でどのように存在するかという情報)」を表すものと考えられます**. このような意味で, **「『第 1 基本量』は“曲面の内在的(ないざいてき) (intrinsic) 量”であり,『第 2 基本量』は“曲面の外在的(がいざいてき) (extrinsic) 量”である」と表現したりします.** このことについては, 174 ページのガウスの基本定理のところで, もう一度思い出すことにしましょう.

## 3.5 いろいろな曲率

曲線の場合とは異なり，曲面は 2 次元的な広がりをもつために，曲面の「曲がりぐあい」は方向によって違い，1 つの量では表せなくなる．それらの多くの「『曲がりぐあい』の情報」から部分的な情報を，量（曲率）として抽出する方法もいくつか考えられ，「曲率」の概念も複数存在する．

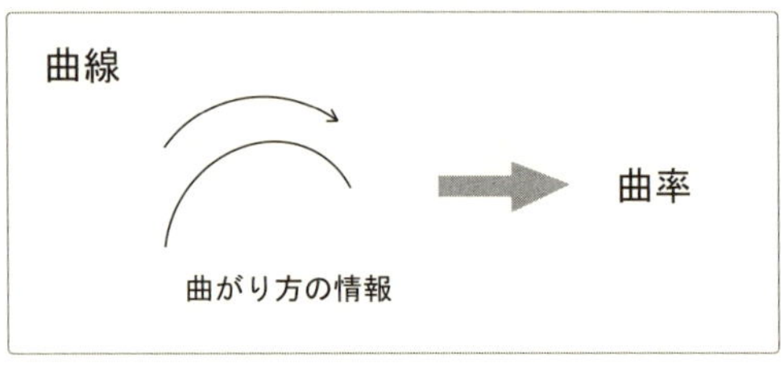


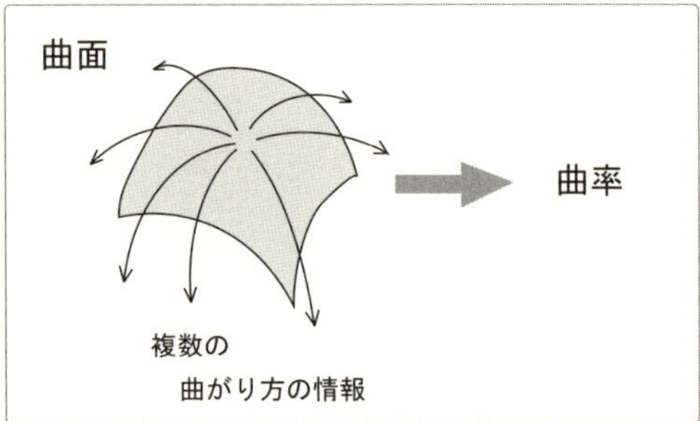


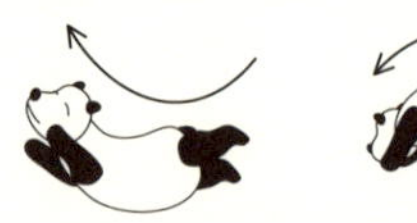


曲線の曲率は，すでに定義されているから，曲面の曲率を定義する一つの方法は，曲面上の曲線を選びだすことである．これを「曲面に垂直な平面との切り口」により実現したものが，次の**法曲率**である．

**定義 3.5.1（法曲率）** 曲面 $S$ 上の点 $p_0$ と，点 $p_0$ におけるこの曲面の法ベクトル $n$ があるとする．点 $p_0$ における曲面 $S$ の任意の接ベクトル $X$ に対して，$X$ と $n$ で定まる平面（**法平面**という*）と，曲面 $S$ の交わりとしてできる平面曲線 $C$ の**，点 $p_0$ における（平面曲線としての）曲率のことを，$p_0$ における $X$ 方向の† $S$ の**法曲率** (**normal curvature**) という．ただし，曲線 $C$ のパラメーターは $X$ 方向が $e_1(s)$ と同じ方向に，また，$n$ が $e_2(s)$ と同じ方向になるようにとっておくものとする††.

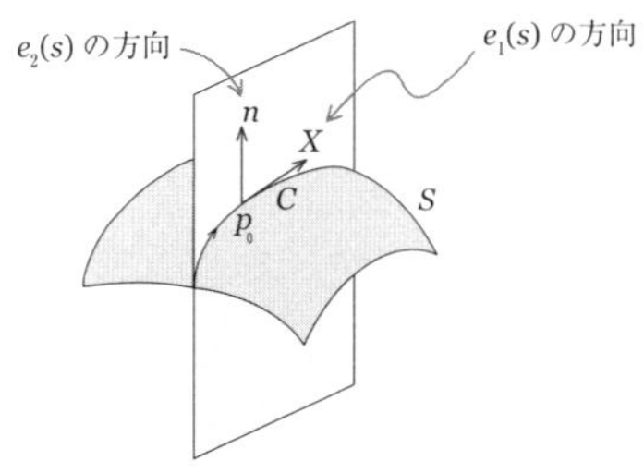


法曲率といっても，方向 $X$ を決めるごとに決まるので，量というより，“方向”の関数である．そこでここから情報を取捨選択してなにか量をとり出したい．自然に思いつくのは（関数の）最大値と最小値である．

**定義 3.5.2（主曲率）** 曲面 $S$ 上の点 $p_0$ に対して，方向 $X$ を動かしたときの，$p_0$ における $S$ の法曲率の最大値と最小値を $p_0$ における $S$ の**主曲率** (**principal curvature**) という．主曲率を実現する方向のことを**主方向**と呼ぶ‡.

---

* 72 ページの脚注の「法平面」とは意味が違うことに注意せよ．72 ページの「法平面」は，空間曲線に“垂直な平面”（法平面）のことであり，ここでの「法平面」は，曲面 $S$ に“垂直な平面”（法平面）のことを意味している．このように，「法平面」というときは，何に対する「法平面（垂直な平面）」であるかによって意味が違うことに注意せよ．

** このようにしてできた曲線のことを，古くは「直截口」（「ちょくさいこう」あるいは「ちょくせつこう」と読む）と呼んだ．

† ベクトル $X$ のスカラー倍 $aX$ ($a \in \mathbb{R}$, $a \neq 0$) に対しても，$aX$ と $n$ から定まる法平面と一致するので“$X$ 方向の”という言い方ができる．

†† 法ベクトル $n$ を $-n$ にとりかえてやると（すなわち，ベクトル $n$ の向きを変えてやると），平面曲線の曲率として，符号が変わることに注意せよ．

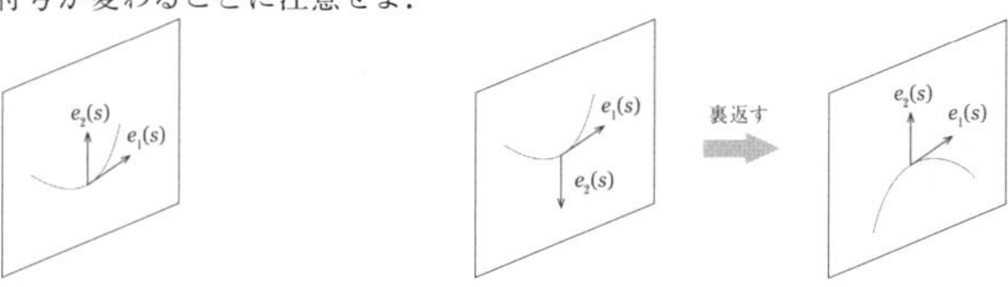

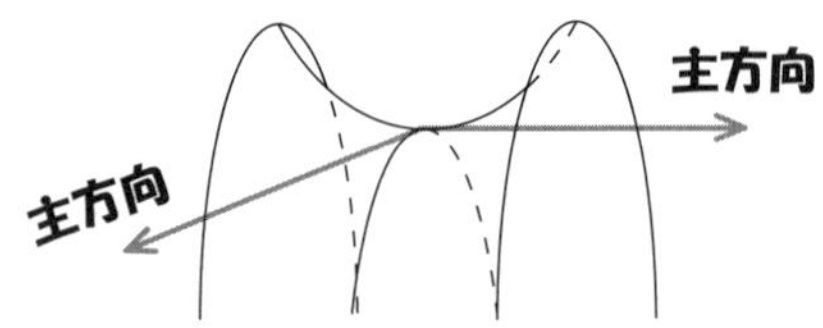


主曲率は最大値と最小値の2つの量からなる．この2つの量の“平均量”として得られたものが，次にあげる曲率の定義であり，曲面論において重要な役割を果たす．

**定義 3.5.3（平均曲率，ガウス曲率）**　曲面 $S$ 上の点 $p_0$ に対して，$\kappa_1, \kappa_2$ を $p_0$ における $S$ の主曲率とする．このとき，

$$H = \frac{1}{2}(\kappa_1 + \kappa_2)$$
$$K = \kappa_1 \kappa_2$$

とおき*，$H$ を $p_0$ における $S$ の**平均曲率** (**mean curvature**)，$K$ を $p_0$ における $S$ の**ガウス曲率** (**Gaussian curvature**) と呼ぶ．

## 偉大なる記念碑（きねんひ）（パート3）

はちべえ：「なんかいっぱい曲率があるなぁ．」

くまさん：「138ページの図にあるように，曲面には，各点で“曲がり方の情報”がたくさんあるからね．」

はちべえ：「そんなにいらんぞ．」

くまさん：「だから，まず，その中から曲がり方が『最大のもの』と『最小のも

---

‡（前ページ）　主曲率の定義は，最大値を実現する方向と最小値を実現する方向が，それぞれ**一意的**に定まる場合に限る．例えば，球面のような場合だと，どちらを向いても同じ曲がり方なので主方向は定まらない．

* これらの式の左辺の $H$ と $K$ は英文字の $H$ と $K$ である．（右辺の $\kappa$ がギリシャ文字なので，$H$ と $K$ をそれぞれギリシャ文字 $\eta$ と $\kappa$ の大文字 $H$ と $K$ であると深読みして解釈する人がいるかもしれないので…．←そんな人はいないか．）

の』をとってみる.」

はちべえ：「それが主曲率 $\kappa_1$, $\kappa_2$ だな.」

くまさん：「そうそう．その２つの数から『曲率』という一つの量を定めたいのだが，ふつうに考えると，その２つの数を足す (“$\kappa_1 + \kappa_2$”) か，あるいは，かける (“$\kappa_1\kappa_2$”) というわけだ.」

はちべえ：「それが平均曲率とガウス曲率というわけか.」

くまさん：「『平均をとる操作』という観点で見ると，主曲率 $\kappa_1$, $\kappa_2$ の相加平均 $\frac{1}{2}(\kappa_1 + \kappa_2)$ が平均曲率であり，相乗平均 $\sqrt{\kappa_1\kappa_2}$ の２乗がガウス曲率であるとも言えるな.」

はちべえ：「その説明には無理があるなぁ．だって，$\sqrt{\kappa_1\kappa_2}$ は，ルートの中身 $\kappa_1\kappa_2$ が負だったらダメじゃん.」

くまさん：「うるさいやつだな．そんな細かいこと言ってると，りっぱなオトナになれんぞ.」

はちべえ：「子供でいいも〜ん.」

くまさん：「あんた，いくつや.」

はちべえ：「35 歳.」

くまさん：「どこにそんな老(ふ)けた子供がおるんや．しかも，だいぶサバをよんどるし.」

はちべえ：「そういうアンタはいくつ？」

くまさん：「ボク，３歳でちゅ.」

はちべえ：「あのなー.」

定義 3.5.3 において，２つの主曲率の“平均値”として定義された平均曲率とガウス曲率は，第１基本量と第２基本量を用いて表現することができる．これが次の定理である.

**定理 3.5.4**　平均曲率 $H$ とガウス曲率 $K$ は，曲面の第 1 基本量，および，第 2 基本量を用いて次のように表される．

$$H = \frac{1}{2}\,\frac{EN - 2FM + GL}{EG - F^2}$$
$$K = \frac{LN - M^2}{EG - F^2}$$

証明は少し長いので，トイレに行きたい人は今のうちに行っておいてください．

**証明**　まず，次を示す．

**主張 1**　主曲率 $\kappa_1$ と $\kappa_2$ はそれぞれ，

$$E\xi^2 + 2F\xi\eta + G\eta^2 = 1$$

という条件のもとで $(\xi, \eta)$ が動くときの

$$L\xi^2 + 2M\xi\eta + N\eta^2$$

の最大値と最小値になっている．（条件付き極値問題の解）

**主張 1 の証明**　法曲率の定義における，法平面と曲面の交わりとして現れる曲線を $C(s)$ とする．曲線 $C$ が曲面 $S$ 上にあることから，

$$C(s) = S\bigl(u(s),\, v(s)\bigr)$$

と書ける．このとき，

$$e_1(s) = C'(s)$$

$$= \frac{\partial S}{\partial u}\big(u(s),\, v(s)\big)\,\frac{du}{ds}(s) + \frac{\partial S}{\partial v}\big(u(s),\, v(s)\big)\,\frac{dv}{ds}(s)$$

$s$ が弧長パラメーターであることから，

$$\big\|e_1(s)\big\| = 1$$

したがって，

$$\begin{aligned}
1 &= \big\|e_1(s)\big\|^2 \\
&= \left\|\frac{\partial S}{\partial u}\big(u(s),\, v(s)\big)\,\frac{du}{ds}(s) + \frac{\partial S}{\partial v}\big(u(s),\, v(s)\big)\,\frac{dv}{ds}(s)\right\|^2 \\
&= \left\|\frac{\partial S}{\partial u}\big(u(s),\, v(s)\big)\right\|^2 \left(\frac{du}{ds}(s)\right)^2 \\
&\qquad + 2\left(\frac{\partial S}{\partial u}\big(u(s),\, v(s)\big)\cdot\frac{\partial S}{\partial v}\big(u(s),\, v(s)\big)\right)\frac{du}{ds}(s)\,\frac{dv}{ds}(s) \\
&\qquad\qquad + \left\|\frac{\partial S}{\partial v}\big(u(s),\, v(s)\big)\right\|^2 \left(\frac{dv}{ds}(s)\right)^2 \\
&= E\big(u(s),\, v(s)\big)\left(\frac{du}{ds}(s)\right)^2 \\
&\qquad + 2\,F\big(u(s),\, v(s)\big)\frac{du}{ds}(s)\,\frac{dv}{ds}(s) \\
&\qquad\qquad + G\big(u(s),\, v(s)\big)\left(\frac{dv}{ds}(s)\right)^2
\end{aligned}$$

すなわち，

$$\begin{aligned}
(1) \qquad E\big(u(s),\, v(s)\big)\left(\frac{du}{ds}(s)\right)^2 &+ 2\,F\big(u(s),\, v(s)\big)\frac{du}{ds}(s)\,\frac{dv}{ds}(s) \\
&+ G\big(u(s),\, v(s)\big)\left(\frac{dv}{ds}(s)\right)^2 = 1
\end{aligned}$$

さらに

$$\begin{aligned}
(2) \qquad e_1'(s) = \frac{\partial^2 S}{\partial u^2}\big(u(s),\, v(s)\big)\left(\frac{du}{ds}(s)\right)^2 \\
+ 2\,\frac{\partial^2 S}{\partial u \partial v}\big(u(s),\, v(s)\big)\,\frac{du}{ds}(s)\,\frac{dv}{ds}(s) \\
+ \frac{\partial^2 S}{\partial v^2}\big(u(s),\, v(s)\big)\left(\frac{dv}{ds}(s)\right)^2
\end{aligned}$$

$$+\frac{\partial S}{\partial u}\bigl(u(s),\,v(s)\bigr)\,\frac{d^2u}{ds^2}(s)+\frac{\partial S}{\partial v}\bigl(u(s),\,v(s)\bigr)\,\frac{d^2v}{ds^2}(s)$$

となる．したがって，

(3)
$$\begin{aligned}
&C(s)\text{ の（平面曲線としての）曲率} = e_1'(s)\cdot n\ ^{*}\\
&\overset{(2)\text{ より}}{=} \left(\frac{\partial^2 S}{\partial u^2}\bigl(u(s),\,v(s)\bigr)\cdot n\right)\left(\frac{du}{ds}(s)\right)^2\\
&\qquad +2\left(\frac{\partial^2 S}{\partial u\partial v}\bigl(u(s),\,v(s)\bigr)\cdot n\right)\frac{du}{ds}(s)\,\frac{dv}{ds}(s)\\
&\qquad\qquad +\left(\frac{\partial^2 S}{\partial v^2}\bigl(u(s),\,v(s)\bigr)\cdot n\right)\left(\frac{dv}{ds}(s)\right)^2\\
&\left(\because\quad \frac{\partial S}{\partial u}\text{ と } n \text{ は直交，}\frac{\partial S}{\partial v}\text{ と } n \text{ も直交}\right)\\
&= L\bigl(u(s),\,v(s)\bigr)\left(\frac{du}{ds}(s)\right)^2\\
&\qquad +2\,M\bigl(u(s),\,v(s)\bigr)\frac{du}{ds}(s)\,\frac{dv}{ds}(s)\\
&\qquad\qquad +N\bigl(u(s),\,v(s)\bigr)\left(\frac{dv}{ds}(s)\right)^2
\end{aligned}$$

以上により，主曲率の定義を考慮すると (1) の条件のもとで (3) の最大値・最小値が，主曲率に他ならないことがわかった．すなわち，

$$\xi=\frac{du}{ds}(s),\quad \eta=\frac{dv}{ds}(s)$$

とおくと，

$$E\,\xi^2+2\,F\,\xi\,\eta+G\,\eta^2=1$$

のもとで，

$$L\,\xi^2+2\,M\,\xi\,\eta+N\,\eta^2$$

の最大値・最小値が主曲率を与える．以上で，主張 1 の証明が終わった．

次に，$(\xi,\,\eta)\neq 0$ なる任意の実数 $\xi,\,\eta$ に対して

(4)
$$\lambda(\xi,\,\eta)=\frac{L\,\xi^2+2\,M\,\xi\,\eta+\,N\,\eta^2}{E\,\xi^2+2\,F\,\xi\,\eta+\,G\,\eta^2}$$

---

* 平面曲線のフルネ-セレの公式（定理 1.4.6）より，$e_1'(s)=\kappa(s)e_2(s)$ である．この両辺に $e_2(s)$ を内積して，$\|e_2(s)\|=1$ であることを用いると，$\kappa(s)=e_1'(s)\cdot e_2(s)$ となる．さらに，法ベクトル $n$ は $e_2(s)=n$ となるようにとってあるから，平面曲線 $C(s)$ の曲率 $\kappa(s)=e_1'(s)\cdot n$ となる．

とおく．このとき，主張1から次がわかる．

**主張2**　主曲率 $\kappa_1$ と $\kappa_2$ はそれぞれ，$\lambda(\xi, \eta)$ の最大値と最小値になっている．

**主張2の証明**　まず，次の2つの事実に注意する．

(a) $(\xi, \eta) \neq 0$ に対して，

$$\lambda(\tilde{\xi}, \tilde{\eta}) = \lambda(\xi, \eta), \quad E\tilde{\xi}^2 + 2F\tilde{\xi}\tilde{\eta} + G\tilde{\eta}^2 = 1$$

を満たす $(\tilde{\xi}, \tilde{\eta})$ が存在する．

(b) $E\xi^2 + 2F\xi\eta + G\eta^2 = 1$ の条件のもとでは

$$\lambda(\xi, \eta) = L\xi^2 + 2M\xi\eta + N\eta^2$$

である．

このとき，

「$(\xi, \eta) \neq 0$ という条件のもとでの $\lambda(\xi, \eta)$ の最大値と最小値」

$\overset{\text{(a)より}}{=}$「$E\xi^2 + 2F\xi\eta + G\eta^2 = 1$ という条件のもとでの $\lambda(\xi, \eta)$ の最大値と最小値」

$\overset{\text{(b)より}}{=}$「$E\xi^2 + 2F\xi\eta + G\eta^2 = 1$ という条件のもとでの
$L\xi^2 + 2M\xi\eta + N\eta^2$ の最大値と最小値」

であるから，主張1より主張2が得られる．(147ページの補足を参照のこと．）したがって，あとは，上記の (a), (b) を示してやればよい．

(a) については，任意の $(\xi, \eta) \neq 0$ に対して

$$(5) \quad \begin{cases} \tilde{\xi} = \dfrac{1}{\sqrt{E\xi^2 + 2F\xi\eta + G\eta^2}}\,\xi \\ \tilde{\eta} = \dfrac{1}{\sqrt{E\xi^2 + 2F\xi\eta + G\eta^2}}\,\eta \end{cases}$$

とおくと*，

* 定理3.3.4の証明（および，その脚注）より，$\begin{pmatrix} E & F \\ F & G \end{pmatrix}$ は正定値行列であり，したがって，$(\xi, \eta) \neq 0$ なる任意の $(\xi, \eta)$ に対して $E\xi^2 + 2F\xi\eta + G\eta^2 > 0$ が成り立つ．したがって，$(\tilde{\xi}, \tilde{\eta})$ の定義式 (5) における右辺の分母 $\sqrt{E\xi^2 + 2F\xi\eta + G\eta^2}$ はゼロにはならない．

$$\lambda(\tilde{\xi},\,\tilde{\eta}) = \lambda(\xi,\,\eta), \quad E\,\tilde{\xi}^2 + 2\,F\,\tilde{\xi}\,\tilde{\eta} + G\,\tilde{\eta}^2 = 1$$

であることが確かめられる．

(b) については，明らかに，$E\,\xi^2 + 2\,F\,\xi\,\eta + G\,\eta^2 = 1$ を満たす任意の $(\xi,\,\eta)$ に対して，

$$\lambda(\xi,\,\eta) = \frac{L\,\tilde{\xi}^2 + 2\,M\,\tilde{\xi}\,\tilde{\eta} + N\,\tilde{\eta}^2}{E\,\tilde{\xi}^2 + 2\,F\,\tilde{\xi}\,\tilde{\eta} + G\,\tilde{\eta}^2} = L\,\tilde{\xi}^2 + 2\,M\,\tilde{\xi}\,\tilde{\eta} + N\,\tilde{\eta}^2$$

となる．以上で 主張 2 の証明が終わった．

定理 3.5.4 の証明を続けよう．$(\xi_0,\,\eta_0)$ において $\lambda(\xi,\,\eta)$ が最大値あるいは最小値をとるとする．このとき

$$\frac{\partial\lambda}{\partial\xi}(\xi_0,\,\eta_0) = \frac{\partial\lambda}{\partial\eta}(\xi_0,\,\eta_0) = 0 \tag{6}$$

である．さて，(4) より，

$$\bigl(E\,\xi^2 + 2\,F\,\xi\,\eta + G\,\eta^2\bigr)\,\lambda(\xi,\,\eta) = L\,\xi^2 + 2\,M\,\xi\,\eta + N\,\eta^2$$

である．この両辺を $(\xi_0,\,\eta_0)$ において，$\xi$ および $\eta$ それぞれについて偏微分し，(6) を用いると

$$2(E\xi_0 + F\eta_0)\lambda(\xi_0,\,\eta_0) = 2(L\xi_0 + M\eta_0)$$
$$2(F\xi_0 + G\eta_0)\lambda(\xi_0,\,\eta_0) = 2(M\xi_0 + N\eta_0)$$

すなわち，

$$\bigl(\lambda(\xi_0,\,\eta_0)\,E - L\bigr)\xi_0 + \bigl(\lambda(\xi_0,\,\eta_0)\,F - M\bigr)\eta_0 = 0$$
$$\bigl(\lambda(\xi_0,\,\eta_0)\,F - M\bigr)\xi_0 + \bigl(\lambda(\xi_0,\,\eta_0)\,G - N\bigr)\eta_0 = 0$$

となる．これは言いかえると，

$$\begin{pmatrix} \lambda E - L & \lambda F - M \\ \lambda F - M & \lambda G - N \end{pmatrix} \begin{pmatrix} \xi_0 \\ \eta_0 \end{pmatrix} = 0 \tag{7}$$

である*．ここで，記号の簡略化のため，$\lambda(\xi_0,\,\eta_0)$ を $\lambda$ と略記した．ところが $(\xi_0,\,\eta_0) \neq 0$ であるから，(7) より

---

* ラグランジュ (Lagrange) の未定係数法を用いると，主張 1 から (7) が直ちに導かれる．

$$\det\begin{pmatrix} \lambda E - L & \lambda F - M \\ \lambda F - M & \lambda G - N \end{pmatrix} = 0 \tag{8}$$

でなければならない．この行列式を計算して整理すると

$$(EG - F^2)\lambda^2 - (EN - 2FM + GL)\lambda + (LN - M^2) = 0 \tag{9}$$

が得られる．これは $\lambda$ についての 2 次方程式であり，解は高々 2 つである．ところがこれまでの議論から，$\lambda(\xi, \eta)$ の最大値と最小値は，どちらもこの 2 次方程式を満たすことに注意すると，$\lambda$ の最大値 $\kappa_1$ と $\lambda$ の最小値 $\kappa_2$ が 2 次方程式 (9) の 2 つの解にちょうど一致しなければならない．したがって，2 次方程式の解と係数の関係により，

$$\kappa_1 + \kappa_2 = \frac{EN - 2FM + GL}{EG - F^2}$$
$$\kappa_1 \kappa_2 = \frac{LN - M^2}{EG - F^2}$$

となる．一方，定義 3.5.3 より

$$H = \frac{1}{2}(\kappa_1 + \kappa_2)$$
$$K = \kappa_1 \kappa_2$$

であるから，求める関係式が得られた．□

145 ページの 12 行目の等号 "$\overset{(a)\text{より}}{=}$" の補足：まず，最小値については

$m$ を $(\xi, \eta) \neq 0$ のもとでの $\lambda(\xi, \eta)$ の最小値
$M$ を $E\xi^2 + 2F\xi\eta + G\eta^2 = 1$ のもとでの $\lambda(\xi, \eta)$ の最小値

とする．証明するのは，この 2 つの最小値が一致すること，すなわち $m = M$ ということである．明らかに $m \leq M$ である．ここで，$\lambda(\xi_0, \eta_0) = m$ となる $(\xi_0, \eta_0)$ をとる．このとき，$(a)$ より，$(\xi^*, \eta^*)$ が存在して，$\lambda(\xi^*, \eta^*) = \lambda(\xi_0, \eta_0)$ であり，かつ，$E\xi^{*2} + 2F\xi^*\eta^* + G\eta^{*2} = 1$ を満たす．以上から

$$m = \lambda(\xi_0, \eta_0) = \lambda(\xi^*, \eta^*) \geqq M \geqq m$$

となり，$m \geqq M \geqq m$ が得られ，ゆえに，$m = M$ である．同様に，$m, M$ で「最小値」を「最大値」に変えたものも等しいことが示される．

**注意 3.5.5** 第 1 基本量と第 2 基本量のそれぞれからなる行列

$$\mathcal{G} = \begin{pmatrix} E & F \\ F & G \end{pmatrix}, \quad \mathcal{H} = \begin{pmatrix} L & M \\ M & N \end{pmatrix}$$

を用いると,

$$\begin{aligned} \det \begin{pmatrix} \lambda E - L & \lambda F - M \\ \lambda F - M & \lambda G - N \end{pmatrix} &= \det(\lambda \mathcal{G} - \mathcal{H}) \\ &= \det\bigl((\lambda I - \mathcal{H}\mathcal{G}^{-1})\mathcal{G}\bigr) \\ &= \det(\lambda I - \mathcal{H}\mathcal{G}^{-1}) \det \mathcal{G} \end{aligned}$$

となる．ここで，$I$ は単位行列 $\begin{pmatrix} 1 & 0 \\ 0 & 1 \end{pmatrix}$ である．このことと，$\det \mathcal{G} = \det \begin{pmatrix} E & F \\ F & G \end{pmatrix}$ がゼロでないことから*，147 ページの式 (8) の条件は

$$\det(\lambda I - \mathcal{H}\mathcal{G}^{-1}) = 0$$

に等しくなる．これを $\lambda$ に関する方程式と見たときの解が主曲率であるから，**主曲率は，行列 $\mathcal{H}\mathcal{G}^{-1}$ の固有値に他ならない．**

**定義 3.5.6（極小曲面）** 平均曲率がいたるところで 0 である ($H \equiv 0$) ような曲面を**極小曲面**（きょくしょう）** (**minimal surface**) という†.

---

* 定理 3.3.4 の証明の最後の式より，

$$EG - F^2 = \left\| \frac{\partial S}{\partial u} \times \frac{\partial S}{\partial v} \right\|^2$$

である．一方，曲面 $S$ が正則曲面であることから，この式の右辺は正である．（注意 3.1.6 の (1) を参照せよ.）したがって，$EG - F^2 > 0$，すなわち，$\det \begin{pmatrix} E & F \\ F & G \end{pmatrix} > 0$ である．

** 「**極小曲面**（ごくしょう）」と読んではいけない．したがって，「**とっても小さい曲面**」という意味ではない．

**とても小さい曲面**

はちべえ：「平均曲率が 0 の曲面が極小曲面っていうんなら，ガウス曲率が 0 の曲面は何っていうの？」

くまさん：「ガウス曲率の条件は比較的強いので，名称をつける意味があまりないからな.」

はちべえ：「えっ，そうなの.」

くまさん：「実際，平均曲率が 0 でないとき，ガウス曲率が 0 であるための必要十分条件が，曲面が**可展面**(かてんめん) (developable surface) であることだ.」

はちべえ：「可展面？」

くまさん：「『平面に展開できる曲面』のことだな.」

はちべえ：「『展開』って，展開図のこと？」

くまさん：「まあ，そういう意味だな．例えば，球面は可展面でないので，（その一部分ですら）平面には展開できない.」

はちべえ：「聞いたことあるよ．地球の表面は平面に展開できないから，平面上にいかに表現するかによって，メルカトル図法とか，モルワイデ図法とか，いろんな作図法があるんだよね.」

くまさん：「その通りだ．で，可展面は分類されていて，柱面*，錘面**，接線曲面†の 3 種類しかないことがわかっている††．これらは性質がよくわかっているという意味で“つまらない”曲面だからな.」

はちべえ：「そうなの.」

くまさん：「それに対して，平均曲率の条件は比較的ゆるやかだよ．実際，極小曲面なんて非常に豊富で重要な曲面のクラスで，古くからいろんな数学者によって調べられてきている．極小曲面論というのは，今も研究が盛んな分野の一つだ.」

はちべえ：「ふ～ん.」

くまさん：「そして，このような『曲面』は私の得意分野であ～る.」

---

† (前ページ) もっと一般に，$H \equiv C$ (定数) であるような曲面，すなわち，**平均曲率一定の曲面** (**surface of constant mean curvature**) は，“constant mean curvature” の頭文字をとって **CMC surface** と呼ばれて，最近は盛んな研究が行われている.

* 「定まった空間曲線 $C$ の点を通り，定まった直線 $L$ に平行な直線」によってできる曲面を**柱面** (**cylindrical surface**) という.

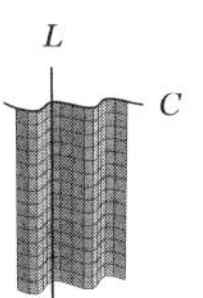

はちべえ：「あんたが得意なのは，『**曲面**』でなくて『**ラーメン**』だろ.」 

くまさん：「**ケンカうっとんのかあぁ.**」

**夏休み自由研究**

**「曲面とラーメンの類似性について」**

**結論**

**どちらも「めん」で終わる.**
**どちらも まがっている.**

（総評）

もう少しましなテーマを選びなさい.

---

** （前ページ）「定まった点 $P$ を通り，定まった空間曲線 $C$ と交わる直線」によって作られる曲面を**錐面**（すいめん）(conical surface) という.

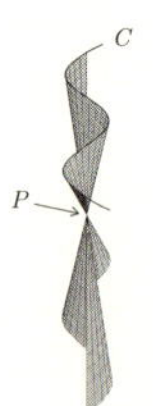


† （前ページ）　ある空間曲線の接線全体から作られる曲面を**接線曲面** (tangent surface) という.

†† （前ページ）「3 種類しかない」というのは，正確には「**局所的には**，この 3 種類しかない」という意味である．実際には，これらの 3 種類の断片をなめらかに切り張りしてできた可展面もある.

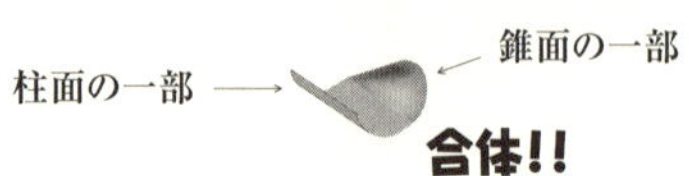

**例 3.5.7（極小曲面の例）**

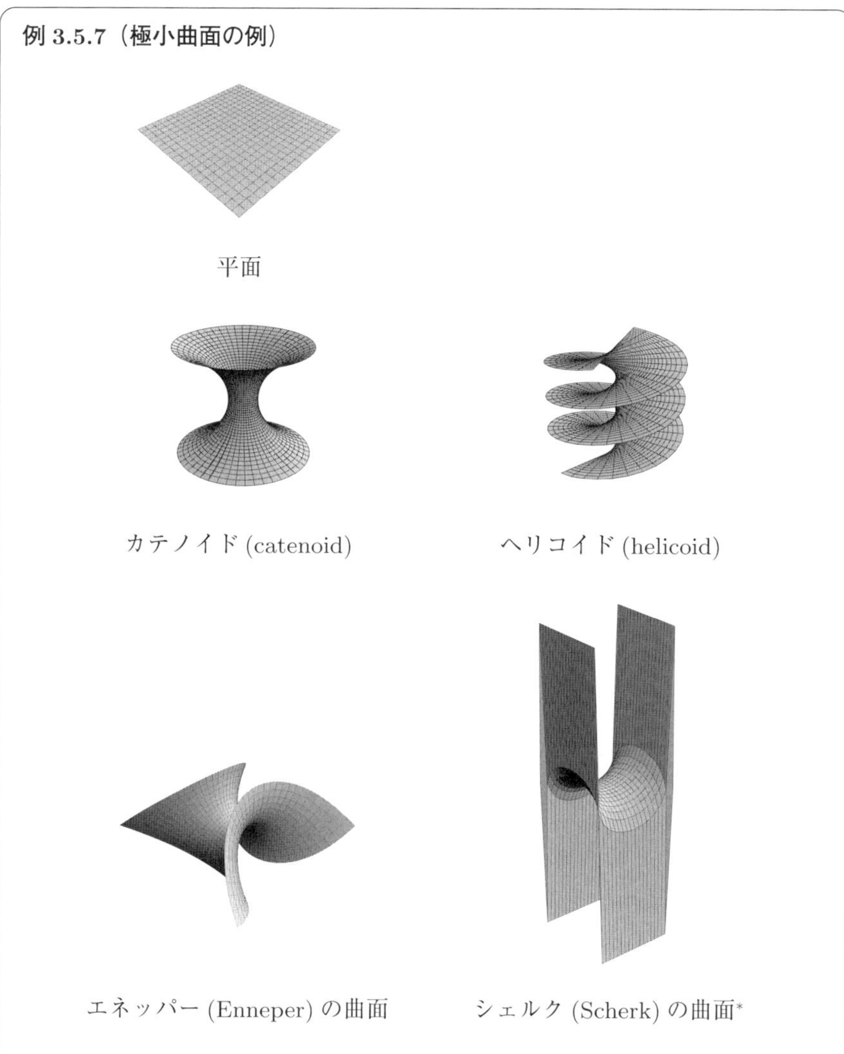

平面

カテノイド (catenoid)　　ヘリコイド (helicoid)

エネッパー (Enneper) の曲面　　シェルク (Scherk) の曲面*

---

* Scherk は，英語読みで「シャーク」とも読む．

## 3.6 ガウス，ワインガルテンの公式

この節では，「ガウスの公式」と「ワインガルテンの公式」を導く．これらの公式は，後で出てくる「ガウスの基本定理」(定理 3.8.1) の証明でも用いられる．まず，ガウスの公式から始める．

**定理 3.6.1 (ガウスの公式)** 曲面 $S(u, v)$ に対して次が成り立つ:

(1)
$$\frac{\partial^2 S}{\partial u^2} = \Gamma_{1\,1}^{\,1}\frac{\partial S}{\partial u} + \Gamma_{1\,1}^{\,2}\frac{\partial S}{\partial v} + L\,n$$

(2)
$$\frac{\partial^2 S}{\partial u \partial v} = \Gamma_{1\,2}^{\,1}\frac{\partial S}{\partial u} + \Gamma_{1\,2}^{\,2}\frac{\partial S}{\partial v} + M\,n$$

(3)
$$\frac{\partial^2 S}{\partial v^2} = \Gamma_{2\,2}^{\,1}\frac{\partial S}{\partial u} + \Gamma_{2\,2}^{\,2}\frac{\partial S}{\partial v} + N\,n$$

ただし，$\Gamma_{j\,k}^{\,i}$ は次のようになる[*]:

$$(\star)\quad \begin{pmatrix} \Gamma_{1\,1}^{\,1} & \Gamma_{1\,2}^{\,1} & \Gamma_{2\,2}^{\,1} \\ \Gamma_{1\,1}^{\,2} & \Gamma_{1\,2}^{\,2} & \Gamma_{2\,2}^{\,2} \end{pmatrix}$$
$$= \begin{pmatrix} E & F \\ F & G \end{pmatrix}^{-1} \begin{pmatrix} \dfrac{1}{2}\dfrac{\partial E}{\partial u} & \dfrac{1}{2}\dfrac{\partial E}{\partial v} & \dfrac{\partial F}{\partial v} - \dfrac{1}{2}\dfrac{\partial G}{\partial u} \\ \dfrac{\partial F}{\partial u} - \dfrac{1}{2}\dfrac{\partial E}{\partial v} & \dfrac{1}{2}\dfrac{\partial G}{\partial u} & \dfrac{1}{2}\dfrac{\partial G}{\partial v} \end{pmatrix}$$
$$= \frac{1}{EG - F^2}\begin{pmatrix} G & -F \\ -F & E \end{pmatrix} \begin{pmatrix} \dfrac{1}{2}\dfrac{\partial E}{\partial u} & \dfrac{1}{2}\dfrac{\partial E}{\partial v} & \dfrac{\partial F}{\partial v} - \dfrac{1}{2}\dfrac{\partial G}{\partial u} \\ \dfrac{\partial F}{\partial u} - \dfrac{1}{2}\dfrac{\partial E}{\partial v} & \dfrac{1}{2}\dfrac{\partial G}{\partial u} & \dfrac{1}{2}\dfrac{\partial G}{\partial v} \end{pmatrix}$$

上記で定義される $\Gamma_{j\,k}^{\,i}$ のことを**接続係数**と呼ぶ[**].

---

[*] 132 ページの脚注でもふれたように，行列 $\begin{pmatrix} E & F \\ F & G \end{pmatrix}$ は正定値，すなわち，$EG - F^2 > 0$ であるので，特に，行列 $\begin{pmatrix} E & F \\ F & G \end{pmatrix}$ は逆行列 $\begin{pmatrix} E & F \\ F & G \end{pmatrix}^{-1} = \dfrac{1}{EG - F^2}\begin{pmatrix} G & -F \\ -F & E \end{pmatrix}$ をもつ．

[**] 接続係数 $\Gamma_{j\,k}^{\,i}$ は $\left\{ {i \atop j\,k} \right\}$ と書くこともある．この記号 $\left\{ {i \atop j\,k} \right\}$ のことを**クリストッフェル (Christoffel) の記号**と呼ぶ．(正確には，接続係数 $\Gamma_{j\,k}^{\,i}$ がリーマン接続の接続係数のとき，記号 $\left\{ {i \atop j\,k} \right\}$ を用いる．「『リーマン接続』って何？」という疑問がわいてくるかと思いますが，ここでは，そういうのがあるんだと思う程度ですませておいてください．)

**証明**　パラメーターの値 $(u, v)$ を決めるごとに，$\left\{\dfrac{\partial S}{\partial u}(u, v), \dfrac{\partial S}{\partial v}(u, v), n(u, v)\right\}$ は $\mathbb{R}^3$ の基底であることに注意すると，ベクトル $\dfrac{\partial^2 S}{\partial u^2}, \dfrac{\partial^2 S}{\partial u \partial v}, \dfrac{\partial^2 S}{\partial v^2}$ はそれらの線形結合で書ける，すなわち，

$$
\begin{aligned}
\frac{\partial^2 S}{\partial u^2} &= a\,\frac{\partial S}{\partial u} + d\,\frac{\partial S}{\partial v} + p\,n \\
\frac{\partial^2 S}{\partial u \partial v} &= b\,\frac{\partial S}{\partial u} + e\,\frac{\partial S}{\partial v} + q\,n \\
\frac{\partial^2 S}{\partial v^2} &= c\,\frac{\partial S}{\partial u} + f\,\frac{\partial S}{\partial v} + r\,n
\end{aligned}
$$

と表現できる．ここで，係数 $a, b, c, d, e, f, p, q, r$ は，$(u, v)$ を決めるごとに定まるので，$u$ と $v$ の関数である．このうち，係数 $a, b, c, d, e, f$ を $\Gamma_{j\,k}^{\,i}$ $(i, j, k = 1, 2)$ という記号を用いて次のように表しておく*.

$$
\begin{aligned}
\frac{\partial^2 S}{\partial u^2} &= \Gamma_{1\,1}^{\,1}\,\frac{\partial S}{\partial u} + \Gamma_{1\,1}^{\,2}\,\frac{\partial S}{\partial v} + p\,n \\
\frac{\partial^2 S}{\partial u \partial v} &= \Gamma_{1\,2}^{\,1}\,\frac{\partial S}{\partial u} + \Gamma_{1\,2}^{\,2}\,\frac{\partial S}{\partial v} + q\,n \\
\frac{\partial^2 S}{\partial v^2} &= \Gamma_{2\,2}^{\,1}\,\frac{\partial S}{\partial u} + \Gamma_{2\,2}^{\,2}\,\frac{\partial S}{\partial v} + r\,n
\end{aligned}
$$

これら 3 式の両辺とベクトル $n$ との内積をとり，$\dfrac{\partial S}{\partial u} \cdot n = \dfrac{\partial S}{\partial v} \cdot n = 0$ であることと $n \cdot n = \|n\|^2 = 1$ であることに注意すれば

$$
\begin{aligned}
\frac{\partial^2 S}{\partial u^2} \cdot n &= p \\
\frac{\partial^2 S}{\partial u \partial v} \cdot n &= q \\
\frac{\partial^2 S}{\partial v^2} \cdot n &= r
\end{aligned}
$$

となる．これらと第 2 基本量の定義式（定義 3.4.1）を比較すれば，$p = L,\ q = M,\ r = N$ が得られる．これらを上式に代入すると，定理の主張の式 (1), (2), (3) が得られる．したがって，あとは $\Gamma_{j\,k}^{\,i}$ が $(\star)$ を満たすことを示せばよい．以下，これを示そう．

* もちろん，それらの係数を単に $\Gamma_{j\,k}^{\,i}$ という記号で表しただけであるので，どういう性質をもつかも不明である．もちろん，定理の条件 $(\star)$ を満たすかどうかも，今の段階では定かではない．

$$\begin{aligned}
\Gamma_{11}^{1} E + \Gamma_{11}^{2} F &= \Gamma_{11}^{1} \frac{\partial S}{\partial u} \cdot \frac{\partial S}{\partial u} + \Gamma_{11}^{2} \frac{\partial S}{\partial u} \cdot \frac{\partial S}{\partial v} \\
&= \frac{\partial S}{\partial u} \cdot \left( \Gamma_{11}^{1} \frac{\partial S}{\partial u} + \Gamma_{11}^{2} \frac{\partial S}{\partial v} \right) \\
&= \frac{\partial S}{\partial u} \cdot \left( \Gamma_{11}^{1} \frac{\partial S}{\partial u} + \Gamma_{11}^{2} \frac{\partial S}{\partial v} + L\, n \right) \qquad \left( \because \ \frac{\partial S}{\partial u} \cdot n = 0 \right) \\
&= \frac{\partial S}{\partial u} \cdot \frac{\partial^2 S}{\partial u^2} \\
&= \frac{1}{2} \frac{\partial}{\partial u} \left( \frac{\partial S}{\partial u} \cdot \frac{\partial S}{\partial u} \right) \\
&= \frac{1}{2} \frac{\partial E}{\partial u}
\end{aligned}$$

ゆえに,

$$\Gamma_{11}^{1} E + \Gamma_{11}^{2} F = \frac{1}{2} \frac{\partial E}{\partial u}$$

となる. また,

$$\begin{aligned}
&\Gamma_{11}^{1} F + \Gamma_{11}^{2} G \\
&= \Gamma_{11}^{1} \frac{\partial S}{\partial u} \cdot \frac{\partial S}{\partial v} + \Gamma_{11}^{2} \frac{\partial S}{\partial v} \cdot \frac{\partial S}{\partial v} \\
&= \left( \Gamma_{11}^{1} \frac{\partial S}{\partial u} + \Gamma_{11}^{2} \frac{\partial S}{\partial v} \right) \cdot \frac{\partial S}{\partial v} \\
&= \left( \Gamma_{11}^{1} \frac{\partial S}{\partial u} + \Gamma_{11}^{2} \frac{\partial S}{\partial v} + L\, n \right) \cdot \frac{\partial S}{\partial v} \qquad \left( \because \ \frac{\partial S}{\partial v} \cdot n = 0 \right) \\
&= \frac{\partial^2 S}{\partial u^2} \cdot \frac{\partial S}{\partial v} \\
&= \frac{\partial}{\partial u} \left( \frac{\partial S}{\partial u} \cdot \frac{\partial S}{\partial v} \right) - \frac{\partial S}{\partial u} \cdot \frac{\partial^2 S}{\partial u \partial v} \\
&= \frac{\partial}{\partial u} \left( \frac{\partial S}{\partial u} \cdot \frac{\partial S}{\partial v} \right) - \frac{1}{2} \frac{\partial}{\partial v} \left( \frac{\partial S}{\partial u} \cdot \frac{\partial S}{\partial u} \right) {}^{*} \\
&= \frac{\partial F}{\partial u} - \frac{1}{2} \frac{\partial E}{\partial v}
\end{aligned}$$

ゆえに,

$$\Gamma_{11}^{1} F + \Gamma_{11}^{2} G = \frac{\partial F}{\partial u} - \frac{1}{2} \frac{\partial E}{\partial v}$$

となる. 同様にして,

$$\Gamma_{12}^{1} E + \Gamma_{12}^{2} F = \frac{1}{2} \frac{\partial E}{\partial v}$$

---

* ここでは $\dfrac{\partial^2 S}{\partial u \partial v} = \dfrac{\partial^2 S}{\partial v \partial u}$ であることを用いた.

$$\Gamma_{1\,2}^{\,1} F + \Gamma_{1\,2}^{\,2} G = \frac{1}{2}\frac{\partial G}{\partial u}$$
$$\Gamma_{2\,2}^{\,1} E + \Gamma_{2\,2}^{\,2} F = \frac{\partial F}{\partial v} - \frac{1}{2}\frac{\partial G}{\partial u}$$
$$\Gamma_{2\,2}^{\,1} F + \Gamma_{2\,2}^{\,2} G = \frac{1}{2}\frac{\partial G}{\partial v}$$

となることが確かめられる．上記の 6 つの式を，行列を用いてまとめて書くと，

$$\begin{pmatrix} E & F \\ F & G \end{pmatrix}\begin{pmatrix} \Gamma_{1\,1}^{\,1} & \Gamma_{1\,2}^{\,1} & \Gamma_{2\,2}^{\,1} \\ \Gamma_{1\,1}^{\,2} & \Gamma_{1\,2}^{\,2} & \Gamma_{2\,2}^{\,2} \end{pmatrix} = \begin{pmatrix} \frac{1}{2}\frac{\partial E}{\partial u} & \frac{1}{2}\frac{\partial E}{\partial v} & \frac{\partial F}{\partial v} - \frac{1}{2}\frac{\partial G}{\partial u} \\ \frac{\partial F}{\partial u} - \frac{1}{2}\frac{\partial E}{\partial v} & \frac{1}{2}\frac{\partial G}{\partial u} & \frac{1}{2}\frac{\partial G}{\partial v} \end{pmatrix}$$

となる．この両辺に左から逆行列

$$\begin{pmatrix} E & F \\ F & G \end{pmatrix}^{-1} = \frac{1}{EG - F^2}\begin{pmatrix} G & -F \\ -F & E \end{pmatrix}$$

をかけると，($\star$) が得られる．以上で 定理 3.6.1 の証明が終わった．□

今度は，ワインガルテンの公式である．

**定理 3.6.2（ワインガルテンの公式）** 曲面 $S(u, v)$ に対して次が成り立つ:

(1) $$\frac{\partial n}{\partial u} = \frac{FM - GL}{EG - F^2}\frac{\partial S}{\partial u} + \frac{FL - EM}{EG - F^2}\frac{\partial S}{\partial v}$$

(2) $$\frac{\partial n}{\partial v} = \frac{FN - GM}{EG - F^2}\frac{\partial S}{\partial u} + \frac{FM - EN}{EG - F^2}\frac{\partial S}{\partial v}$$

**証明** まず，$\|n\|^2 = 1$ であるので，この両辺を $u$ および $v$ で偏微分してやることにより $\dfrac{\partial n}{\partial u}\cdot n = \dfrac{\partial n}{\partial v}\cdot n = 0$ である．したがって，$\left\{\dfrac{\partial S}{\partial u}, \dfrac{\partial S}{\partial v}, n\right\}$ が $\mathbb{R}^3$ の基底であることに注意すれば，

$$\frac{\partial n}{\partial u} = a\frac{\partial S}{\partial u} + b\frac{\partial S}{\partial v}$$
$$\frac{\partial n}{\partial v} = c\frac{\partial S}{\partial u} + d\frac{\partial S}{\partial v}$$

の形に書ける．このとき，

$$\begin{aligned}-L &= \frac{\partial S}{\partial u}\cdot\frac{\partial n}{\partial u}\\ &= \frac{\partial S}{\partial u}\cdot\left(a\,\frac{\partial S}{\partial u}+b\,\frac{\partial S}{\partial v}\right)\\ &= a\,\frac{\partial S}{\partial u}\cdot\frac{\partial S}{\partial u}+b\,\frac{\partial S}{\partial u}\cdot\frac{\partial S}{\partial v}\\ &= a\,E+b\,F,\end{aligned}$$

すなわち，

$$-L = a\,E+b\,F$$

である．同様にして，

$$\begin{aligned}-M &= \frac{\partial S}{\partial u}\cdot\frac{\partial n}{\partial v} = c\,E+d\,F\\ &= \frac{\partial S}{\partial v}\cdot\frac{\partial n}{\partial u} = a\,F+b\,G\\ -N &= \frac{\partial S}{\partial v}\cdot\frac{\partial n}{\partial v} = c\,F+d\,G\end{aligned}$$

であることが確かめられる．以上から，

$$\begin{cases}-L = a\,E+b\,F\\ -M = c\,E+d\,F = a\,F+b\,G\\ -N = c\,F+d\,G\end{cases}$$

であり，これを解くと，

$$\begin{cases}a = \dfrac{F\,M-G\,L}{E\,G-F^2}\\[2ex] b = \dfrac{F\,L-E\,M}{E\,G-F^2}\\[2ex] c = \dfrac{F\,N-G\,M}{E\,G-F^2}\\[2ex] d = \dfrac{F\,M-E\,N}{E\,G-F^2}\end{cases}$$

となる．したがって，求める公式が得られる．□

はちべえ：「ねえねえ，ワインガルテンって変な名前だね.」
くまさん：「どうして？」
はちべえ：「だってさ，私が『田中ワインガルテンく～ん』なんて呼ばれたら，思わず吹き出しちゃうぜ.」
くまさん：「いつから君は『田中』になったんだ．それに，『ワインガルテン』は名字だ.」
はちべえ：「『ワインガルテン田中』かぁ．これもいけるね.」
くまさん：「そうじゃないって．誰がそんなこと言ったんだ.」
はちべえ：「『ワインガルテン』は，**わいが言うてん.**」
くまさん：(20 分ほど固(かた)まる.)

**固(かた)まったまま，20分・・・**

**注意 3.6.3（平均曲率とガウス曲率）** ワインガルテンの公式（定理 3.6.2）の右辺に出てくる係数をならべてできた行列にマイナス符号をつけたものを，ここでは $\mathcal{W}$ と書くことにする．すなわち，

$$\mathcal{W} = -\begin{pmatrix} \dfrac{FM-GL}{EG-F^2} & \dfrac{FL-EM}{EG-F^2} \\ \dfrac{FN-GM}{EG-F^2} & \dfrac{FM-EN}{EG-F^2} \end{pmatrix} = \begin{pmatrix} \dfrac{GL-FM}{EG-F^2} & \dfrac{EM-FL}{EG-F^2} \\ \dfrac{GM-FN}{EG-F^2} & \dfrac{EN-FM}{EG-F^2} \end{pmatrix}$$

とおく．このとき，第 1 基本量と第 2 基本量のそれぞれからなる行列

$$\mathcal{G} = \begin{pmatrix} E & F \\ F & G \end{pmatrix}, \quad \mathcal{H} = \begin{pmatrix} L & M \\ M & N \end{pmatrix}$$

を用いると，簡単な計算から

$$(\star) \qquad \mathcal{W} = \mathcal{H}\mathcal{G}^{-1} \qquad (\mathcal{G}^{-1} \text{ は，行列 } \mathcal{G} \text{ の逆行列})$$

であることがわかる．さらに，行列 $\mathcal{W}$ のトレース $\mathrm{tr}\,\mathcal{W}$ と行列式 $\det \mathcal{W}$ を計算し，定理 3.5.4 を用いると

$$\mathrm{tr}\,\mathcal{W} = \frac{EN - 2FM + GL}{EG - F^2} = \text{平均曲率の 2 倍}$$

$$\det \mathcal{W} = \frac{LN - M^2}{EG - F^2} = \text{ガウス曲率}$$

であることが確かめられる*．このあたりは，「リーマン多様体」の言葉で述べると，もう少しスッキリしたものになる．行列 $\mathcal{W}$ の定義式 $(*)$ の $\mathcal{G}^{-1}$ は，曲面を $\mathbb{R}^3$ の部分多様体と見たときの「計量」（リーマン計量）からくる補正であり，$\mathcal{W}$ は 計量を考慮したときの第 2 基本形式の行列表現に他ならない**．したがって，**「第 2 基本形式のトレースが平均曲率（の 2 倍）であり，第 2 基本形式の行列式がガウス曲率である」**というのが，基本的なストーリーである†．このように，「リーマン多様体」の一般論を勉強してから曲面論をふり返ってみると，これまで出てきた概念や定義を，より一般的な観点から見直すことができます．余裕がある人は挑戦してみてください．

---

* このこと（$\mathrm{tr}\,\mathcal{W}$ が平均曲率の 2 倍になり，$\det \mathcal{W}$ がガウス曲率に等しいこと）は，「主曲率 $\kappa_1$, $\kappa_2$ が行列 $\mathcal{W} = \mathcal{H}\,\mathcal{G}^{-1}$ の固有値であること」（注意 3.5.5）と平均曲率・ガウス曲率の定義（定義 3.5.3）から導くこともできる．

** 「計量」というのは，曲面のような「曲がった空間における尺度（しゃくど）」であり，ここでは，曲面の各点の接平面（その点での接ベクトルの全体からなるもの）上に内積を定めるもので，第 1 基本量がその内積の重みづけを与えている．具体的には，2 つのベクトル

$$\boldsymbol{a} = \begin{pmatrix} x_1 \\ y_1 \end{pmatrix}, \quad \boldsymbol{b} = \begin{pmatrix} x_2 \\ y_2 \end{pmatrix}$$

に対して，ふつうの内積は

$$\boldsymbol{a} \cdot \boldsymbol{b} = x_1 x_2 + y_1 y_2$$

であるのに対し，曲面は“曲がった空間”であるため，内積が

$$\boldsymbol{a} \cdot \boldsymbol{b} = E x_1 x_2 + F(x_1 y_2 + x_2 y_1) + G y_1 y_2 = (x_1,\, y_1) \begin{pmatrix} E & F \\ F & G \end{pmatrix} \begin{pmatrix} x_2 \\ y_2 \end{pmatrix} = {}^t\boldsymbol{a}\mathcal{G}\boldsymbol{b}$$

で与えられている．ここで，${}^t\boldsymbol{a}$ はベクトル $\boldsymbol{a}$ を行列と見て転置行列をとったもの，すなわち ${}^t\boldsymbol{a} = (x_1,\, y_1)$ である．行列 $\begin{pmatrix} E & F \\ F & G \end{pmatrix}$ が単位行列 $\begin{pmatrix} 1 & 0 \\ 0 & 1 \end{pmatrix}$ のときがふつうの内積である．ちなみに，定理 3.3.4 における曲面の面積を表す式に，第 1 基本量が現れたのも，「計量」から定まる面積だからである．

† 別の言葉で述べると，行列 $\mathcal{W}$ は，ワインガルテン写像 (Weingarten map)，あるいはもっと一般にシェイプ作用素 (shape operator) と呼ばれる「接平面から接平面への線形写像」に対応する行列である．

## 3.7　ガウス，ワインガルテンの公式と可積分条件（←飛ばしてもＯＫ）

**この節は，**
**読まなくても**
**かまいません．**

**この節（159 ページ～173 ページ）は，読まなくてもかまいません．**
この節の内容は，この後の節の議論には必要ありません．以下の動機がある人は挑戦してみてください．

(1)　曲面論をもう少し詳しく知りたい人
(2)　「多様体」の勉強をする人，あるいは，勉強している人
(3)　腕に自信のある人

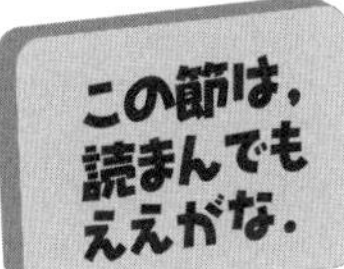

この節の議論では，いわゆる「テンソル計算」と呼ばれる，添え字がたくさんついた量の計算をおこなうため*，眼がチカチカ，頭がクラクラするかもしれませんので，「乗り物酔い」になりやすい人は，少し「酔い止め」の薬をどうぞ．

苦しいかもしれませんが，**ものごとを理解する喜びを得るためには，やはり時間と労力，そして，忍耐が必要です．**それはちょうど，山頂の美しい風景を深く味わうためには，その山を自分の足で登っていく苦労の段階が不可欠であるのと同じ理由です**．

---

* 添え字のつかない形のテンソルの議論もあります．好みの問題もありますが，初心者には添え字がついていたほうがとっつきやすいと思います．

この節では，第1基本量，第2基本量をそれぞれ，$g_{ij}, h_{ij}$ と表す，すなわち，

$$\begin{pmatrix} g_{11} & g_{12} \\ g_{21} & g_{22} \end{pmatrix} = \begin{pmatrix} E & F \\ F & G \end{pmatrix}$$
$$\begin{pmatrix} h_{11} & h_{12} \\ h_{21} & h_{22} \end{pmatrix} = \begin{pmatrix} L & M \\ M & N \end{pmatrix}$$

とする．このように添え字をつけて表すと，わずらわしいように思われるが，複数の式を統一的にあつかうことができて，見通しがよくなる． 同様の目的で，変数 $u, v$ も，添え字を用いて，$u_1, u_2$ と表すことにする†．このとき，

$$g_{ij} = \frac{\partial S}{\partial u_i} \cdot \frac{\partial S}{\partial u_j}$$
$$h_{ij} = \frac{\partial^2 S}{\partial u_i \partial u_j} \cdot n$$

であることに注意しておく．この節を通じて，添え字 $i, j, k, \cdots$ はすべて，$\{1, 2\}$ を動くものとする．また，$g_{ij}, h_{ij}$ などはすべて，$u_1, u_2$ の関数であるが，記号の簡略化のため，例えば，$g_{ij}(u_1, u_2)$ と書かずに，単に $g_{ij}$ と表記している．

さて，定義から明らかに

$$g_{ij} = g_{ji}, \quad h_{ij} = h_{ji},$$

すなわち，

$$行列 \begin{pmatrix} g_{11} & g_{12} \\ g_{21} & g_{22} \end{pmatrix} および \begin{pmatrix} h_{11} & h_{12} \\ h_{21} & h_{22} \end{pmatrix} は対称行列である．$$

---

** （前ページ） そうは言っても，いばらに足をとられてどうしようもない状態になったときには，他の人のちょっとした助けが必要になることもあります．数学の勉強においても，煮詰まってしまって進めなくなったときは，その内容をよく知っている人に尋ねてみて，ヒントをもらうのもよいでしょう．

† 添え字を上にして，$u^1, u^2$ と書くのが微分幾何学における慣習である．これには意味があって，縦ベクトル $\begin{pmatrix} u_1 \\ u_2 \\ \vdots \\ u_n \end{pmatrix}$ と横ベクトル $(u_1, u_2, \cdots, u_n)$ は互いに双対的な対応関係はあっても同じものではないので，それぞれ（例えば），上付き添え字の $u^j$ と下付き添え字の $u_j$ で区別して表したほうが議論に整合性があるからである．（この記法には，$u^2$ は「$u$ の 2 乗」と混同されるなどの欠点もある．）本書では，こういう記法に慣れていない読者のために，本書ではパラメーター $u$ の添え字は下付きで書くことにする．（「微分幾何学」のふつうの教科書ではこの場合，上付き添え字の表記がよく使われることに注意しておこう．）

ここで，行列 $\begin{pmatrix} g_{11} & g_{12} \\ g_{21} & g_{22} \end{pmatrix}$ の逆行列を，添え字を上につけて

$$\begin{pmatrix} g^{11} & g^{12} \\ g^{21} & g^{22} \end{pmatrix}$$

と表す．添え字の上げ下げで，お互いの逆行列を表すのは，微分幾何学（テンソル解析）の一般的慣習であり，慣れてくると大変便利である．また，**クロネッカー (Kronecker) の $\overset{\text{でるた}}{\boldsymbol{\delta}}$ 記号** $\delta^i_j$ が

$$\delta^i_j = \begin{cases} 1 & i = j \text{ のとき} \\ 0 & i \neq j \text{ のとき} \end{cases}$$

で定義されるが，これにより，単位行列は

$$\begin{pmatrix} \delta^1_1 & \delta^2_1 \\ \delta^1_2 & \delta^2_2 \end{pmatrix} \text{あるいは} \begin{pmatrix} \delta^1_1 & \delta^1_2 \\ \delta^2_1 & \delta^2_2 \end{pmatrix}$$

で表される． これを用いると，「行列 $\begin{pmatrix} g_{11} & g_{12} \\ g_{21} & g_{22} \end{pmatrix}$ に逆行列 $\begin{pmatrix} g^{11} & g^{12} \\ g^{21} & g^{22} \end{pmatrix}$ をかけると単位行列になること」は

$$(\star) \qquad \sum_{j=1}^{2} g_{ij} g^{jk} = \delta^k_i$$

と書ける* ．さらに，「対称行列の逆行列は対称行列である」**ことに注意すると，

$$g^{ij} = g^{ji}, \quad h^{ij} = h^{ji}$$

であることも直ちにわかる．

ここで，接続係数 $\Gamma^{\ i}_{j\ k}$ を，次のように再定義しておこう．ガウスの定理（定理 3.6.1）で定義された「接続係数」と同じものであることは，定理 3.6.1 と後出の定理 3.7.3 を見比べてみれば直ちにわかる．

**定義 3.7.1（接続係数）**

$$\Gamma^{\ i}_{j\ k} = \frac{1}{2} \sum_{l=1}^{2} g^{il} \left( \frac{\partial g_{lj}}{\partial u_k} + \frac{\partial g_{lk}}{\partial u_j} - \frac{\partial g_{jk}}{\partial u_l} \right)$$

とおく．このとき，$\Gamma^{\ i}_{j\ k}$ を**接続係数**と呼ぶ．

## ちょっと一言*：テンソル

ベクトル $\boldsymbol{a}$ とか行列 $A$ というのは，数字の組から成り立っていて，成分で表示するとそれぞれ，

$$\boldsymbol{a} = (a_1, a_2, a_3)$$

とか

$$A = \begin{pmatrix} a_{11} & a_{12} \\ a_{21} & a_{22} \end{pmatrix}$$

であって，実体は，成分である数字 $a_i$ とか $a_{ij}$ である．このように添え字がついている量を**テンソル** (**tensor**) と呼ぶ**．テンソルの添え字は $T^i{}_{jk}$ とか $T_i{}^j{}_k{}^l$ などのように上下についていて，添え字が上にあるか下にあるかは，ちゃんと区別されている．上にある添え字（例えば $T^i{}_{jk}{}^l$ ならば $i$ と $l$）は**反変**（はんぺん） (**contravariant**) 成分と呼ばれる成分の添え字を表し，下にある添え字（例えば $T^i{}_{jk}{}^l$ ならば $j$ と $k$）は**共変**（きょうへん） (**covariant**) 成分と呼ばれる成分の添え字を示している．

ベクトルや行列もテンソルの一種である．ベクトルも縦ベクトルと横ベクトルはちゃんと区別して，添え字を上につけたもの（反変ベクトル）$a^i$ と添え字を下につけたもの（共変ベクトル）$a_i$ に書き分けるべき† なのであるが通常は混同されている．行列についても添え字の付き方で，$a^{ij}$, $a^i{}_j$, $a_i{}^j$, $a_{ij}$ の4種類ある．抽象的な線形代数を学んだことのある人は，そのとき使った線形代数の教科書を探し出してみよう．ふつうの教科書では添え字の上下の区別はせず，添え字はすべて下に書いてあることがほとんどであるが，添え字の上下に注意して公式を書き直してみると，線形空間とその双対空間の対応がよく見えてくるであろう．

今学習している「曲線と曲面」の一般化となるものに**リーマン多様体** (**Riemannian manifold**) というものがあり，そこではテンソル量が基礎となる．リーマン多様体の“曲率”はテンソルで，$R^i{}_{jkl}$ というように4つの添え字をもっている．リーマン幾何学（リーマン多様体の微分幾何学）であつかう

---

*（前ページ） ちなみに，**「添え字の上と下に同じ文字が現れたときは，その文字について和をとる」**という**アインシュタイン (Einstein) の規約**を用いると，$(\star)$ は $g_{ij}g^{jk} = \delta_i^k$ というように，和の記号を省略して書くことができる．**本書では，アインシュタインの規約は使用しない**ことにする．

**（前ページ） これは次のように簡単にわかる．まず，$T$ が対称行列であることは言いかえると ${}^tT = T$ (${}^tT$ は，行列 $T$ の転置行列）を満たすことであることに注意する．$T$ が逆行列 $T^{-1}$ をもつとすると $TT^{-1} = I$（$I$ は単位行列）である．この両辺の転置行列をとると，${}^t(T^{-1})\,{}^tT = I$ となるが，これは ${}^tT$ の逆行列が ${}^t(T^{-1})$ であること，すなわち，$({}^tT)^{-1} = {}^t(T^{-1})$ であることに他ならない．したがって，$T$ が対称行列であること（すなわち，${}^tT = T$）を考慮すれば，この式から等式 $T^{-1} = {}^t(T^{-1})$ が直ちに得られる．これは $T$ の逆行列 $T^{-1}$ が対称行列であることを示している．

テンソルの添え字は高々 4 つぐらいまでなのだが，やはり多くとも，このくらいの添え字の数が無難なところではなかろうか[‡].

定義 3.7.1 で再定義された接続係数は，次のような対称性を満たすことは定義から明らかである．

**補題 3.7.2** $\Gamma_{j\,k}^{\,i} = \Gamma_{k\,j}^{\,i}$

さて，この接続係数を用いて，ガウスの公式（定理 3.6.1）を書き直してみよう．

**定理 3.7.3（ガウスの公式（書き直し））** 曲面 $S(u_1, u_2)$ に対して次が成り立つ．

$$\frac{\partial^2 S}{\partial u_i \partial u_j} = \sum_{k=1}^{2} \Gamma_{i\,j}^{\,k} \frac{\partial S}{\partial u_k} + h_{ij} n$$

これを**ガウス (Gauss) の公式**と呼ぶ．

くまさん：「ここで，公式を**書き直し**．」
はちべえ：「あんたは人生を**やり直し**．」
くまさん：「**ほっといてくれ．**」

---

[*] （前ページ）「ちょっと一言」と書いたわりには，分量が多いことを大（おお）いに反省の日光猿軍団．（←サルの「反省」という芸で売れた組織）

[**] （前ページ） 厳密には「添え字がついていて，**ある種の変換法則を満たすもの**」である．もう少し説明しよう．一般に「成分で表示する」というのは，ある**局所的に定まった座標系**を基準としている．テンソルに限らず量というものは，一般的に言って，**（局所）座標系のとり方の違いで整合性がくずれることがないようにしなくてはならず，（座標系をとりかえたときにどのように変わるかを表す）変換法則を満たしていることが求められる**．これまでの話の舞台は $\mathbb{R}^2$ とか $\mathbb{R}^3$ であって，標準的な $xy$-座標や $xyz$-座標があらかじめ入っていて，それ以外の座標系は考えていないので，そのあたりのことを気にしなくてよいわけである．

[†] （前ページ） 縦ベクトルと横ベクトルのどちらを反変ベクトル，そして他方を共変ベクトルと考えるかは流儀による．

[‡] というのは，添え字は $i = 1, 2, \cdots$ と動いていくので，指折り数えるのに，右手がまず必要である．添え字が 2 つになると右手の他に，左手も使用しなければならない．添え字が 3 つになると，3 つめの添え字は右足の指で数え，添え字が 4 つでは，4 つめの添え字は残る左足の指で数えることを余儀なくされる．添え字が 4 つで両手両足全部ふさがってしまうので，人間工学的には添え字は 4 つが限度であると思われる．もっとも，添え字を出さずに済ます方法（ちょうど，成分表示 $(a_1, a_2, a_3)$ をまったく出さずに，ベクトル $\boldsymbol{a}$ であつかうように）がないこともないが．

**証明**　パラメーターの値 $(u_1, u_2)$ を決めるごとに，$\left\{\dfrac{\partial S}{\partial u_1}(u_1, u_2),\ \dfrac{\partial S}{\partial u_2}(u_1, u_2),\ n(u_1, u_2)\right\}$ は $\mathbb{R}^3$ の基底であることから，

$$(*) \qquad \frac{\partial^2 S}{\partial u_i \partial u_j} = \sum_{p=1}^{2} a_{i\,j}^{\,p} \frac{\partial S}{\partial u_p} + b_{ij}\, n$$

の形に書ける．第 2 基本量の定義より，$h_{ij} = \dfrac{\partial^2 S}{\partial u_i \partial u_j} \cdot n$ であり，また，ベクトル $\dfrac{\partial S}{\partial u_i}$ $(i = 1, 2)$ と $n$ が直交することと，$n$ が単位ベクトルであることから，$(*)$ の両辺と $n$ との内積をとると

$$b_{ij} = h_{ij}$$

が得られる．さらに，

$$\begin{aligned}
\frac{\partial g_{lj}}{\partial u_k} &= \frac{\partial}{\partial u_k} \frac{\partial S}{\partial u_l} \cdot \frac{\partial S}{\partial u_j} \\
&= \frac{\partial^2 S}{\partial u_k \partial u_l} \cdot \frac{\partial S}{\partial u_j} + \frac{\partial S}{\partial u_l} \cdot \frac{\partial^2 S}{\partial u_k \partial u_j} \\
&\overset{(*)\text{より}}{=} \sum_{p=1}^{2} a_{k\,l}^{\,p} \frac{\partial S}{\partial u_p} \cdot \frac{\partial S}{\partial u_j} + \sum_{p=1}^{2} a_{k\,j}^{\,p} \frac{\partial S}{\partial u_l} \cdot \frac{\partial S}{\partial u_p} \\
&= \sum_{p=1}^{2} a_{k\,l}^{\,p}\, g_{pj} + \sum_{p=1}^{2} a_{k\,j}^{\,p}\, g_{lp}
\end{aligned}$$

となり，

$$(1) \qquad \frac{\partial g_{lj}}{\partial u_k} = \sum_{p=1}^{2} a_{k\,l}^{\,p}\, g_{pj} + \sum_{p=1}^{2} a_{k\,j}^{\,p}\, g_{lp}$$

であることがわかった．添え字を入れかえることにより

$$(2) \qquad \frac{\partial g_{lk}}{\partial u_j} = \sum_{p=1}^{2} a_{j\,l}^{\,p}\, g_{pk} + \sum_{p=1}^{2} a_{j\,k}^{\,p}\, g_{lp}$$

(3)
$$\frac{\partial g_{jk}}{\partial u_l} = \sum_{p=1}^{2} a_{l\,j}^{\,p}\, g_{pk} + \sum_{p=1}^{2} a_{l\,k}^{\,p}\, g_{jp}$$

そこで，(1) + (2) − (3) を考えて，対称性 $a_{i\,j}^{\,p} = a_{j\,i}^{\,p}$ に注意すると

$$\frac{\partial g_{lj}}{\partial u_k} + \frac{\partial g_{lk}}{\partial u_j} - \frac{\partial g_{jk}}{\partial u_l} = 2\sum_{p=1}^{2} a_{j\,k}^{\,p}\, g_{lp}$$

となる．この両辺に $g^{il}$ をかけて $\displaystyle\sum_{l=1}^{2}$ をとると

$$\begin{aligned}\sum_{l=1}^{2} g^{il}\left(\frac{\partial g_{lj}}{\partial u_k} + \frac{\partial g_{lk}}{\partial u_j} - \frac{\partial g_{jk}}{\partial u_l}\right) &= 2\sum_{l=1}^{2} g^{il}\sum_{p=1}^{2} a_{j\,k}^{\,p}\, g_{lp} = 2\sum_{l=1}^{2}\sum_{p=1}^{2} g^{il} a_{j\,k}^{\,p}\, g_{lp} \\ &= 2\sum_{p=1}^{2}\sum_{l=1}^{2} g^{il} a_{j\,k}^{\,p}\, g_{lp} = 2\sum_{p=1}^{2} a_{j\,k}^{\,p} \sum_{l=1}^{2} g^{il} g_{lp} = 2\sum_{p=1}^{2} a_{j\,k}^{\,p}\,\delta_p^i = 2\, a_{j\,k}^{\,i}\end{aligned}$$

となる．ゆえに

$$a_{j\,k}^{\,i} = \frac{1}{2}\sum_{l=1}^{2} g^{il}\left(\frac{\partial g_{lj}}{\partial u_k} + \frac{\partial g_{lk}}{\partial u_j} - \frac{\partial g_{jk}}{\partial u_l}\right) = \Gamma_{j\,k}^{\,i}$$

が得られ，定理 3.7.3 の証明が終わった．□

今度は，ワインガルテンの公式（定理 3.6.2）を書き直してみよう．

**定理 3.7.4（ワインガルテンの公式（書き直し））**　曲面 $S(u_1,\, u_2)$ に対して次が成り立つ．

$$\frac{\partial n}{\partial u_i} = -\sum_{j=1}^{2}\sum_{k=1}^{2} h_{ij} g^{jk} \frac{\partial S}{\partial u_k}$$

これを**ワインガルテン (Weingarten) の公式**と呼ぶ．

**ちぇっ！**
**また書き直しかよ**

**証明** $|n|^2 = 1$ より,

$$\frac{\partial n}{\partial u_j} \cdot n = 0$$

である. したがって, $\left\{ \frac{\partial S}{\partial u_1}, \frac{\partial S}{\partial u_2}, n \right\}$ が $\mathbb{R}^3$ の基底であることに注意すれば,

$$(**) \qquad \frac{\partial n}{\partial u_j} = a_j^1 \frac{\partial S}{\partial u_1} + a_j^2 \frac{\partial S}{\partial u_2} = \sum_{p=1}^{2} a_j^p \frac{\partial S}{\partial u_p}$$

の形に書ける. 一方, $\frac{\partial S}{\partial u_l} \cdot n = 0$ であるから, この式の両辺を $u_j$ で微分すると

$$\frac{\partial^2 S}{\partial u_j \partial u_l} \cdot n + \frac{\partial S}{\partial u_l} \cdot \frac{\partial n}{\partial u_j} = 0$$

である. したがって, $h_{ij}$ の定義式を考慮すると

$$\begin{aligned} h_{jl} &= \frac{\partial^2 S}{\partial u_j \partial u_l} \cdot n = -\frac{\partial S}{\partial u_l} \cdot \frac{\partial n}{\partial u_j} \\ &\overset{(**)\text{より}}{=} -\sum_{p=1}^{2} a_j^p \frac{\partial S}{\partial u_l} \cdot \frac{\partial S}{\partial u_p} = -\sum_{p=1}^{2} a_j^p g_{lp} \end{aligned}$$

となる. この両辺に, 逆行列 $g^{il}$ をかけて $\sum_{l=1}^{2}$ をとると

$$a_j^i = -\sum_{l=1}^{2} g^{il} h_{jl} = -\sum_{l=1}^{2} h_{jl} g^{li}$$

となり, これを $(**)$ に代入すると, 求める公式が得られる. □

**ガウスの公式 (定理 3.7.3), および, ワインガルテンの公式 (定理 3.7.4) は, 曲線についてのフルネ-セレの公式に相当するものであり**, 曲面の形状を記述している. さて, 曲線の場合のフルネ-セレの公式では, 曲率や捩率という重要な幾何学的量が現れたが, 逆に, 与えられた関数を曲率や捩率にもつ曲線を構成することができた (定理 1.4.7, および, 定理 2.3.21). 曲面の場合についても, 同様な性質が成り立つかどうか考えてみよう. 曲面に対するガウスの公式とワインガルテンの公式に現れるのは, 第1基本量と第2基本量である. それでは, 逆に, 与えられた関数を第1基本量と第2基本量とする曲面が存在するであろうか.

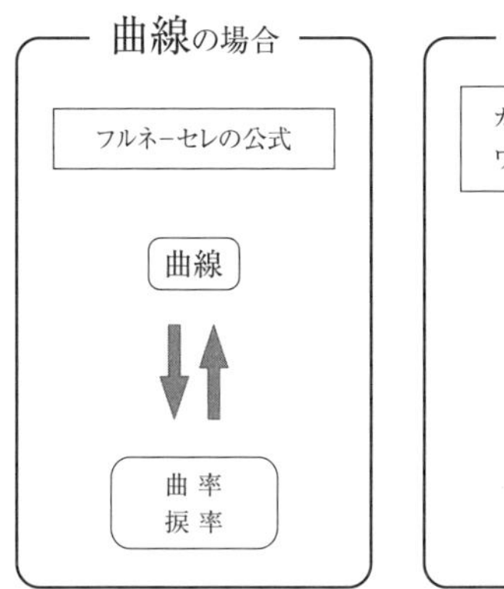

この疑問の解答が次の定理である．

**定理 3.7.5** 行列 $\begin{pmatrix} g_{11} & g_{12} \\ g_{21} & g_{22} \end{pmatrix}$ が正定値であるような $C^\infty$ 級関数 $g_{ij}, h_{ij}$ $(i, j = 1, 2)$ に対して，

第 1 基本量が $g_{ij}$ であり，第 2 基本量が $h_{ij}$ である

ような曲面が**局所的に存在するための必要十分条件**は，$g_{ij}$ および $h_{ij}$ が次の**ガウスの方程式**，および，**コダッチ-マイナルディの方程式**を満たすことである．

**ガウス (Gauss) の方程式**

$$\frac{\partial \Gamma_{j\,k}^{\,i}}{\partial u_l} - \frac{\partial \Gamma_{j\,l}^{\,i}}{\partial u_k} + \sum_{p=1}^{2} \left( \Gamma_{j\,k}^{\,p} \Gamma_{p\,l}^{\,i} - \Gamma_{j\,l}^{\,p} \Gamma_{p\,k}^{\,i} \right) = \sum_{p=1}^{2} \left( h_{jk} h_{lp} - h_{jl} h_{kp} \right) g^{pi}$$

**コダッチ-マイナルディ (Codazzi-Mainardi) の方程式**

$$\frac{\partial h_{ij}}{\partial u_k} - \frac{\partial h_{ik}}{\partial u_j} + \sum_{p=1}^{2} \left( \Gamma_{i\,j}^{\,p} h_{pk} - \Gamma_{i\,k}^{\,p} h_{pj} \right) = 0$$

このとき，「ガウスの方程式」と「コダッチ-マイナルディの方程式」を**可積分条件**と呼ぶ*．

上記の定理を図で表すと以下のようになる．

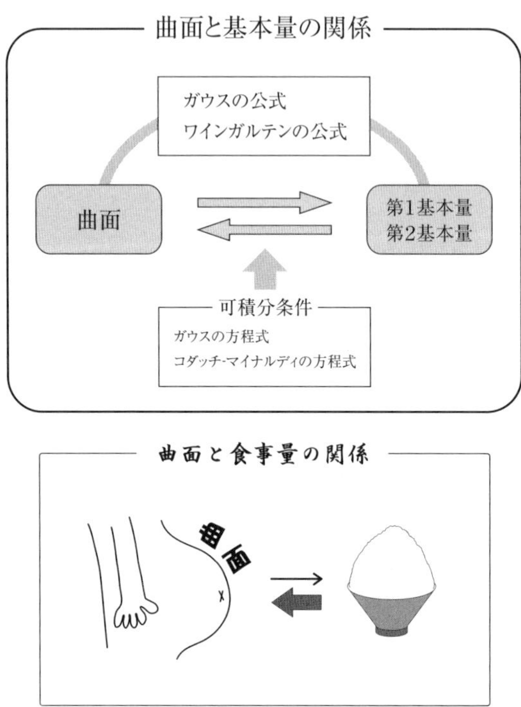


それでは，定理の証明に入りましょう．準備体操はすみましたか？ それではゆっくり進んでください．

**心の準備が まだ・・・**

---

*（前ページ）「ガウスの方程式」と「コダッチ-マイナルディの方程式」は，「ガウスの公式」と「ワインガルテンの公式」を偏微分方程式と見たときの解（となる曲面）が存在するための条件（必要十分条件）である．一般に，解が存在するための条件のことを**可積分条件**あるいは**積分可能条件**という．

**定理 3.7.5 の証明** ガウスの公式（定理 3.7.3）とワインガルテンの公式（定理 3.7.4）は

$$\frac{\partial}{\partial u_k}\left(\frac{\partial S}{\partial u_j}\right) = \sum_{i=1}^{2} \Gamma_{j\,k}^{\,i} \frac{\partial S}{\partial u_i} + h_{jk} n$$

$$\frac{\partial n}{\partial u_j} = -\sum_{r=1}^{2}\sum_{l=1}^{2} h_{jr} g^{rl} \frac{\partial S}{\partial u_l}$$

であるが，ここで $f_j = \dfrac{\partial S}{\partial u_j}$ $(j = 1, 2)$ とおくと，上の方程式は，次の 3 つの方程式と同値である．

$$(\sharp_1) \qquad \frac{\partial f_j}{\partial u_k} = \sum_{i=1}^{2} \Gamma_{j\,k}^{\,i} f_i + h_{jk} n \qquad (j, k = 1, 2)$$

$$(\sharp_2) \qquad \frac{\partial n}{\partial u_j} = -\sum_{r=1}^{2}\sum_{l=1}^{2} h_{jr} g^{rl} f_l \qquad (j = 1, 2)$$

$$(\sharp_3) \qquad \frac{\partial S}{\partial u_j} = f_j \qquad (j = 1, 2)$$

もし $(\sharp_1)$ と $(\sharp_2)$ を満たす解 $f_j, n$ $(j = 1, 2)$ が存在したと仮定すると，$(\sharp_1)$ および，$\Gamma_{j\,k}^{\,i} = \Gamma_{k\,j}^{\,i}$, $h_{ij} = h_{ji}$ であることより，この $f_j$ に対して，

$$\frac{\partial f_j}{\partial u_k} = \frac{\partial f_k}{\partial u_j} \qquad (j = 1, 2;\ k = 1, 2)$$

が成り立つことがわかる．定理 A.6.1 より，これは $(\sharp_3)$ を「未知関数[*]$S$ に関する線形偏微分方程式系」と見たときの可積分条件である．したがって，$(\sharp_3)$ の解，すなわち，求める曲面 $S$ が（$f_j, n$ の存在の仮定のもとで）局所的に常に存在することになる．以上から，$(\sharp_1)$ と $(\sharp_2)$ を満たす解 $f_j, n$ $(j = 1, 2)$ の存在について調べればよい．そこで，$(\sharp_1)$ と $(\sharp_2)$ を，$f_j$ と $n$ を未知関数とする線形偏微分方程式系と見なすと，234 ページの定理 A.6.2 の微分方程式 $(\sharp)$ の形をしている[**]．このとき，定理 A.6.2 にしたがって，解が局所的に存在するための必要十分条件（可積分条件）は，「等式

$$\text{(a)} \qquad \frac{\partial}{\partial u_l}\left(\sum_{i=1}^{2} \Gamma_{j\,k}^{\,i} f_i + h_{jk} n\right) = \frac{\partial}{\partial u_k}\left(\sum_{i=1}^{2} \Gamma_{j\,l}^{\,i} f_i + h_{jl} n\right)$$

---

[*] $S$ はベクトルであるから，「未知関数の組」と言ったほうが正確な表現である．

$$\text{(b)} \qquad \frac{\partial}{\partial u_k}\left(-\sum_{r=1}^{2}\sum_{l=1}^{2} h_{jr}g^{rl}f_l\right) = \frac{\partial}{\partial u_j}\left(-\sum_{r=1}^{2}\sum_{l=1}^{2} h_{kr}g^{rl}f_l\right)$$

の各々の式において微分を実行したものに ($\natural_1$), ($\natural_2$) を代入して得られた式の $f_j$, $n$ の各係数 $= 0$ とおいたもの」である．

まず，(a) の微分を実行すると

$$\begin{aligned}
&\sum_{i=1}^{2}\frac{\partial \Gamma_{j\,k}^{\,i}}{\partial u_l}f_i + \sum_{i=1}^{2}\Gamma_{j\,k}^{\,i}\frac{\partial f_i}{\partial u_l} + \frac{\partial h_{jk}}{\partial u_l}n + h_{jk}\frac{\partial n}{\partial u_l} \\
&= \sum_{i=1}^{2}\frac{\partial \Gamma_{j\,l}^{\,i}}{\partial u_k}f_i + \sum_{i=1}^{2}\Gamma_{j\,l}^{\,i}\frac{\partial f_i}{\partial u_k} + \frac{\partial h_{jl}}{\partial u_k}n + h_{jl}\frac{\partial n}{\partial u_k}
\end{aligned}$$

となる．これに，($\natural_1$) と ($\natural_2$) を（和をとる添え字が重複しないように適当な文字にとりかえて*）代入すると

$$\begin{aligned}
&\sum_{i=1}^{2}\frac{\partial \Gamma_{j\,k}^{\,i}}{\partial u_l}f_i + \sum_{i=1}^{2}\sum_{r=1}^{2}\Gamma_{j\,k}^{\,i}\Gamma_{l\,i}^{\,r}f_r + \sum_{i=1}^{2}\sum_{r=1}^{2}\Gamma_{j\,k}^{\,i}h_{li}\,n + \sum_{i=1}^{2}\frac{\partial h_{jk}}{\partial u_l}n - \sum_{p=1}^{2}\sum_{q=1}^{2}h_{jk}h_{lp}g^{pq}f_q \\
&= \sum_{i=1}^{2}\frac{\partial \Gamma_{j\,l}^{\,i}}{\partial u_k}f_i + \sum_{i=1}^{2}\sum_{r=1}^{2}\Gamma_{j\,l}^{\,i}\Gamma_{k\,i}^{\,r}f_r + \sum_{i=1}^{2}\sum_{r=1}^{2}\Gamma_{j\,l}^{\,i}h_{ki}\,n + \sum_{i=1}^{2}\frac{\partial h_{jl}}{\partial u_k}n - \sum_{p=1}^{2}\sum_{q=1}^{2}h_{jl}h_{kp}g^{pq}f_q
\end{aligned}$$

である．そこで添え字を適当に入れかえて，$f_i$ と $n$ についてまとめると

---

** （前ページ） $f_j = \dfrac{\partial S}{\partial u_j}$ や $n$ は $\mathbb{R}^3$ のベクトルであることに注意せよ．したがって，それらの成分をずらーっとタテにならべたものを，定理 A.6.2 の $\mathbf{\Phi}$ と思えばよい．すなわち，

$$f_j = \begin{pmatrix} f_{j,1} \\ f_{j,2} \\ f_{j,3} \end{pmatrix}, \quad n = \begin{pmatrix} n_1 \\ n_2 \\ n_3 \end{pmatrix}$$

と縦ベクトルの成分で書いたとき

$$\mathbf{\Phi} = \begin{pmatrix} f_1 \\ f_2 \\ f_3 \\ n \end{pmatrix} = \begin{pmatrix} f_{1,1} \\ f_{1,2} \\ f_{1,3} \\ f_{2,1} \\ f_{2,2} \\ f_{2,3} \\ f_{3,1} \\ f_{3,2} \\ f_{3,3} \\ n_1 \\ n_2 \\ n_3 \end{pmatrix}$$

とおけば，定理 A.6.2 の微分方程式 ($\natural$) の形（その下の脚注も参照）に書けることは容易に確かめられる．

あ〜，
目がちかちかするなぁ〜．

$$\sum_{i=1}^{2} \left[ \frac{\partial \Gamma_{j\,k}^{\,i}}{\partial u_l} - \frac{\partial \Gamma_{j\,l}^{\,i}}{\partial u_k} + \sum_{p=1}^{2} \left( \Gamma_{j\,k}^{\,p}\Gamma_{p\,l}^{\,i} - \Gamma_{j\,l}^{\,p}\Gamma_{p\,k}^{\,i}\right) - \sum_{p=1}^{2} (h_{jk}h_{lp} - h_{jl}h_{kp})\, g^{pi}\right] f_i + \left[\frac{\partial h_{jk}}{\partial u_l} - \frac{\partial h_{jl}}{\partial u_k} + \sum_{p=1}^{2} \left(\Gamma_{j\,k}^{\,p} h_{pl} - \Gamma_{j\,l}^{\,p} h_{pk}\right)\right] n = 0$$

となる．($h_{ij} = h_{ji}$ であることも用いた．）この式の“$f_i$の係数 $= 0$”および“$n$ の係数 $= 0$”とおいたものが†，式 (a) から導かれる可積分条件であるが，これらはそれぞれガウスの方程式とコダッチ-マイナルディの方程式に他ならない．

次に，(b) の微分を実行することにより

$$\sum_{r=1}^{2}\sum_{l=1}^{2} \frac{\partial h_{jr}}{\partial u_k} g^{rl} f_l + \sum_{r=1}^{2}\sum_{l=1}^{2} h_{jr} \frac{\partial g^{rl}}{\partial u_k} f_l + \sum_{r=1}^{2}\sum_{l=1}^{2} h_{jr} g^{rl} \frac{\partial f_l}{\partial u_k} = \sum_{r=1}^{2}\sum_{l=1}^{2} \frac{\partial h_{kr}}{\partial u_j} g^{rl} f_l + \sum_{r=1}^{2}\sum_{l=1}^{2} h_{kr} \frac{\partial g^{rl}}{\partial u_j} f_l + \sum_{r=1}^{2}\sum_{k=1}^{2} h_{kr} g^{rl} \frac{\partial f_l}{\partial u_j}$$

が得られる．これに，($\natural_1$) を代入すると††

$$\sum_{r=1}^{2}\sum_{l=1}^{2} \frac{\partial h_{jr}}{\partial u_k} g^{rl} f_l + \sum_{r=1}^{2}\sum_{l=1}^{2} h_{jr} \frac{\partial g^{rl}}{\partial u_k} f_l + \sum_{r=1}^{2}\sum_{l=1}^{2}\sum_{p=1}^{2} h_{jr} g^{rl} \Gamma_{k\,l}^{\,p} f_p + \sum_{r=1}^{2}\sum_{l=1}^{2} h_{jr} g^{rl} h_{kl}\, n = \sum_{r=1}^{2}\sum_{l=1}^{2} \frac{\partial h_{kr}}{\partial u_j} g^{rl} f_l + \sum_{r=1}^{2}\sum_{l=1}^{2} h_{kr} \frac{\partial g^{rl}}{\partial u_j} f_l + \sum_{r=1}^{2}\sum_{l=1}^{2}\sum_{p=1}^{2} h_{kr} g^{rl} \Gamma_{j\,l}^{\,p} f_p + \sum_{r=1}^{2}\sum_{l=1}^{2} h_{kr} g^{rl} h_{jl}\, n$$

---

* （前ページ）　具体的には，添え字の記号を少し変えて，($\natural_1$), ($\natural_2$) をそれぞれ

($\natural_1$)　$$\frac{\partial f_i}{\partial u_l} = \sum_{r=1}^{2} \Gamma_{j\,l}^{\,r} f_r + h_{il} n \qquad (i,\ l = 1,\ 2)$$

($\natural_2$)　$$\frac{\partial n}{\partial u_l} = -\sum_{p=1}^{2}\sum_{q=1}^{2} h_{lp} g^{pq} f_q \qquad (j = 1,\ 2)$$

として代入する．

† ちなみに“$f_i$の係数 $= 0$”と“$n$ の係数 $= 0$”である必要性は，今の場合「ベクトル $f_1 \left(= \dfrac{\partial S}{\partial u_1}\right)$, $f_2 \left(= \dfrac{\partial S}{\partial u_2}\right)$, $n$ が線形独立である」という事実からも導かれる．

†† この式には $n$ の微分 $\dfrac{\partial n}{\partial u_j}$ が現れていないので，($\natural_2$) を代入する必要がないことに注意しよう．

となる．$g^{rl}=g^{lr}$ より $\displaystyle\sum_{r=1}^{2}\sum_{l=1}^{2}h_{jr}g^{rl}h_{kl}=\sum_{r=1}^{2}\sum_{l=1}^{2}h_{kr}g^{rl}h_{jl}$ であることに注意すると，上式の左辺の最後の項と右辺の最後の項は，打ち消し合って消滅する．そこで，いくつか添え字を入れかえて，この式を $f_l$ についてまとめると，

$$\sum_{l=1}^{2}\left[\sum_{r=1}^{2}\left(\frac{\partial h_{jr}}{\partial u_k}-\frac{\partial h_{kr}}{\partial u_j}\right)g^{rl}+\sum_{r=1}^{2}h_{jr}\left(\frac{\partial g^{rl}}{\partial u_k}+\sum_{p=1}^{2}g^{rp}\Gamma_{k\,p}^{\,l}\right)\right.$$
$$\left.-\sum_{r=1}^{2}h_{kr}\left(\frac{\partial g^{rl}}{\partial u_j}+\sum_{p=1}^{2}g^{rp}\Gamma_{j\,p}^{\,l}\right)\right]f_l=0$$

が得られる．この式の $f_l$ の係数 $=0$ とおいたもの*，すなわち

$$(*)\qquad \sum_{r=1}^{2}\left(\frac{\partial h_{jr}}{\partial u_k}-\frac{\partial h_{kr}}{\partial u_j}\right)g^{rl}+\sum_{r=1}^{2}\sum_{p=1}^{2}h_{jr}\left(\frac{\partial g^{rl}}{\partial u_k}+g^{rp}\Gamma_{k\,p}^{\,l}\right)$$
$$-\sum_{r=1}^{2}\sum_{p=1}^{2}h_{kr}\left(\frac{\partial g^{rl}}{\partial u_j}+g^{rp}\Gamma_{j\,p}^{\,l}\right)=0$$

が，式 (b) から導かれる可積分条件である．ところが，$\displaystyle\frac{\partial g^{rl}}{\partial u_j}=-\sum_{p=1}^{2}\sum_{q=1}^{2}g^{rp}\frac{\partial g_{pq}}{\partial u_j}g^{ql}$ であること**，および，$\Gamma_{j\,k}^{\,i}$ の定義から

$$\begin{aligned}
&\sum_{r=1}^{2}h_{jr}\left(\frac{\partial g^{rl}}{\partial u_k}+\sum_{p=1}^{2}g^{rp}\Gamma_{k\,p}^{\,l}\right)\\
&=\sum_{r=1}^{2}h_{jr}\left\{-\sum_{p=1}^{2}\sum_{q=1}^{2}g^{rp}\frac{\partial g_{pq}}{\partial u_k}g^{ql}+\sum_{p=1}^{2}g^{rp}\frac{1}{2}\sum_{q=1}^{2}g^{lq}\left(\frac{\partial g_{qk}}{\partial u_p}+\frac{\partial g_{qp}}{\partial u_k}-\frac{\partial g_{kp}}{\partial u_q}\right)\right\}\\
&=-\sum_{r=1}^{2}h_{jr}\sum_{p=1}^{2}\sum_{q=1}^{2}g^{rp}g^{lq}\frac{1}{2}\left(\frac{\partial g_{qp}}{\partial u_k}+\frac{\partial g_{kp}}{\partial u_q}-\frac{\partial g_{qk}}{\partial u_p}\right)\\
&=-\sum_{r=1}^{2}h_{jr}\sum_{p=1}^{2}\sum_{q=1}^{2}g^{rp}g^{lq}\sum_{s=1}^{2}g_{ps}\Gamma_{q\,k}^{\,s}\\
&=-\sum_{r=1}^{2}\sum_{q=1}^{2}h_{jr}g^{lq}\Gamma_{q\,k}^{\,r}
\end{aligned}$$

---

* この式には $n$ の項は現れていないので，$n$ の係数 $=0$ という条件は常に成り立っている．また“$f_l$ の係数 $=0$”である必要性は，171 ページの脚注におけるのと同様に「ベクトル $f_1, f_2$ が線形独立である」という事実からも導かれる．

** これは，恒等式 $\displaystyle\sum_{q=1}^{2}g_{pq}g^{ql}=\delta_p^l$ の両辺を $u_j$ で微分し，その両辺に $g^{rp}$ をかけ，$p$ について和をとれば得られる．

となる．すなわち，

$$\sum_{r=1}^{2} h_{jr}\left(\frac{\partial g^{rl}}{\partial u_k}+\sum_{p=1}^{2} g^{rp}\Gamma_{k\,p}^{\,l}\right)=-\sum_{p=1}^{2}\sum_{r=1}^{2} h_{jp}g^{lr}\Gamma_{r\,k}^{\,p}$$

である．（右辺の添え字 $r$ は $p$ に，$q$ は $r$ にとりかえた．）さらに，この式で，添え字 $j, k$ を入れかえると

$$\sum_{r=1}^{2}\sum_{p=1}^{2} h_{kr}\left(\frac{\partial g^{rl}}{\partial u_j}+g^{rp}\Gamma_{j\,p}^{\,l}\right)=-\sum_{p=1}^{2}\sum_{r=1}^{2} h_{kp}g^{lr}\Gamma_{r\,j}^{\,p}$$

である．これらを $(*)$ に代入し，添え字をそろえて $g^{rl}$ でくくると

$$\sum_{r=1}^{2} g^{rl}\left\{\frac{\partial h_{rj}}{\partial u_k}-\frac{\partial h_{rk}}{\partial u_j}+\sum_{p=1}^{2}\left(\Gamma_{r\,j}^{\,p}h_{pk}-\Gamma_{r\,k}^{\,p}h_{pj}\right)\right\}=0$$

となる．この両辺に $g_{il}$ をかけ，$l$ について和をとると*，コダッチ-マイナルディの方程式が得られる．以上の議論**は逆にたどることもできるから，上記の (a), (b) から導かれる可積分条件，ひいては，ガウスの公式とワインガルテンの公式の可積分条件は，ガウスの方程式とコダッチ-マイナルディの方程式に他ならないことがわかった．□

ぼうぜん-じしつ【茫然自失】
あっけにとられて，我を忘れてしまうさま．
［広辞苑第五版］より

* 一般に $\sum_{l=1}^{2} g_{il}g^{rl}=\delta_i^r$ や $\sum_{l=1}^{2}\delta_i^r\frac{\partial h_{rj}}{\partial u_k}=\frac{\partial h_{ij}}{\partial u_k}$ であることに注意する．このような添え字がいっぱいついた量を**テンソル**と呼び，テンソルに関する計算を**テンソル計算**という．ここの議論で現れたような**「$g_{ij}$, $g^{ij}$ による添え字の上げ下げ」**（例えば，$g^{ia}T_{ajk}=T^{i}{}_{jk}$ のような形のもの）と**「$\delta$ 記号による添え字の入れかえ」**（例えば，$\delta_j^i T_{ikl}=T_{jkl}$ のような形のもの）の 2 つが，**テンソル計算の極意**（ごくい）である．ちなみに，テンソル計算は添え字を上げ下げするので，ちょうど，そろばん（←電卓の時代では，もう死語か？）の玉を上げ下げするのに見立てて，**「テンソル計算のことを『そろばん』と呼ぶのはとてもオシャレだ」と年配の先生が言っていました．**

** 「以上の議論」とは言うまでもなく，「(a), (b) から得られる可積分条件から，ガウスの方程式とコダッチ-マイナルディの方程式を導いた議論」のことである．

## 3.8　驚異の“ガウスの基本定理”

**定理 3.8.1（ガウスの基本定理）**　曲面のガウス曲率 $K$ は第1基本量 $E, F, G$ のみで書ける．

はちべえ：「どうして，『驚異の定理』なの？」
くまさん：「第2基本量は，曲面の法ベクトルを用いるから，曲面の外部の情報が入っているんだよね．」
はちべえ：「『外部の情報』って？」
くまさん：「『曲面の微分』は曲面の内部の情報だけど，『法線方向』というのは曲面の外側の空間があってはじめて定まるものだからな．」
はちべえ：「なるほど．」
くまさん：「内部の情報できまるものを『内在的 (intrinsic) 量』と呼び，外部の情報も必要なものを『外在的 (extrinsic) 量』という．」
はちべえ：「かたくるしい言葉じゃのぅ．」
くまさん：「定義を見ると，第1基本量は内在的量だが，第2基本量は外在的量だ*．」
はちべえ：「それで？」
くまさん：「第1基本量と第2基本量から定まるガウス曲率も外在的であると考えるのがふつうであろう．」
はちべえ：「と来たら，そうじゃないんだな．」
くまさん：「ガウスの基本定理は『ガウス曲率が，内在的量である第1基本量**だけ**で書ける』ということを主張している．」
はちべえ：「ふむふむ．」
くまさん：「ということは，**『曲面の外在的量であると思われたガウス曲率が，実は，曲面の内在的量であった』**というのが，「驚異」の理由である．」
はちべえ：「ふ〜ん．」
くまさん：「『ふ〜ん』って，もうちょっと感動しろよ，いいところなんだから．」
はちべえ：「あまりピンと来ないなぁ．」
くまさん：「偉大な数学者ガウス大先生でさえ，興奮のあまり，『驚異の定理 (theorema egregium)』とお書きになられたんだぞ．」
はちべえ：「そんなことで興奮するなんて，オタクなヤツぅ〜．」

---

* このことは，137 ページでも少し述べました．

くまさん：「お，おまえというやつは…．(以下，説教モードへ突入)」

**証明** 偏微分の可換性より，

$$(1)\qquad \frac{\partial}{\partial v}\left(\frac{\partial^2 S}{\partial u^2}\right)=\frac{\partial}{\partial u}\left(\frac{\partial^2 S}{\partial u \partial v}\right)$$

$$(2)\qquad \frac{\partial}{\partial u}\left(\frac{\partial^2 S}{\partial v^2}\right)=\frac{\partial}{\partial v}\left(\frac{\partial^2 S}{\partial u \partial v}\right)$$

$$(3)\qquad \frac{\partial}{\partial v}\left(\frac{\partial n}{\partial u}\right)=\frac{\partial}{\partial u}\left(\frac{\partial n}{\partial v}\right)$$

である．これらの等式 (1)∼(3) にガウスの公式（定理 3.6.1）を代入し，偏微分を実行する．さらに，そのとき現れてくる 2 階微分の項 $\frac{\partial^2 S}{\partial u^2}, \frac{\partial^2 S}{\partial u \partial v}, \frac{\partial^2 S}{\partial v^2}$ と 1 階微分の項 $\frac{\partial n}{\partial u}, \frac{\partial n}{\partial v}$ に，再び，ガウスの公式（定理 3.6.1），および，ワインガルテンの公式（定理 3.6.2）を代入して，$\frac{\partial S}{\partial u}, \frac{\partial S}{\partial v}, n$ についてまとめると，

$$(1')\qquad A_1\frac{\partial S}{\partial u}+B_1\frac{\partial S}{\partial v}+C_1 n=0$$

$$(2')\qquad A_2\frac{\partial S}{\partial u}+B_2\frac{\partial S}{\partial v}+C_2 n=0$$

$$(3')\qquad A_3\frac{\partial S}{\partial u}+B_3\frac{\partial S}{\partial v}+C_3 n=0$$

の形に書ける．ここで，係数 $A_i, B_i, C_i \quad (i=1, 2, 3)$ は具体的に計算されるが，ここではくわしく書かないことにする．

$\frac{\partial S}{\partial u}, \frac{\partial S}{\partial v}, n$ は線形独立であるから，$(1') \sim (3')$ より，

$$A_i=B_i=C_i=0 \qquad (i=1, 2, 3)$$

となる．そこで，$B_1$ を具体的に計算することによって，$B_1=0$ は，

$$(*)\qquad K=\frac{1}{E}\left(\frac{\partial \Gamma_{1\,1}^{\,2}}{\partial v}-\frac{\partial \Gamma_{1\,2}^{\,2}}{\partial u}+\Gamma_{1\,1}^{\,1}\Gamma_{1\,2}^{\,2}+\Gamma_{1\,1}^{\,2}\Gamma_{2\,2}^{\,2}-\Gamma_{1\,2}^{\,1}\Gamma_{1\,1}^{\,2}-\Gamma_{1\,2}^{\,2}\Gamma_{1\,2}^{\,2}\right)$$

と同値であることが確かめられる[*]．ここで $\Gamma^{i}_{j\,k}$ は，第 1 基本量だけで決まる量であるから，したがって，ガウス曲率 $K$ は，第 1 基本量のみで書けることになる[**]．□

ガウスの基本定理（定理 3.8.1）により，ガウス曲率 $K$ は第 1 基本量で書けることがわかった．ここで，ガウス曲率を第 1 基本量で具体的に書き下しておくことにしよう．記述の簡略化のため，$F=0$ となるパラメーターをとることにする[†]．この状況で，ガウス曲率を表現したものが次の定理である．これは、後で出てくるガウス-ボネの定理の証明に用いられる．

**定理 3.8.2** 曲面 $S=S(u,v)$ は

$$\frac{\partial S}{\partial u}\cdot\frac{\partial S}{\partial v}=0 \qquad (\text{すなわち } F=0)$$

を満たすとする．（局所的にパラメーターをとりかえてこのようにすることができる．）このとき，以下の等式が成り立つ．

$$K=-\frac{1}{2\sqrt{EG}}\left\{\frac{\partial}{\partial u}\left(\frac{\frac{\partial G}{\partial u}}{\sqrt{EG}}\right)+\frac{\partial}{\partial v}\left(\frac{\frac{\partial E}{\partial v}}{\sqrt{EG}}\right)\right\}$$

**証明** $F=0$ に注意すると，定理 3.6.1 の $(\star)$ より，

---

[*] 行列 $\begin{pmatrix} E & F \\ F & G \end{pmatrix}$ が正定値であることから，$E>0$ であり，したがって特に，式 $(*)$ の右辺の分母はゼロではない．また，$A_1=0$ という条件からは，

$$(**) \qquad FK=\frac{\partial \Gamma^{1}_{1\,2}}{\partial u}-\frac{\partial \Gamma^{1}_{1\,1}}{\partial v}+\Gamma^{1}_{1\,2}\Gamma^{2}_{1\,2}-\Gamma^{1}_{2\,2}\Gamma^{2}_{1\,1}$$

が得られるので，$F\neq 0$ のときは，このことからもガウスの基本定理が得られる．ただ，$F=0$ のときは，そういうわけにはいかない．例えば，等温座標を用いたときは，$E=G,\,F=0$ であるために，この式からガウス曲率 $K$ の情報が導かれるわけではない．（実は $E=G,\,F=0$ の場合は，式 $(**)$ の右辺もゼロになることが確かめられる．したがって，この場合は，式 $(**)$ は恒等式となる．）

[**] **ガウス曲率の定義（定義 3.5.3）は，もとの曲面 $S$ から見ると 2 階微分である．**（このことは，定理 3.5.4 からもわかる）しかし，**ここでの表現 $(*)$ では，第 1 基本量の 2 階微分，すなわち，もとの曲面から見ると 3 階微分になっている．**（定理 3.6.1 の $(\star)$ より，接続係数 $\Gamma^{i}_{j\,k}$ は第 1 基本量の 1 階微分までで書けているから．）これについては「多様体上の計量」という言葉を知っている人へコメントすると，前ページの**曲率の表現式 $(*)$ は，本来は曲面を多様体と見て，その上の計量（ここでの第 1 基本量）の 2 階微分であると見るのが筋（すじ）である．**

[†] このようなパラメーターがとれることは，定理 3.1.7 とその直前の説明でふれました．（定理 3.1.7 の証明については，237 ページからの第 A.8 節を参照してください．）

$$\begin{pmatrix} \Gamma_{1\,1}^{\,1} & \Gamma_{1\,2}^{\,1} & \Gamma_{2\,2}^{\,1} \\ \Gamma_{1\,1}^{\,2} & \Gamma_{1\,2}^{\,2} & \Gamma_{2\,2}^{\,2} \end{pmatrix} = \begin{pmatrix} \dfrac{1}{2E}\dfrac{\partial E}{\partial u} & \dfrac{1}{2E}\dfrac{\partial E}{\partial v} & -\dfrac{1}{2E}\dfrac{\partial G}{\partial u} \\ -\dfrac{1}{2G}\dfrac{\partial E}{\partial v} & \dfrac{1}{2G}\dfrac{\partial G}{\partial u} & \dfrac{1}{2G}\dfrac{\partial G}{\partial v} \end{pmatrix}$$

となる．これを ガウスの基本定理（定理 3.8.1）の証明の中の式 $(*)$ に代入すると

$$\begin{aligned} K &= \frac{1}{E}\left\{\frac{\partial}{\partial v}\left(-\frac{1}{2G}\frac{\partial E}{\partial v}\right) - \frac{\partial}{\partial u}\left(\frac{1}{2G}\frac{\partial G}{\partial u}\right)\right. \\ &\qquad \left. + \frac{1}{4EG}\frac{\partial E}{\partial u}\frac{\partial G}{\partial u} - \frac{1}{4G^2}\frac{\partial E}{\partial v}\frac{\partial G}{\partial v} + \frac{1}{4EG}\left(\frac{\partial E}{\partial v}\right)^2 - \frac{1}{4G^2}\left(\frac{\partial G}{\partial u}\right)^2\right\} \\ &= \frac{1}{E}\left\{\frac{1}{2G^2}\frac{\partial E}{\partial v}\frac{\partial G}{\partial v} - \frac{1}{2G}\frac{\partial^2 E}{\partial v^2} + \frac{1}{2G^2}\left(\frac{\partial G}{\partial u}\right)^2 - \frac{1}{2G}\frac{\partial^2 G}{\partial u^2}\right. \\ &\qquad \left. + \frac{1}{4EG}\frac{\partial E}{\partial u}\frac{\partial G}{\partial u} - \frac{1}{4G^2}\frac{\partial E}{\partial v}\frac{\partial G}{\partial v} + \frac{1}{4EG}\left(\frac{\partial E}{\partial v}\right)^2 - \frac{1}{4G^2}\left(\frac{\partial G}{\partial u}\right)^2\right\} \\ &= -\frac{1}{2EG}\left(\frac{\partial^2 G}{\partial u^2} + \frac{\partial^2 E}{\partial v^2}\right) \\ &\qquad + \frac{1}{4}\left\{\frac{1}{E^2G}\frac{\partial E}{\partial u}\frac{\partial G}{\partial u} + \frac{1}{E^2G}\left(\frac{\partial E}{\partial v}\right)^2 + \frac{1}{EG^2}\frac{\partial E}{\partial v}\frac{\partial G}{\partial v} + \frac{1}{EG^2}\left(\frac{\partial G}{\partial u}\right)^2\right\} \end{aligned}$$

となる．一方，

$$-\frac{1}{2\sqrt{EG}}\left\{\frac{\partial}{\partial u}\left(\frac{\dfrac{\partial G}{\partial u}}{\sqrt{EG}}\right) + \frac{\partial}{\partial v}\left(\frac{\dfrac{\partial E}{\partial v}}{\sqrt{EG}}\right)\right\}$$

を計算してやると，上式の最右辺に一致することがわかる．以上から，求める等式が得られた．□

次の定理は，ガウス曲率の絶対値が「曲面の面積とガウス写像による像の面積の無限小比」に他ならないことを示している．

**定理 3.8.3（ガウス曲率の幾何学的意味）**　曲面 $S(u, v)$ の，$(u_0, v_0)$ におけるガウス曲率 $K(u_0, v_0)$ について，

$$K(u_0, v_0) \neq 0$$

ならば

$$|K(u_0, v_0)| = \lim_{r\to 0}\frac{\hat{n}\big(B_r(u_0, v_0)\big)\text{の面積}}{S\big(B_r(u_0, v_0)\big)\text{の面積}}$$

である．ここで，$B_r(u_0, v_0)$ は中心 $(u_0, v_0)$，半径 $r$ の開円板であり，また，$\hat{n}$

は曲面 $S$ のガウス写像とする．

**証明** 記号の簡略化のため，$P_0 = (u_0, v_0)$ とおく．曲面の面積（定理 3.3.5）より*,

$$(1)\qquad S\big(B_r(P_0)\big)\text{の面積} = \int_{B_r(P_0)} \left\| \frac{\partial S}{\partial u} \times \frac{\partial S}{\partial v} \right\| dudv$$

$$(2)\qquad \hat{n}\big(B_r(P_0)\big)\text{の面積} = \int_{B_r(P_0)} \left\| \frac{\partial \hat{n}}{\partial u} \times \frac{\partial \hat{n}}{\partial v} \right\| dudv = \int_{B_r(P_0)} \left\| \frac{\partial n}{\partial u} \times \frac{\partial n}{\partial v} \right\| dudv \ ^{**}$$

である．ところが，ワインガルテンの公式（定理 3.6.2）より，

$$\frac{\partial n}{\partial u} = \frac{FM - GL}{EG - F^2}\frac{\partial S}{\partial u} + \frac{FL - EM}{EG - F^2}\frac{\partial S}{\partial v}$$
$$\frac{\partial n}{\partial v} = \frac{FN - GM}{EG - F^2}\frac{\partial S}{\partial u} + \frac{FM - EN}{EG - F^2}\frac{\partial S}{\partial v}$$

であるから，

$$\begin{aligned}
&\frac{\partial n}{\partial u} \times \frac{\partial n}{\partial v} \\
&= \frac{(FM - GL)(FM - EN)}{\left(EG - F^2\right)^2}\left(\frac{\partial S}{\partial u} \times \frac{\partial S}{\partial v}\right) \\
&\qquad + \frac{(FL - EM)(FN - GM)}{\left(EG - F^2\right)^2}\left(\frac{\partial S}{\partial v} \times \frac{\partial S}{\partial u}\right) \\
&\qquad \left(\because \ \frac{\partial S}{\partial u} \times \frac{\partial S}{\partial u} = 0,\ \ \frac{\partial S}{\partial v} \times \frac{\partial S}{\partial v} = 0\right) \\
&= \frac{1}{\left(EG - F^2\right)^2}\big\{(FM - GL)(FM - EN) \\
&\qquad - (FL - EM)(FN - GM)\big\}\left(\frac{\partial S}{\partial u} \times \frac{\partial S}{\partial v}\right) \\
&\qquad \left(\because \ \frac{\partial S}{\partial v} \times \frac{\partial S}{\partial u} = -\frac{\partial S}{\partial u} \times \frac{\partial S}{\partial v}\right) \\
&= \frac{1}{\left(EG - F^2\right)^2}\left(F^2M^2 + EGLN - F^2LN - EGM^2\right)\left(\frac{\partial S}{\partial u} \times \frac{\partial S}{\partial v}\right)
\end{aligned}$$

---

* $S\big(B_r(P_0)\big)$ の面積と同様に 130 ページの議論により，$\hat{n}\big(B_r(P_0)\big)$ の面積についても定義 3.3.5 の形で（もちろん，$S$ のところがすべて $\hat{n}$ になりますが）与えられる．

** $\hat{n}$ と $n$ は始点が違うだけで**ベクトルとしては**，$\hat{n} = n$ である．したがって特に $\dfrac{\partial \hat{n}}{\partial u} = \dfrac{\partial n}{\partial u}$ であり，$\dfrac{\partial \hat{n}}{\partial v} = \dfrac{\partial n}{\partial v}$ である．

$$
\begin{aligned}
&= \frac{1}{(EG - F^2)^2}(EG - F^2)(LN - M^2)\left(\frac{\partial S}{\partial u} \times \frac{\partial S}{\partial v}\right) \\
&= \frac{LN - M^2}{EG - F^2}\left(\frac{\partial S}{\partial u} \times \frac{\partial S}{\partial v}\right) \\
&= K\left(\frac{\partial S}{\partial u} \times \frac{\partial S}{\partial v}\right),
\end{aligned}
$$

すなわち,

$$
\frac{\partial n}{\partial u} \times \frac{\partial n}{\partial v} = K\left(\frac{\partial S}{\partial u} \times \frac{\partial S}{\partial v}\right)
$$

となる. したがって,

$$
\left\| \frac{\partial n}{\partial u} \times \frac{\partial n}{\partial v} \right\| = |K| \left\| \frac{\partial S}{\partial u} \times \frac{\partial S}{\partial v} \right\| \tag{3}
$$

である. 一方, 積分の平均値の定理 (219 ページの定理 A.3.1) より, ある $P_1 \in B_r(P_0)$ が存在して

$$
\int_{B_r(P_0)} \left\| \frac{\partial n}{\partial u} \times \frac{\partial n}{\partial v} \right\| dudv = \left\| \frac{\partial n}{\partial u}(P_1) \times \frac{\partial n}{\partial v}(P_1) \right\| \int_{B_r(P_0)} dudv \tag{4}
$$

となる. 同様に, ある $P_2 \in B_r(P_0)$ が存在して

$$
\int_{B_r(P_0)} \left\| \frac{\partial S}{\partial u} \times \frac{\partial S}{\partial v} \right\| dudv = \left\| \frac{\partial S}{\partial u}(P_2) \times \frac{\partial S}{\partial v}(P_2) \right\| \int_{B_r(P_0)} dudv \tag{5}
$$

である. 以上から

$$
\begin{aligned}
\frac{\hat{n}\big(B_r(u_0, v_0)\big)\text{の面積}}{S\big(B_r(u_0, v_0)\big)\text{の面積}}
&\overset{(1),(2)\text{より}}{=} \frac{\displaystyle\int_{B_r(P_0)} \left\| \frac{\partial n}{\partial u} \times \frac{\partial n}{\partial v} \right\| dudv}{\displaystyle\int_{B_r(P_0)} \left\| \frac{\partial S}{\partial u} \times \frac{\partial S}{\partial v} \right\| dudv} \\
&\overset{(4),(5)\text{より}}{=} \frac{\left\| \frac{\partial n}{\partial u}(P_1) \times \frac{\partial n}{\partial v}(P_1) \right\|}{\left\| \frac{\partial S}{\partial u}(P_2) \times \frac{\partial S}{\partial v}(P_2) \right\|} \\
&\overset{(3)\text{より}}{=} \frac{|K(P_1)| \left\| \frac{\partial S}{\partial u}(P_1) \times \frac{\partial S}{\partial v}(P_1) \right\|}{\left\| \frac{\partial S}{\partial u}(P_2) \times \frac{\partial S}{\partial v}(P_2) \right\|} \\
&\to \frac{|K(P_0)| \left\| \frac{\partial S}{\partial u}(P_0) \times \frac{\partial S}{\partial v}(P_0) \right\|}{\left\| \frac{\partial S}{\partial u}(P_0) \times \frac{\partial S}{\partial v}(P_0) \right\|} = |K(P_0)| \qquad (\, r \to 0 \text{ のとき} \,)
\end{aligned}
$$

$$\left(\because\ r \to 0\ \text{のとき}\ P_1, P_2 \to P_0\right)$$

となって，求める結論が得られる．□

はちべえ：「ねえねえ，ガウスって，怪獣みたいな名前だね．」
くまさん：「どうして．」
はちべえ：「『ガメラ』と『ギャオス』を同時に言ったみたいでさ．」
くまさん：「最も偉大な数学者に，なんてこと言うんだ．」
はちべえ：「あと，『ゴジラ』と『キングギドラ』と『カーネル・サンダース』がいれば，カンペキだね」
くまさん：「どういう組合せなんだよ．」
はちべえ：「カーネルおじさんって強いんだぞー．暑くても寒くても，ケンタッキーの店の前で，全然動かないもん．」
くまさん：「あれは人形だ．」
はちべえ：「惜しいなぁ．あとは，眼から光線でも出せば最強なんだけど．」
くまさん：「それじゃ，あぶなくてケンタッキーに入れん．それに今は，ガウスの話をしているんだろ．」
はちべえ：「だから言ってましたよ，店の人が．『返す(かえす)返す(がうす)も残念ですね』って．」
くまさん：（30分ほど動かなくなる．）

## 3.9　曲面上の曲線

曲面上の曲線に対して，その曲率を曲面に接する方向の成分と，直交する方向の成分に分解し，測地的曲率，法曲率という概念を導入する．

**定義 3.9.1**　曲面 $S$ 上の曲線 $C(s)$ に対して，

$$\kappa_g(s) = \frac{d^2C}{ds^2}(s) \cdot e_2(s)$$

$$\kappa_n(s) = \frac{d^2C}{ds^2}(s) \cdot n(s)$$

とおいて，それぞれ，曲面 $S$ における曲線 $C$ の

**測地的曲率** (geodesic curvature),
**法曲率** (normal curvature)*

と呼ぶ．ここで，

$e_2(s)$ : 曲線 $C$ の単位接ベクトル $e_1(s) = \dfrac{dC}{ds}(s)$ を，曲面 $S$ の接平面内で正の方向（反時計回り）に 90 度だけ回転したもの

$n(s)$ : $= e_1(s) \times e_2(s)$

とする．

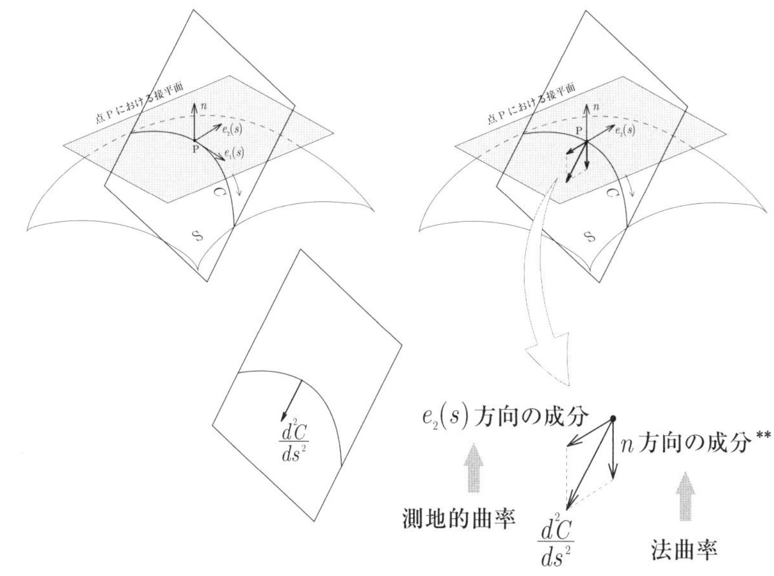


* "normal" という言葉は，日常用語としては「標準的な」とか「正常な」という意味であるが，数学用語では「**正規**」(←「規格化された」の意味) か「**法**」(←「垂直な」の意味) と訳されることがほとんどである．なお，ここでの「法曲率」という用語は，定義 3.5.1 における「法曲率」とは意味が異なる．定義 3.5.1 の法曲率は**曲面の**曲率であり，上記の定義 3.9.1 における「法曲率」は曲面上の**曲線の**曲率である．この 2 つの定義の関係を述べると，「曲面に垂直な平面で切ってできた切り口の曲線の（定義 3.9.1 の意味での）『法曲率』が，定義 3.5.1 の意味での『法曲率』に他ならない」となる．

**注意 3.9.2**　$\{e_1(s),\, e_2(s),\, n(s)\}$ は $\mathbb{R}^3$ の正規直交系であり，また，$\dfrac{d^2C}{ds^2}(s) \perp e_1(s)$ であること（$\because\ \|e_1(s)\|^2 = 1$ の両辺を微分して，$\dfrac{d^2C}{ds^2} = e_1'(s)$ を用いると，$\dfrac{d^2C}{ds^2}(s) \cdot e_1(s) = 0$）に注意すると，

$$\begin{aligned}\frac{d^2C}{ds^2}(s) &= \left(\frac{d^2C}{ds^2}(s) \cdot e_2(s)\right) e_2(s) + \left(\frac{d^2C}{ds^2}(s) \cdot n(s)\right) n(s) \ ^{\dagger} \\ &= \kappa_g(s)\, e_2(s) + \kappa_n(s)\, n(s)\end{aligned}$$

である[††]．したがって，

$$C\ \text{の曲率} = \left\| \frac{d^2C}{ds^2}(s) \right\| = \sqrt{\kappa_g^2(s) + \kappa_n^2(s)}$$

となる．これは，

$$(\star) \qquad \begin{cases} \kappa_g(s): & \text{曲線}\ C\ \text{の曲率の}\ e_2(s)\ \text{方向の成分} \\ \kappa_n(s): & \text{曲線}\ C\ \text{の曲率の}\ n(s)\ \text{方向の成分} \end{cases}$$

であることを示している．

---

** （前ページ）　この図の "$n$ 方向の成分" は，ベクトル $n$ とは逆の向きである．ここでは，例えば「ベクトル $n$ とベクトル $-n$ は**方向は同じであるが，向きが逆である**」というような「言葉の使い方」をしている．"$e_2(s)$ 方向の成分" についても同様である．

† 一般に，ベクトル $u$ が $u = a\,e_2(s) + b\,n(s)$ の形に書けていれば，$a = u \cdot e_2(s)$, $b = u \cdot n(s)$ である．実際，等式 $u = a\,e_2(s) + b\,n(s)$ の両辺に $e_2(s)$ を内積して，$e_2(s) \cdot n(s) = 0$, $\|e_2(s)\| = 1$ であることに注意すると，$a = u \cdot e_2(s)$ が得られる．同様に，等式 $u = a\,e_2(s) + b\,n(s)$ の両辺に $n(s)$ を内積して，$e_2(s) \cdot n(s) = 0$, $\|n(s)\| = 1$ であることに注意すると，$b = u \cdot n(s)$ を得る．

†† ベクトル $\dfrac{d^2C}{ds^2}(s)$ は $\left(\dfrac{d^2C}{ds^2}(s) \cdot e_2(s)\right) e_2(s)$ とベクトル $\left(\dfrac{d^2C}{ds^2}(s) \cdot n(s)\right) n(s)$ に**直交分解**されたと言うこともある．

**注意 3.9.3** 注意 3.9.2 の ($\star$) をもう少し感覚的に表現すると，法曲率 $\kappa_n(s)$ は，曲面の法方向，すなわち，“曲面の曲がりぐあいを最大限に反映した方向” の曲率の成分である．

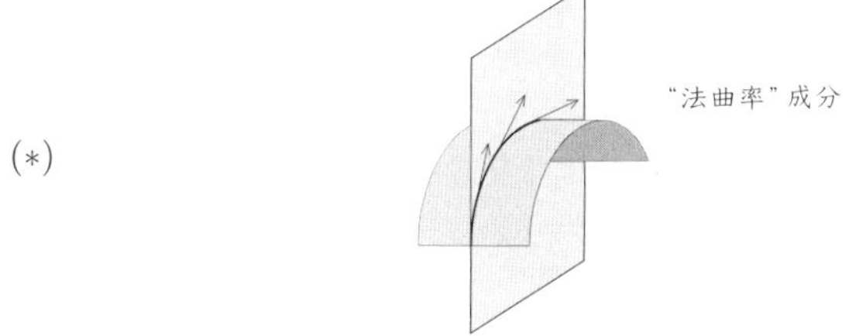


一方，測地的曲率 $\kappa_g(s)$ は，曲面の接方向，すなわち，“曲面の曲がりぐあいとは独立な方向” の曲率の成分を表している．

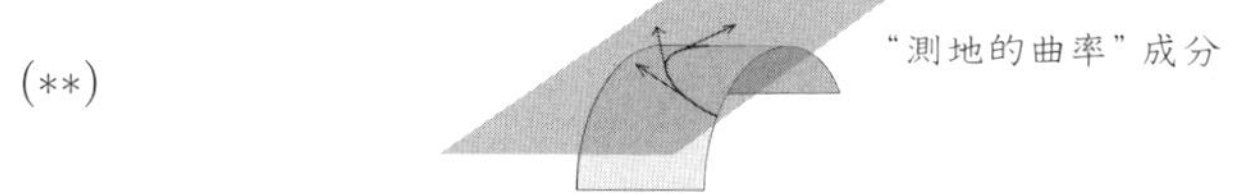


ちなみに，“局所的に最短な曲線” である**測地線** (**geodesic**) という概念があるが，最短であるためには，($**$) のように曲面の接方向によたよたと進むのではなく，($*$) のような状況であることが必要であることがわかる．実は

$$\text{測地線である} \iff \text{測地的曲率} = 0$$

となる．「測地的曲率」という名称の由来もこのあたりから来ている．

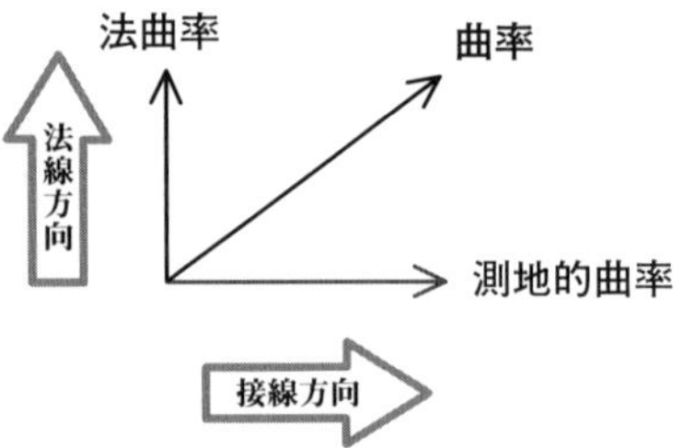


あとで必要になるので，測地的曲率を曲面の第 1 基本量を用いて表しておこう．

**補題 3.9.4** 曲面 $S = S(u, v)$ は

$$\frac{\partial S}{\partial u} \cdot \frac{\partial S}{\partial v} = 0 \qquad (\text{すなわち } F = 0)$$

を満たすとする．(局所的にパラメーターをとりかえてこのようにすることができる．) このとき，曲面 $S$ 上の曲線 $C(s) = S\big(u(s), v(s)\big)$ の測地的曲率 $\kappa_g(s)$ は，以下のように書ける:

$$\begin{aligned}\kappa_g(s) = &\frac{1}{2\sqrt{E\big(u(s), v(s)\big)\, G\big(u(s), v(s)\big)}} \\ &\times \left(\frac{\partial G}{\partial u}\big(u(s), v(s)\big)\frac{dv}{ds}(s) - \frac{\partial E}{\partial v}\big(u(s), v(s)\big)\frac{du}{ds}(s)\right) \\ &+ \frac{d\varphi}{ds}(s)\end{aligned}$$

ここで，$E$, $G$ は曲面 $S$ の第 1 基本量であり，また，$\varphi(s)$ は 2 つのベクトル $\dfrac{\partial S}{\partial u}\big(u(s), v(s)\big)$ と $\dfrac{dC}{ds}(s)$ のなす角度 (向きは反時計回りを正の方向とする．)

**証明** 簡単のため，

$$E(s) = E\big(u(s), v(s)\big)$$
$$G(s) = G\big(u(s), v(s)\big)$$

と書くことにする．また，

$$\varepsilon_1(s) = \frac{\dfrac{\partial S}{\partial u}\big(u(s), v(s)\big)}{\left\|\dfrac{\partial S}{\partial u}\big(u(s), v(s)\big)\right\|} = \frac{\dfrac{\partial S}{\partial u}\big(u(s), v(s)\big)}{\sqrt{E(s)}}$$

$$\varepsilon_2(s) = \frac{\dfrac{\partial S}{\partial v}\big(u(s),\, v(s)\big)}{\left\| \dfrac{\partial S}{\partial v}\big(u(s),\, v(s)\big) \right\|} = \frac{\dfrac{\partial S}{\partial v}\big(u(s),\, v(s)\big)}{\sqrt{G(s)}}$$

$$n(s) = \varepsilon_1(s) \times \varepsilon_2(s)$$

とおくと，$\{\varepsilon_1(s), \varepsilon_2(s), n(s)\}$ は $\mathbb{R}^3$ の正規直交系になる．($\varepsilon_1(s) \cdot \varepsilon_2(s) = \dfrac{\dfrac{\partial S}{\partial u}\big(u(s),\, v(s)\big) \cdot \dfrac{\partial S}{\partial v}\big(u(s),\, v(s)\big)}{\sqrt{E(s)\,G(s)}} = \dfrac{F(s)}{\sqrt{E(s)\,G(s)}} = 0$ より，$\varepsilon_1(s)$ と $\varepsilon_2(s)$ は直交することに注意せよ.) このとき，$\|\varepsilon_1(s)\|^2 = \|\varepsilon_2(s)\|^2 = 1$ の辺々を微分することによって，

$$(1) \qquad \begin{cases} \varepsilon_1(s) \cdot \dfrac{d\varepsilon_1}{ds}(s) = 0 \\[2ex] \varepsilon_2(s) \cdot \dfrac{d\varepsilon_2}{ds}(s) = 0 \end{cases}$$

となる．また，$\varphi(s)$ の定義より，

$$\begin{pmatrix} e_1(s) \\ e_2(s) \end{pmatrix} = \begin{pmatrix} \cos\varphi(s) & \sin\varphi(s) \\ -\sin\varphi(s) & \cos\varphi(s) \end{pmatrix} \begin{pmatrix} \varepsilon_1(s) \\ \varepsilon_2(s) \end{pmatrix}$$

すなわち，

$$e_1(s) = \cos\varphi(s)\,\varepsilon_1(s) + \sin\varphi(s)\,\varepsilon_2(s)$$

$$e_2(s) = -\sin\varphi(s)\,\varepsilon_1(s) + \cos\varphi(s)\,\varepsilon_2(s)$$

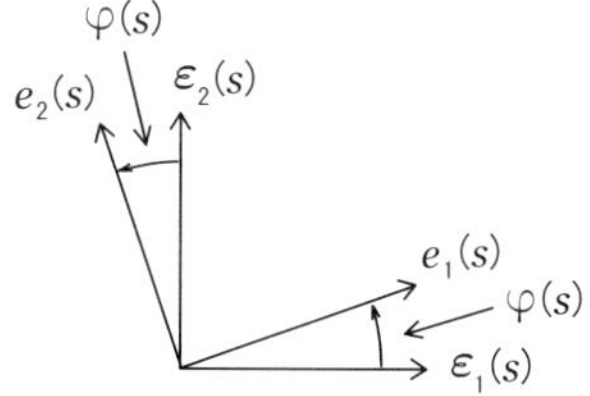


である*．そこで，上記の第 1 式の両辺を微分すると

$$\frac{de_1}{ds}(s) = -\sin\varphi(s)\,\frac{d\varphi}{ds}(s)\varepsilon_1(s) + \cos\varphi(s)\,\frac{d\varepsilon_1}{ds}(s)$$

---

* $\varepsilon_1(s) = \dfrac{\dfrac{\partial S}{\partial u}\big(u(s),\, v(s)\big)}{\left\| \dfrac{\partial S}{\partial u}\big(u(s),\, v(s)\big) \right\|}$, $e_1(s) = \dfrac{\dfrac{dC}{ds}(s)}{\left\| \dfrac{dC}{ds}(s) \right\|}$ であるから，$\varepsilon_1(s)$ と $e_1(s)$ のなす角度は，$\dfrac{\partial S}{\partial u}\big(u(s),\, v(s)\big)$, $\dfrac{dC}{ds}(s)$ のなす角度 $\varphi(s)$ に等しい．また，$\varepsilon_2(s)$, $e_2(s)$ はそれぞれ，$\varepsilon_1(s)$, $e_1(s)$ を反時計回りに 90 度回転したものであるから，$\varepsilon_2(s)$ と $e_2(s)$ のなす角度も $\varphi(s)$ に等しい．

$$+\cos\varphi(s)\,\frac{d\varphi}{ds}(s)\varepsilon_2(s)+\sin\varphi(s)\,\frac{d\varepsilon_2}{ds}(s)$$

が得られる．よって，$\|\varepsilon_1(s)\|=\|\varepsilon_2(s)\|=1$, $\varepsilon_1(s)\cdot\varepsilon_2(s)=0$, および (1) を用いると，

$$\begin{aligned}
\frac{de_1}{ds}(s)\cdot e_2(s) &= \biggl(-\sin\varphi(s)\,\frac{d\varphi}{ds}(s)\varepsilon_1(s)+\cos\varphi(s)\,\frac{d\varepsilon_1}{ds}(s) \\
&\qquad +\cos\varphi(s)\,\frac{d\varphi}{ds}(s)\varepsilon_2(s)+\sin\varphi(s)\,\frac{d\varepsilon_2}{ds}(s)\biggr) \\
&\qquad\qquad \cdot\bigl(-\sin\varphi(s)\,\varepsilon_1(s)+\cos\varphi(s)\,\varepsilon_2(s)\bigr) \\
&= \sin^2\varphi(s)\,\frac{d\varphi}{ds}(s)-\sin^2\varphi(s)\,\varepsilon_1(s)\,\frac{d\varepsilon_2}{ds}(s) \\
&\qquad +\cos^2\varphi(s)\,\frac{d\varepsilon_1}{ds}(s)\cdot\varepsilon_2(s)+\cos^2\varphi(s)\,\frac{d\varphi}{ds}(s) \\
&= \bigl(\sin^2\varphi(s)+\cos^2\varphi(s)\bigr)\,\frac{d\varphi}{ds}(s)-\bigl(\sin^2\varphi(s)+\cos^2\varphi(s)\bigr)\,\frac{d\varepsilon_2}{ds}(s)\,\varepsilon_1(s) \\
&\qquad \left(\begin{array}{l}
\because\ \ \varepsilon_1(s)\cdot\varepsilon_2(s)=0\ \text{の両辺を微分することにより} \\
\quad \dfrac{d\varepsilon_1}{ds}(s)\cdot\varepsilon_2(s)+\varepsilon_1(s)\cdot\dfrac{d\varepsilon_2}{ds}(s)=0 \\
\quad \text{すなわち，}\ \varepsilon_1(s)\cdot\dfrac{d\varepsilon_2}{ds}(s)=-\dfrac{d\varepsilon_1}{ds}(s)\cdot\varepsilon_2(s) \\
\quad \text{であることに注意.}
\end{array}\right) \\
&= \frac{d\varphi}{ds}(s)+\frac{d\varepsilon_1}{ds}(s)\cdot\varepsilon_2(s)
\end{aligned}$$

である．ゆえに，

$$\frac{de_1}{ds}(s)\cdot e_2(s)=\frac{d\varepsilon_1}{ds}(s)\cdot\varepsilon_2(s)+\frac{d\varphi}{ds}(s)$$

となるから，

$$\text{(2)}\qquad \kappa_g(s)=\frac{d^2C}{ds^2}(s)\cdot e_2(s)=\frac{de_1}{ds}(s)\cdot e_2(s)=\frac{d\varepsilon_1}{ds}(s)\cdot\varepsilon_2(s)+\frac{d\varphi}{ds}(s)$$

が得られる．一方，

$$\begin{aligned}
\text{(3)}\qquad \frac{d\varepsilon_1}{ds}(s)\cdot\varepsilon_2(s) &= \left(\frac{\partial\varepsilon_1}{\partial u}\bigl(u(s),\,v(s)\bigr)\,\frac{du}{ds}(s)+\frac{\partial\varepsilon_1}{\partial v}\bigl(u(s),\,v(s)\bigr)\,\frac{dv}{ds}(s)\right)\cdot\varepsilon_2(s) \\
&= \frac{\partial\varepsilon_1}{\partial u}\bigl(u(s),\,v(s)\bigr)\cdot\varepsilon_2\bigl(u(s),\,v(s)\bigr)\,\frac{du}{ds}(s) \\
&\qquad +\frac{\partial\varepsilon_1}{\partial v}\bigl(u(s),\,v(s)\bigr)\cdot\varepsilon_2\bigl(u(s),\,v(s)\bigr)\,\frac{dv}{ds}(s)\ {}^{*}
\end{aligned}$$

---

* ここでは，$\varepsilon_1$ を $s$ の関数 $\varepsilon_1(s)$ と見たり，$u, v$ の関数 $\varepsilon_1(u,\,v)$ と見たりしている．このとき，$\varepsilon_1(s)=\varepsilon_1\bigl(u(s),\,v(s)\bigr)$ である．$\varepsilon_2$ についても同様である．

である．ところが，$\varepsilon_1(s)$ と $\varepsilon_2(s)$ の定義より，

$$
\begin{aligned}
\frac{\partial \varepsilon_1}{\partial u} \cdot \varepsilon_2 &= \left\{ \frac{\partial}{\partial u} \left( \frac{\dfrac{\partial S}{\partial u}}{\sqrt{E}} \right) \right\} \cdot \frac{\dfrac{\partial S}{\partial v}}{\sqrt{G}} \\
&= \frac{\dfrac{\partial^2 S}{\partial u^2} \sqrt{E} - \dfrac{\partial S}{\partial u} \dfrac{\partial \sqrt{E}}{\partial u}}{E} \cdot \frac{\dfrac{\partial S}{\partial v}}{\sqrt{G}} \\
&= \frac{1}{\sqrt{G}} \left( \frac{1}{\sqrt{E}} \frac{\partial^2 S}{\partial u^2} - \frac{\partial \sqrt{E}}{\partial u} \frac{\partial S}{\partial u} \right) \cdot \frac{\partial S}{\partial v} \\
&= \frac{1}{\sqrt{EG}} \frac{\partial^2 S}{\partial u^2} \cdot \frac{\partial S}{\partial v} \qquad \left( \because \frac{\partial S}{\partial u} \cdot \frac{\partial S}{\partial v} = 0 \right) \\
&= \frac{1}{\sqrt{EG}} \left\{ \frac{\partial}{\partial u} \left( \frac{\partial S}{\partial u} \cdot \frac{\partial S}{\partial v} \right) - \frac{\partial S}{\partial u} \cdot \frac{\partial^2 S}{\partial u \partial v} \right\} \\
&= -\frac{1}{\sqrt{EG}} \frac{\partial S}{\partial u} \cdot \frac{\partial^2 S}{\partial u \partial v} \qquad \left( \because \frac{\partial S}{\partial u} \cdot \frac{\partial S}{\partial v} = 0 \right) \\
&= -\frac{1}{2\sqrt{EG}} \frac{\partial}{\partial v} \left( \frac{\partial S}{\partial u} \cdot \frac{\partial S}{\partial u} \right) {}^{*} \\
&= -\frac{1}{2\sqrt{EG}} \frac{\partial E}{\partial v}
\end{aligned}
$$

であり，したがって

$$
\begin{aligned}
(4) \qquad & \frac{\partial \varepsilon_1}{\partial u}\big(u(s), v(s)\big) \cdot \varepsilon_2\big(u(s), v(s)\big) \\
& = -\frac{1}{2\sqrt{E\big(u(s), v(s)\big) G\big(u(s), v(s)\big)}} \frac{\partial E}{\partial v}\big(u(s), v(s)\big)
\end{aligned}
$$

となる．同様にして

$$
\begin{aligned}
(5) \qquad & \frac{\partial \varepsilon_1}{\partial v}\big(u(s), v(s)\big) \cdot \varepsilon_2\big(u(s), v(s)\big) \\
& = \frac{1}{2\sqrt{E\big(u(s), v(s)\big) G\big(u(s), v(s)\big)}} \frac{\partial G}{\partial u}\big(u(s), v(s)\big)
\end{aligned}
$$

である．ゆえに，(2) ～ (5) より求める等式が得られる．□

* ここで，$\dfrac{\partial^2 S}{\partial u \partial v} = \dfrac{\partial^2 S}{\partial v \partial u}$ であることと，$\dfrac{\partial}{\partial v}\left(\dfrac{\partial S}{\partial u} \cdot \dfrac{\partial S}{\partial u}\right) = \dfrac{\partial^2 S}{\partial v \partial u} \cdot \dfrac{\partial S}{\partial u} + \dfrac{\partial S}{\partial u} \cdot \dfrac{\partial^2 S}{\partial v \partial u} = 2\dfrac{\partial S}{\partial u} \cdot \dfrac{\partial^2 S}{\partial v \partial u}$ であることを使っている．

## 3.10 深遠な"ガウス-ボネの定理"

さて，曲面論の最高峰とも言うべき**ガウス-ボネ (Gauss-Bonnet) の定理**の登場である*．定理の「大域版(たいいき)」が目標であるが，そのために，まず「局所版」を証明しよう**．

**定理 3.10.1（ガウス-ボネの定理（局所版））** 曲面 $S(u, v)$ 上に 3 つの曲線 $C_i(s)$ $(s \in [a_i, b_i], i = 1, 2, 3)$ で囲まれた領域 $\Delta$（$\Delta$ に対応する曲面 $S$ のパラメーターの領域も同じ記号 $\Delta$ で表すことにする）に対して，

$$\iint_{\Delta} K d\mu + \sum_{i=1}^{3} \int_{a_i}^{b_i} \kappa_g^i ds + \sum_{i=1}^{3} \theta_i = 2\pi$$

である†．ただし，

$K$ ： 曲面 $S$ のガウス曲率

$d\mu = \sqrt{EG - F^2} dudv$ ： 曲面 $S$ の面積要素（と呼ばれる††）

$\kappa_g^i$ ： 曲面 $C_i$ の測地的曲率 $(i = 1, 2, 3)$

$\theta_i$ ： 曲線 $C_i$ と $C_{i+1}$ によってつくられる外角（向きは下図の向き）
$(i = 1, 2, 3$： ただし，$C_4 = C_1$ とする．)

である．

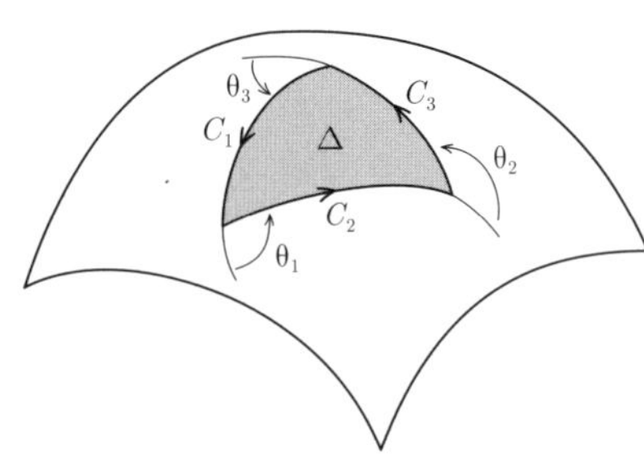


---

* 119 ページの脚注で述べたように，「ボネ」は，「ボンネ」と表記する人も少なくないが，「ボネ」のほうが原音に近い．

** 日常生活において，ものごとすべて，「部分」と「全体」を見ることが必要であるように，数学においても，**「局所的な (local) 性質」**と**「大域的な(たいいき) (global) 性質」**はどちらも重要であることは言うまでもない．

**証明** 曲面 $S$ は，必要ならばパラメーター $u, v$ をとりかえて

$$\frac{\partial S}{\partial u}\cdot\frac{\partial S}{\partial v}=0\,,\ すなわち，F=0$$

曲線 $C_i$ は曲面 $S$ 上にあるから，

$$C_i(s)=S\big(u_i(s),\, v_i(s)\big) \qquad (i=1,\,2,\,3)$$

と書ける．このとき補題 3.9.4 より，

$$\begin{aligned}\kappa_g^i(s)=&\frac{1}{2\sqrt{E\big(u_i(s),\, v_i(s)\big)\,G\big(u_i(s),\, v_i(s)\big)}}\\&\times\left(\frac{\partial G}{\partial u}\big(u_i(s),\, v_i(s)\big)\,\frac{dv_i}{ds}(s)-\frac{\partial E}{\partial v}\big(u_i(s),\, v_i(s)\big)\,\frac{du_i}{ds}(s)\right)\\&+\frac{d\varphi_i}{ds}(s)\end{aligned}$$

である．ここで，$\varphi_i$ は曲線 $C_i$ に対する補題 3.9.4 の $\varphi$ である．この両辺を $s$ について $a_i$ から $b_i$ まで積分し，$i$ について和をとると，

$$\begin{aligned}&\sum_{i=1}^{3}\int_{a_i}^{b_i}\kappa_g^i(s)ds\\&=\frac{1}{2}\sum_{i=1}^{3}\int_{a_i}^{b_i}\left\{\frac{\frac{\partial G}{\partial u}\big(u_i(s),\, v_i(s)\big)}{\sqrt{E\big(u_i(s),\, v_i(s)\big)\,G\big(u_i(s),\, v_i(s)\big)}}\,\frac{dv_i}{ds}(s)\right.\\&\qquad\left.-\frac{\frac{\partial E}{\partial v}\big(u_i(s),\, v_i(s)\big)}{\sqrt{E\big(u_i(s),\, v_i(s)\big)\,G\big(u_i(s),\, v_i(s)\big)}}\,\frac{du_i}{ds}(s)\right\}ds\end{aligned}$$

---

† (前ページ) $S$ 上の領域 $\Delta$ とそのパラメーターの領域を同じ記号 $\Delta$ で表しているが，パラメーターを用いないで，(「パラメーター」の代わりに「局所座標系」という，もう少し洗練された概念と議論を使用することにより，) 曲面 $S$ の領域 $\Delta$ 上の積分 (← 「多様体上の積分」というやつ) $\int_\Delta K d\mu$ を考えることができる．同様に，曲線 $C_1, C_2, C_3$ 上の積分の和 $\sum_{i=1}^{3}\int_{a_i}^{b_i}\kappa_g^i ds$ は，領域 $\Delta$ の境界 $\partial\Delta$ 上の積分 $\int_{\partial\Delta}\kappa_g ds$ として考えることができる．このとき，上記のガウス-ボネの定理は

$$(*)\qquad \iint_\Delta K d\mu+\sum_{i=1}^{3}\int_{\partial\Delta}\kappa_g^i ds+\sum_{i=1}^{3}\theta_i=2\pi$$

$\partial\Delta$

$\Delta$

と書くことができる．我々は「多様体上の積分」というものを知らないので，記号や表現が複雑であるが，今後はこのあたりを混同することにより，$(*)$ のような書き方をすることにしよう．ちなみに，「境界」の記号 $\partial$ は，「偏微分」の記号 $\partial$ と同じであるが，まったく関係がないので注意が必要である．

†† (前ページ) 132 ページの脚注を参照せよ．

$$
\begin{aligned}
&\qquad\qquad + \sum_{i=1}^{3} \int_{a_i}^{b_i} \frac{d\varphi_i}{ds}(s)ds \\
&= \frac{1}{2}\int_{\partial\Delta} \left\{ - \frac{\dfrac{\partial E}{\partial v}\bigl(u(s),\, v(s)\bigr)}{\sqrt{E\bigl(u(s),\, v(s)\bigr)\, G\bigl(u(s),\, v(s)\bigr)}} \frac{du}{ds}(s) \right. \\
&\qquad\qquad \left. + \frac{\dfrac{\partial G}{\partial u}\bigl(u(s),\, v(s)\bigr)}{\sqrt{E\bigl(u(s),\, v(s)\bigr)\, G\bigl(u(s),\, v(s)\bigr)}} \frac{dv}{ds}(s) \right\} ds \\
&\qquad\qquad + \sum_{i=1}^{3} \bigl(\varphi_i(b_i) - \varphi_i(a_i)\bigr) \\
&= \frac{1}{2}\int_{\partial\Delta} \left\{ - \frac{\dfrac{\partial E}{\partial v}(u,\, v)}{\sqrt{E(u,\, v)\, G(u,\, v)}} du + \frac{\dfrac{\partial G}{\partial u}(u,\, v)}{\sqrt{E(u,\, v)\, G(u,\, v)}} dv \right\} \\
&\qquad\qquad + \sum_{i=1}^{3} \bigl(\varphi_i(b_i) - \varphi_i(a_i)\bigr) \\
&= \frac{1}{2}\iint_{\Delta} \left\{ \frac{\partial}{\partial u}\left( \frac{\dfrac{\partial G}{\partial u}}{\sqrt{EG}} \right) + \frac{\partial}{\partial v}\left( \frac{\dfrac{\partial E}{\partial v}}{\sqrt{EG}} \right) \right\} dudv + \sum_{i=1}^{3} \bigl(\varphi_i(b_i) - \varphi_i(a_i)\bigr)
\end{aligned}
$$

$\left( \begin{array}{l} \because\ \text{ガウス-グリーンの公式 (221 ページの命題 A.4.1)} \\ \quad \displaystyle\int_{\partial\Delta} (P\,du + Q\,dv) = \iint_S \left( -\frac{\partial P}{\partial v} + \frac{\partial Q}{\partial u} \right) dudv \quad \text{より} \end{array} \right)$

$$
= - \iint_{\Delta} K \sqrt{EG - F^2} dudv + \sum_{i=1}^{3} \bigl(\varphi_i(b_i) - \varphi_i(a_i)\bigr)
$$

($\because$ 定理3.8.2 および $F = 0$ であることより)

$$
= - \iint_{\Delta} K d\mu + \sum_{i=1}^{3} \bigl(\varphi_i(b_i) - \varphi_i(a_i)\bigr)
$$

以上から,

$$
\iint_{\Delta} K d\mu + \sum_{i=1}^{3} \int_{a_i}^{b_i} \kappa_g^i(s) ds = \sum_{i=1}^{3} \bigl(\varphi_i(b_i) - \varphi_i(a_i)\bigr)
$$

であることがわかった．あとは,

$$
(\diamondsuit) \qquad \sum_{i=1}^{3} \bigl(\varphi_i(b_i) - \varphi_i(a_i)\bigr) = 2\pi - \sum_{i=1}^{3} \theta_i
$$

であることを示せば証明は終わる．

(◇) を示すには，1 つの頂点から出発して各 $C_i$　$(i = 1, 2, 3)$ に沿って進み，1 周して戻ってくる間に接ベクトルの向きがどれだけ変化するか調べればよい．

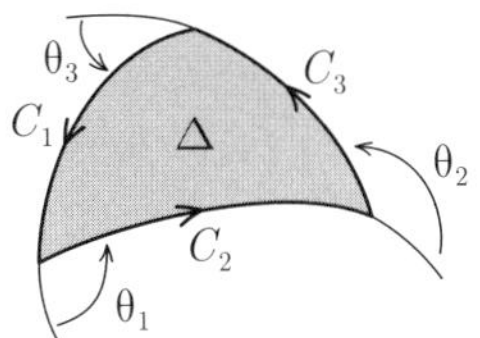


辺 $C_i$ を動く間に接ベクトルは

$$\varphi_i(b_i) - \varphi_i(a_i)$$

だけ変化する．また，$C_i$ と $C_{i+1}$ の交点では

$$\theta_i$$

だけ変化する．1 周すると接ベクトルは 1 回転するから，

$$\sum_{i=1}^{3}\left\{\bigl(\varphi_i(b_i) - \varphi_i(a_i)\bigr) + \theta_i\right\} = 2\pi$$

したがって，

$$\sum_{i=1}^{3}\bigl(\varphi_i(b_i) - \varphi_i(a_i)\bigr) = 2\pi - \sum_{i=1}^{3}\theta_i$$

となり，求める等式が得られた．□

**定理 3.10.2（ガウス-ボネの定理（大域版(たいいき)*））**　向きづけ可能な閉曲面 $S$ の上で**，

$$\iint_S K d\mu = 2\pi\,\chi(S)$$

が成り立つ†．ただし，

| | | |
|---|---|---|
| $K$ | : | 曲面 $S$ のガウス曲率 |
| $d\mu$ | : | 曲面 $S$ の面積要素 |
| $\chi(S)$ | : | 曲面 $S$ のオイラー数†† |

である．

くまさん：「ついにガウス-ボネの定理だ！！」
はちべえ：「この定理って，そんなにすごいの？」
くまさん：「たぶん，曲面の微分幾何学の中の最も深い定理の一つじゃないかな.」

---

* （前ページ）　188 ページの脚注でも述べたように，「大域(たいいき)」とは，英語でいうと “global”（グローバル）で，「局所 (local) 」に対応する言葉である.

** （前ページ）　曲面が**向きづけ可能** (**orientable**) であるとは，曲面に裏表の区別がついていることである．向きづけ不可能な（「向きづけ可能」でない）曲面の代表例は，「メビウス (Möbius) の帯」や「クライン (Klein) のつぼ」である．（249 ページの脚注の絵を参照のこと.）また，「閉曲面」とは「境界をもたないコンパクトな曲面」のことである．（249 ページの説明を参照せよ.）これまでは，曲面の定義（定義 3.1.1）におけるように，曲面 $S$ といったとき，パラメーター込みの曲面，すなわち，ある領域 $D$ からの写像 $S$ のことであったが，ここでは，点集合（定義 3.1.1 の設定でいうと，写像 $S$ の像 $S(D)$）の意味で用いている．これは，閉曲面が一つの平面領域 $D$ からの写像としてとらえることはできないからで，実際には「局所的な操作の組合せ」を必要とする.

† （前ページ）　積分 $\iint_S K d\mu$ については，以下のような，事前に語るべき 2 つの事柄が省略されている:

① 閉曲面のパラメーター $(u, v)$ はどうとるのか,
② 積分 $\iint_S K d\mu$ はどう定義されるのか.

これについては，結論からいうと,

① 各点の近傍には，“局所的な” パラメーター $(u, v)$ が入っているものとする.
（全体を一度にカバーするようなパラメーターはとれない.）
ガウス曲率 $K$ や面積要素 $d\mu$ などは，パラメーターのとりかえによらないことが確かめられる,
② 局所的に定義される積分を重複なく加え合わせたものを $\iint_S K d\mu$ と定義する,

という方法により，ちゃんと議論される．ちなみに，① は一般の「多様体」の定義に相当するものである．また，② で重複なく加え合わせるためのテクニックとして，「**1 の分割**」(**partition of unity**) という方法が用いられる．本書では，定理 3.10.2 および，その証明は，定理 3.10.1 における $\Delta$ のような領域で $S$ を “過不足なく” 被覆(ひふく)しておいて，積分はそれらを足し合わせることで，お茶をにごすことにする.

†† （前ページ）　曲面のオイラー数については，第 A.9 節を参照のこと．簡単に説明しておくと，曲面 $S$ を 3 角形分割したとき,

$$\chi(S) = \underset{\substack{\uparrow \\ 0\text{ 次元}}}{(\textbf{頂点}\text{の数})} - \underset{\substack{\uparrow \\ 1\text{ 次元}}}{(\textbf{辺}\text{の数})} + \underset{\substack{\uparrow \\ 2\text{ 次元}}}{(\textbf{面}\text{の数})} = 2 - 2g$$

である．（「3 角形分割」といっても，3 角形の各辺は線分でなく，$C^\infty$ 級曲線から成り立っているものとする．詳しくは，第 A.9 節を参照せよ.）ここで，$g$ は，曲面 $S$ の**種数** (**genus**) であり，上式の中の最初の等式が定義で，2 番目の等式は証明すべき事実である．これについては，249 ページからの説明を参照のこと.

はちべえ：「そうなの．でも，どうして？」

くまさん：「この式の左辺は『**ガウス曲率の積分**』という**微分幾何学的量**で，右辺は『**オイラー数**』という**位相幾何学的量**だ．ガウス-ボネの定理は，

**微分幾何学的量（解析的量）＝位相幾何学的量（位相不変量）**

であることを主張しているんだ．」

はちべえ：「う〜ん，わからん．」

くまさん：「例えば，曲面 $S$ をなめらかに変形していくと，左辺の積分は連続的に変化していきそうだろう？」

はちべえ：「うん．」

くまさん：「でも，右辺はオイラー数の $2\pi$ 倍だからな．オイラー数は整数値しかとらない離散量なんで，曲面を連続的に変形しても値は変わらないんだ*．」

はちべえ：「そうか．『左辺の解析的連続量』と『右辺の位相的離散量』という異質なものが等しいと言っているんだね．」

くまさん：「そうそう．こういう『解析的量と位相的量が等しい』というタイプの結果は，幾何学という分野だからこそ得られる最高の境地だなー．」

はちべえ：「くまさん，よだれが出てる，よだれが⋯．」

**証明**　各辺が $C^\infty$ 級曲線であるような，$S$ の 3 角形分割 $\{\Delta_j\}$ を一つとる**．

---

* 整数値しかとれないことから，値が変わるためにはジャンプしなければならない．一方，「連続的な変形で，値も連続的に変わる」ということを認めると，このようなジャンプは起こりえない．ゆえに，連続変形で値は変わらないことになる．

** $S$ の 3 角形分割 $\{\Delta_j\}$ とは，$S$ 上の有限個の 3 角形 $\Delta_1, \Delta_2, \cdots, \Delta_p$ であって，次の条件を満たすものをいう．(ただし，3 角形といっても，各辺は線分でなくて $C^\infty$ 級曲線である．また，単に「3 角形分割」というと，無限個の 3 角形からなるものも許すが，本書では「有限個」の仮定が入っているものとする．)

(1)　$S$ は $\Delta_1, \Delta_2, \cdots, \Delta_p$ に覆（おお）われる．すなわち $\displaystyle\bigcup_{j=1}^{p} \Delta_j = S$ である．

(2)　$\Delta_i \neq \Delta_j$ ならば $\Delta_i$ と $\Delta_j$ の共通部分はちょうど，3 角形 $\Delta_i$ と 3 角形 $\Delta_j$ の一つの辺になっている．

なお，ここでは親しみやすいように「3 角形分割」という言葉を用いたが，正式名称は「単体分割」である．

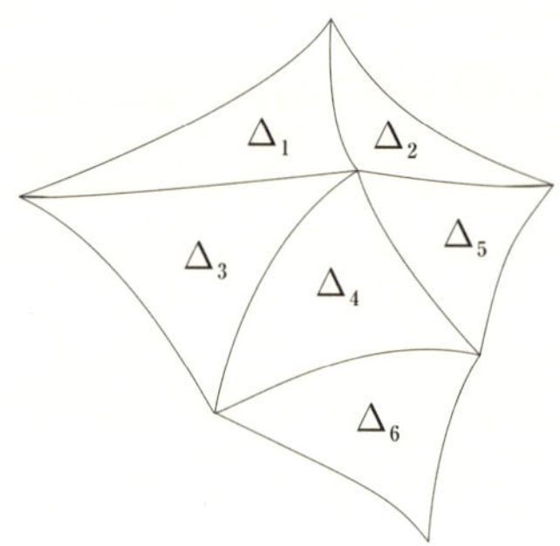


この3角形分割に対して,

$$b_0 = \text{頂点の個数の総和}$$
$$b_1 = \text{辺の個数の総和}\ \left(= \frac{3p}{2}\ {}^{*}\right)$$
$$b_2 = \text{面の個数の総和}\ (= p)$$

とおく. オイラー数の定義より $\chi(S) = b_0 - b_1 + b_2$ である. 各3角形 $\Delta_j$ 上では, 局所版のガウス-ボネの定理が成り立つから,

$$\iint_{\Delta_j} K d\mu + \int_{\partial \Delta_j} \kappa_g ds + \sum_{i=1}^{3} \theta_{ij} = 2\pi$$

ここで, $\theta_{ij} \quad (i = 1, 2, 3)$ は $\Delta_j$ についての外角である.

$j$ についての和をとると,

(a) $$\iint_S K d\mu + \sum_{j=1}^{p} \int_{\partial \Delta_j} \kappa_g ds + \sum_{j=1}^{p} \sum_{i=1}^{3} \theta_{ij} = 2\pi p$$

ここで, 次のことがらを示しておこう:

---

* 各3角形 $\Delta_j$ は3つの辺をもつから, 総数 $p$ 個の3角形の辺の総和は $3p$ である. しかし, これは各辺について, 隣接する3角形が2つあり, 重複して数えているから, 辺の個数の総和は $\dfrac{3p}{2}$ となる.

**主張 A**

(1)
$$\sum_{j=1}^{p} \int_{\partial\Delta_j} \kappa_g ds = 0$$

(2)
$$\sum_{j=1}^{p} \sum_{i=1}^{3} \theta_{ij} = 3\pi p - 2\pi b_0$$

## 主張 A の証明

(1) $\Delta_j$ の境界 $\partial\Delta_j$ は 3 角形 $\Delta_j$ の 3 辺から成り立っていて，積分 $\int_{\partial\Delta_j} \kappa_g ds$ はその辺に沿って反時計回りに積分したものである．隣り合う 3 角形の共有する辺を考えると，そこでの積分は向きが逆方向になっている．

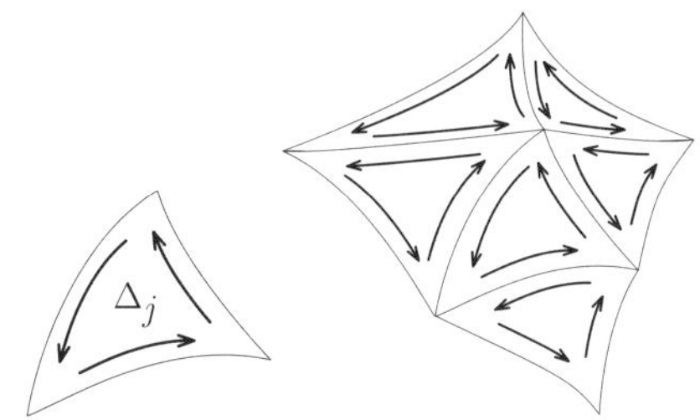


パラメーターの向きをかえると測地的曲率の符号が変わることに注意すると*,

---

* 曲線 $C(s)$ $(s \in [a, b])$ に対して，パラメーターの向きを変えた曲線 $\overline{C}$ は，例えば，新しいパラメーター $\overline{s}$ を用いて $\overline{C}(\overline{s}) = C(-\overline{s})(\overline{s} \in [-b, -a])$ と書ける．（曲線 $\overline{C}$ の始点は $\overline{C}(-b) = C(b)$ であり，終点が $\overline{C}(-a) = C(a)$ である．）もとの曲線 $C$ のパラメーター $s$ との関係がわかりやすいように $\overline{s} = -s$ と書けば，$\overline{C}(\overline{s}) = C(s)$ であることに注意しておこう．

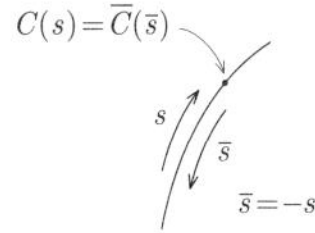


このとき，曲線 $\overline{C}(\overline{s})$ と 曲線 $C(s)$ の測地的曲率をそれぞれ $\overline{\kappa}_g(\overline{s}), \kappa_g(s)$ とすると

(♠)
$$\overline{\kappa}_g(\overline{s}) = -\kappa_g(s) \qquad (\overline{s} = -s)$$

となる．（これは，「パラメーターの向きを変えると，測地的曲率の符号が変わる」ことを示している．）以下，(♠) を示そう．

$$\overline{C}'(\overline{s}) = \big(C(-\overline{s})\big)' = -C'(-\overline{s}) = -C'(s)$$
$$\overline{C}''(\overline{s}) = \big(-C'(-\overline{s})\big)' = C''(-\overline{s}) = C''(s)$$

和をとるときに各辺で積分は打ち消し合う．

(b)

$$\int_{\nearrow} \kappa_g(s)ds + \int_{\swarrow} \kappa_g(s)ds = 0 \; {}^{*}$$

したがって総和 $\displaystyle\sum_{j=1}^{p} \int_{\partial\Delta_j} \kappa_g ds$ は 0 である．

(2) $\overline{\theta}_{ij}$ を外角 $\theta_{ij}$ に対応する内角とすると，

$$\theta_{ij} = \pi - \overline{\theta}_{ij}$$

である．

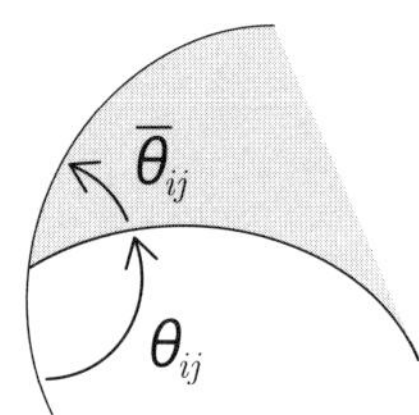


---

となる．また，$\overline{e}_1(\overline{s}), \overline{e}_2(\overline{s}), \overline{e}_3(\overline{s})$ を曲線 $\overline{C}(\overline{s})$ の動標構とすると

$$\overline{e}_1(\overline{s}) = -e_1(s), \quad \overline{e}_2(\overline{s}) = -e_2(s), \quad \overline{e}_3(\overline{s}) = e_3(s)$$

である．実際，

(i) $\overline{e}_1(\overline{s}) = \overline{C}'(\overline{s}) = -C'(s) = -e_1(s)$
(ii) $\overline{e}_2(\overline{s}), e_2(s)$ はそれぞれ，曲面 $S$ の接平面内で $\overline{e}_1(\overline{s}), e_2(s)$ を反時計回りに 90 度回転したものであるから，$\overline{e}_2(\overline{s}) = -e_2(s)$
(iii) $\overline{e}_3(\overline{s}) = \overline{e}_1(\overline{s}) \times \overline{e}_2(\overline{s}) = \big(-e_1(s)\big) \times \big(-e_2(s)\big) = e_3(s)$

である．以上から，

$$\overline{\kappa}_g(\overline{s}) = \overline{C}''(\overline{s}) \cdot \overline{e}_2(\overline{s}) = C''(s) \cdot \big(-e_2(s)\big) = -C''(s) \cdot e_2(s) = -\kappa_g(s)$$

となり，(♠) が確かめられた．

* この式が成り立つことをもう少しくわしく説明しよう．$\Delta_i$ と $\Delta_j$ が共有する辺となる曲線で，$\nearrow$ の向きの曲線と $\swarrow$ の向きの曲線を，195 ページの脚注の記述にしたがって，それぞれ $C(s), \overline{C}(\overline{s})$ とする．（ここで，$\overline{s} = -s$, $s \in [a, b]$, $\overline{s} \in [-b, -a]$ である．）このとき $\displaystyle\int_{\nearrow} \kappa_g ds = \int_a^b \kappa_g(s)ds$ であり，また，

$$\int_{\swarrow} \kappa_g ds = \int_{-b}^{-a} \overline{\kappa}_g(\overline{s})d\overline{s} \overset{\overline{s}=-s\text{ であることより}}{=} \int_b^a \overline{\kappa}_g(\overline{s})d(-s) \overset{\text{195 ページの脚注の (♠) の式より}}{=} \int_b^a \kappa_g(s)ds = -\int_a^b \kappa_g(s)ds$$

である．以上から $\displaystyle\int_{\nearrow} \kappa_g ds + \int_{\swarrow} \kappa_g ds = \int_a^b \kappa_g(s)ds - \int_a^b \kappa_g(s)ds = 0$ となる．

このとき,

$$\text{(c)} \qquad \sum_{j=1}^{p}\sum_{i=1}^{3}\theta_{ij} = \sum_{j=1}^{p}\sum_{i=1}^{3}(\pi - \overline{\theta}_{ij}) = 3\pi p - \sum_{j=1}^{p}\sum_{i=1}^{3}\overline{\theta}_{ij}$$

一方,3 角形分割の各頂点のまわりで考えると,内角 $\overline{\theta}_{ij}$ がいくつか寄り集まって $2\pi$ になっている.

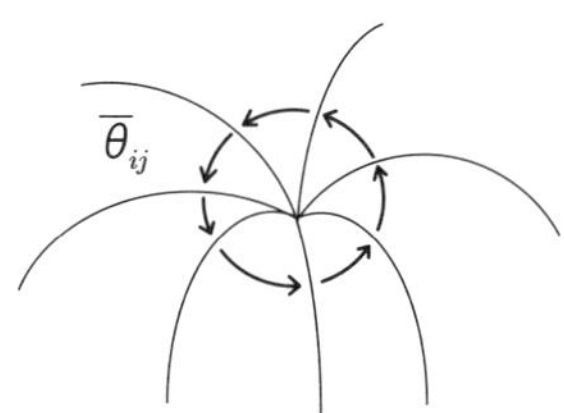


したがって,内角 $\overline{\theta}_{ij}$ の総和は頂点の数だけ $2\pi$ を加えたものである.すなわち,

$$\sum_{j=1}^{p}\sum_{i=1}^{3}\overline{\theta}_{ij} = 2\pi b_0$$

これと (c) より,

$$\sum_{j=1}^{p}\sum_{i=1}^{3}\theta_{ij} = 3\pi p - 2\pi b_0$$

以上で,主張 A の証明が終わった.□

以上のような準備のもとで,ガウス-ボネの定理は次のように示される.主張 A を考慮すると (a) より,

$$\begin{aligned}\iint_S K d\mu &= -\pi p + 2\pi b_0 \\ &= 2\pi\left(b_0 - \frac{3p}{2} + p\right) \\ &= 2\pi(b_0 - b_1 + b_2) \\ &= 2\pi\chi(S)\end{aligned}$$

以上で証明が終わった.□

**終わった,終わった・・・**

同様の議論により，境界のある曲面についても，次のような大域的なガウス-ボネの定理が得られる．

**定理 3.10.3（ガウス-ボネの定理（境界付き大域版））** なめらかな境界 $\partial S$ をもつコンパクトな曲面 $S$ に対して*，

$$\iint_S K d\mu + \int_{\partial S} \kappa_g ds = 2\pi\chi(S)$$

が成り立つ．ただし，$\kappa_g = \kappa_g(s)$ は，境界である曲線 $\partial S$ の測地的曲率とする．

この定理の証明は省略するが，境界なしの場合（定理 3.10.2）の証明と同様である．3 角形分割 $\{\Delta_j\}_{j=1}^p$ をとったときの積分の総和 $\displaystyle\sum_{j=1}^p \int_{\partial\Delta_j} \kappa_g ds$ は，3 角形 $\Delta_j$ の境界である 3 辺のうち，$S$ の内部に含まれる辺の上では，196 ページの (b) のように，2 つの積分が打ち消し合うが，境界 $\partial S$ 上にある辺の上の積分は，このような「打ち消し合い」がないのでそのまま残る．それらの総和が $\displaystyle\int_{\partial S} \kappa_g ds$ になる．

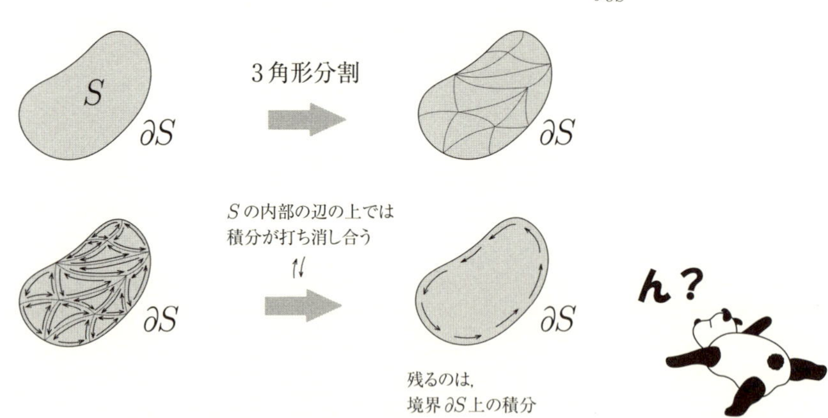


* 「コンパクトな曲面」については 249 ページの説明を参照せよ．

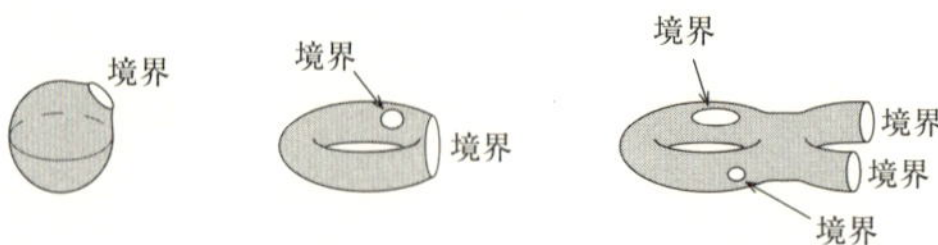


**境界をもつコンパクトな曲面たち**

この章の最後に，少し進んだ人のための注意を一つ与えておきます．(わからなくてもかまいません.)

**注意 3.10.4（余裕のある人のための注意）** 定理 3.8.3 より，

$$K d\mu = d\hat{n}$$

であることがわかり，これを閉曲面 $S$ 上で積分すると

$$(*) \qquad \int_S K d\mu = \int_S d\hat{n}$$

となる．ところが，$(*)$ の右辺の積分は，写像 $\hat{n}$ の像の，重複度を込めた面積であるので[*]，写像 $\hat{n}$ の写像度 $\deg \hat{n}$ を用いると[**]

$$\int_S d\hat{n} = (\text{単位球面の表面積}) \times \deg \hat{n} = 4\pi \deg \hat{n}$$

となる[†]．一方，閉曲面に対するガウス-ボネの定理（定理 3.10.2）により，$(*)$ の左辺の積分は $2\pi\chi(S)$ に等しい．以上から

$$\deg \hat{n} = \frac{1}{2}\chi(S)$$

という等式が得られる．すなわち，閉曲面 $S$ のガウス写像 $\hat{n}$ の写像度 $\deg \hat{n}$ は，その曲面のオイラー数 $\chi(S)$ の半分に等しいわけである．

---

[*] 裏返しに写像される部分（ヤコビアンが負の部分）では，負の値としてカウントする．

[**] 写像 $f$ の**写像度** (**degree**) とは，大ざっぱに言って，「写像 $f$ による像が，$f$ の値域を，重複度をこめて何回覆（おお）っているか」を表す数のことである．回数を計算するときには，裏返しに覆っている部分は負の値として勘定する．

[†] もう少しくわしく書くと，ここでの計算は写像 $\hat{n}$ は単位球面への写像であるので

$$\begin{aligned}\int_S d\hat{n} &= \text{写像}\,\hat{n}\,\text{の像の，重複度を込めた面積} \\ &= (\text{単位球面の表面積}) \times \text{単位球面を何回覆（おお）うかの回数} \\ &= (\text{単位球面の表面積}) \times \deg \hat{n} = 4\pi \deg \hat{n}\end{aligned}$$

である．

## 3.11 曲面のまとめ

**曲面のまとめ**

**第1基本量** $E, F, G$ ← 曲面の1階微分の情報
**第2基本量** $L, M, N$ ← 曲面の2階微分の情報

**平均曲率** $H$
**ガウス曲率** $K$
} ← 曲面の第1，第2基本量から定義される

「ガウス曲率は，実は第1基本量**だけ**で書ける」
というのが，ガウスの基本定理である．

ガウスの公式
ワインガルテンの公式

曲面

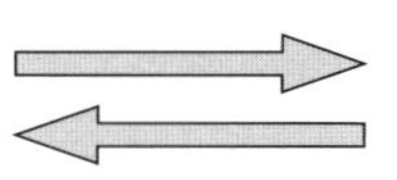

第1基本量
第2基本量

可積分条件
ガウスの方程式
コダッチ-マイナルディの方程式

**曲面のまとめ（続き）**

**ガウス-ボネの定理**

$$\iint_S K d\mu = 2\pi\chi(S) \qquad (\partial S = \emptyset \text{ のとき})$$

$$\iint_S K d\mu + \int_{\partial S} \kappa_g(s) ds = 2\pi\chi(S) \qquad (\partial S \neq \emptyset \text{ のとき})$$

## 3.12 演習問題

［1］球面 (sphere)*

$$S(u,\, v) = \begin{pmatrix} r\cos u\,\cos v \\ r\cos u\,\sin v \\ r\sin u \end{pmatrix} \qquad (-\frac{\pi}{2} \le u \le \frac{\pi}{2},\ 0 \le v < 2\pi)$$

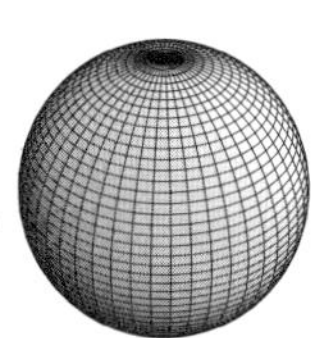

$(r > 0)$ の第 1 基本量，第 2 基本量，平均曲率，ガウス曲率を求めよ．

［2］楕円面 (ellipsoid)**

$$S(u,\, v) = \begin{pmatrix} a\cos u\,\cos v \\ b\cos u\,\sin v \\ c\sin u \end{pmatrix} \qquad (-\frac{\pi}{2} \le u \le \frac{\pi}{2},\ 0 \le v < 2\pi)$$

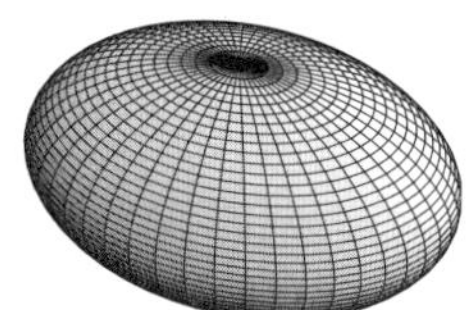

$(a,\, b,\, c > 0)$ の第 1 基本量，第 2 基本量，平均曲率，ガウス曲率を求めよ．

［3］一葉(いちよう)双曲面 (hyperboloid of one sheet)†

$$S(u,\, v) = \begin{pmatrix} a\cosh u\,\cos v \\ b\cosh u\,\sin v \\ c\sinh u \end{pmatrix} \qquad (u \in \mathbb{R},\ 0 \le v < 2\pi)$$

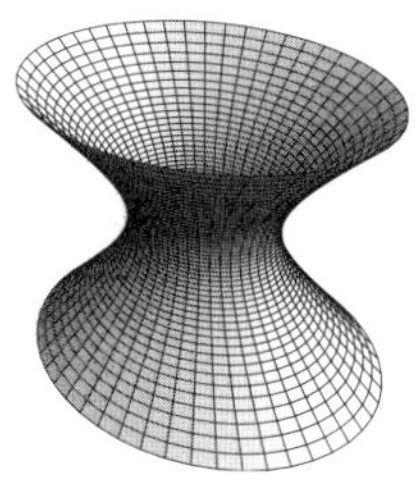

$(a,\, b,\, c > 0)$ の第 1 基本量，第 2 基本量，平均曲率，ガウス曲率を求めよ．

---

* 言うまでもないが，陰関数の形で書くと，$x^2 + y^2 + z^2 = r^2$ である．

** 陰関数の形で書くと，$\dfrac{x^2}{a^2} + \dfrac{y^2}{b^2} + \dfrac{z^2}{c^2} = 1$ である．

† 陰関数の形で書くと，$\dfrac{x^2}{a^2} + \dfrac{y^2}{b^2} - \dfrac{z^2}{c^2} = 1$ である．また，「一葉」というのは「一枚の（曲面）」という意味である．問題［4］の「二葉双曲面」と比較せよ．

[4] 二葉(によう)双曲面 (hyperboloid of two sheets)*

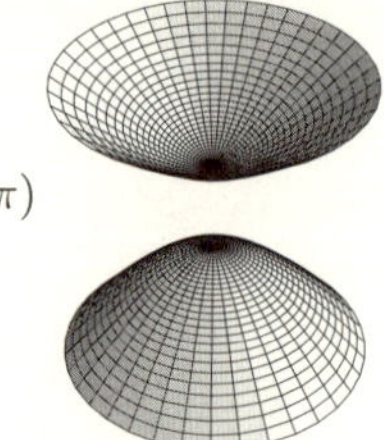

$$S(u,\,v) = \begin{pmatrix} a\sinh u\,\cos v \\ b\sinh u\,\sin v \\ c\cosh u \end{pmatrix} \qquad (u \geq 0,\ 0 \leq v < 2\pi)$$

$(a,\,b,\,c > 0)$ の第 1 基本量，第 2 基本量，平均曲率，
ガウス曲率を求めよ．

[5] 楕円放物面 (elliptic paraboloid)**

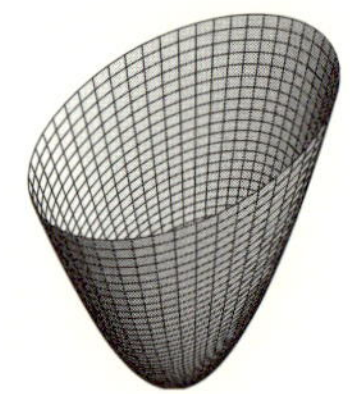

$$S(u,\,v) = \begin{pmatrix} au \\ bv \\ u^2 + v^2 \end{pmatrix} \qquad (u,\,v \in \mathbb{R})$$

$(a,\,b > 0)$ の第 1 基本量，第 2 基本量，平均曲率，
ガウス曲率を求めよ．

[6] 双曲放物面 (hyperbolic paraboloid) †

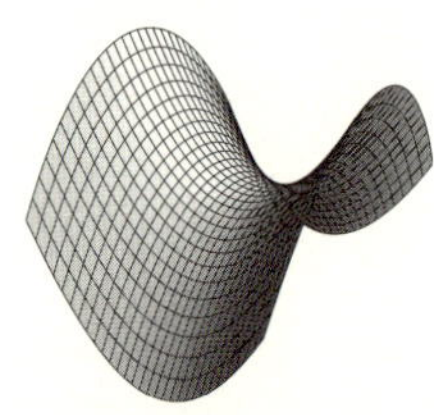

$$S(u,\,v) = \begin{pmatrix} au \\ bv \\ u^2 - v^2 \end{pmatrix} \qquad (u,\,v \in \mathbb{R})$$

$(a,\,b > 0)$ の第 1 基本量，第 2 基本量，平均曲率，
ガウス曲率を求めよ．

---

* 陰関数の形で書くと，$\dfrac{x^2}{a^2} + \dfrac{y^2}{b^2} - \dfrac{z^2}{c^2} = -1$ である．「二葉」というのは「2 枚の（曲面）」という意味であり，「**二葉**双曲面」と呼ぶわけは，曲面が $xy$ 平面に関して対称な 2 枚の曲面から構成されているからである．上記のパラメーター表示で与えられた曲面は，この 2 枚のうちの，上側にあるもの（$z$ 座標が正のもの）であり，それに対称な下側の部分は，

$$S(u,\,v) = \begin{pmatrix} a\sinh u\,\cos v \\ b\sinh u\,\sin v \\ -c\cosh u \end{pmatrix}$$

で与えられる．

** 陰関数の形で書くと，$z = \dfrac{x^2}{a^2} + \dfrac{y^2}{b^2}$ である．

† 陰関数の形で書くと，$z = \dfrac{x^2}{a^2} - \dfrac{y^2}{b^2}$ である．

[7] トーラス (torus)*

$$S(u,\,v)=\begin{pmatrix}(R+r\cos u)\cos v\\(R+r\cos u)\sin v\\r\sin u\end{pmatrix}\qquad(0\leq u,\ v<2\pi)$$

$(0<r<R)$ の第 1 基本量，第 2 基本量，平均曲率，ガウス曲率を求めよ．

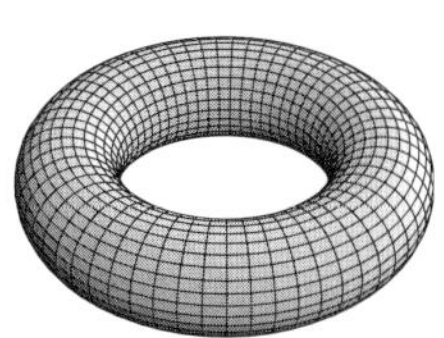

[8] 極小曲面のガウス曲率 $K$ は，曲面上のすべての点で $K\leq 0$ であることを示せ．

[9] 等温パラメーター $u,\,v(E=G,\,F=0)$ を用いると，ガウス曲率 $K$ は，

$$K=-\frac{1}{2E}\left(\frac{\partial^2}{\partial u^2}+\frac{\partial^2}{\partial v^2}\right)\log\,E$$

と表されることを示せ**．

[10] (1) 球面に同相な曲面上には‡，ガウス曲率が正となる点が少なくとも一つあることを示せ．

(2) トーラスに同相な曲面上には，ガウス曲率がゼロとなる点が少なくとも一つあることを示せ．

---

* トーラス (torus) は「輪環面」と和訳されることもある．ちなみに，3 時のおやつの時間が近づくにしたがって，「トーラス」を「ドーナツ」と言っている自分に気づくようでは，まだまだ修行が足りません．

** ここでの $\left(\frac{\partial^2}{\partial u^2}+\frac{\partial^2}{\partial v^2}\right)\log\,E$ は $\frac{\partial^2\log\,E}{\partial u^2}+\frac{\partial^2\log\,E}{\partial v^2}$ という意味である．わざわざ，こう書いたのは，$\frac{\partial^2}{\partial u^2}+\frac{\partial^2}{\partial v^2}$ という微分の操作（微分が関数に作用していると考えて「微分作用素」とか，あるいは「微分演算子」と呼ぶ）が重要であるためで，$\frac{\partial^2}{\partial u^2}+\frac{\partial^2}{\partial v^2}$ のことを記号で $\triangle$ と書いて，**ラプラシアン**とか**ラプラス作用素**とか**ラプラス演算子**とか呼ぶ．

‡（前ページ）　感覚的にわかりやすい表現でいうと，2 つの曲面が同相であるとは「**2 つの曲面が，『へこみ・でっぱり』や『伸縮のぐあい』の違いを無視して，同じような形をしている**」ということである．

球面に同相な曲面たち

球面 同相 $\approx$ 同相 $\approx$ 同相 $\approx$

トーラスに同相な曲面たち

トーラス 同相 $\approx$ 同相 $\approx$ 同相 $\approx$

念のため，正確な定義を述べておこう．**同相 (homeomorphic)** であるとは，**位相幾何学のカテゴリーで一対一写像が存在すること**，すなわち，一方から他方への**同相写像**が存在することをいう．(←これだと，少し言いかえただけやん．でもって，）写像 $f$ が**同相写像 (homeomorphism)** であるとは，「**連続写像で，逆も連続であるもの**」，すなわち，次の 2 つの条件を満たす写像のことをいう:

(1) 逆写像 $f^{-1}$ が存在する．（すなわち，$f$ は全単射である．）

(2) $f$ も $f^{-1}$ も連続写像である．

基本的には，**「位相幾何学」とは，このような同相写像で不変な性質を調べる分野である．**（同相写像によって「長さ」や「面積」は変化するので，「長さ」や「面積」は位相幾何学的対象ではない．一方，192 ページの脚注でふれたところの，曲面の「種数」は，位相幾何学的概念である．）ところで，2 つの曲面が同相であることを「一方から他方へ連続変形できる」(「連続変形」とは「まるでゴムでできているかのように伸び縮みさせることによる，一方から他方への変形」）と感覚的にとらえている人がいるかもしれないが，厳密には少し違うので注意しておこう．実際，「2 つの曲面が一方から他方へ連続変形できる」というのは，それらの曲面が存在する空間（今の状況だと，我々が住んでいる 3 次元空間 $\mathbb{R}^3$）の中で連続変形できる，ということであり，「連続変形できる」という言葉の中には「○○○の中で連続変形できる」の「○○○」が暗に含まれていることを忘れてはならない．このような「連続変形で移り合える」という状況は，ホモトピック (homotopic) とか，イソトピック (isotopic) とか呼ばれて，これも位相幾何学の概念である．

# ちょっと休憩： 球面を裏返す

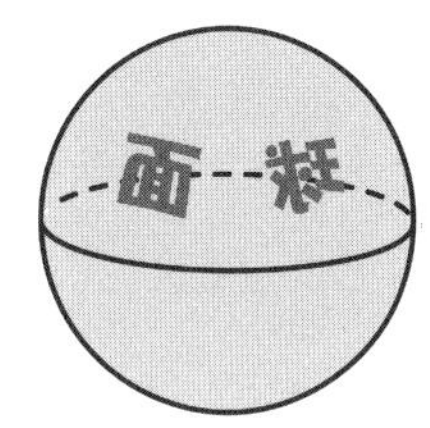

くまさん：**「球面って，なめらかに裏返せると思う？」**

はちべえ：「いきなりなんだよ．それに，球面って何だったっけ？」

くまさん：「ビーチボールの表面みたいな．」

はちべえ：「バレーボールでなくて，なんで，ビーチボールなの？」

くまさん：「ビーチボールだと空気を抜けば柔らかくて，これからの話に都合がいいんだ．球面を変形していこうという話なんだからな．」

はちべえ：「で，このビーチボールを裏返せばいいんでしょ．」

くまさん：「うん．」

はちべえ：「そりゃあんた，簡単ですがな．ここに切れ目を入れてっと．(ジョキジョキジョキ)」

くまさん：「こらこら切るんじゃない．」

はちべえ：「ビーチボールを切らずに裏返せるの？」

くまさん：「それは無理だ．」

はちべえ：「それじゃどうするの．」

くまさん：「実際のビーチボールだとできないんだが，ビーチボールの表面どうしがぶつかっても，幽霊(ゆうれい)のように通り抜けることを許すとする．」

はちべえ：「そんなお化けみたいなビーチボールにどうやって空気を入れるんだよ．」

くまさん：「だから，ビーチボールというのは，あくまでたとえ話(ばなし)で….」

はちべえ：「学校の怪談に出てきたりして．」

くまさん：「だ〜か〜ら〜，たとえ話だって言ってるだろ．これは幾何の話だからな．例えば，学生時代に，円と直線との交(まじ)わりとかやっただろ．」

はちべえ：「うわぁ〜，思い出したくない悪夢が….」

くまさん：「あれなんか，直線が円を突(つ)き抜(ぬ)いとるじゃないか (図 1)．」

はちべえ：「痛そう〜．」

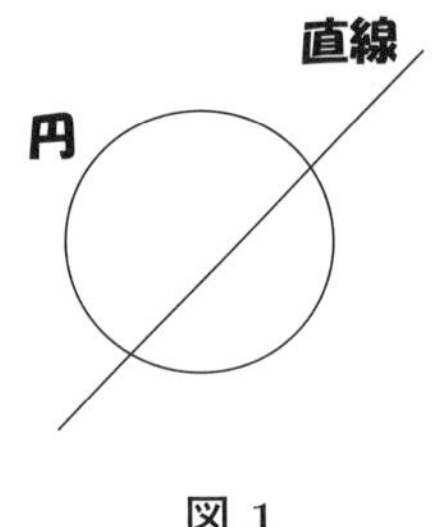


図 1

くまさん：「そうじゃなくてだな．幾何では，ある図形が他の図形と交わったり，あるいは，これから考える場合のように，**自分自身と交わることも許すんだよ．**」

はちべえ：「球面が自分自身と交わるって？」

くまさん：「ぐにゃぐにゃと変形していくんだが，ビーチボールというより，**ゴム膜（まく）でできていて，伸び縮みができる**としたほうが考えやすいだろうね．」

はちべえ：「ゴム膜？」

くまさん：「そうそう．もちろん，変形の途中で表面どうしがぶつかっても幽霊みたいに通り抜けてよいことをお忘れなく．」

はちべえ：「難しいね．」

くまさん：「そうでもないよ．例えば，表面をつまんで，ぐっと引っ張って，出てきた部分の先をもとの球面に押し込んでみるとこうなる（図 2）．」

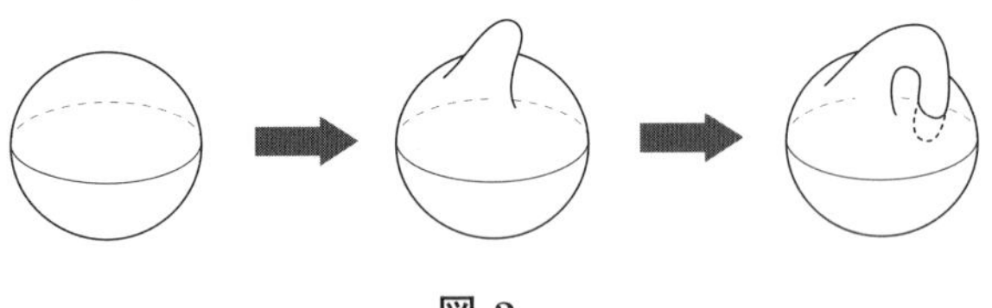

図 2

はちべえ：「なるほど．」

くまさん：「こういう『ゴム膜』のような変形を，**位相幾何学（いそうきかがく）的な変形**っていうんだ．」

はちべえ：「位相幾何？」

くまさん：「『**トポロジー**』とも呼んでいるよ．」

はちべえ：「あぁ，あの『地球にやさしい』やつだね．」

くまさん：「それは『**エコロジー**』」

はちべえ：「あ，わかった．インドの政治家だ．」

くまさん：「それは『**ガンジー**』．あのな～，『**ジー**』しか合っとらんじゃないか．」

はちべえ：「動物園でよく見かけるよね．」

くまさん：「『**チンパンジー**』かあぁ．もういい，もういい．先に進むぞ．こういう『ゴム膜』のような変形だと簡単に裏返せる．」

はちべえ：「どうするの？」

くまさん：「さっきは，つまんで外のほうに引き伸ばすという変形をしたんだが，今度は，北極点と南極点の2ヵ所をつまんで，中のほうに引き込むんだ．」

はちべえ：「あの～，手が入りません．」

くまさん：「実際に手を入れなくていいの，数学なんだから．そうやって引き込んでいくと，北極点と南極点がぶつかる．ぶつかってもさらに引き込んで，いくところまでいくと，裏返っているだろ（図3）．」

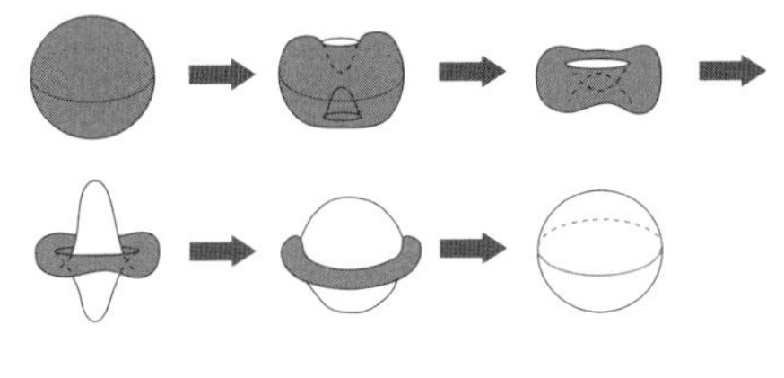

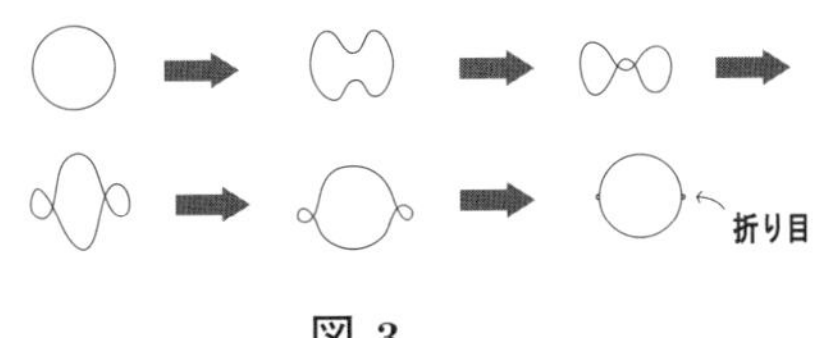


**図 3**

はちべえ：「う～ん，確かに．」

くまさん：「ところが，これからが本番だ．」

はちべえ：「えっ？ 今のは予行演習なの？」

くまさん：「この変形だと，赤道の部分が変なんじゃ．」

はちべえ：「どうして？」

くまさん：「折り目ができてしまう．数学の言葉でいうと，**連続な変形だけど，なめらかな変形じゃないんだ．**」

はちべえ：「わからん．」

くまさん：「折り目ができたり，カドができると，なめらかじゃなくなるだろ.」
はちべえ：「アイロンをあてればどう？」
くまさん：「そういう問題じゃない．折り目やカドができた時点で，なめらかでなくなるからな．なめらかな変形は**微分位相幾何学的な変形**(びぶんいそうきかがくてき)というんだ*.」
はちべえ：「ビブンイソウキカ….」
くまさん：「どうしたの.」
はちべえ：「ちょっとめまいが….」
くまさん：「なんで.」
はちべえ：「5文字以上の意味のわからない言葉を聞くと，いきなり気が遠くなって….」
くまさん：「鉄分をとれよ～.」
はちべえ：「いらんわい.」
くまさん：「さて，球面はなめらかな変形で，はたして裏返すことができるのか？」
はちべえ：「そろそろ時間のようですので，また来週.」
くまさん：「こらこら，勝手に終わるんじゃない.」
はちべえ：「折り目を作っちゃダメなんでしょう．そりゃ無理じゃない？」
くまさん：「そう言わずに少し考えてみよう.」

＊＊＊＊＊ 30分経過 ＊＊＊＊＊

はちべえ：「やっぱり裏返せないんじゃない？」
くまさん：「そう思う？」
はちべえ：「だって，どう考えたって無理だよ.」
くまさん：**「実はできるんだよ.」**
はちべえ：「え～～～～～～～？」

---

* 204ページの脚注で，**「位相幾何学は，同相写像で不変な性質を調べる分野である」**と書きましたが，この言い方でいくと，**「微分位相幾何学」は，微分同相写像で不変な性質を調べる分野である」**となります．ここで，「微分同相写像」とは，204ページの脚注の「同相写像」の定義において，「連続写像」を「なめらかな写像」に置きかえたものです．ちゃんと書くと，写像 $f$ が**微分同相写像** (**diffeomorphism**) であるとは，**「なめらかな写像で，逆も，なめらかな写像であるもの」**，すなわち，次の2つの条件を満たす写像のことをいいます：

(1) 逆写像 $f^{-1}$ が存在する．（すなわち，$f$ は全単射である．）

(2) $f$ も $f^{-1}$ もなめらかな写像である．

ここでは，「微分同相」ではなく「なめらかな変形」が出てきていますが，これも微分位相幾何学の概念です．これはちょうど，位相幾何学で「連続的な変形」が位相幾何学の概念であるのと同様です．

くまさん：「1957 年にスメイル (S. Smale) という人が証明したことなんだが*，学位論文の指導教官でさえも，最初は懐疑的（かいぎてき）であったらしい**．」

はちべえ：「誰も信じんわなー．」

くまさん：「スメイルの証明は非常に複雑で，具体的な変形の様子が見えてこなかったことも一因らしい．その後，何人かの数学者により具体的な変形の仕方が与えられたんだ．それでもなかなか複雑で，理解するのは今でも難しいよ．」

はちべえ：「そうなの．」

くまさん：「モラン (B. Morin) という人も具体的な変形を与えた人の一人なんだが，驚くべきことに，モランは**盲目の数学者**であったらしい†．」

はちべえ：「へぇー．」

くまさん：「今では変形の仕方もいろいろ改良されて，さらには，コンピュータ・グラフィクス (CG) を用いて変形の様子を見ることができる．」

はちべえ：「すごいね．どうやって変形するの？」

くまさん：「『幾何学センター』(The Geometry Center) で制作されたビデオがあるので††，見てみたらどうかな‡．」

はちべえ：「ビデオ，もってないもーん．」

くまさん：「そう言うと思って，ビデオの場面を参考にスケッチしてきたぞ（図 4）．」

はちべえ：「うぁー，なに，これ？ くまさんが描（か）いたの？」

くまさん：「うん，ビデオを見ながらな．わかりやすいじゃろ．」

はちべえ：「もう少し絵を練習してほしかったなぁ．」

くまさん：「その前に，あんたのアタマをもうちょっと訓練しろ．」

はちべえ：「これ，よくわからないよー．」

くまさん：「わからなくても，だいじょーぶ．これを見ただけでわかったら，幾何学的なセンスがあると思うよ．」

はちべえ：「それなら安心した．くまさんはどうなの？」

---

* 論文受理は 1957 年で，出版は 1959 年である．スメイルは，5 次元以上の「ポアンカレ予想」を解決した有名な数学者である．

** 本間龍雄ほか著「幾何学的トポロジー」（共立出版）の 125 ページを参照のこと．学位論文は 1956 年で，これとは別の論文のようである．

† 雑誌「数学セミナー」1987 年 9 月号の 44～46 ページに，「盲目の数学者モラン」というタイトルで，モランについてのくわしい記事が載っています．

†† 「幾何学センター」は現在閉鎖されているが，ウェブページ（アドレスは http://www.geom.uiuc.edu/）は閲覧できるようである．

‡ 「幾何学センター」で作成された「球面の裏返し」の変形の様子を解説したビデオ “Outside In” は通信販売で購入できます．販売は A K Peters, Ltd. で，アドレスは http://www.akpeters.com/ です．

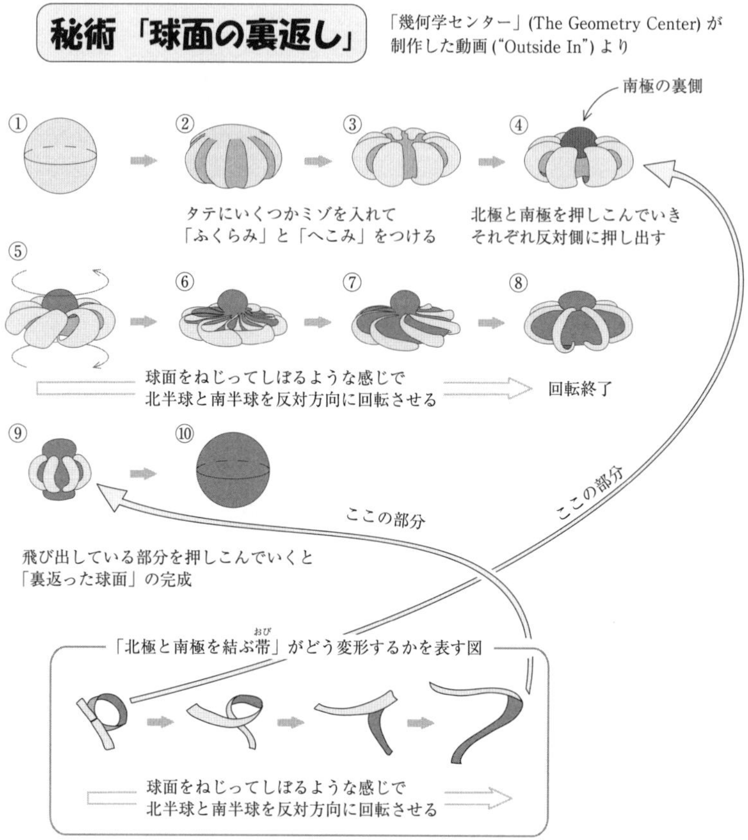
秘術「球面の裏返し」
「幾何学センター」(The Geometry Center) が
制作した動画 (“Outside In”) より
南極の裏側
①
②
③
④
タテにいくつかミゾを入れて
「ふくらみ」と「へこみ」をつける
北極と南極を押しこんでいき
それぞれ反対側に押し出す
⑤
⑥
⑦
⑧
球面をねじってしぼるような感じで
北半球と南半球を反対方向に回転させる
回転終了
⑨
⑩
ここの部分
ここの部分
飛び出している部分を押しこんでいくと
「裏返った球面」の完成
「北極と南極を結ぶ帯(おび)」がどう変形するかを表す図
球面をねじってしぼるような感じで
北半球と南半球を反対方向に回転させる

図 4

くまさん：「私はバッチリだ．日頃から『裏返し』を心がけてるもん．」
はちべえ：「言わなくていいよ．ふだんの生活を見てりゃ，だいたい想像がつくから．」

「シャツの裏返し」なら
得意
脱いだまんま・・・

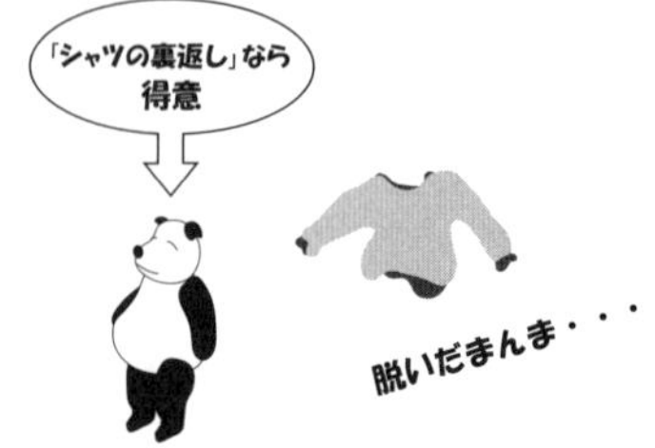

# 付録

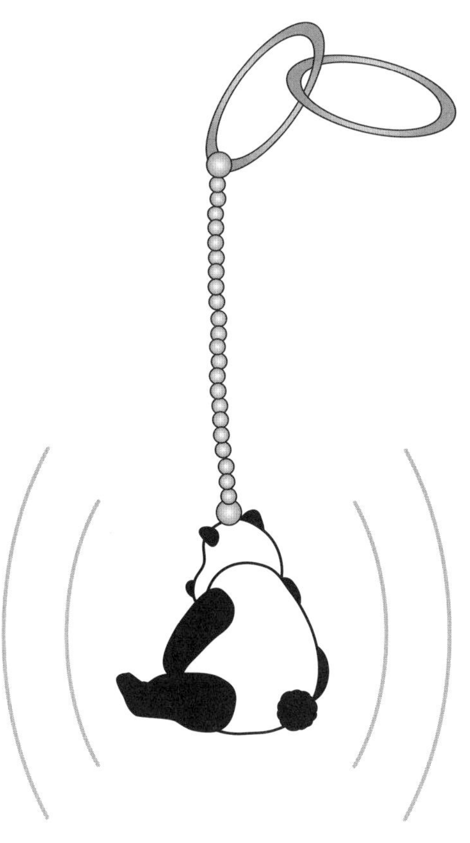

# 補　足

## A.1　テイラー展開

この節では，本文中に用いられたテイラー展開について簡単にふれておく．

**定理 A.1.1（テイラー展開——有限打ち止め版）** ある実数 $c$（$c$ は $a$ と $x$ の間の数*）が存在して**，次の式が成り立つ．

$$f(x) = \underbrace{f(a) + \frac{f'(a)}{1!}(x-a) + \frac{f''(a)}{2!}(x-a)^2 + \cdots + \frac{f^{(n)}(a)}{n!}(x-a)^n}_{\text{多項式の部分}} \quad \dagger$$

$$+ \underbrace{\frac{f^{(n+1)}(c)}{(n+1)!}(x-a)^{n+1}}_{\Uparrow\ \text{剰余項}} \quad \dagger\dagger$$

---

* $a < x$ のときは $a < c < x$ であり，また，$x < a$ のときは $x < c < a$ であるという意味である．

** $c$ は $a$ と $x$ に応じて決まる．

† 各項の係数がどうしてこの形になるのかが気になる人は，一般の多項式

$$(*) \qquad f(x) = b_0 + b_1x + b_2x^2 + \cdots + b_nx^n$$

が

$$f(x) = f(0) + \frac{f'(0)}{1!}x + \frac{f''(0)}{2!}x^2 + \cdots + \frac{f^{(n)}(0)}{n!}x^n$$

と書けることを確かめてみましょう．($(*)$ をどんどん微分して $x = 0$ を代入し，係数 $b_i$ を求めてみればすぐにわかります.)

剰余項は $n \to \infty$ のとき「多項式近似」の誤差として小さくなる場合が多い*．例えば，

**条件**

(∗) ある定数 $M$ が存在して任意の自然数 $n$ に対して

$x = a$ の近くで $|f^{(n)}(x)| \leq M$

が成り立っていれば，$n \to \infty$ のとき

$$x = a \text{ の近くで } \quad \big|\text{剰余項}\big| \to 0$$

となる．したがって，

**定理 A.1.2（テイラー展開——無限版）** (∗) の条件のもとで**，$x = a$ の近くでは

$$f(x) = f(a) + \frac{f'(a)}{1!}(x-a) + \frac{f''(a)}{2!}(x-a)^2 + \cdots + \frac{f^{(n)}(a)}{n!}(x-a)^n + \cdots$$

が成り立つ．

以上からわかるように，**「一般の関数を多項式で近似しよう」というのが，テイラー展開であり，どんな関数も多項式の議論に帰着できる**という意味で

**テイラー展開は，微分法の最終兵器である**†**.**

†† (前ページ)　$c$ は $x$ により決まるので，$f^{(n+1)}(c)$ は $x$ の関数であり，関数 $f(x)$ の多項式近似の誤差の部分がここに集約されている．また，$f$ が $C^{n+1}$ 級の場合は，$x \to a$ のとき，

$$f(x) = f(a) + \frac{f'(a)}{1!}(x-a) + \frac{f''(a)}{2!}(x-a)^2 + \cdots + \frac{f^{(n)}(a)}{n!}(x-a)^n + O((x-a)^{n+1})$$

と書ける．ここで，$O$ はランダウ (Landau) の記号で，$x \to a$ のとき，$\left|\dfrac{g(x)}{(x-a)^k}\right| \leq C$ (定数)，すなわち，$|g(x)| \leq C|(x-a)|^k$ となる場合に，$g(x) = O\big((x-a)^k\big)$ と表す．

* **値としては「剰余項」は無視できるほど小さくなる**かもしれないが，テイラー展開で剰余項を除くと，残りは多項式という，きわめて "単純" なものになるので，**もとの関数の本質的に複雑な "性格" の部分は剰余項に集約されている**ことを忘れてはならない．

** 多くの場合，上の条件 (∗) を満たし，このような多項式による無限級数に展開できる．

## A.2 ベクトルの外積

ここでは，ベクトルの外積について，簡単にまとめておく．この節では，ベクトルを $\boldsymbol{a}, \boldsymbol{b}, \cdots$ というように太字で表すことにする．（これは，単に「視覚的なわかりやすさ」のためである．本文中では，他の記号と同様に，ベクトルにも太字を用いてはいない．）

**定義 A.2.1（ベクトルの外積）** ベクトル $\boldsymbol{a} = (a_1, a_2, a_3)$ と $\boldsymbol{b} = (b_1, b_2, b_3)$ に対して

$$\boldsymbol{a} \times \boldsymbol{b} = \left( \begin{vmatrix} a_2 & a_3 \\ b_2 & b_3 \end{vmatrix}, \begin{vmatrix} a_3 & a_1 \\ b_3 & b_1 \end{vmatrix}, \begin{vmatrix} a_1 & a_2 \\ b_1 & b_2 \end{vmatrix} \right)$$

$$= (a_2 b_3 - a_3 b_2,\ a_3 b_1 - a_1 b_3,\ a_1 b_2 - a_2 b_1)\ ^{*}$$

とおいて，$\boldsymbol{a}$ と $\boldsymbol{b}$ の**外積** (**exterior product**) と呼ぶ[**]．ここで，$\begin{vmatrix} p & q \\ r & s \end{vmatrix}$ は，行列 $\begin{pmatrix} p & q \\ r & s \end{pmatrix}$ の行列式，すなわち，

$$\begin{vmatrix} p & q \\ r & s \end{vmatrix} = ps - qr$$

であるとする．

† （前ページ）「問題解決の方針が多項式の議論に単純化される」という意味で「最終兵器」なのであって，問題解決に必要な計算量は少なくなるわけではない．実際，テイラー展開するためには，必要な階数まで，与えられた関数 $f(x)$ を微分していかなければならない．また，テイラー展開が理論上は「最終兵器」であっても，テイラー展開を使用しないと解決が困難である問題は少ないし，必要のない場面でわざわざ用いることもない．ちなみに「簡単な問題でも大道具をもち出して解決しようとする」ことを**「スズメを波動砲で撃つような行為」**と呼ぶ．

外積の幾何学的意味は，後出の命題 A.2.3 で述べる．ここでは，定義から直ちに導かれる代数的な性質を列挙しておこう．

**補題 A.2.2（外積の代数的性質）**

(1)　$\boldsymbol{a} \times \boldsymbol{b} = -\boldsymbol{b} \times \boldsymbol{a}$

(2)　$(\lambda \boldsymbol{a}) \times \boldsymbol{b} = \boldsymbol{a} \times (\lambda \boldsymbol{b}) = \lambda(\boldsymbol{a} \times \boldsymbol{b})$

(3)　$\boldsymbol{a} \times (\boldsymbol{b} + \boldsymbol{c}) = \boldsymbol{a} \times \boldsymbol{b} + \boldsymbol{a} \times \boldsymbol{c}$

　　$(\boldsymbol{a} + \boldsymbol{b}) \times \boldsymbol{c} = \boldsymbol{a} \times \boldsymbol{c} + \boldsymbol{b} \times \boldsymbol{c}$

(4)　$(\boldsymbol{a} \times \boldsymbol{b}) \cdot \boldsymbol{c} = (\boldsymbol{b} \times \boldsymbol{c}) \cdot \boldsymbol{a} = (\boldsymbol{c} \times \boldsymbol{a}) \cdot \boldsymbol{b} = \det(\boldsymbol{a},\ \boldsymbol{b},\ \boldsymbol{c})$ *

(5)　$\|\boldsymbol{a} \times \boldsymbol{b}\|^2 + |\boldsymbol{a} \cdot \boldsymbol{b}|^2 = \|\boldsymbol{a}\|^2\,\|\boldsymbol{b}\|^2$

**証明**　$\boldsymbol{a} = (a_1, a_2, a_3)$, $\boldsymbol{b} = (b_1, b_2, b_3)$, $\boldsymbol{c} = (c_1, c_2, c_3)$ とする．

(1) : $\begin{vmatrix} a_2 & a_3 \\ b_2 & b_3 \end{vmatrix} = -\begin{vmatrix} b_2 & b_3 \\ a_2 & a_3 \end{vmatrix}$ などに注意すれば，定義から直ちに得られる．

(2) : $\begin{vmatrix} \lambda a_2 & \lambda a_3 \\ b_2 & b_3 \end{vmatrix} = \begin{vmatrix} a_2 & a_3 \\ \lambda b_2 & \lambda b_3 \end{vmatrix} = \lambda \begin{vmatrix} b_2 & b_3 \\ a_2 & a_3 \end{vmatrix}$ などに注意すれば，定義から直ちに得られる．

(3) : $\begin{vmatrix} \lambda a_2 & \lambda a_3 \\ b_2 + c_2 & b_3 + c_3 \end{vmatrix} = \begin{vmatrix} a_2 & a_3 \\ b_2 & b_3 \end{vmatrix} + \begin{vmatrix} b_2 & b_3 \\ c_2 & c_3 \end{vmatrix}$ などに注意すれば，1 つめの等式は定義から直ちに得られる．2 つめの等式は，1 つめの等式と (1) から得られる．

(4) : 計算により

$$(*) \quad (\boldsymbol{a} \times \boldsymbol{b}) \cdot \boldsymbol{c} = (a_1b_2c_3 + a_2b_3c_1 + a_3b_1c_2) - (a_3b_2c_1 + a_2b_1c_3 + a_1b_3c_2)$$

---

* （前ページ）「添え字 1, 2, 3 について周期的になっていること」に注意しておけば，外積の定義を忘れても思い出すのは容易である．

** （前ページ）　たまに「ベクトルの**外積**は，ベクトルの**内積**と対応しているのですか？」と聞いてくる人がいるが，ベクトルの内積は “**inner** product” であって “**interior** product” **ではない**ので，対応しているわけではない．

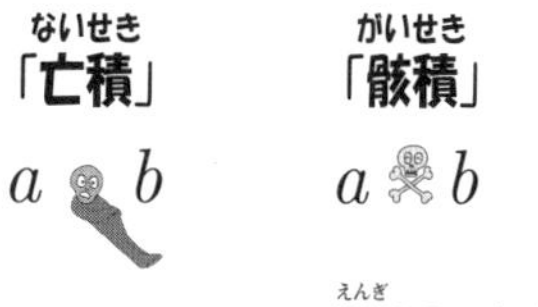

$$= \det(\boldsymbol{a},\ \boldsymbol{b},\ \boldsymbol{c})$$

となり，同様に $(\boldsymbol{b}\times\boldsymbol{c})\cdot\boldsymbol{a}$ と $(\boldsymbol{c}\times\boldsymbol{a})\cdot\boldsymbol{b}$ も上記の右辺に等しいことが計算で確かめられる[†].

(5) ：計算により

$$\begin{aligned}\|\boldsymbol{a}\times\boldsymbol{b}\|^2 &= (a_2b_3-a_3b_2)^2+(a_3b_1-a_1b_3)^2+(a_1b_2-a_2b_1)^2\\ &= (a_1^2+a_2^2+a_3^2)(b_1^2+b_2^2+b_3^2)-(a_1b_1+a_2b_2+a_3b_3)^2\\ &= \|\boldsymbol{a}\|^2\,\|\boldsymbol{b}\|^2-|\boldsymbol{a}\cdot\boldsymbol{b}|^2\end{aligned}$$

となる． □

**命題 A.2.3（外積の幾何学的意味）** 外積 $\boldsymbol{a}\times\boldsymbol{b}$ は，次の 3 つの性質を満たすベクトルである[††]:

(1) ベクトル $\boldsymbol{a}\times\boldsymbol{b}$ は，ベクトル $\boldsymbol{a}, \boldsymbol{b}$ と直交する．

(2) ベクトル $\boldsymbol{a}\times\boldsymbol{b}$ の大きさは，「ベクトル $\boldsymbol{a}$ とベクトル $\boldsymbol{b}$ で作られる平行四辺形の面積」に等しい．（したがって，特に，「ベクトル $\boldsymbol{a}, \boldsymbol{b}$ が**線形独立であること**」と「ベクトル $\boldsymbol{a}\times\boldsymbol{b}$ が**ゼロベクトルでないこと**」は同値である[‡]．）

---

* （前ページ） $\det(\boldsymbol{a},\ \boldsymbol{b},\ \boldsymbol{c})$ は，ベクトル $\boldsymbol{a},\boldsymbol{b},\boldsymbol{c}$ を縦ベクトルと見て，この順に並べてできた 3 次の正方行列の行列式である．横ベクトルのままだと，$\det\begin{pmatrix}\boldsymbol{a}\\ \boldsymbol{b}\\ \boldsymbol{c}\end{pmatrix}$ と書くべきだが，この書き方にせよ，縦ベクトルの成分表示にせよ，いずれにしても場所をとってしまう．**数学にも，このような「整合性」と「省約性」の対立に悩まされる場面があるのは，人生と同じである．**

なお，$(\boldsymbol{a}\times\boldsymbol{b})\cdot\boldsymbol{c}=\boldsymbol{a}\cdot(\boldsymbol{b}\times\boldsymbol{c})$ であることに注意すれば（これは，実際，$(\boldsymbol{a}\times\boldsymbol{b})\cdot\boldsymbol{c} \overset{\text{上記の補題 A.2.2 の (4) より}}{=} (\boldsymbol{b}\times\boldsymbol{c})\cdot\boldsymbol{a} \overset{\text{内積の交換可能性}}{=} \boldsymbol{a}\cdot(\boldsymbol{b}\times\boldsymbol{c})$ からわかる．）

$$\det(\boldsymbol{a},\ \boldsymbol{b},\ \boldsymbol{c}) = (\boldsymbol{a}\times\boldsymbol{b})\cdot\boldsymbol{c} = \boldsymbol{a}\cdot(\boldsymbol{b}\times\boldsymbol{c})$$

であり，覚えやすい形であろう．（$(\boldsymbol{a}\times\boldsymbol{b})\cdot\boldsymbol{c}$ と $\boldsymbol{a}\cdot(\boldsymbol{b}\times\boldsymbol{c})$ は，$\boldsymbol{a}, \boldsymbol{b}, \boldsymbol{c}$ の順に並んでいて，外積 $\times$ と内積 $\cdot$ の位置は逆なので，公式を頭に入れるときも，外積と内積の並んでいる順番を気にしなくてよいからである．ただ，計算する順番は $\times, \cdot$ の順なので，カッコを忘れないように．）また，このとき，上記の補題 A.2.2 の (4) は

$$\boldsymbol{a}\cdot(\boldsymbol{b}\times\boldsymbol{c}) = \boldsymbol{b}\cdot(\boldsymbol{c}\times\boldsymbol{a}) = \boldsymbol{c}\cdot(\boldsymbol{a}\times\boldsymbol{b}) = \det(\boldsymbol{a},\ \boldsymbol{b},\ \boldsymbol{c})$$

の形にも書ける．

† $(\boldsymbol{b}\times\boldsymbol{c})\cdot\boldsymbol{a}$, $(\boldsymbol{c}\times\boldsymbol{a})\cdot\boldsymbol{b}$ を実際に計算しなくても，$(*)$ の 1 つめの等式の右辺は，添え字 1, 2, 3 について周期的であるから，$\boldsymbol{a}, \boldsymbol{b}, \boldsymbol{c}$ をこの順に入れかえても，値が変わらないことがわかる．同じことだが，行列式でいうと，$\det(\boldsymbol{a},\ \boldsymbol{b},\ \boldsymbol{c}) = \det(\boldsymbol{b},\ \boldsymbol{c},\ \boldsymbol{a}) = \det(\boldsymbol{c},\ \boldsymbol{a},\ \boldsymbol{b})$ である．（これらの等式はそれぞれ，286 ページの「行列式の交代性」を 2 回適用したものである．）

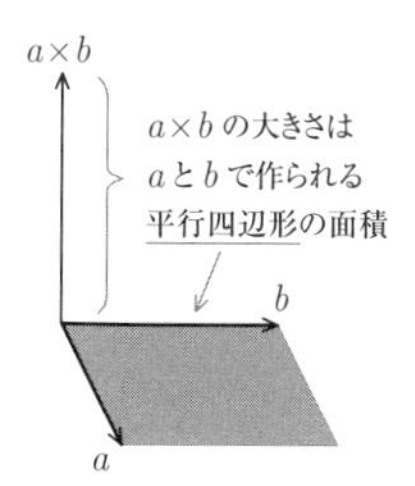


(3)　ベクトル $\boldsymbol{a}, \boldsymbol{b}, \boldsymbol{a} \times \boldsymbol{b}$ は，この順で右手系をなす*.

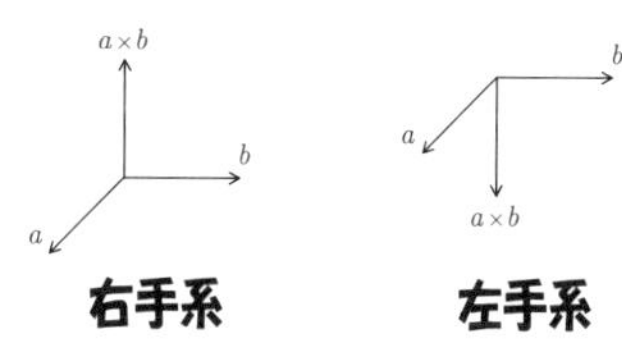


**証明**　$\mathrm{a} = (a_1, a_2, a_3)$, $\mathrm{b} = (b_1, b_2, b_3)$, $\mathrm{c} = (c_1, c_2, c_3)$ とする.

(1)：$(\boldsymbol{a} \times \boldsymbol{b}) \cdot \boldsymbol{a} = a_1a_2b_3 - a_3a_1b_2 + a_2a_3b_1 - a_1a_2b_3 + a_3a_1b_2 - a_2a_3b_1 = 0$
　　であるから，ベクトル $\boldsymbol{a} \times \boldsymbol{b}$ とベクトル $\boldsymbol{a}$ は直交する**.

---

†† (前ページ)　この 3 つの性質で，ベクトル $\boldsymbol{a} \times \boldsymbol{b}$ は一意的に定まることが確かめられる．したがって，逆に，この 3 つの性質で外積 $\boldsymbol{a} \times \boldsymbol{b}$ を定義することも可能である.

‡ (前ページ)「$\boldsymbol{a}$ とベクトル $\boldsymbol{b}$ で作られる平行四辺形の面積に等しい」という主張から，「ベクトル $\boldsymbol{a}, \boldsymbol{b}$ が**線形従属であること**」(すなわち，ベクトル $\boldsymbol{a}$ とベクトル $\boldsymbol{b}$ が同じ方向，あるいは，逆の方向を向いている) と「ベクトル $\boldsymbol{a} \times \boldsymbol{b}$ の大きさが**ゼロであること**」が同値であることは容易に確かめられる．これは，すなわち，「ベクトル $\boldsymbol{a}, \boldsymbol{b}$ が**線形従属であること**」と「ベクトル $\boldsymbol{a} \times \boldsymbol{b}$ が**ゼロベクトルであること**」が同値であることを示している．これを言いかえると，求める主張になる.

* **右手**の親指，人差し指，中指で直交座標軸を作ったとき，その相互の位置関係の状態が右手系である．親指，人差し指，中指の順に右手系をなしているという.

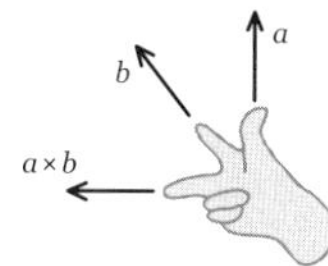


ちなみに，**電磁気学の「フレミングの左手の法則」**は，左手だが，中指，人差し指，親指の順に「電 (流)，磁 (界)，(ローレンツ) 力」を表しているので，**「電，磁，力」はこの順に右手系をなしている**ことに注意しよう．ただ，「右手系」と「左手系」の区別は，単に向きを区別するための単なるラベルであり，区別さえできれば，名称はどうでもよい.

** 定義より $\boldsymbol{a} \times \boldsymbol{a} = 0$ であることに注意すれば，補題 A.2.2 の (4) より，直ちに

$$(\boldsymbol{a} \times \boldsymbol{b}) \cdot \boldsymbol{a} = (\boldsymbol{a} \times \boldsymbol{a}) \cdot \boldsymbol{b} = 0$$

が得られるので，$\boldsymbol{a} \times \boldsymbol{b}$ と $\boldsymbol{a}$ は直交している.

(2) ：2 つのベクトル $\boldsymbol{a}, \boldsymbol{b}$ のなす角度を $\theta$ とすると，補題 A.2.2 の (5) より

$$\begin{aligned}\|\boldsymbol{a}\times\boldsymbol{b}\|^2 &= \|\boldsymbol{a}\|^2\|\boldsymbol{b}\|^2 - (\boldsymbol{a}\cdot\boldsymbol{b})^2 \\ &= \|\boldsymbol{a}\|^2\|\boldsymbol{b}\|^2 - \|\boldsymbol{a}\|^2\|\boldsymbol{b}\|^2\cos^2\theta \\ &= \|\boldsymbol{a}\|^2\|\boldsymbol{b}\|^2\sin^2\theta\end{aligned}$$

となり，したがって，

$$\|\boldsymbol{a}\times\boldsymbol{b}\| = \|\boldsymbol{a}\|\,\|\boldsymbol{b}\|\,|\sin\theta|$$

が得られる．この等式の右辺は，ベクトル $\boldsymbol{a}$ とベクトル $\boldsymbol{b}$ で作られる平行四辺形の面積に等しい．

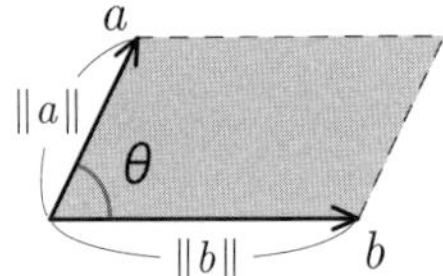


(3) ：ベクトル $\boldsymbol{a}$ と $\boldsymbol{b}$ が線形従属のときは，両辺が 0 となり等しいので，$\boldsymbol{a}$ と $\boldsymbol{b}$ は線形独立であるとしてよい．そこで，

(♯) $\qquad \boldsymbol{a}\times\boldsymbol{b} = 0 \Longleftrightarrow$ ベクトル $\boldsymbol{a}$ と $\boldsymbol{b}$ が線形従属である

であることに注意すると，線形独立な任意の 2 つのベクトル $\boldsymbol{a}, \boldsymbol{b}$ に対して，$\boldsymbol{a}$ と $\boldsymbol{b}$ が線形独立なまま，連続的に変形していっても $\boldsymbol{a}, \boldsymbol{b}, \boldsymbol{a}\times\boldsymbol{b}$ がこの順での向き（右手系か左手系かの区別）は変わらない*．そこで，そのような変形で，$\boldsymbol{a} = (1, 0, 0), \boldsymbol{b} = (0, 1, 0)$ の位置にまでもってきてやると，外積の定義式により $\boldsymbol{a}\times\boldsymbol{b} = (0, 0, 1)$ であることがわかる．

---

* $\boldsymbol{a}, \boldsymbol{b}$ がゼロベクトルでないから，連続変形で $\boldsymbol{a}, \boldsymbol{b}, \boldsymbol{a}\times\boldsymbol{b}$ が右手系から左手系になるためには，変形の途中で $\boldsymbol{a}\times\boldsymbol{b}$ が 0 にならなければならない．

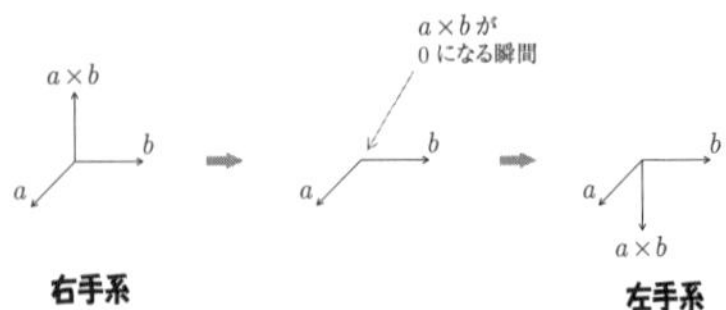


このとき，(♯) より，ベクトル $\boldsymbol{a}$ と $\boldsymbol{b}$ は線形従属になってしまうから，このようなことは起こらない．

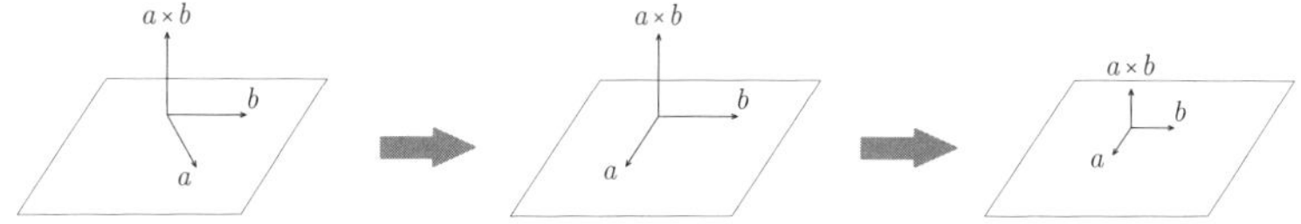


これは，右手系であることを示しているから，もともとのベクトル $\boldsymbol{a}, \boldsymbol{b}, \boldsymbol{a} \times \boldsymbol{b}$ もこの順で右手系であることがわかった．　□

くまさん：「それはそうと，インドでは右手でゴハン食べて，左手でウンコふくんだよね*.」

はちべえ：「ぶっ，きたねー．人がカレー食べてるときに変な話をするんじゃねー.」

くまさん：「だからインドでは右手系か左手系かは重大な問題なんだ.」

はちべえ：「もういいからやめてくれー.」

くまさん：「でもって，左手で握手されたら，その場で射殺だ.」

はちべえ：「ホントかよ.」

くまさん：「でも，サウスポーの人はどうするんだろ.」

はちべえ：「スナップきかせるとキレイにふけるんじゃない.」

くまさん：「そういう問題じゃないだろ.」

## A.3　積分の平均値の定理

**命題 A.3.1（積分の平均値の定理）**　$\mathbb{R}^2$ の有界な領域 $D$ が滑らかな境界 $\partial D$ をもつとする**．このとき，$\overline{D} = D \cup \partial D$ 上で定義された連続関数 $f(x, y)$ に対して，ある $(x_0, y_0) \in D$ が存在して

$$\int_D f(x, y)\,dxdy = f(x_0, y_0) \int_D dxdy$$

となる．

**証明**　関数 $f(x, y)$ の $\overline{D}$ における最小値と最大値をそれぞれ，$M_1$, $M_2$ とする**．

* 日本人は右手で箸(はし)をもち，同じ右手でウンコをふいています．これは文化の違いです．

** いろいろと仮定をつけたが，実際は「面積をもつ有界な領域 $D$ と，有界な連続関数 $f(x)$ に対して」成り立つ．ここでの「連続関数 $f(x)$ の $D$ における有界性」の仮定は，上記の定理の「連続関数 $f(x)$ の $\overline{D}$ における連続性」から導かれる．（すなわち，連続関数は，有界な閉集合 $\overline{D}$ 上連続ならば，$D$ 上有界である．）また，$D$ が面積をもつとは，積分 $\int_D dxdy$ が存在するということである．

$f(x, y)$ が連続関数であるから，$M_1 \leq r \leq M_2$ である任意の $r$ に対して，$f(x_0, y_0) = r$ となる $(x_0, y_0) \in D$ が存在する（中間値の定理）†．そこで，

$$r = \frac{\displaystyle\int_D f(x, y)\, dxdy}{\displaystyle\int_D dxdy}$$

とおくと，$M_1 \leq f(x, y) \leq M_2$ であることに注意すれば，$M_1 \leq r \leq M_2$ であることが容易に確かめられる††．したがって，上記のことから，$f(x_0, y_0) = r$ となる $(x_0, y_0) \in D$ が存在するが，これが求める結論になっている．□

一変数の微積分で，積分の平均値の定理というと

> 区間 $[a, b]$ 上の連続関数 $f(x)$ に対して，ある $c \in [a, b]$ が存在して
>
> $$(*) \qquad \int_a^b f(x)dx = f(c)\,(b-a)$$
>
> が成り立つ‡

というものであるが，$(*)$ を

---

** （前ページ） 最大値・最小値が存在するのは，$\overline{D}$ が有界な閉集合であるからで，「有界閉集合上の連続関数は最大値（および，最小値）をもつ」という結果を適用する．実は，最大値・最小値の代わりに，上限・下限で議論が適用できるので，「関数 $f(x)$ が有界な領域 $D$ で連続である」というぐらいの仮定で OK である．

† ちなみに，一変数関数に対する「中間値の定理」は「実数の連続性」（例えば，「コーシー列は収束する」とか「有界集合は上限をもつ」とか）と同等なので，中間値の定理は出発点として（証明なしに）認めてしまうという手もありうる．

†† $M_1 \leq f(x, y) \leq M_2$ の辺々を $D$ 上で積分すると，$M_1 \displaystyle\int_D dxdy \leq \int_D f(x, y)dxdy \leq M_2 \int_D dxdy$ となり，$r$ の定義に注意すると，求める不等式が得られる．

‡ この「積分の平均値の定理」は，

> **平均値の定理** 区間 $[a, b]$ 上で連続で，$(a, b)$ 上で微分可能な関数 $F(x)$ に対して，ある $c \in (a, b)$ が存在して
>
> $$(**) \qquad F(b) - F(a) = F'(c)(b-a)$$
>
> となる

において，$F(x) = \displaystyle\int_a^x f(y)dy$ とおいても得られる．ちなみに，$(**)$ は

$$\frac{F(b) - F(a)}{b-a} = F'(c)$$

という形に書き直されて，「平均変化率（左辺のこと）にちょうど等しいような瞬間変化率（右辺のこと）が存在する」という形で説明されることもある．

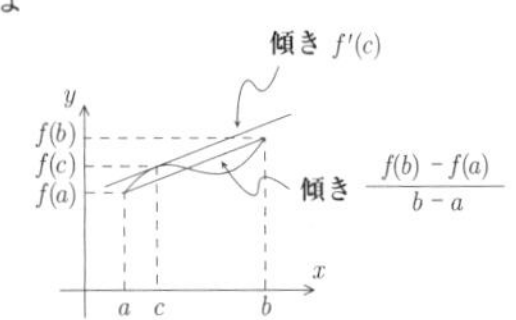

$$\int_a^b f(x)dx = f(c)\int_a^b dx$$

と書き直せば，定理 A.3.1 がその拡張になっていることは明らかであろう．等式 $(*)$ は，関数のグラフをイメージして考えると，平均の高さ $f(c)$ というものがあって，積分 $\displaystyle\int_a^b f(x)dx$ は，「底辺の長さ $\displaystyle\int_a^b dx = b - a$ に，高さ $f(c)$ をかけたもの」に等しいということである．同様に，定理 A.3.1 についても，平均の高さ $f(x_0, y_0)$ というものがあって，積分 $\displaystyle\int_D f(x, y)\,dxdy$ は，「底面積 $\displaystyle\int_D dxdy$ に，高さ $f(x_0, y_0)$ をかけたもの」に等しいということを言っている．

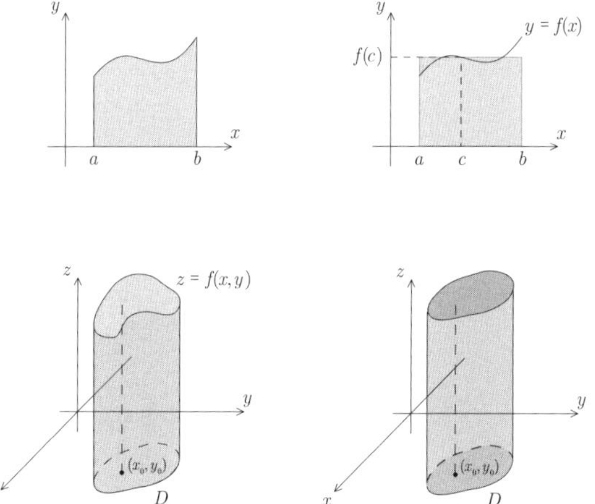


## A.4　ガウス-グリーンの公式

ここでは，ガウス-ボネの定理（定理 3.10.1）の証明に用いられたガウス-グリーン (Gauss-Green) の公式についてふれておこう*.

---

*（「微分形式」を知っている人に対する脚注）　ガウス-グリーンの公式は，もっと単純で美しいストークス (Stokes) の定理

$$(*)\qquad \int_{\partial D}\alpha = \int_D d\alpha \qquad (\alpha\text{ は微分形式})$$

から導かれることに注意しておこう．実際，$\alpha = fdx + gdy$ とおくと $d\alpha = \dfrac{\partial f}{\partial y}dy\wedge dx + \dfrac{\partial g}{\partial x}dx\wedge dy = -\dfrac{\partial f}{\partial y}dx\wedge dy + \dfrac{\partial g}{\partial x}dx\wedge dy$ であるから，これらをストークスの定理 $(*)$ に代入すればよい．ストークスの定理は，**境界をとる操作 $\partial$ と（微分形式に対する）微分をとる操作 $d$ が双対 (dual) である**ことを示しており，ホモロジーとコホモロジーの双対性を暗示するなど，含蓄（がんちく）のある内容となっている．

**命題 A.4.1（ガウス-グリーンの公式）** $\mathbb{R}^2$ の有界な領域 $D$ が有限個のなめらかな境界 $\partial D$ をもつとする．このとき，$\overline{D} = D \cup \partial D$ 上の $C^1$ 級の関数 $f(x, y)$, $g(x, y)$ に対して，次が成り立つ．

$$\int_D \left( -\frac{\partial f}{\partial y} + \frac{\partial g}{\partial x} \right) dxdy = \int_{\partial D} (fdx + gdy)$$

となる．

**証明** 以下の 2 つの等式を示してやれば十分である．

(1) $$\int_D \frac{\partial f}{\partial y} dxdy = -\int_{\partial D} fdx$$

(2) $$\int_D \frac{\partial g}{\partial x} dxdy = \int_{\partial D} gdy$$

まず (1) を示そう．領域 $D$ を下図のように，$y$ 軸に平行な直線で分割してやることにより，領域 $D_1, D_2, \cdots, D_n$ に分割する．

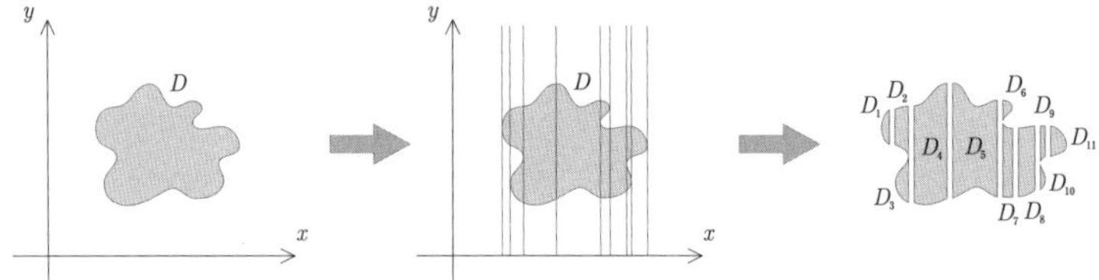


このとき $D$ の代わりに各 $D_j$ $(j = 1, 2, \cdots, n)$ について，(1) が成り立つこと，すなわち

(1′) $$\int_{D_j} \frac{\partial f}{\partial y} dxdy = -\int_{\partial D_j} fdx$$

であることを示してやれば (1) の証明が終わる．実際，

$$\int_D \frac{\partial f}{\partial y} dxdy = \sum_{j=1}^{n} \int_{D_j} \frac{\partial f}{\partial y} dxdy \overset{(1')\text{より}}{=} -\sum_{j=1}^{n} \int_{\partial D_j} fdx = -\int_{\partial D} fdx$$

となって，(1) が得られるからである．ここで，この式の最後の等式 $\displaystyle\sum_{j=1}^{n} \int_{\partial D_j} fdx = \int_{\partial D} fdx$ が成り立つのは，$y$ 軸に平行な線分（$L$ とする）を共有するすべての $D_j$ を

考えると，境界上の積分 $\displaystyle\int_{\partial D_j} f dx$ のうちの $L$ に含まれる線分上の積分の総和は，向きの違いを考慮すると打ち消し合ってゼロになるからである．

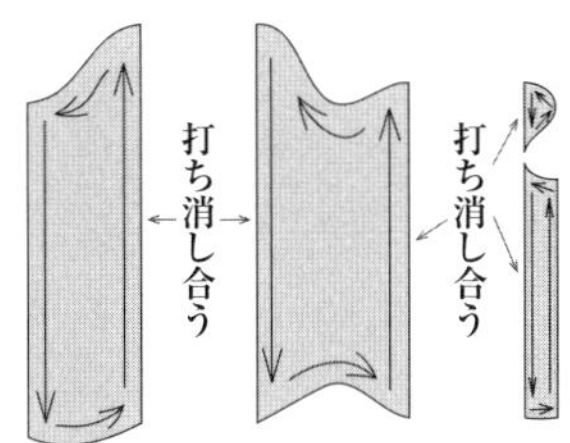


以上から，(1′) を示せば十分であることがわかった．以下，(1′) を示そう．領域 $D_j$ は，（1つ，あるいは，2つの）$y$ 軸に平行な線分と，関数 $y = \varphi_1(x)$, $y = \varphi_2(x)$ で表される曲線で囲まれた領域である．

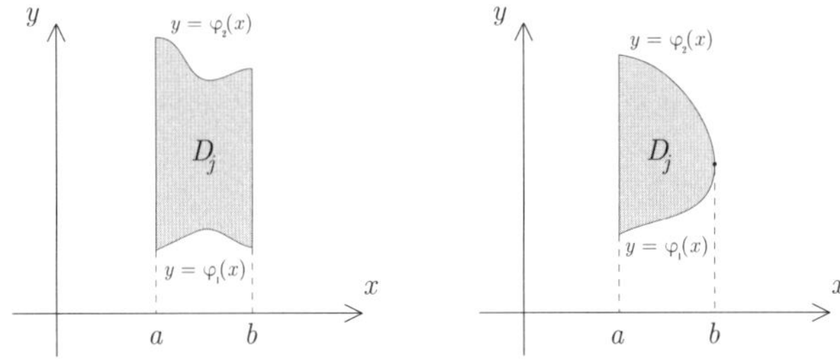


このとき

$$(3)\quad \int_{D_j} \frac{\partial f}{\partial y}\, dxdy = \int_a^b \left( \int_{\varphi_1(x)}^{\varphi_2(x)} \frac{\partial f}{\partial y} dy \right) dx = \int_a^b \big( f(x,\, \varphi_2(x)) \ - \ f(x,\, \varphi_1(x)) \big) dx$$

となる．一方，境界 $\partial D$ 上の積分 $\displaystyle\int_{\partial D_j} f(x,\, y)dx$ で，$y$ 軸に平行な線分上では，明らかに，積分 $\displaystyle\int f(x,\, y)dx$ はゼロである．（例えば，下図のような場合，$\displaystyle\int_{C_3} f(x,\, y)dx = 0$, $\displaystyle\int_{C_4} f(x,\, y)dx = 0$ である．）

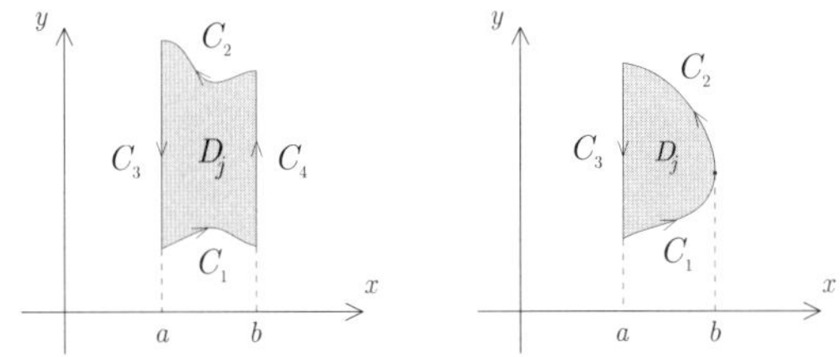

$$
(4) \qquad \int_{\partial D_j} f(x, y)dx = \int_{C_1} f(x, y)dx + \int_{C_2} f(x, y)dx
= \int_a^b f(x, \varphi_1(x))dx - \int_a^b f(x, \varphi_2(x))dx
$$

となる．最後の等式の右辺で，第 2 項にマイナスの符号がついたのは，曲線 $C_2$ の向きを考慮してのことである．(3), (4) より (1′) が得られる．(2) についても同様に証明できる．(今度は，$x$ 軸に平行な直線で分割して，同様の議論をおこなえばよい．)
以上で，ガウス-グリーンの公式の証明が終わった．□

## A.5 常微分方程式の初期値問題の解の存在と一意性

ここでは，常微分方程式*の初期値問題の解の存在と一意性について，まとめておく．

**定理 A.5.1（常微分方程式の初期値問題の解の存在と一意性）** $\mathbb{R}$ 上の $C^\infty$ 級関数を成分にもつ

$$
n \text{ 次正方行列} \quad A(t) = \begin{pmatrix} a_{11}(t) & a_{12}(t) & \cdots & a_{1n}(t) \\ a_{21}(t) & a_{22}(t) & \cdots & a_{2n}(t) \\ \vdots & \vdots & \vdots & \vdots \\ a_{n1}(t) & a_{n2}(t) & \cdots & a_{nn}(t) \end{pmatrix}
$$

と

$$
n \text{ 次元ベクトル} \quad \boldsymbol{b} = \begin{pmatrix} b_1 \\ b_2 \\ \vdots \\ b_n \end{pmatrix}, \quad \boldsymbol{c} = \begin{pmatrix} c_1 \\ c_2 \\ \vdots \\ c_n \end{pmatrix}
$$

に対して，

* 偏微分（多変数関数の微分）を含む微分方程式を **偏微分方程式** というのに対して，偏微分を含まない微分方程式のことを，(**偏微分方程式でない**ということを強調して)，**常微分方程式** と呼ぶ．

**常微分方程式の初期値問題**[*]

$$(\heartsuit)\quad \begin{cases} \dfrac{d\boldsymbol{x}}{dt}(t) &= A\,\boldsymbol{x}(t)+\boldsymbol{b} \\ \boldsymbol{x}(0) &= \boldsymbol{c} \end{cases}$$

の解

$$\boldsymbol{x}(t)=\begin{pmatrix} x_1(t) \\ x_2(t) \\ \vdots \\ x_n(t) \end{pmatrix}$$

は $(-\infty, \infty)$ 上で存在して[**]，一意的である[†]．

**(証明のストーリー)**　与えられた常微分方程式

$$\frac{d\boldsymbol{x}}{dt}(t)=A\,\boldsymbol{x}(t)+\boldsymbol{b}$$

の両辺を 0 から $t$ まで積分し，初期値の条件 $\boldsymbol{x}(0)=\boldsymbol{c}$ を用いると

$$\boldsymbol{x}(t)-\boldsymbol{c}=\int_0^t (A(s)\boldsymbol{x}(s)+\boldsymbol{b})\,ds$$

すなわち

$$\boldsymbol{x}(t)=\boldsymbol{c}+\int_0^t (A(s)\boldsymbol{x}(s)+\boldsymbol{b})\,ds$$

が得られる．そこで，この式の右辺に着目して

関数 $\boldsymbol{x}(t)$　から　新しい関数 $T(\boldsymbol{x})(t)$　を作る操作

を

---

* 「初期値問題」というのは，「パラメーター $t$ を時間と見たとき，時刻 0 $(t=0)$ で与えられた初期値 $\boldsymbol{c}$ をとるような（すなわち，$\boldsymbol{x}(0)=\boldsymbol{c}$ であるような），微分方程式の解 $x(t)$ を求めよ」という問題である．

** 「初期値問題」であるから，$t$ を時間（のパラメーター）と見れば，$t>0$ の方向，すなわち，未来の方向に向かって解くという意味で“$[0, \infty)$ 上で”と書くべきなのかもしれないが，数学的には，$t<0$ における解も $t>0$ における解と状況にあまり違いがないので，ここでは $(-\infty, \infty)$ とした．($t<0$ における解は，「過去に向かって解いた」と考えずに，単にパラメーターの向きを逆に見て解いたと思えばよい．)

† 「解が一意的である」とは，「そのような解は 1 つしかない」という意味である．

$$(*)\qquad T(\boldsymbol{x})(t) = \boldsymbol{c} + \int_0^t (A(s)\boldsymbol{x}(s) + \boldsymbol{b})\,ds$$

とおく．このとき

$$(\sharp)\qquad \boldsymbol{x}(t) \text{ が初期値問題 } (\heartsuit) \text{ の解である} \Longleftrightarrow T(\boldsymbol{x})(t) = \boldsymbol{x}(t)$$

であることに注意しておく．さて，$j = 1, 2, \cdots$ に対して，上記の操作を繰り返して

$$\boldsymbol{x}^{(j+1)}(t) = T(\boldsymbol{x}^{(j)})(t)$$

すなわち

$$(**)\qquad \boldsymbol{x}^{(j+1)}(t) = \boldsymbol{c} + \int_0^t \Big(A(s)\boldsymbol{x}^{(j)}(s) + \boldsymbol{b}\Big)\,ds$$

とおくことにより，関数の列 $\{\boldsymbol{x}^{(j)}(t)\}$ を作る．（$j = 1$ のときの $\boldsymbol{x}^{(1)}(t)$ としては何をとってもよいが，ここでは $\boldsymbol{x}^{(1)}(t) = \boldsymbol{0}$（定数関数）にとっておく.）このとき，関数の列 $\boldsymbol{x}^{(j)}(t)$ は $j \to \infty$ のとき，ある関数 $\boldsymbol{x}^*(t)$ に収束することが示される．（この収束性を示すことが，証明の中の主要部分である.）この $\boldsymbol{x}^*(t)$ が求める解になっている．実際，$(*)$ の両辺の $j \to \infty$ のときの極限をとると

$$(***)\qquad \boldsymbol{x}^*(t) = \boldsymbol{c} + \int_0^t (A(s)\boldsymbol{x}^*(s) + \boldsymbol{b})\,ds$$

となるが，これは $T(\boldsymbol{x}^*)(t) = \boldsymbol{x}^*(t)$ に他ならないから，$(\sharp)$ より，$\boldsymbol{x}^*$ が初期値問題 $(\heartsuit)$ の解である[*]．

一般に，このような，解を近似する関数の列 $\boldsymbol{x}^{(j)}(t)$ を**逐次近似列**といい[**]，逐次近似列により解 $x^*(t)$ を得る方法を**逐次近似法**と呼ぶ．与えられた方程式から定まる式 $(**)$ により，帰納的に近似解を構成しているが，このような方法を**ピカール (Picard) の逐次近似法**と呼ぶ．

**さて，証明は上記のストーリーで満足して，とりあえず本文に戻ってください．それはイヤだと感じ，さらに，根性のある人は，以下の厳密な証明にとりかかってください．**

---

[*] あるいは，式 $(***)$ の両辺を微分すれば，関数 $\boldsymbol{x}^*(t)$ が与えられた微分方程式の解であることがわかる．また，初期条件 $\boldsymbol{x}^*(0) = \boldsymbol{c}$ を満たすことも明らかである．

[**] $\boldsymbol{x}^{(j)}(t)$ は，与えられた方程式の解 $\boldsymbol{x}^*(t)$ に収束するのであるから，関数 $\boldsymbol{x}^{(j)}(t)$ は解 $\boldsymbol{x}^*(t)$ を近似する近似解の列であると見なすことができる．

**証明** まず，**解の存在**について示そう．

$$T(\boldsymbol{x})(t) = \boldsymbol{c} + \int_0^t (A(s)\boldsymbol{x}(s) + \boldsymbol{b})\,ds \qquad (t \in \mathbb{R})$$

とおく．ここで，

$$T(\boldsymbol{x})(t) = \begin{pmatrix} T(\boldsymbol{x})_1(t) \\ T(\boldsymbol{x})_2(t) \\ \vdots \\ T(\boldsymbol{x})_n(t) \end{pmatrix}$$

は，$t$ についての $C^\infty$ 級の $n$ 次元ベクトル値関数である*．このとき，ベクトル値関数の列 $\left\{\boldsymbol{x}^{(j)}\right\}_{j=1}^{\infty}$ を

$$\begin{aligned} \boldsymbol{x}^{(1)}(t) &= \boldsymbol{0} \\ \boldsymbol{x}^{(j+1)}(t) &= T(\boldsymbol{x}^{(j)})(t) \qquad (j = 1,\, 2,\, \cdots) \end{aligned}$$

と定める．この関数の列 $\boldsymbol{x}^{(j)}$ $(j = 1,\, 2, \cdots)$ がある関数 $\boldsymbol{x}^*$ に収束し，$\boldsymbol{x}^*$ が求める解になっていることを示そう．そのために，関数の列 $\boldsymbol{x}^{(j)}$ がコーシー列であることを確かめる（以下の「主張 2」）が，その準備として評価式を 1 つ証明しておく．まず，任意の実数 $\alpha$ を 1 つとり固定する．また，$\alpha$ に応じて決まる定数を

$$C(\alpha) = \max_{\substack{-\alpha \le t \le \alpha \\ 1 \le i,\, j \le n}} |a_{i,j}(t)|$$

とおく．このとき，次の評価式が成り立つ．

**主張 1** 任意の $t \in [-\alpha,\, \alpha]$ に対して

$$\|\boldsymbol{x}^{(k)}(t) - \boldsymbol{x}^{(k+1)}(t)\| \le \frac{(C(t)t)^{k-1}}{(k-1)!} \sup_{s \in [-\alpha,\, \alpha]} \|\boldsymbol{x}^{(1)}(s) - \boldsymbol{x}^{(2)}(s)\|$$

である．ここで，$\|\ \|$ は $\mathbb{R}^n$ のベクトルの大きさ（ノルム），すなわち，$x = (x_1,\, \cdots,\, x_n) \in \mathbb{R}^n$ に対して，$\|x\| = \sqrt{x_1^2 + \cdots + x_n^2}$ である．

---

* 「ベクトル値関数」とは，このように，値がベクトルであるような関数，あるいは見方をかえると，各成分が関数となるベクトルで表されるもののことである．さらに，「$C^\infty$ **級の** $n$ 次元ベクトル値関数」とは，そうして表されたベクトルの各成分が $C^\infty$ 級関数であるものを指す．なお，このすぐ上の式の中の $T(\boldsymbol{x})_1(t)$ というような記述がわかりにくいかもしれないが，ベクトル値関数 $T(\boldsymbol{x})(t)$ のベクトルの各成分を $T(\boldsymbol{x})_1(t),\, T(\boldsymbol{x})_2(t),\, \cdots,\, T(\boldsymbol{x})_n(t)$ と表しただけである．添え字の位置が気になる人は，例えば，$T(\boldsymbol{x})_1(t)$ を $T(\boldsymbol{x})(t)_1$ というように書き直してください．（パラメーターや添え字が盛りだくさんで，「親子どんぶりのお茶漬け仕立て，マヨネーズあえ」のような，とってもワイルドな風味であっても，こういうものを平気で“食べる”訓練もたまには必要である．）

「主張 1」を数学的帰納法を用いて証明しよう．$k=1$ のときは明らかに成り立つので，$k$ のとき成り立つと仮定して，$k+1$ のときを示そう．まず，$C(\alpha)$ の定義より，任意の $s \in [-\alpha,\, \alpha]$ に対して

$$(\sharp) \qquad \left\| A(s)\bigl(\boldsymbol{x}^{(k)}(s) - \boldsymbol{x}^{(k+1)}(s)\bigr) \right\| \ \le\ C(\alpha) \left\| \boldsymbol{x}^{(k)}(s) - \boldsymbol{x}^{(k+1)}(s) \right\|$$

であることは容易に確かめられる．さて，任意の $t \in [-\alpha,\, \alpha]$ に対して

$$\begin{aligned}
\|\boldsymbol{x}^{(k+1)}(t) - \boldsymbol{x}^{(k+2)}(t)\| &= \left\| T(\boldsymbol{x}^{(k)})(t) - T(\boldsymbol{x}^{(k+1)})(t) \right\| \\
&= \left\| \int_0^t A(s)\bigl(\boldsymbol{x}^{(k)}(s) - \boldsymbol{x}^{(k+1)}(s)\bigr) ds \right\| \\
&\le \int_0^t \left\| A(s)\bigl(\boldsymbol{x}^{(k)}(s) - \boldsymbol{x}^{(k+1)}(s)\bigr) \right\| ds \ {}^{*} \\
&\overset{(\sharp)\text{より}}{\le} C(\alpha) \int_0^t \left\| T(\boldsymbol{x}^{(k)})(s) - T(\boldsymbol{x}^{(k+1)})(s) \right\| ds \\
&\overset{\text{帰納法の仮定より}}{\le} C(\alpha) \sup_{s \in [-\alpha,\, \alpha]} \|\boldsymbol{x}^{(1)}(s) - \boldsymbol{x}^{(2)}(s)\| \int_0^t \frac{(C(s)s)^{k-1}}{(k-1)!} ds \\
&\le \frac{(C(s)s)^k}{k!} \sup_{s \in [-\alpha,\, \alpha]} \|\boldsymbol{x}^{(1)}(s) - \boldsymbol{x}^{(2)}(s)\|
\end{aligned}$$

とり，$k+1$ のときも成り立つ．以上で，「主張 1」が証明された．さて，「主張 1」から直ちに次が得られる．

**主張 2**　任意の $t \in [-\alpha,\, \alpha]$，および，$k < l$ なる任意の自然数 $k,\, l$ について

$$\sup_{t \in [-\alpha,\, \alpha]} \|\boldsymbol{x}^{(k)}(t) - \boldsymbol{x}^{(l)}(t)\| \le \sup_{t \in [-\alpha,\, \alpha]} \sum_{n=k-1}^{\infty} \frac{(C(t)t)^n}{n!} \sup_{s \in [-\alpha,\, \alpha]} \|\boldsymbol{x}^{(1)}(s) - \boldsymbol{x}^{(2)}(s)\|$$

である．

実際，「主張 2」は，「主張 1」を用いると

---

* 実数値関数 $f(x)$ と絶対値 $|\ |$ に関しては，

$$\left| \int_a^b f(x)dx \right| \le \int_a^b |f(x)|\, dx$$

が成り立つが，ベクトル値関数 $\boldsymbol{f}(x)$ とノルム $\|\ \|$ に関しても

$$\left\| \int_a^b \boldsymbol{f}(x)dx \right\| \le \int_a^b \|\boldsymbol{f}(x)\|\, dx$$

が同様に成り立つことが確かめられる．

$$\begin{aligned}
&\|\boldsymbol{x}^{(k)}(t)-\boldsymbol{x}^{(l)}(t)\| \\
&\leq \|\boldsymbol{x}^{(k)}(t)-\boldsymbol{x}^{(k+1)}(t)\|+\|\boldsymbol{x}^{(k+1)}(t)-\boldsymbol{x}^{(k+2)}(t)\|+\cdots+\|\boldsymbol{x}^{(l-1)}(t)-\boldsymbol{x}^{(l)}(t)\| \\
&\leq \left\{\frac{(C(t)t)^{k-1}}{(k-1)!}+\frac{(C(t)t)^{k}}{k!}+\cdots+\frac{(C(t)t)^{l-2}}{(l-2)!}\right\} \sup_{s\in[-\alpha,\,\alpha]} \|\boldsymbol{x}^{(1)}(s)-\boldsymbol{x}^{(2)}(s)\| \\
&\leq \sup_{t\in[-\alpha,\,\alpha]} \sum_{n=k-1}^{\infty} \frac{(C(t)t)^n}{n!} \sup_{s\in[-\alpha,\,\alpha]} \|\boldsymbol{x}^{(1)}(s)-\boldsymbol{x}^{(2)}(s)\|
\end{aligned}$$

となり，したがって，$t \in [-\alpha,\,\alpha]$ の任意性より

$$\sup_{t\in[-\alpha,\,\alpha]} \|\boldsymbol{x}^{(k)}(t)-\boldsymbol{x}^{(l)}(t)\| \leq \sup_{t\in[-\alpha,\,\alpha]} \sum_{n=k-1}^{\infty} \frac{(C(t)t)^n}{n!} \sup_{s\in[-\alpha,\,\alpha]} \|\boldsymbol{x}^{(1)}(s)-\boldsymbol{x}^{(2)}(s)\|$$

となるからである．

さて，級数 $\displaystyle\sum_{n=0}^{\infty}\frac{(C(t)t)^n}{n!}$ は収束するから*，$\displaystyle\sup_{u\in[-\alpha,\,\alpha]}\sum_{n=k-1}^{\infty}\frac{(C(t)t)^n}{n!}$ は $k\to\infty$ のとき 0 に近づく．ゆえに，「主張 2」より

$$(\sharp\sharp) \qquad \sup_{t\in[-\alpha,\,\alpha]} \|\boldsymbol{x}^{(k)}(t)-\boldsymbol{x}^{(l)}(t)\| \xrightarrow[(k<l)]{k,l\longrightarrow\infty} 0$$

となり，区間 $[-\alpha,\,\alpha]$ 上 $\left\{\boldsymbol{x}^{(j)}\right\}_{j=1}^{\infty}$ は一様収束する**．したがって，$\alpha$ の任意性より，関数列 $\boldsymbol{x}^{(j)}(t)$ は，$j\to\infty$ のとき $\mathbb{R}$ 上，ある連続関数 $\boldsymbol{x}^*(t)$ に収束することが確かめられる†．このとき，$\boldsymbol{x}^{(j+1)}(t)=T(\boldsymbol{x}^{(j)})(t)$ であることに注意すると，この両辺において $j\to\infty$ として，

$$(\sharp\sharp\sharp) \qquad \boldsymbol{x}^*(t)=T(\boldsymbol{x}^*)(t)$$

が得られる††．$\boldsymbol{x}^*(t)$ は連続関数であることに注意すると，($\sharp\sharp\sharp$) の右辺は $C^1$ 級であり，したがって，左辺の $\boldsymbol{x}^*(t)$ も $C^1$ 級関数である．次に，$\boldsymbol{x}^*(t)$ が $C^1$ 級関数であることに注意して，($\sharp\sharp\sharp$) の右辺を見ると，右辺は $C^2$ 級関数であり，左辺の $\boldsymbol{x}^*(t)$ も $C^2$ 級である．これを繰り返して，$\boldsymbol{x}^*(t)$ は $C^\infty$ 級であることがわかる‡．さらに，($\sharp\sharp\sharp$) の両辺を微分すると

---

* 指数関数 $e^t$ の（$t=0$ における）テイラー展開を思い起こせば，この級数は $e^{C(t)t}$ に収束することがわかる．

** ($\sharp\sharp$) は，$\left\{\boldsymbol{x}^{(j)}\right\}_{j=1}^{\infty}$ が区間 $[-\alpha,\,\alpha]$ 上，$C^0$-ノルム（sup ノルム）に関して，コーシー列であることを示しているからである．

† 任意の $\alpha$ ($\alpha>0$) に対して各区間 $[-\alpha,\,\alpha]$ 上で一様収束していることから，$\mathbb{R}$ の任意のコンパクト集合（この場合，有界閉集合）上で一様収束することがわかる．このような収束は**広義一様収束**と呼ばれている．

†† 関数列 $\boldsymbol{x}^{(j)}(t)$ の $\boldsymbol{x}^*(t)$ への収束が広義一様収束であることを用いている．

‡ ちなみに $A(t)$ が $C^r$ 級なら，解 $x(t)$ は $C^{r+1}$ 級である．

$$\frac{d\boldsymbol{x}^*}{dt}(t) = A(t)\,\boldsymbol{x}^*(t) + \boldsymbol{b}$$

であり，(♯♯♯) で $t = 0$ として

$$\boldsymbol{x}^*(0) = \boldsymbol{c}$$

であるので，$\boldsymbol{x}^*(t)$ が求める初期値問題の解であることがわかった．

次に，**解の一意性**について示そう*．解が $\boldsymbol{x}^*(t)$, $\boldsymbol{x}^{**}(t)$ と 2 つあったとして

$$J = \{t \in \mathbb{R};\ \boldsymbol{x}^*(t) = \boldsymbol{x}^{**}(t)\}$$

とおく．このとき $J = \mathbb{R}$ であることが証明できれば，$J$ の定義より，「任意の $t \in \mathbb{R}$ に対して $\boldsymbol{x}^*(t) = \boldsymbol{x}^{**}(t)$ である」ことになり，求める初期値問題の解は 1 つしかないことがわかる．さて，$J = \mathbb{R}$ であることを証明するためには，次の 3 つのことがらを示せばよい．

(1) **$J \neq \emptyset$ であること．**

(2) **$J$ が開集合であること**，すなわち，
$t \in J$ ならば，ある正の数 $c$ が存在して，$(t - c, t + c) \subset J$ であること．

(3) **$J$ が閉集合であること**，すなわち，
点列 $t_j \in J$ $(j = 1, 2, \cdots)$ に対して，$t_j \to t^*$ ならば $t^* \in J$ であること．

「集合 $J$ が上記の条件 (1) ～ (3) を満たすならば，$J = \mathbb{R}$ であること」の理由については，この証明の最後に述べる**．

以下，上記の条件 (1) ～ (3) を示そう．(1) については明らかである．実際，$\boldsymbol{x}^*(0) = \boldsymbol{x}^{**}(0)$ であるから，$0 \in J$，特に，$J \neq \emptyset$ である．(3) についても以下のよ

---

* 一意性の証明は，グロンウォール (Gronwall) の不等式と呼ばれるものを用いるのが標準的かもしれないが，ここではもう少し初等的に示している．

** 位相 (topology) についての知識がある人は，この「理由」は「集合 $\mathbb{R}$ が連結集合であるから」ということで納得できるだろう．実際，もし $J$ の補集合 $J^c$ $(= \mathbb{R} - J)$ が空集合でないとすると，$\mathbb{R}$ は空集合でない 2 つの開集合 $J, J^c$ に分割できるので，$\mathbb{R}$ が連結でないことになり矛盾である．($J^c$ が開集合であることは，$J$ が閉集合であることによる．) このように，「開集合かつ閉集合であることを示すことにより，求める結論が全体で成り立つことを導く議論」のことを **open-closed argument**（適切な和訳は知られていないが，強いて訳すなら「開閉議論」か？）と呼ぶ．

うに示せる．任意の点列 $\{t_j\}_{j=1}^{\infty} \subset J$ がある $t_\infty \in \mathbb{R}$ に収束したとする．このとき，$t_j \in J$ より $\boldsymbol{x}^*(t_j) = \boldsymbol{x}^{**}(t_j)$ である．この両辺の $j \to \infty$ の極限をとると，関数 $\boldsymbol{x}^*(t)$, $\boldsymbol{x}^{**}(t)$ の連続性より，$\boldsymbol{x}^*(t_\infty) = \boldsymbol{x}^{**}(t_\infty)$ となり，$t_\infty \in J$ が導かれる．これは (3) が成り立つことを示している．以上から，あとは条件 (2) が成り立つことを示せばよい．以下，これを示す．任意の $t_0 \in J$ をとる．このとき，$\boldsymbol{x}^*(t_0) = \boldsymbol{x}^*(t_0)$（$= \boldsymbol{c}_0$ とおく）である．そこで

$$\widehat{T}(\boldsymbol{x})(t) = \boldsymbol{c}_0 + \int_{t_0}^{t} (A(s)\boldsymbol{x}(s) + \boldsymbol{b})\, ds$$

とおくと*，$\boldsymbol{x}^*(t)$, $\boldsymbol{x}^{**}(t)$ が解であることから，

$$\boldsymbol{x}^*(t) = \widehat{T}(\boldsymbol{x}^*)(t),\ \boldsymbol{x}^{**}(t) = \widehat{T}(\boldsymbol{x}^{**})(t)$$

を満たすことが容易に確かめられる．このことに注意して，前半の「解の存在」の証明の議論を用いると，「主張 2」と同様にして，任意の正の実数 $\alpha$ に対して

$$\sup_{t\in[t_0-\alpha,\, t_0+\alpha]} \|\boldsymbol{x}^*(t) - \boldsymbol{x}^{**}(t)\| \le \sup_{t\in[t_0-\alpha,\, t_0+\alpha]} \sum_{n=k-1}^{\infty} \frac{(C_0(t)t)^n}{n!} \sup_{s\in[t_0-\alpha,\, t_0+\alpha]} \|\boldsymbol{x}^*(s) - \boldsymbol{x}^{**}(s)\|$$

となることが導かれる．ここで

$$C_0(t) = \max_{\substack{t_0-\alpha \le t \le t_0+\alpha \\ 1 \le i,\, j \le n}} |a_{i,j}(t)|$$

である．さて，この不等式は，書き直すと

$$\left(1 - \sup_{t\in[t_0-\alpha,\, t_0+\alpha]} \sum_{n=k-1}^{\infty} \frac{(C_0(t)t)^n}{n!}\right) \sup_{t\in[t_0-\alpha,\, t_0+\alpha]} \|\boldsymbol{x}^*(t) - \boldsymbol{x}^{**}(t)\| \le 0$$

であるが, $k$ を十分大きくとって，$\displaystyle\sup_{t\in[t_0-\alpha,\, t_0+\alpha]} \sum_{n=k-1}^{\infty} \frac{(C_0(t)t)^n}{n!} < 1$ となるようにすると，この不等式から $\displaystyle\sup_{t\in[t_0-\alpha,\, t_0+\alpha]} \|\boldsymbol{x}^*(t) - \boldsymbol{x}^{**}(t)\| = 0$，すなわち，任意の $t \in [t_0 - \alpha,\, t_0 + \alpha]$ に対して $\boldsymbol{x}^*(t) = \boldsymbol{x}^{**}(t)$ であることが導かれる．これは，$[t_0 - \alpha,\, t_0 + \alpha] \subset J$ であることを示している．したがって，任意の $t_0 \in J$ に対して，$t_0$ のある近傍が $J$ に含まれることがわかったから，$J$ が条件 (2) を満たすことが示され，証明が終わった．

最後に，「集合 $J$ が 230 ページの条件 (1) ~ (3) を満たすならば，$J = \mathbb{R}$ であること」の理由について簡単にふれておこう．まず，条件 (1) により，ある $t_0 \in J$ が存

---

* 226 ページに出てきた $T$ の定義 $(*)$ との違いは，初期条件 $\boldsymbol{x}(0) = \boldsymbol{c}$ の代わりに，$\boldsymbol{x}(t_0) = \boldsymbol{c}_0$ をとったことである．（すなわち，0 が $t_0$ に，$\boldsymbol{c}$ が $\boldsymbol{c}_0$ になっている．）

在することがわかる．このとき，条件 (2) により，ある開区間 $(t_0 - c, t_0 + c)$ は $J$ に含まれる．この区間の両端の点 $t_0 - c$ と $t_0 + c$ は $J$ に含まれていなければならない．例えば，点 $t_0 + c$ に対しては，$t_j = t_0 + c - \dfrac{1}{j}$ とおくと，$t_j \in (t_0 - c, t_0 + c)$ であり，したがって $t_j \in J$ であって，しかも $j \to \infty$ のとき $t_j \to t_0 + c$ であるから，条件 (3) により $t_0 + c \in J$ となるからである．そこで，端点 $t_0 - c, t_0 + c$ に対して，(2) を適用すると，これらの端点を含むある開区間が $J$ に含まれるから，結局，$J$ に含まれる開区間は $(t_0 - c, t_0 + c)$ よりもう少し大きくとることができる．**この「もう少し大きくとれる」ということが重要で**，この議論を繰り返し続けていくと，いつまでも「もう少し大きくとれる」ので，“$J$ に含まれないような点は存在しないことになる．実際，このように広げていって，もうこれ以上大きくとれないところまで広げてできた区間は，その端点が $J$ に含まれていなければ，条件 (3) に矛盾し，また，その端点が $J$ に含まれていれば条件 (2) により，もう少し大きくとれるので，「もうこれ以上大きくとれないところまで広げてできた」ことに矛盾する．結局，許される可能性としては $J = \mathbb{R}$ しかない．□

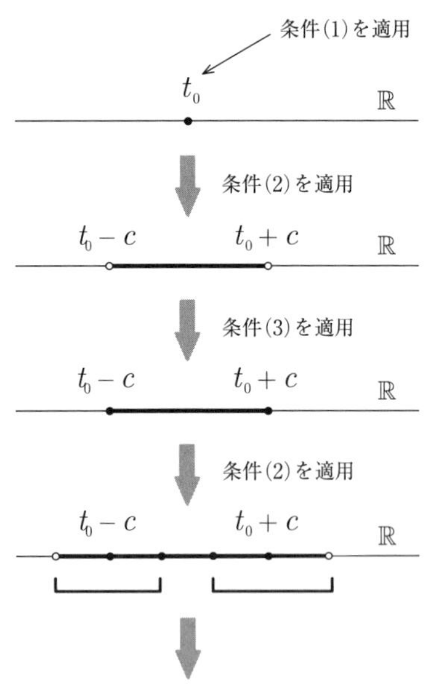


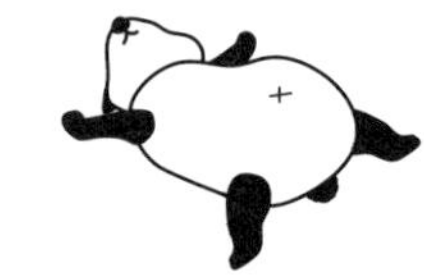

## A.6 偏微分方程式系の解の存在と可積分条件

ここでは，偏微分方程式系の解の存在と可積分条件について補足しておく．（紙数の関係上，証明は与えない．）まず基本となる結果から始める．

**定理 A.6.1（偏微分方程式系の解の存在と可積分条件（その 1））** $\mathbb{R}^n$ の領域を定義域とする $C^\infty$ 級関数 $f_j(x)$ $(j=1,\cdots,n)$ に対して，偏微分方程式系*

$$(\star) \qquad \frac{\partial \varphi}{\partial x_j}(x_1,\cdots,x_n) = f_j(x_1,\cdots,x_n)\ ^{**} \qquad (j=1,\cdots,n)$$

を満たす解 $\varphi(x_1,\cdots,x_n)$ が**局所的に**存在するための必要十分条件は，$f_j$ が

$$(\star\star) \qquad \frac{\partial f_i}{\partial x_j}(x_1,\cdots,x_n) = \frac{\partial f_j}{\partial x_i}(x_1,\cdots,x_n) \qquad (i,j=1,\cdots,n)$$

を満たすことである†．$(\star\star)$ を偏微分方程式系 $(\star)$ の**可積分条件**と呼ぶ††．

**この定理の可積分条件 $(\star\star)$ は，「微分の順序の交換法則**

$$(\star\star\star) \qquad \boldsymbol{\frac{\partial^2 \varphi}{\partial x_i \partial x_j} = \frac{\partial^2 \varphi}{\partial x_j \partial x_i}}$$

---

* 「偏微分方程式系」というのは「**連立**偏微分方程式」であること，すなわち，偏微分方程式の数が 2 個以上のものをいう．

** 方程式系 $(\star)$ を**全微分方程式** (**total differential equation**) と呼ぶ．名称の由来は，一次微分形式 $\omega = \sum_{j=1}^{n} f_j dx_j$ を考えたとき，**$(\star)$ は $d\varphi = \omega$ であること，すなわち，$\omega$ が $\varphi$ の全微分であることと同値**だからである．

† 微分形式のことを知っている人のために，定理の意味を少し説明する．上記の脚注でふれたように，

$(\star)$ を満たす解 $\varphi$ が存在する．
$\Longleftrightarrow$
$d\varphi = \omega$ を満たす $\varphi$ が存在する．
$\Longleftrightarrow$
$\omega$ が**完全形式** (**exact form**) である．

であり，一方，

$(\star\star)$ を満たす．
$\Longleftrightarrow$
$d\omega = 0$ である．
$\Longleftrightarrow$
$\omega$ が**閉形式** (**closed form**) である．

であることも容易に確かめられる．**「完全形式は閉形式であるが，一般には，逆は成り立たない」**が，**「局所的には，逆が成り立つ」**ことが知られているので，定理の主張が得られる．

†† **積分可能条件**ともいう．ちなみに，「積分する」とは，“微分の逆操作” から派生して「微分方程式の解を求める」の意味である．（というより，こちらの意味のほうが由緒正しい．）

**が成り立つこと」から来ていることに注意しよう**. 実際, $\dfrac{\partial^2 \varphi}{\partial x_i \partial x_j} = \dfrac{\partial}{\partial x_i}\left(\dfrac{\partial \varphi}{\partial x_j}\right)$ と見て $(\star\star\star)$ に $(\star)$ を代入してみれば, $(\star\star\star)$ が成り立つためには $(\star\star)$ が必要であることが容易にわかる. 実はこれが十分条件にもなっている.

さて, 状況がもう少し複雑になった場合でも, 同様の可積分条件が得られる. 本文中で実際に我々が用いるのは, もう少し一般化された次の結果である.

**定理 A.6.2（偏微分方程式系の解の存在と可積分条件（その 2））** 偏微分方程式系

$$(\sharp) \quad \frac{\partial \boldsymbol{\Phi}}{\partial x_j}(x_1, \cdots, x_n) = \boldsymbol{F}_j(x_1, \cdots, x_n, \boldsymbol{\Phi}(x_1, \cdots, x_n)) \qquad (j = 1, \cdots, n)$$

が与えられているとする. ここで

$$(*) \quad \boldsymbol{F}_j(x_1, \cdots, x_n, \boldsymbol{\Phi}) = A_j \boldsymbol{\Phi}$$

$(A_j = A_j(x_1, \cdots, x_n)$ は $k$ 次正方行列, すなわち, $k$ 行 $k$ 列の行列$)$

というように表されているとする*. このとき, この偏微分方程式系 $(\sharp)$ を満たす解

$$\boldsymbol{\Phi}(x_1, \cdots, x_n) = \begin{pmatrix} \Phi_1(x_1, \cdots, x_n) \\ \vdots \\ \Phi_k(x_1, \cdots, x_n) \end{pmatrix}$$

が**局所的**に存在するための必要十分条件（可積分条件）は,「等式

$$(\sharp\sharp) \qquad \frac{\partial}{\partial x_j}\big(\boldsymbol{F}_i(x_1, \cdots, x_n, \boldsymbol{\Phi})\big) = \frac{\partial}{\partial x_i}\big(\boldsymbol{F}_j(x_1, \cdots, x_n, \boldsymbol{\Phi})\big) \qquad (i, j = 1, \cdots, n)$$

の微分を実行したものに $(\sharp)$ を代入して得られた "$\boldsymbol{\Phi}$ の 1 次式" の 係数 $= 0$ という式」を満たすこと, すなわち

$$(\sharp\sharp\sharp) \qquad \frac{\partial A_i}{\partial x_j} + A_i A_j = \frac{\partial A_j}{\partial x_i} + A_j A_i \quad (i, j = 1, \cdots, n)$$

が成り立つことである**.

* 要するに, $\boldsymbol{F}_j$ は $\boldsymbol{\Phi}$ に関して "線形である" ということに他ならない.

## A.7 逆写像定理

$\mathbb{R}^m$ から $\mathbb{R}^n$ への $C^\infty$ 級写像*

$$(*)\qquad f\ :\ \begin{array}{ccc}\mathbb{R}^m & \longrightarrow & \mathbb{R}^n\\ \cup & & \cup\\ x=\begin{pmatrix}x_1\\x_2\\\vdots\\x_m\end{pmatrix} & \longmapsto & f(x)=\begin{pmatrix}f_1(x)\\f_2(x)\\\vdots\\f_n(x)\end{pmatrix}\end{array}$$

および，点 $a=\begin{pmatrix}a_1\\a_2\\\vdots\\a_n\end{pmatrix}\in\mathbb{R}^m$ に対して，**微分写像**と呼ばれる線形写像

$$(**)\qquad df_a\ :\ \mathbb{R}^m\to\mathbb{R}^n$$

が存在する．$df_a$ は，$\mathbb{R}^m$ のベクトル $\begin{pmatrix}X_1\\X_2\\\vdots\\X_m\end{pmatrix}$ を $\mathbb{R}^n$ のベクトル $\begin{pmatrix}Y_1\\Y_2\\\vdots\\Y_n\end{pmatrix}$ に写すものと見なせば，線形写像 $df_a$ の，行列による表現が

---

** （前ページ） 実際に計算してみると

$$\frac{\partial}{\partial x_j}\bigl(\boldsymbol{F}_i(x_1,\cdots,x_n,\boldsymbol{\Phi})\bigr)=\frac{\partial A_i}{\partial x_j}\boldsymbol{\Phi}+A_i\frac{\partial\boldsymbol{\Phi}}{\partial x_j}\overset{(\sharp)\text{を代入}}{=}\frac{\partial A_i}{\partial x_j}\boldsymbol{\Phi}+A_i\boldsymbol{F}_j\overset{(*)\text{を代入}}{=}\left(\frac{\partial A_i}{\partial x_j}+A_iA_j\right)\boldsymbol{\Phi}$$

であるから，($\sharp\sharp$) は

$$\left(\frac{\partial A_i}{\partial x_j}-\frac{\partial A_j}{\partial x_i}+A_iA_j-A_jA_i\right)\boldsymbol{\Phi}=0$$

と書ける．したがって，可積分条件 ($\sharp\sharp$) は

$$\frac{\partial A_i}{\partial x_j}-\frac{\partial A_j}{\partial x_i}+A_iA_j-A_jA_i=0$$

となり，これは ($\sharp\sharp\sharp$) に他ならない．（各 $A_i$ は $k$ 行 $k$ 列の行列であることに注意せよ．したがって $A_iA_j$ は，行列 $A_i$ と行列 $A_j$ の積であり，一般に $A_iA_j\neq A_jA_i$ であることは言うまでもない．）

* 実際には，「$\mathbb{R}^m$ からの $C^\infty$ 級写像」でなくて，「点 $a$ の近傍からの $C^1$ 級写像」で十分である．（点 $a$ は，以下の議論で出てくる，$\mathbb{R}^m$ の任意の点である．）

$$
(***) \quad \begin{pmatrix} Y_1 \\ Y_2 \\ \vdots \\ Y_n \end{pmatrix} = \begin{pmatrix} \dfrac{\partial f_1}{\partial x_1}(a) & \dfrac{\partial f_1}{\partial x_2}(a) & \cdots & \dfrac{\partial f_2}{\partial x_m}(a) \\ \dfrac{\partial f_2}{\partial x_1}(a) & \dfrac{\partial f_2}{\partial x_2}(a) & \cdots & \dfrac{\partial f_2}{\partial x_m}(a) \\ \vdots & \vdots & \vdots & \vdots \\ \dfrac{\partial f_n}{\partial x_1}(a) & \dfrac{\partial f_n}{\partial x_2}(a) & \cdots & \dfrac{\partial f_n}{\partial x_m}(a) \end{pmatrix} \begin{pmatrix} X_1 \\ X_2 \\ \vdots \\ X_m \end{pmatrix}
$$

となる．$(***)$ の右辺に現れる $n \times m$ の（$n$ 行 $m$ 列の）行列は，写像 $f$ の $a$ における **ヤコビ行列** (Jacobian matrix) と呼ばれるものである．

このとき

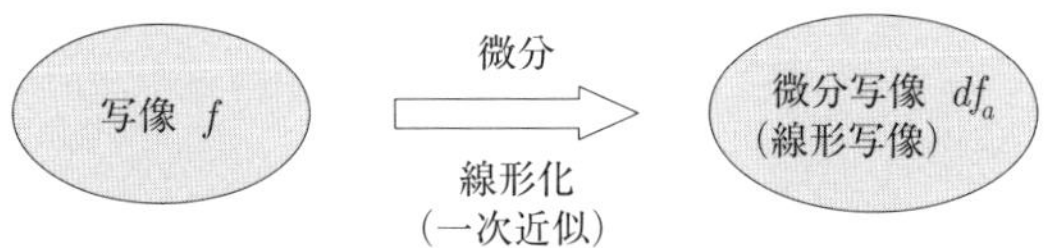


という図式が成り立ち*,

**何かよくわからない一般の写像から，**
**「一次近似」として微分写像という形で，**
**その情報の一部をとり出した**

ことに他ならない**．線形写像というのは，よくわかっている対象であるので，もともとの写像 $f$ の性質をとらえるために，その微分写像 $df_a$ を調べるのは，数学の“分析的立場”から見ても，非常に理にかなったことである．このような状況のもとで，

**「微分写像の全単射性」と「もとの写像の局所的な全単射性」が対応している**

ことを主張しているのが，次にあげる逆写像の定理である†．

---

* **「微分とは局所的に線形化することに他ならない」**ということを様々な観点から認識できることが，**多変数**の微分積分学を学習するときに得られる一つの利益である．（一変数の微分積分学は 1 次元の線形代数に対応するが，1 次元ではあまりに物事が簡単すぎて，線形代数であるという認識をもつことが容易ではない．）

** 微分積分学で，

「関数 $y = f(x)$ の $a$ における微分係数は，
$y = f(x)$ のグラフの $a$ における接線の傾きである」

というのがあったが，接線というのは，一次関数のグラフとして与えられ，もとの関数の一次関数による近似，すなわち，一次近似（線形近似）に他ならない．

† 「逆写像の定理」というのは，ふつうは，「微分写像 $df_a$ が**全単射ならば**，写像 $f$ が $a$ の近くで**全単射**である」という主張のことであるが，ここでは少し一般的に書いている．なお，単射，全射，および全単射については，269 ページを参照のこと．

**定理 A.7.1（逆写像の定理）** なめらかな写像 $f$ に対して

(1) 微分写像 $df_a$ が **単射**[*] $\Longrightarrow$ 写像 $f$ が，点 $a$ の近くで **単射**

(2) 微分写像 $df_a$ が **全射**[**] $\Longrightarrow$ 写像 $f$ が，点 $a$ の近くで **全射**

(3) 微分写像 $df_a$ が **全単射** $\Longrightarrow$ 写像 $f$ が，点 $a$ の近くで **全単射**

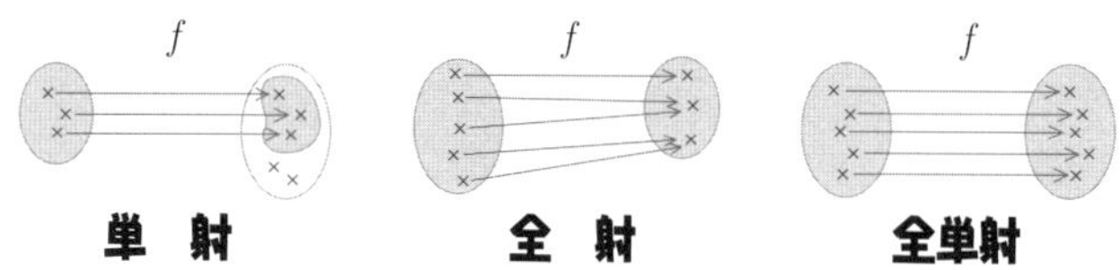


## A.8 等温パラメーターの存在

ここでは，等温パラメーターの局所的存在を示そう[†].

**定理 A.8.1（等温パラメーターの局所的存在）** 任意の曲面 $S = S(x, y)$ に対して[††]，パラメーターの定義域上の任意の点 $(x_0, y_0)$ の近くで，局所的に等温パラメーターが存在する，すなわち，$(x_0, y_0)$ の近くのパラメーター $u, v$ が存在して，

$$E = G, \quad F = 0$$

となる．ここで，$E, F, G$ は，パラメーター $u, v$ に関する第 1 基本量とする．

---

[*] すべての点 $a$ で微分写像 $df_a$ が単射であるとき，$f$ は**はめ込み** (immersion) であるという．$f$ がはめ込みであって，さらに，単射であるとき，$f$ は**埋め込み**（embeding あるいは imbedding）であるという．例えば，区間から $\mathbb{R}^2$ へのなめらかな写像に対しては

はめ込み (immersion)　　埋め込み (embedding)

というような感じである．

[**] すべての点 $a$ で微分写像 $df_a$ が全射であるとき，$f$ は**沈め込み** (submersion) であるという．

[†] ただし，証明の途中で「ベルトラミ方程式の局所解の存在」(後出) は事実として使用するので，自己完結した証明にはなっていない．

[††] 記号 $u, v$ は等温パラメーターに用いるので，ここでは，曲面のパラメーターに $x, y$ を使用した．

**証明**[*]　まず，$u, v$ が等温パラメーターであるとして，どういう条件を満たさなければならないかを調べていく．パラメーターの変換

$$\begin{cases} u = u(x, y) \\ v = v(x, y) \end{cases}$$

のヤコビ行列を $J$ とする，すなわち，

$$J = \begin{pmatrix} \dfrac{\partial u}{\partial x} & \dfrac{\partial u}{\partial y} \\ \dfrac{\partial v}{\partial x} & \dfrac{\partial v}{\partial y} \end{pmatrix}$$

とおく．このとき，この変換のヤコビアンは 0 でないことが必要であるが，さらに，ヤコビアンは正である，すなわち，

$$\det J = \frac{\partial u}{\partial x}\frac{\partial v}{\partial y} - \frac{\partial u}{\partial y}\frac{\partial v}{\partial x} > 0 \tag{1}$$

であるとしてよい[**]．さて，パラメーター $x, y$ に関する第 1 基本量を，パラメーター $u, v$ に関する第 1 基本量 $E, F, G$ と区別して，小文字で $e, f, g$ と書くことにする．このとき，一般に，パラメーターの変換法則（合成関数の微分法）により，

$$\begin{aligned} e &= \left\| \frac{\partial S}{\partial x} \right\|^2 = \left\| \frac{\partial S}{\partial u}\frac{\partial u}{\partial x} + \frac{\partial S}{\partial v}\frac{\partial v}{\partial x} \right\|^2 \\ &= \left\| \frac{\partial S}{\partial u} \right\|^2 \left( \frac{\partial u}{\partial x} \right)^2 + 2\left( \frac{\partial S}{\partial u} \cdot \frac{\partial S}{\partial v} \right) \frac{\partial u}{\partial x}\frac{\partial v}{\partial x} + \left\| \frac{\partial S}{\partial v} \right\|^2 \left( \frac{\partial v}{\partial x} \right)^2 \\ &= E\left( \frac{\partial u}{\partial x} \right)^2 + 2F\frac{\partial u}{\partial x}\frac{\partial v}{\partial x} + G\left( \frac{\partial v}{\partial x} \right)^2 \end{aligned}$$

$$\begin{aligned} f &= \frac{\partial S}{\partial x} \cdot \frac{\partial S}{\partial y} = \left( \frac{\partial S}{\partial u}\frac{\partial u}{\partial x} + \frac{\partial S}{\partial v}\frac{\partial v}{\partial x} \right) \cdot \left( \frac{\partial S}{\partial u}\frac{\partial u}{\partial y} + \frac{\partial S}{\partial v}\frac{\partial v}{\partial y} \right) \\ &= \left\| \frac{\partial S}{\partial u} \right\|^2 \frac{\partial u}{\partial x}\frac{\partial u}{\partial y} + \left( \frac{\partial S}{\partial u} \cdot \frac{\partial S}{\partial v} \right) \left( \frac{\partial u}{\partial x}\frac{\partial v}{\partial y} + \frac{\partial u}{\partial y}\frac{\partial v}{\partial x} \right) + \left\| \frac{\partial S}{\partial v} \right\|^2 \frac{\partial v}{\partial x}\frac{\partial v}{\partial y} \\ &= E\frac{\partial u}{\partial x}\frac{\partial u}{\partial y} + F\left( \frac{\partial u}{\partial x}\frac{\partial v}{\partial y} + \frac{\partial u}{\partial y}\frac{\partial v}{\partial x} \right) + G\frac{\partial v}{\partial x}\frac{\partial v}{\partial y} \end{aligned}$$

$$g = \left\| \frac{\partial S}{\partial y} \right\|^2 = \left\| \frac{\partial S}{\partial u}\frac{\partial u}{\partial y} + \frac{\partial S}{\partial v}\frac{\partial v}{\partial y} \right\|^2$$

---

[*] この証明を書くにあたって，以下の書籍の 77 ページ〜79 ページを参考にさせていただきました．M.Spivak 著 "A Comprehensive Introduction to Differential Geometry (Second Edition)" (Publish or Perish, Inc.), Vol.5.

[**] $\det J < 0$ ならば，例えば，$v$ の代わりに $-v$ をパラメーターにとってやれば $\det J > 0$ となる．

$$= \left\|\frac{\partial S}{\partial u}\right\|^2 \left(\frac{\partial u}{\partial y}\right)^2 + 2\left(\frac{\partial S}{\partial u}\cdot\frac{\partial S}{\partial v}\right)\frac{\partial u}{\partial y}\frac{\partial v}{\partial y} + \left\|\frac{\partial S}{\partial v}\right\|^2 \left(\frac{\partial v}{\partial y}\right)^2$$
$$= E\left(\frac{\partial u}{\partial y}\right)^2 + 2F\frac{\partial u}{\partial y}\frac{\partial v}{\partial y} + G\left(\frac{\partial v}{\partial y}\right)^2$$

である．以上を行列でまとめて書くと

$$\begin{pmatrix} e & f \\ f & g \end{pmatrix} = {}^tJ\begin{pmatrix} E & F \\ F & G \end{pmatrix}J$$

と書ける*．ただし，${}^tJ$ は，行列 $J$ の転置行列である．この両辺の逆行列をとると

$$\begin{pmatrix} e & f \\ f & g \end{pmatrix}^{-1} = \left({}^tJ\begin{pmatrix} E & F \\ F & G \end{pmatrix}J\right)^{-1} = J^{-1}\begin{pmatrix} E & F \\ F & G \end{pmatrix}^{-1}{}^tJ^{-1}$$

となり，したがって，この両辺に左から $J$ を，さらに，右から ${}^tJ$ をかけてやることにより

(2)
$$J\begin{pmatrix} e & f \\ f & g \end{pmatrix}^{-1}{}^tJ = \begin{pmatrix} E & F \\ F & G \end{pmatrix}^{-1} = \begin{pmatrix} E & 0 \\ 0 & E \end{pmatrix}^{-1} = \begin{pmatrix} \dfrac{1}{E} & 0 \\ 0 & \dfrac{1}{E} \end{pmatrix}$$

が得られる．ここで，上記の 2 番目の等式では，$u, v$ が等温パラメーターであること $(E = G,\ F = 0)$ を用いた．そこで，簡単のため

(3)
$$\begin{pmatrix} \overline{e} & \overline{f} \\ \overline{f} & \overline{g} \end{pmatrix} = \begin{pmatrix} e & f \\ f & g \end{pmatrix}^{-1}$$

とおくと，(2) は

$$J\begin{pmatrix} \overline{e} & \overline{f} \\ \overline{f} & \overline{g} \end{pmatrix}{}^tJ = \begin{pmatrix} \dfrac{1}{E} & 0 \\ 0 & \dfrac{1}{E} \end{pmatrix}$$

であり，左辺の行列の積を実際に計算して，両辺の行列の成分を比較することにより

(4)
$$\begin{cases} \text{(i)} & \overline{e}\left(\dfrac{\partial u}{\partial x}\right)^2 + 2\overline{f}\dfrac{\partial u}{\partial x}\dfrac{\partial u}{\partial y} + \overline{g}\left(\dfrac{\partial u}{\partial y}\right)^2 \\ & \qquad = \overline{e}\left(\dfrac{\partial v}{\partial x}\right)^2 + 2\overline{f}\dfrac{\partial v}{\partial x}\dfrac{\partial v}{\partial y} + \overline{g}\left(\dfrac{\partial v}{\partial y}\right)^2 \ \left(= \dfrac{1}{E}\right) \\ \text{(ii)} & \overline{e}\dfrac{\partial u}{\partial x}\dfrac{\partial v}{\partial x} + \overline{f}\left(\dfrac{\partial u}{\partial x}\dfrac{\partial v}{\partial y} + \dfrac{\partial u}{\partial y}\dfrac{\partial v}{\partial x}\right) + \overline{g}\dfrac{\partial u}{\partial y}\dfrac{\partial v}{\partial y} = 0 \end{cases}$$

---

* こう書けることを確かめるには，この等式の右辺の行列の積を実際に計算してみて，左辺と右辺の行列の各成分を比較せよ．

となる．以上の議論は逆にたどることもできるので，(4) は，$u, v$ が等温座標であるための必要十分条件であることがわかった．さらに，(4) を書き換えよう．(4) の (ii) は，変形すると

$$\frac{\partial u}{\partial x}\left(\overline{e}\frac{\partial v}{\partial x}+\overline{f}\frac{\partial v}{\partial y}\right)+\frac{\partial u}{\partial y}\left(\overline{f}\frac{\partial v}{\partial x}+\overline{g}\frac{\partial v}{\partial y}\right)=0 \tag{5}$$

である．このとき，ある $C^\infty$ 級関数 $\rho$ が存在して

$$\begin{cases} \dfrac{\partial u}{\partial x} &= \rho\left(\overline{f}\dfrac{\partial v}{\partial x}+\overline{g}\dfrac{\partial v}{\partial y}\right) \\ \dfrac{\partial u}{\partial y} &= -\rho\left(\overline{e}\dfrac{\partial v}{\partial x}+\overline{f}\dfrac{\partial v}{\partial y}\right) \end{cases} \tag{6}$$

となる*．したがって，上式 (6) より

$$\frac{\partial u}{\partial x}\frac{\partial v}{\partial y}-\frac{\partial u}{\partial y}\frac{\partial v}{\partial x}=\rho\left\{\overline{e}\left(\frac{\partial v}{\partial x}\right)^2+2\overline{f}\frac{\partial v}{\partial x}\frac{\partial v}{\partial y}+\overline{g}\left(\frac{\partial v}{\partial y}\right)^2\right\} \tag{7}$$

が成り立つことが確認できる．ところが, 行列 $\begin{pmatrix} e & f \\ f & g \end{pmatrix}$ が正定値より**, $\begin{pmatrix} \overline{e} & \overline{f} \\ \overline{f} & \overline{g} \end{pmatrix}$

---

* これは，次の事実を使っている:

$$(*) \qquad \textbf{\textit{C}, \textit{D} が同時に 0 にならない}$$

**という仮定が成り立つとき，$AC+BD=0$ ならば，ある定数 $k$ が存在して，$A=kD,\ B=-kC$ である．**

この事実の証明は簡単である．実際，$C\neq 0$ の場合は $k=-\dfrac{B}{C}$ とおき，$D\neq 0$ のときは，$k=\dfrac{A}{D}$ とおけばよい．ちなみに，仮定 $(*)$ は必要であることを注意しておく．(例えば $A=C=D=0$ で $B\neq 0$ の場合を考えてみるとよい.) さて，この事実を用いて (6) を示そう．

$$(\star) \qquad A=\frac{\partial u}{\partial x},\quad B=\frac{\partial u}{\partial y},\quad C=\overline{e}\frac{\partial v}{\partial x}+\overline{f}\frac{\partial v}{\partial y},\quad D=\overline{f}\frac{\partial v}{\partial x}+\overline{g}\frac{\partial v}{\partial y}$$

とおくと，(5) より，$AC+BD=0$ が成り立つから，各点 $(x, y)$ において上の事実を適用すると，定数 $k$ が得られる．この定数は各点ごとに決まるから $(x, y)$ の関数である．これを $\rho=\rho(x, y)$ とおけば，(6) が得られる．ただ，この議論の中で，$(\star)$ で定まる $A, B, C, D$ に対して仮定 $(*)$ が満たされることを確かめる必要がある．これは，式 (1) と「行列 $\begin{pmatrix} \overline{e} & \overline{f} \\ \overline{f} & \overline{g} \end{pmatrix}$ が逆行列をもつこと」から容易に導かれる．($C=D=0$ と仮定すると $\dfrac{\partial v}{\partial x}=\dfrac{\partial v}{\partial y}=0$ が導かれて (1) に矛盾する.)

** 行列 $\begin{pmatrix} e & f \\ f & g \end{pmatrix}$ が正定値であることについては，132 ページの脚注を参照．

も正定値であり*，したがって

$$(8)\quad \overline{e}\left(\frac{\partial v}{\partial x}\right)^2+2\overline{f}\frac{\partial v}{\partial x}\frac{\partial v}{\partial y}+\overline{g}\left(\frac{\partial v}{\partial y}\right)^2=\begin{pmatrix}\dfrac{\partial v}{\partial x} & \dfrac{\partial v}{\partial y}\end{pmatrix}\begin{pmatrix}\overline{e} & \overline{f}\\ \overline{f} & \overline{g}\end{pmatrix}\begin{pmatrix}\dfrac{\partial v}{\partial x}\\ \dfrac{\partial v}{\partial y}\end{pmatrix}>0$$

であるので，(1) および (7) から $\rho>0$ が得られる．さて，(6) を (4) の (i) に代入して整理すると

$$\left\{\rho^2(\overline{e}\,\overline{g}-\overline{f}^2)-1\right\}\left\{\overline{e}\left(\frac{\partial v}{\partial x}\right)^2+2\overline{f}\frac{\partial v}{\partial x}\frac{\partial v}{\partial y}+\overline{g}\left(\frac{\partial v}{\partial y}\right)^2\right\}=0$$

となることが確かめられる．したがって (8) を考慮すると，等式 $\rho^2(\overline{eg}-\overline{f}^2)-1=0$ が得られる．ここで，$\rho>0$ であることに注意すれば，

$$\rho=\frac{1}{\sqrt{\overline{e}\,\overline{g}-\overline{f}^2}}$$

となる．これを (6) に代入すると

$$(9)\quad\begin{cases}\text{(i)} & \dfrac{\partial u}{\partial x}=\dfrac{1}{\sqrt{\overline{e}\,\overline{g}-\overline{f}^2}}\left(\overline{f}\dfrac{\partial v}{\partial x}+\overline{g}\dfrac{\partial v}{\partial y}\right)\\[2ex] \text{(ii)} & \dfrac{\partial u}{\partial y}=-\dfrac{1}{\sqrt{\overline{e}\,\overline{g}-\overline{f}^2}}\left(\overline{e}\dfrac{\partial v}{\partial x}+\overline{f}\dfrac{\partial v}{\partial y}\right)\end{cases}$$

が得られる．逆に，(9) から (4) が得られることも，計算により確かめられる．((4) の各々の式の左辺に (9) を代入して計算すると右辺になる.）以上から，(9) は (4) と同値であることがわかった．ゆえに，$u, v$ が (9) を満たすことが，$u, v$ が等温パラメーターであるための必要十分条件である．さらに，(9) を書き直そう．

---

* 「『正定値の行列』の逆行列は正定値である」という“事実”に注意すれば，行列 $\begin{pmatrix}\overline{e} & \overline{f}\\ \overline{f} & \overline{g}\end{pmatrix}$ の定義式 (3) から明らかである．この“事実”については，行列を対角化すれば確かめられる．実際，行列を $\begin{pmatrix}r & 0\\ 0 & s\end{pmatrix}$ の形に対角化したとき，正定値であるための必要十分条件は“$r>0$ かつ $s>0$”であることは容易に確認できる．したがって，行列 $\begin{pmatrix}r & 0\\ 0 & s\end{pmatrix}$ が正定値であることと，その逆行列 $\begin{pmatrix}\frac{1}{r} & 0\\ 0 & \frac{1}{s}\end{pmatrix}$ が正定値であることは同値である.（“$r>0$ かつ $s>0$”であることと“$\frac{1}{r}>0$ かつ $\frac{1}{s}>0$”であることは同値であるから.）

**主張 A** 形式的に

$$z = x + \sqrt{-1}y, \quad w = u + \sqrt{-1}v$$

という複素変数を導入すると，(9) は，

$$\frac{\partial w}{\partial \bar{z}} = \mu \frac{\partial w}{\partial z} \quad (10)$$ *

と同値である．ここで，

$$\mu = \frac{e - g + 2\sqrt{-1}f}{e + g + 2\sqrt{eg - f^2}} \quad (11)$$

である．このとき，(10) を $w$ についての偏微分方程式と見て，**ベルトラミ (Beltrami) 方程式**と呼ぶ**．

ベルトラミ方程式は，$|\mu| < 1$ のとき，局所的に解けることが知られている†．今の場合の $|\mu|^2$ を計算すると，

$$\begin{aligned}
|\mu|^2 &= \frac{(e-g)^2 + 4f^2}{\left((e+g)^2 + 2\sqrt{eg - f^2}\right)^2} \\
&= \frac{(e+g)^2 - 4(eg - f^2)}{\left((e+g)^2 + 2\sqrt{eg - f^2}\right)^2} \\
&= \frac{\left((e+g) + 2\sqrt{eg - f^2}\right)\left((e+g) - 2\sqrt{eg - f^2}\right)}{\left((e+g) + 2\sqrt{eg - f^2}\right)^2}
\end{aligned}$$

---

* 複素変数による微分は

$$\begin{aligned}
\frac{\partial w}{\partial z} &= \frac{1}{2}\left(\frac{\partial w}{\partial x} - \sqrt{-1}\frac{\partial w}{\partial y}\right) = \frac{1}{2}\left\{\left(\frac{\partial u}{\partial x} + \frac{\partial v}{\partial y}\right) + \sqrt{-1}\left(\frac{\partial v}{\partial x} - \frac{\partial u}{\partial y}\right)\right\} \\
\frac{\partial w}{\partial z} &= \frac{1}{2}\left(\frac{\partial w}{\partial x} + \sqrt{-1}\frac{\partial w}{\partial y}\right) = \frac{1}{2}\left\{\left(\frac{\partial u}{\partial x} - \frac{\partial v}{\partial y}\right) + \sqrt{-1}\left(\frac{\partial v}{\partial x} + \frac{\partial u}{\partial y}\right)\right\}
\end{aligned}$$

である．

** ベルトラミ方程式は，曲面の複素構造に関する**タイヒミュラー (Teichmüller) 空間論**において，「種数 $g$ のコンパクトなリーマン面のタイヒミュラー空間が，$\mathbb{C}^{3g-3}$ の有界領域に埋め込める」という**ベアス (Bers) の埋め込み**にも用いられている．

† $\mu$ が $C^\infty$ 級のときは，ベルトラミ方程式 (10) の $C^\infty$ 級の局所解 $w$ が存在する．（もっと一般に，$k$ が 0 以上の整数で $0 < \alpha < 1$ のとき，$\mu$ が $C^{k+\alpha}$ 級 ならば，$C^{k+1+\alpha}$ 級の局所解 $w$ が存在する．）ここで，「（方程式の）局所解」とは「局所的に方程式を満たす解」，すなわち，「ある（小さな）領域での方程式の解」のことである．（「局所解」に対して，考えている領域全体での解のことを「大域解」と呼ぶ．）上記の事実についての証明は省略するが，興味のある人は，L. Bers 著 "Riemann Surfaces" (New York University) の 24〜29 ページを参照のこと．

$$= \frac{(e+g) - 2\sqrt{eg - f^2}}{(e+g) + 2\sqrt{eg - f^2}}$$

であるから，$|\mu| < 1$ である．（$eg - f^2 > 0$ であることから，特に $\sqrt{eg - f^2} \neq 0$, すなわち，$\sqrt{eg - f^2} > 0$ となり，$|\mu| < 1$ であることは上記の式の形から明らかである．）ゆえに，(10) は局所解をもつ．したがって，(9) も局所解をもち，等温パラメーター $u, v$ が局所的に存在することになる．したがって，あとは主張 A を示せばよい．以下，主張 A を示そう．(9) が成り立つとする．一般に

$$\frac{\partial w}{\partial z} = \frac{1}{2}\left\{\left(\frac{\partial u}{\partial x} + \frac{\partial v}{\partial y}\right) + \sqrt{-1}\left(\frac{\partial v}{\partial x} - \frac{\partial u}{\partial y}\right)\right\}$$
$$\frac{\partial w}{\partial \overline{z}} = \frac{1}{2}\left\{\left(\frac{\partial u}{\partial x} - \frac{\partial v}{\partial y}\right) + \sqrt{-1}\left(\frac{\partial v}{\partial x} + \frac{\partial u}{\partial y}\right)\right\}$$

であるから，これらに (9) を代入し，さらに

$$\begin{pmatrix} \overline{e} & \overline{f} \\ \overline{f} & \overline{g} \end{pmatrix} = \begin{pmatrix} e & f \\ f & g \end{pmatrix}^{-1} = \frac{1}{eg - f^2}\begin{pmatrix} g & -f \\ -f & e \end{pmatrix},$$

すなわち

$$\text{(12)} \qquad \left\{\begin{array}{lcl} \overline{e} & = & \dfrac{1}{eg - f^2}\, g \\ \overline{f} & = & -\dfrac{1}{eg - f^2}\, f \\ \overline{g} & = & \dfrac{1}{eg - f^2}\, e \end{array}\right.$$

であることを用いると

$$\frac{\partial w}{\partial z} = \frac{1}{2\sqrt{eg - f^2}}\left[\left\{-f + \sqrt{-1}\left(g + \sqrt{eg - f^2}\right)\right\}\frac{\partial v}{\partial x} + \left\{\left(e + \sqrt{eg - f^2}\right) - \sqrt{-1} f\right\}\frac{\partial v}{\partial y}\right]$$

$$\frac{\partial w}{\partial \overline{z}} = \frac{1}{2\sqrt{eg - f^2}}\left[\left\{-f + \sqrt{-1}\left(-g + \sqrt{eg - f^2}\right)\right\}\frac{\partial v}{\partial x} + \left\{\left(e - \sqrt{eg - f^2}\right) + \sqrt{-1} f\right\}\frac{\partial v}{\partial y}\right]$$

であることが確かめられる．このとき，

$$
\begin{aligned}
&\mu \frac{\partial w}{\partial z} \\
&= \frac{1}{2\sqrt{eg-f^2}} \frac{e-g+2\sqrt{-1}f}{e+g+2\sqrt{eg-f^2}} \left[ \left\{ -f + \sqrt{-1}\left(g+\sqrt{eg-f^2}\right) \right\} \frac{\partial v}{\partial x} \right. \\
&\qquad\qquad \left. + \left\{ \left(e+\sqrt{eg-f^2}\right) - \sqrt{-1}f \right\} \frac{\partial v}{\partial y} \right] \\
&= \frac{1}{2\sqrt{eg-f^2}} \frac{1}{e+g+2\sqrt{eg-f^2}} \\
&\quad \times \left[ \left\{ -f(e+g) - 2f\sqrt{eg-f^2} + \sqrt{-1}\left(eg-g^2-2f^2+(e-g)\sqrt{eg-f^2}\right) \right\} \frac{\partial v}{\partial x} \right. \\
&\qquad \left. + \left\{ e^2-eg+2f^2+(e-g)\sqrt{eg-f^2} + \sqrt{-1}\left(f(e+g)+2f\sqrt{eg-f^2}\right) \right\} \frac{\partial v}{\partial y} \right] \\
&= \frac{1}{2\sqrt{eg-f^2}} \frac{1}{e+g+2\sqrt{eg-f^2}} \\
&\quad \times \left[ \left\{ -f\left((e+g)+2\sqrt{eg-f^2}\right) + \sqrt{-1}\left((e+g)+2\sqrt{eg-f^2}\right)\left(-g+\sqrt{eg-f^2}\right) \right\} \frac{\partial v}{\partial x} \right. \\
&\qquad \left. + \left\{ \left((e+g)+2\sqrt{eg-f^2}\right)\left(e-\sqrt{eg-f^2}\right) + \sqrt{-1}f\left((e+g)+2\sqrt{eg-f^2}\right) \right\} \frac{\partial v}{\partial y} \right]^{*} \\
&= \frac{1}{2\sqrt{eg-f^2}} \left[ \left\{ -f + \sqrt{-1}\left(-g+\sqrt{eg-f^2}\right) \right\} \frac{\partial v}{\partial x} + \left\{ \left(e-\sqrt{eg-f^2}\right) + \sqrt{-1}f \right\} \frac{\partial v}{\partial y} \right] \\
&= \frac{\partial w}{\partial \bar{z}}
\end{aligned}
$$

となり，(10) が成り立つことがわかった．逆に，(10) から (9) を導こう．式 (10) に (11) を代入し，$\dfrac{\partial u}{\partial x}, \dfrac{\partial u}{\partial y}, \dfrac{\partial v}{\partial x}, \dfrac{\partial v}{\partial y}$ で書き下すと，実部と虚部それぞれから等式が得られ，それらは

$$
\begin{gathered}
\left(g+\sqrt{eg-f^2}\right)\frac{\partial u}{\partial x} - f\frac{\partial u}{\partial y} + f\frac{\partial v}{\partial x} - \left(e+\sqrt{eg-f^2}\right)\frac{\partial v}{\partial y} = 0 \\
-f\frac{\partial u}{\partial x} + \left(e+\sqrt{eg-f^2}\right)\frac{\partial u}{\partial y} + \left(g+\sqrt{eg-f^2}\right)\frac{\partial v}{\partial x} - f\frac{\partial v}{\partial y} = 0
\end{gathered}
$$

となる．これを $\dfrac{\partial u}{\partial x}, \dfrac{\partial u}{\partial y}$ について解くと

$$
\frac{\partial u}{\partial x} = \frac{1}{\sqrt{eg-f^2}}\left(-f\frac{\partial v}{\partial x} + e\frac{\partial v}{\partial y}\right)
$$

---

* 因数分解して直前の式からこの式を導くより，この式を展開して直前の式を出すほうが簡単かも．

$$\frac{\partial u}{\partial y} = -\frac{1}{\sqrt{eg - f^2}}\left(g\frac{\partial v}{\partial x} - f\frac{\partial v}{\partial y}\right)$$

であることがわかるが，(12) に注意すれば，これは (9) に他ならないことが確認できる．((12) を (9) に代入すると上式が得られる．逆に“(12) を $e, f, g$ について解いたもの”を上式に代入すると (9) が得られる．）以上で，主張 A が示され，定理 A.8.1 の証明が終わった．□

**もう、どうにでもして・・・**

## A.9　曲面のオイラー数

第 3 章の最後（192 ページ）において，曲面論の重要な結果であるガウス-ボネの定理（大域版）を勉強したが，定理の記述の中に登場したオイラー数 (Euler number)* を理解していないと，ガウス-ボネの定理の偉大さを味わうことができない．この節では，できる限り簡潔に，オイラー数の解説を与えることにする．ここでの内容は，本書でこれまで勉強してきた「微分幾何学」とは違い，「位相幾何学」的な方法** を基本にしているので，少しじっくり読むことをおすすめする．

* オイラー標数 (Euler characteristic) とも呼ぶ．(単に「オイラー数」というと，ここでの概念とまったく別のものもあるので，混同しないように「オイラー標数」と呼ぶのであろう．）オイラー (Euler) は 18 世紀の最も偉大な数学者の一人である．もちろん日本人ではないので，オイラー自身が「おいらはオイラー」などというダジャレを，たぶん言ってはいないと思う．

** 位相幾何学は，連続的な変形で不変な性質（正確には，同相写像で不変な性質）を調べる分野であり，この節の議論では，曲面が，まるで“やわらかいゴム”でできているかのごとく，変形したりすることに慣れておく必要がある．

## (1) 多面体のオイラー数

四面体や立方体のように多角形をもとに構成された図形のことを多面体という*．（もちろん，厳密な定義には，いくつかの条件がついているが，書くのはやめとこ．）

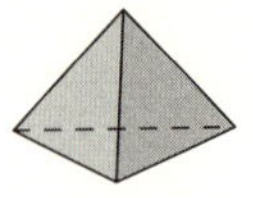
正 4 面体

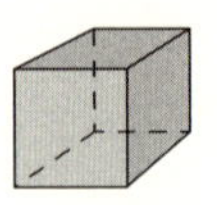
正 6 面体
（立方体）

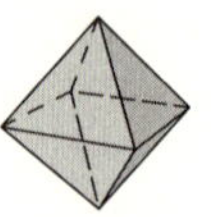
正 8 面体

上図の例で頭文字に「正」がつくのは，**正**多角形から構成しているからであって，これらの多面体は総称して「正多面体」と呼ばれる．単に「多面体」というと，こんなに対称的な形をしていなくても良くて，一般には下図のようなものである．

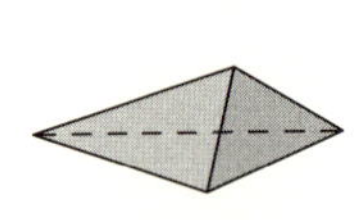
4 面体

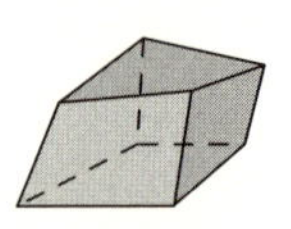
6 面体

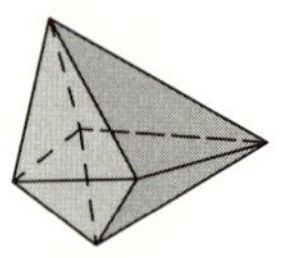
8 面体

基本的な用語を 3 つほどあげる．

「多面体を構成する多角形」のことを **面** (face)

「2 つの面が共有している線分」のことを **辺** (edge)

「2 つ以上の辺が交わっている点」を **頂点** (vertex)
（要するに“カド”の点）

---

* 例えば「立方体」といったとき，

「サイコロ」のように**中身のつまった**図形

をイメージする人と，

「サイコロキャラメルの箱」のように**中身がカラ**で
正方形の面が 6 つ集まってできた図形

を頭に思い浮かべる人がいるようだが，特に注意がなければ「多面体」というのは後者の意味で用いられることが多い．また，多面体を構成する多角形は一種類に限る．「3 角形と 4 角形で構成されているもの」のように，複数の多角形で構成されているものは，準多面体と呼ばれている．（こちらにも，厳密な定義には，いくつかの条件がついている．）

と呼ぶ*.

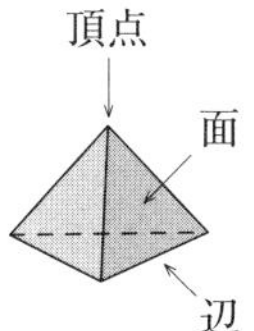


さて，多面体のオイラー数は次の式で定義される：

(*) **多面体のオイラー数**
**=（「頂点」の総数）−（「辺」の総数）+（「面」の総数）** **

実際に，上記の例（4 面体，6 面体，8 面体）のオイラー数を計算してみよう．4 面体については，数えてみると，頂点の数が 4 つ，辺の数が 6 つ，面の数が 4 つであるから†,

$$4\text{ 面体のオイラー数} = 4 - 6 + 4 = 2$$

となる．次に，6 面体のオイラー数を計算してみよう．頂点の数が 8 個，辺の数が 12 個，6 面体は面の数が 6 個であるから,

$$6\text{ 面体のオイラー数} = 8 - 12 + 6 = 2$$

となり，6 面体のオイラー数も "2" である．最後に，8 面体のオイラー数の計算をしよう．8 面体は頂点の数が 6 個，辺の数が 12 個，面の数が 8 個であるから,

$$8\text{ 面体のオイラー数} = 6 - 12 + 8 = 2$$

となり，これも "2" である．実はどんな多面体のオイラー数も，不思議なことに "2" になる．この "2" がどこから来るのか，そのカラクリを知るには，次節で述べる「曲面のオイラー数」が，その手だてとなる．

---

* 多面体を構成する "基本要素"（位相幾何学の用語では「単体」と呼ばれている．正確にいうと，単体と呼ばれたときの「面」は 一般の多角形ではなくて 3 角形でなくてはならない.）のうち，0 次元のものが「頂点」であり，1 次元のものが「辺」であり，2 次元のものが「面」であるということに他ならない.

** 「単体」の言葉で書き直すと

**オイラー数**
**=（「0 次元単体」の総数）−（「1 次元単体」の総数）+（「2 次元単体」の総数）**

である．+ と − が交互にくるのがミソである.

† 「美しい日本語」を重んじる「国語」の授業では，「頂点の数が 4 **つ**，辺の数が 6 **本**，面の数が 4 **枚**」と言い直させられるところである.

さて，この節を終わる前に，一つ考察をしておこう．多面体の各面は多角形から成り立っているが，一般の多角形でなくて，“多角形のうちで最も単純なもの”である3角形（これが，2次元単体と呼ばれるものである）にすることを考えよう．上記の例でいうと，「4面体」や「8面体」は「3角形」から構成されているので，このままでよいが，「6面体」は「3角形」でなくて「4角形」から構成されているので，いくつかの適当な頂点どうしを線分で結んで「辺」を増やし，3角形ばかりにしてやる．（増やした「線分」も「辺」といい，「辺」で囲まれた3角形を「面」と呼ぶ．）

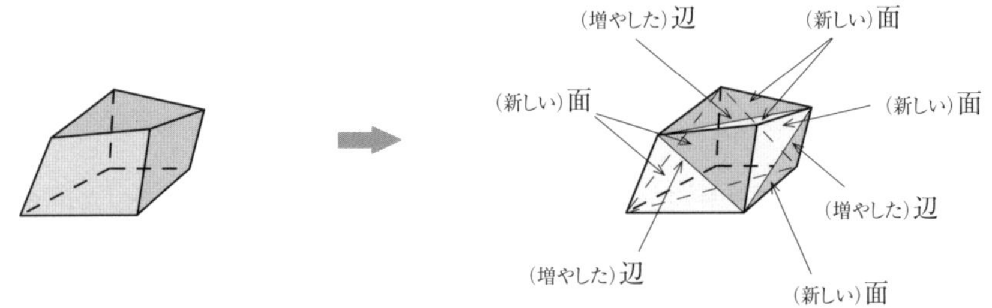


このように“辺”を増やして，面の数を増やしていくことを，**分割を細分する**という[*]．細分して3角形の面ばかりにしたわけであるが，このとき，多面体のオイラー数を上記の式 $(*)$ で定める．（もちろん，分割を細分したことにより，辺や面の数はもともとのものより増えている．）さて，6面体のオイラー数を，上図のように細分して再計算してみよう．6面体を上図のように細分したとき，実際に数えてみると，頂点の数が8個，辺の数が18個，面の数が12個である．したがって

$$6\text{面体のオイラー数} = 8 - 18 + 12 = 2$$

となり，細分する前の面や辺の数で計算したオイラー数と一致した．細分の仕方は一通りではないし，さらに細かく細分することも可能であるが，どのような多面体についても，どんな細分の仕方をしても，多面体のオイラー数は不思議なことに“2”になることが確かめられる．先に述べたように，この理由を知るには「曲面のオイラー数」が必要となる．

* もともとの多面体は多角形の面から構成されているが，これを「多面体が多角形の面に分割されている」と見なす．このとき，上記の「さらに辺を増やして，面の数を増やす操作」のことを「(分割）を細分する」という．また，上記の細分によってできた分割では面がすべて3角形であるので，この分割のことを，多面体の「3角形分割」(位相幾何学の用語では「単体分割」）と呼ぶ．

## (2)　曲面のオイラー数

曲面には，「閉(へい)曲面」という基本的で重要な曲面のクラスがある．「閉曲面」とは「境界をもたないコンパクトな曲面」のことである*．閉曲面は，「向きづけ可能な曲面」と「向きづけ不可能な曲面」の2種類に分類される**．「向きづけ可能な閉曲面」は，形状的には，以下のような曲面に代表される†．

---

* 「コンパクト」といっても，「おぉ，このラジカセはコンパクトで持ち運びにも便利だね.」とかいう日常用語の「コンパクト」でなくて，れっきとした数学用語（「位相空間論」の用語）である．

**これとちがう →**

コンパクト【compact】
① 小さくて中身の充実しているさま.「―にまとめる」
② 白粉・パフなどを入れた鏡付きの携帯用化粧容器.
[広辞苑第五版] より

「コンパクトな曲面」の厳密な定義をやさしい言葉で表現するのは難しい．感覚的に述べると，「コンパクト**でない**曲面」は「(境界のない) 穴があいていたり，無限にのびているような曲面」である．

**コンパクトでない曲面たち**

閉曲面は「閉(と)じた曲面」と呼ぶこともある．

** 「向きづけ可能」というのは，曲面に裏表(うらおもて)があることであり，「向きづけ不可能」というのは，「『向きづけ可能』でない」ことである．「向きづけ**不可能**」な曲面の代表例は「メビウス (Möbius) の帯(おび)」と「クライン (Klein) のつぼ」である．

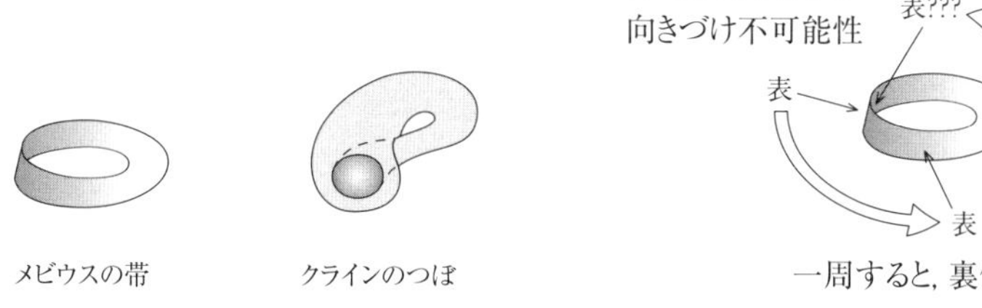


メビウスの帯　　クラインのつぼ

(∗∗)

この絵を見ると，向きづけ可能な閉曲面には，球面を除いて"（浮き輪の）穴"があいている．この"穴"の数のことを閉曲面の**種数**（しゅすう）(**genus**) と呼び*, "genus" の頭文字をとって，記号で $g$ を用いることも多い．球面の種数は 0 であり，トーラスの種数は 1 である．閉曲面の種数が $g$ であるとは，"穴"の数が $g$ 個であることに他ならない．

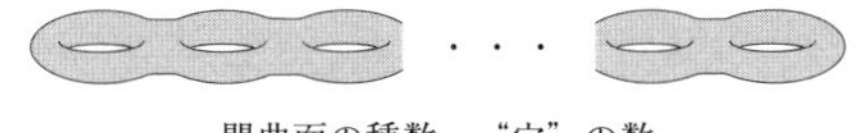

閉曲面の種数＝"穴"の数

「種数」という概念は，後でもう一度登場するので，心にとめておこう．

さて，このような向きづけ可能な閉曲面に対して，オイラー数を定義しよう**．そのためには，多面体のときと同様に，曲面上を"3 角形のようなもの"で分割する．例えば，球面でやってみると

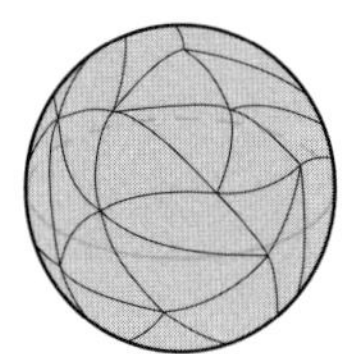

---

† （前ページ）「向きづけ**可能な**曲面」と「向きづけ**不可能な**曲面」は一対一に対応している．実際，

向きづけ可能な閉曲面が，球面，トーラス，$\cdots$

とあるのに対応して，

向きづけ不可能な閉曲面が，射影平面，クラインのつぼ，$\cdots$

とこの順で対応している．（すぐ後で出てくる「種数」という用語を使っていうと，上記の並びは，種数が $0, 1, 2, \cdots$ という順である．）また，位相幾何学には，「閉曲面の分類定理」というのがあって，「どんな閉曲面も，上記の曲面（球面，トーラス，$\cdots$，あるいは，射影平面，クラインのつぼ，$\cdots$）のいずれかに同相である」ということが知られている．言いかえると，「閉曲面は（同相なものを同一視すれば），『種数』と『向きづけ可能性』で決定できる」ということである．

* （これは「少し進んだ人のための脚注」ですので，わからなくてもかまいません）ここでは「種数」を「"穴"の数」というように直観的に説明したが，ちゃんとした定義は「ホモロジー」の概念を用いる．「1 次元ベッチ数 (Betti number)」とは「1 次元ホモロジー群の階数」であるが，向きづけ可能な曲面の種数は，1 次元ベッチ数の半分であり，向きづけ不可能な曲面の種数は，1 次元ベッチ数に 1 を加えたものであると定義できる．

** （これも「少し進んだ人のための脚注」ですので，わからなくてもかまいません）「オイラー数」のちゃんとした定義にも「ホモロジー」が必要で，向きづけ不可能な曲面についても定義される．実際，曲面 $S$ の 0 次元，1 次元，2 次元ベッチ数をそれぞれ $b_0, b_1, b_2$ とすると，曲面 $S$ のオイラー数 $\chi(S)$ は $\chi(S) = b_0 - b_1 + b_2$ であると定義される．ここで，$k$ 次元ベッチ数とは，$k$ 次元ホモロジー群の階数 (rank) のことである ($k = 0, 1, 2$).

となる．ここで，“3 角形のようなもの” とあるのは，多面体のときと違い，“面” や “辺” がまっすぐなものでなく，曲がっていてもよいからである[*]．よくわからない人は，サッカーボールを思い起こしてみるとよい．サッカーボールの表面に描かれている模様は，よく見ると，“正 5 角形” の黒い部分と “正 6 角形” の白い部分から成り立っている[**]．

しかし，サッカーボールの模様は球面上に描かれているので，ちゃんとした “正 5 角形” や “正 6 角形” ではないはずだ．実際，“辺” がまっすぐでなくて，球の表面に沿って微妙に湾曲（わんきょく）している．

このように曲面を “3 角形のようなもの” で分割し，“3 角形のようなもの” の “頂点” や “辺” や “面” を考える．このとき，多面体の場合と同様に，曲面のオイラー数が次の式で定義される．

**曲面のオイラー数**
**＝（“頂点” の総数）－（“辺” の総数）＋（“面” の総数）**

多面体のときと同様に，**「3 角形分割」**[†] **の仕方によらない**ことがわかる．（これについては，後で説明をする．）計算を楽にするためには，なるべく “3 角形” の数を増やさないことであるが，わざと増やして対称的な模様にして数えやすくするのも一つの手である．

演習問題：球面のオイラー数の計算をせよ．

実際にやってみること．（ちゃんとやるのだぞ．）

3角形分割

[*] 位相幾何学では，「3 角形」は「**単体**」と呼ぶのに対し，“3 角形のようなもの” は「**特異単体**」と称する．

[**] 最近のサッカーボールは，デザインが豊富になってきたので，色に関する記述は当てはまらないかもしれない．

[†] 正確には，“3 角形” ではなくて “3 角形のようなもの” であるから，**「3 角形分割」でなくて，「3 角形のようなもの分割」と書くべきかもしれない**．わずらわしいので，以下は，“3 角形のようなもの” も単に「3 角形」と呼ぶことにする．

## (3) 多面体のオイラー数が 2 である理由

以下，「3 角形分割」のとり方によらないことを前提に話を進めていくことにする．ここでは，少し頭を柔らかくすることが必要である．頭がカタイ人は，酢でも入れて軽くもんじゃってください．

さて，多面体がゴム風船のような材質でできていると思って，多面体の中に空気を吹き込んでふくらませてみる．そうすると，どれも球面になって，多面体の「頂点」や「辺」や「面」であったものは，球面上の模様になってしまう．

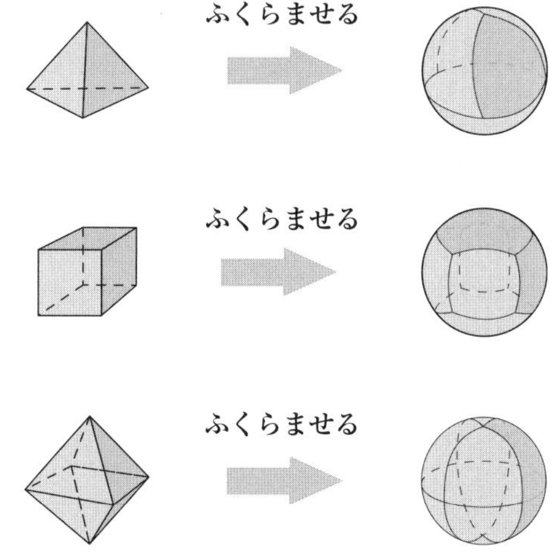


これはさきほどやった「曲面の“3 角形のようなもの”への分割」である．(6 面体の場合は，3 角形への細分が必要であるが.) **「多面体のオイラー数」というのは，こう見てみると「球面のオイラー数」に他ならない**．したがって，どの多面体のオイラー数を計算しても，球面のオイラー数である “2” が出てくるわけである*.

---

* 251 ページの演習問題「球面のオイラー数の計算をせよ」を実際にやってみた人には，この記述が身近なものに感じられるはずです．すなおに計算をやらなかった人には，「いっぺんストローさして，ふくらましたろか!!」と言いたいところをぐっとこらえて，おとなの対応です．

## (4)　オイラー数が「“3角形”分割」のとり方によらない理由

オイラー数が「“3角形”分割」のとり方によらないのはどうしてだろうか？これは，「細分」がキーワードになる．多面体のときの場合を思い出してみると，6面体の各面の4角形を細分して（＝細かく分割して），3角形分割を与えるということをおこなった．ここでは，3角形分割をさらに細分して，もっと“細かい”3角形分割にすることを考える．

細分によって，オイラー数がどう変化するか調べてみよう．例えば，下図のように，1つの3角形を3つの三角形に細分した場合を考えてみる．

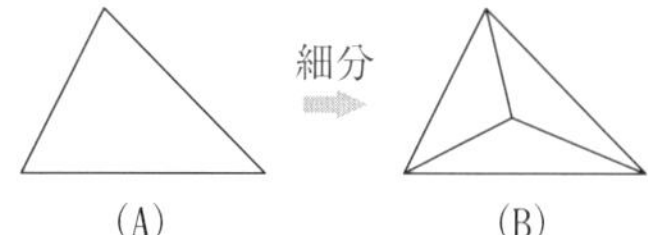


このとき，

「頂点」の数は，3つから4つになったので，1つ増えた．

「辺」の数は，3つから6つになったので，3つ増えた．

「面」の数は，1つから3つになったので，2つ増えた．

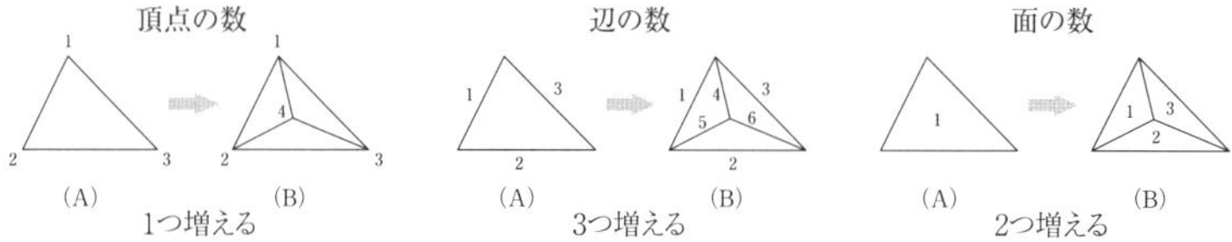


したがって，細分によって，状態(A)を細分して状態(B)にすると，オイラー数の増減は

$$1-3+2=0$$

となり，この細分ではオイラー数が変わらないことがわかる．同様にして，**どんな細分をとっても，オイラー数が変わらない**ことを確かめることができる．

さて，2 つの「3 角形分割」があったとき，それらを，同じ「3 角形分割」になるまで細分することができる．例えば，下図のように，2 つの異なる 3 角形分割 (C) と (D) があったとき，(C) と (D) それぞれを適当に細分することにより，どちらも (E) という 3 角形分割が得られる．

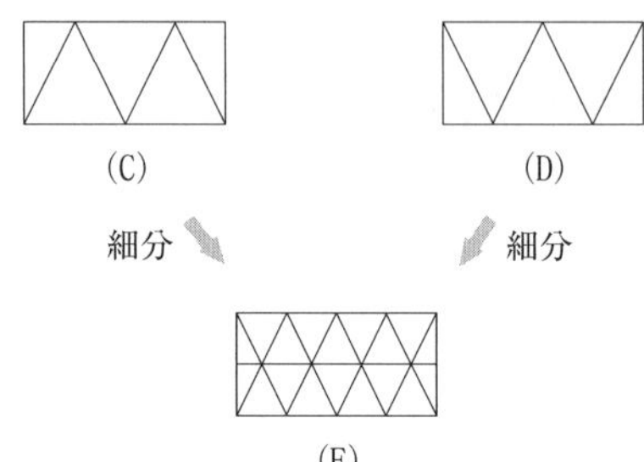


細分によって，オイラー数が変わらないことがわかっているので，

$$\text{(C) のオイラー数} = \text{(E) のオイラー数} = \text{(D) のオイラー数}$$

となる．一般の場合も同様である．任意の 2 つの 3 角形分割 $\triangle_1$, $\triangle_2$ に対して，それぞれを適当に細分すると，同じ 3 角形分割 $\triangle_3$ が得られるが，細分によってオイラー数が変わらないことに注意すれば，

$$\triangle_1\text{のオイラー数} = \triangle_3\text{のオイラー数} = \triangle_2\text{のオイラー数}$$

となり，細分で得られた 3 角形分割 $\triangle_3$ を通して，$\triangle_1$ のオイラー数と $\triangle_2$ のオイラー数が等しいことが確かめられる．以上により，オイラー数の 3 角形分割のとり方によらないことがわかった．

## (5) 閉曲面のオイラー数の計算

最後に，閉曲面のオイラー数の計算について少しふれておこう．閉曲面の種数は，250 ページで出てきた「曲面の種数」で表現することができる．実際，次が成り立つ．

(♯)

（向きづけ可能な）閉曲面に対して，その種数を $g$ とすると

$$\textbf{オイラー数} = \mathbf{2 - 2}g$$

である．

球面の種数は 0 であったから，(♯) の公式を用いると $2 - 2 \times 0 = 2$ となって，球面のオイラー数が 2 であることが再確認できる*．

(♯) が成り立つことを見てみよう．ここから再び，柔軟な思考を使うので，頭のスイッチを「やわらか仕上げモード」に切り替えること．さて，種数 $g$ の（向きづけ可能な）閉曲面は，下図のように，球面に「ハンドル」を $g$ 個とりつけたものと考えることができる**．

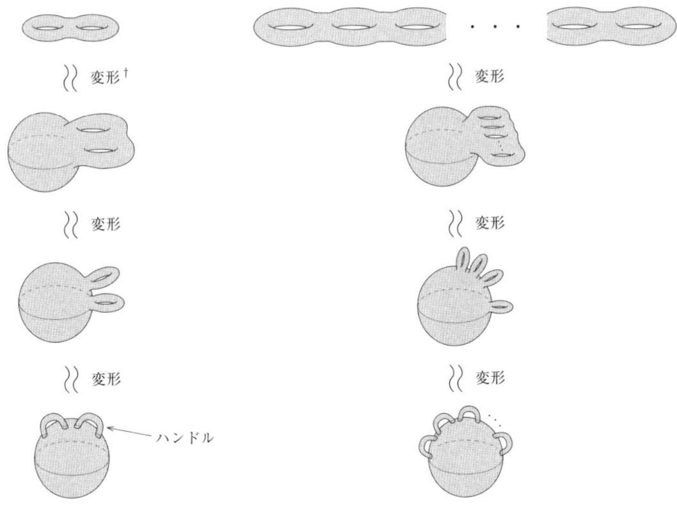


* 「再確認できる」という述語には，「251 ページの演習問題『球面のオイラー数の計算をせよ』をちゃんとやった人は」という主語がついている．

** 「ハンドル」というより，「取っ手（とって）」というほうがイメージが近いかもしれないが，数学では「ハンドル」という用語を用いることが多い．

球面のオイラー数は2であることがわかっているので，あとは，ハンドルを1つとりつけるたびに，オイラー数がどう変化するかを調べてやればよい．ハンドルをとりつけるには，球面上に穴を2つあけ，ハンドルの両端をその穴と接合する．

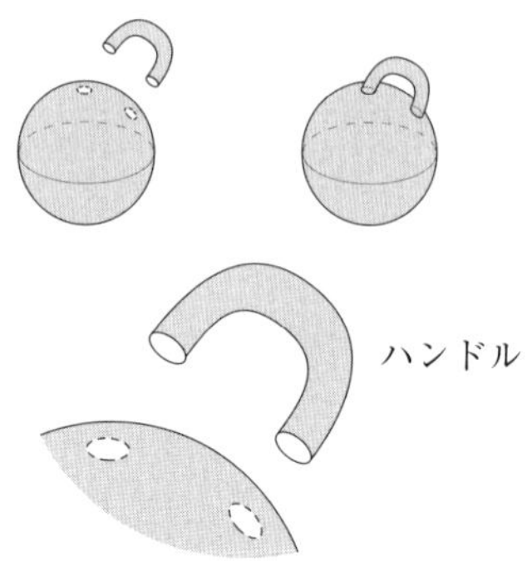


ここで，球面の穴の境界は「とり除いた」という意味で点線になっている*．3角形分割と対応するように，穴は3角形で，ハンドルも切り口が3角形になるようにしておくと，「辺」の数を数えるのが楽になる．

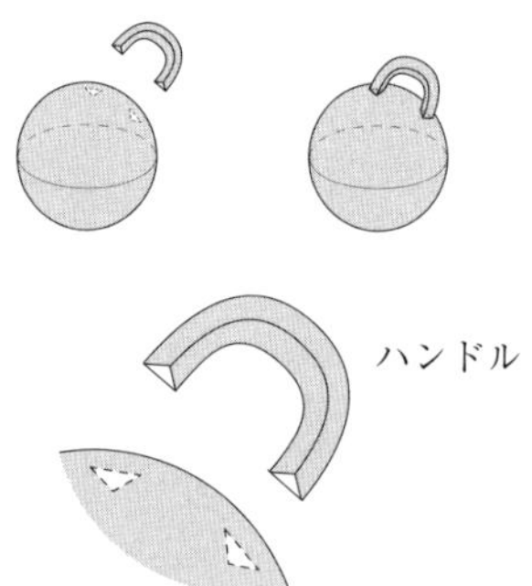


このとき，球面に穴を2つあけることは，3角形を2つとり除くことと見なせるので，この操作で

---

† (前ページ)「変形」とあるのは，曲面がすべて，ゴムのようなものでできているとして，伸び縮みさせて変形（連続的な変形）することである．ここでは，「曲面を他の曲面に“変形”する」という形をとったが，もう少し広く「それらの曲面が互いに**同相**である」という概念を用いる．(「同相」とは，一対一の対応があり，その対応と逆の対応がどちらも連続であるということ．)「同相」な対応で不変な性質を調べる分野を「位相幾何学」あるいは「トポロジー」(topology) と呼ぶ．(単に「位相」のことも「トポロジー」(topology) というので注意のこと．)「長さ」や「面積」などは，「同相」な対応で変化してしまうので，位相幾何学的な量ではない．それに対し，「オイラー数」は位相幾何学的概念である．

* とり除いておかないと，ハンドルのほうには境界があるので，球面にハンドルをくっつけたときに，辺の数を重複して数えてしまうことになるからである．

「頂点」の数 6 つ減少する
「辺」の数が 6 つ減少する
「面」の数が 2 つ減少する

となる.

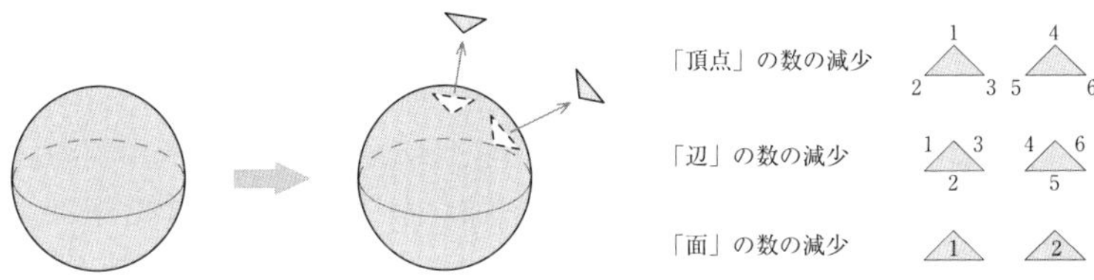


したがって，穴を 2 つあけることにより，オイラー数は，

$$6-6+2=2\text{ だけ減少する}$$

ことになる．一方，ハンドルの方は，下図のように 3 角形分割してやると

「頂点」の数 6 個
「辺」の数が 12 個
「面」の数が 6 個

で，オイラー数は $6-12+6=0$ である.

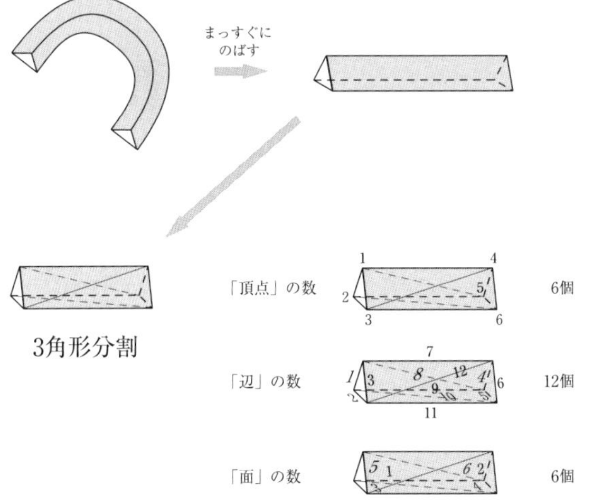

以上から，ハンドルを１つとりつける操作では，

(1) ２つの穴をあけてやる操作で，オイラー数が２だけ減少する．
(2) その穴にそってハンドルをとりつける操作では，オイラー数の変化はない．（なぜならば，ハンドルのオイラー数は０であるから．）

となり，結局，全体としてオイラー数は２だけ減少することがわかった．ハンドルを１つとりつけるたびにオイラー数が２だけ減少するから，種数が $g$ である場合，すなわち，球面にとりつけるハンドルの数が $g$ 個の場合は，オイラー数は球面のときより $2g$ だけ減少したものになっている．球面のオイラー数は２であったから，結局，種数 $g$ の（向きづけられた）閉曲面のオイラー数は $2-2g$ となる．

# 公式集

## 平面曲線

**（平面曲線に対する）フルネ-セレ (Frenet-Serret) の公式**

$$\frac{d}{ds}\begin{pmatrix} e_1 \\ e_2 \end{pmatrix} = \begin{pmatrix} 0 & \kappa \\ -\kappa & 0 \end{pmatrix}\begin{pmatrix} e_1 \\ e_2 \end{pmatrix}$$

$\kappa$ ： 曲率

**曲率の計算公式**

(1) 一般のパラメーター $t$ で表された
平面曲線 $C(t) = \bigl(x(t),\, y(t)\bigr)$ に対して

$$\text{曲率} \quad \kappa(t) = \frac{\dot{x}(t)\,\ddot{y}(t) - \ddot{x}(t)\dot{y}(t)}{\bigl(\dot{x}(t)^2 + \dot{y}(t)^2\bigr)^{\frac{3}{2}}}$$

(2) 弧長パラメーター $s$ で表された
平面曲線 $C(s) = \bigl(x(s),\, y(s)\bigr)$ に対して

$$\text{曲率} \quad \kappa(s) = x'(s)\,y''(s) - x''(s)\,y'(s)\,.$$

# 空間曲線

## フルネ-セレ (Frenet-Serret) の公式

$$\frac{d}{ds}\begin{pmatrix} e_1 \\ e_2 \\ e_3 \end{pmatrix} = \begin{pmatrix} 0 & \kappa & 0 \\ -\kappa & 0 & \tau \\ 0 & -\tau & 0 \end{pmatrix}\begin{pmatrix} e_1 \\ e_2 \\ e_3 \end{pmatrix}$$

$\kappa$ ： 曲率

$\tau$ ： 捩率

## 曲率と捩率の計算公式

(1) 一般のパラメーター $t$ で表された
空間曲線 $C(t) = \big(x(t),\, y(t),\, z(t)\big)$ に対して

曲率 $$\kappa(t) = \frac{\sqrt{\|\dot{C}(t)\|^2\|\ddot{C}(t)\|^2 - (\dot{C}(t)\cdot\ddot{C}(t))^2}}{\|\dot{C}(t)\|^3}$$

捩率 $$\tau(t) = \frac{\det\big(\dot{C}(t),\ \ddot{C}(t),\ \dddot{C}(t)\big)}{\|\dot{C}(t)\|^2\|\ddot{C}(t)\|^2 - \big(\dot{C}(t)\cdot\ddot{C}(t)\big)^2}$$

(2) 弧長パラメーター $s$ で表された
空間曲線 $C(s) = \big(x(s),\, y(s),\, z(s)\big)$ に対して

曲率 $$\kappa(s) = \|C''(s)\|$$

捩率 $$\tau(s) = \frac{1}{\|C''(s)\|^2}\det\big(C'(s),\ C''(s),\ C'''(s)\big)$$

# 曲　面

## 第 1 基本量

$$
\begin{aligned}
E &= \frac{\partial S}{\partial u} \cdot \frac{\partial S}{\partial u} = \left\| \frac{\partial S}{\partial u} \right\|^2 \\
F &= \frac{\partial S}{\partial u} \cdot \frac{\partial S}{\partial v} \\
G &= \frac{\partial S}{\partial v} \cdot \frac{\partial S}{\partial v} = \left\| \frac{\partial S}{\partial v} \right\|^2
\end{aligned}
$$

## 第 2 基本量

$$
\begin{aligned}
L &= \frac{\partial^2 S}{\partial u^2} \cdot n \\
M &= \frac{\partial^2 S}{\partial u \partial v} \cdot n \\
N &= \frac{\partial^2 S}{\partial v^2} \cdot n
\end{aligned}
$$

## 平均曲率とガウス曲率

**平均曲率**　$$H = \frac{1}{2}(\kappa_1 + \kappa_2) = \frac{1}{2}\frac{EN - 2FM + GL}{EG - F^2}$$

**ガウス曲率**　$$K = \kappa_1 \kappa_2 = \frac{LN - M^2}{EG - F^2}$$

ここで，$\kappa_1$, $\kappa_2$ は主曲率である．

## ガウスの基本定理

ガウス曲率 $K$ は，第 1 基本量 $E$, $F$, $G$ **だけ**で書ける．

## ガウス-ボネ (Gauss-Bonnet) の定理

$$\iint_S K d\mu = 2\pi\chi(S) \qquad (\partial S = \emptyset \text{ のとき})$$

$$\iint_S K d\mu + \int_{\partial S} \kappa_g ds = 2\pi\chi(S) \qquad (\partial S \neq \emptyset \text{ のとき})$$

ただし，

| | | |
|---|---|---|
| $K$ | : | 曲面 $S$ の全曲率 |
| $d\mu$ | : | 曲面 $S$ 上の面積要素 |
| $\kappa_g$ | : | 境界 $\partial S$ の曲線の測地的曲率 |
| $\chi(S)$ | : | 曲面 $S$ のオイラー数 |

である．

以下は，本文中に「飛ばしても OK」と書いた部分（159 ページ〜173 ページ）についての公式集である．

**第 1 基本量と第 2 基本量（記号）**

$$\begin{pmatrix} g_{11} & g_{12} \\ g_{21} & g_{22} \end{pmatrix} = \begin{pmatrix} E & F \\ F & G \end{pmatrix}$$

$$\begin{pmatrix} h_{11} & h_{12} \\ h_{21} & h_{22} \end{pmatrix} = \begin{pmatrix} L & M \\ M & N \end{pmatrix}$$

$(g^{ij})$ は $(g_{ij})$ の逆行列

**平均曲率とガウス曲率（の書き直し）**

**平均曲率**　$H = \dfrac{1}{2}\,\mathrm{tr}_g(h_{ij})$

**ガウス曲率**　$K = \dfrac{\det(h_{ij})}{\det(g_{ij})}$

ここで，$\mathrm{tr}_g(h_{ij}) = \sum_{i,j} g^{ij} h_{ij}$（$g$ による $h$ のトレース）である．

**接続係数**

$$\Gamma_{j\,k}^{\,i} = \frac{1}{2}\sum_{l=1}^{2} g^{il}\left(\frac{\partial g_{lj}}{\partial u_k} + \frac{\partial g_{lk}}{\partial u_j} - \frac{\partial g_{jk}}{\partial u_l}\right)$$

## 曲面の基本的公式

**ガウス (Gauss) の公式**

$$\frac{\partial^2 S}{\partial u_i \partial u_j} = \sum_{k=1}^{2} \Gamma_{i\,j}^{\,k} \frac{\partial S}{\partial u_k} + h_{ij} n$$

**ワインガルテン (Weingarten) の公式**

$$\frac{\partial n}{\partial u_i} = -\sum_{j,k=1}^{2} h_{ij} g^{jk} \frac{\partial S}{\partial u_k}$$

## 積分可能条件

**ガウス (Gauss) の方程式**

$$\frac{\partial \Gamma_{j\,k}^{\,i}}{\partial u_l} - \frac{\partial \Gamma_{j\,l}^{\,i}}{\partial u_k} + \sum_{p=1}^{2} \left( \Gamma_{j\,k}^{\,p} \Gamma_{p\,l}^{\,i} - \Gamma_{j\,l}^{\,p} \Gamma_{p\,k}^{\,i} \right) = \sum_{p=1}^{2} \left( h_{jk} h_{lp} - h_{jl} h_{kp} \right) g^{ip}$$

**コダッチ-マイナルディ (Codazzi-Mainardi) の方程式**

$$\frac{\partial h_{ij}}{\partial u_k} - \frac{\partial h_{ik}}{\partial u_j} + \sum_{p=1}^{2} \left( \Gamma_{i\,j}^{\,p} h_{pk} - \Gamma_{i\,k}^{\,p} h_{pl} \right) = 0$$

## 曲面と基本量の関係

| 正則曲面 | ガウスの公式<br>ワインガルテンの公式<br><br>⟹<br>⟵<br>↑ | 第 1 基本量<br>と<br>第 2 基本量 |
|---|---|---|

**積分可能条件**

ガウスの方程式
コダッチ-マイナルディの方程式

# 数学の基本的な記号・用語のまとめ

## (1) 実数の集合

$\mathbb{R}$: 実数の全体からなる集合

$\mathbb{R}^2 = \mathbb{R} \times \mathbb{R} = \{(x, y); x, y \in \mathbb{R}\}$
2 次元ユークリッド空間 （←「平面」のこと）

$\mathbb{R}^3 = \mathbb{R} \times \mathbb{R} \times \mathbb{R} = \{(x, y, z); x, y, z \in \mathbb{R}\}$
3 次元ユークリッド空間 （←「空間」のこと）

$$\mathbb{R}^n = \underbrace{\mathbb{R} \times \cdots \times \mathbb{R}}_{n\text{ 個の直積}} = \{(x_1, \cdots, x_n); x_1, \cdots, x_n \in \mathbb{R}\}$$
$n$ 次元ユークリッド空間

## (2) 区間

$(a, b)$ は $a < r < b$ を満たす実数 $r$ の全体からなる集合

$(a, b]$ は $a < r \leq b$ を満たす実数 $r$ の全体からなる集合

$[a, b)$ は $a \leq r < b$ を満たす実数 $r$ の全体からなる集合

$[a, b]$ は $a \leq r \leq b$ を満たす実数 $r$ の全体からなる集合

以上の 4 つのタイプの集合を総称して**区間**と呼ぶ．特に，$[a, b]$ のような集合を**閉区間**といい，$(a, b)$ のような集合を**開区間**という．区間を表す英単語 interval の頭文字は i なので，区間を表す記号として，I を用いることが多い．例えば，$\mathrm{I} = [a, b]$ とおいて，“区間 $[a, b]$” といったり，“区間 I” と呼んだりする．

さらに，上記の記号を $a = \infty$ や $b = \infty$ の場合に拡張して

$(-\infty, b)$　は $r < b$ を満たす実数 $r$ の全体からなる集合

$(-\infty, b]$　は $r \leq b$ を満たす実数 $r$ の全体からなる集合

$(a, \infty)$　は $a < r$ を満たす実数 $r$ の全体からなる集合

$[a, \infty)$　は $a \leq r$ を満たす実数 $r$ の全体からなる集合

$(-\infty, \infty)$　は 実数全体からなる集合 $\mathbb{R}$ のこと

という記号も用いられることがある*.（これらは「無限区間」と呼ぶこともある.）

## (3) 領域

連結な開集合のことを**領域** (domain) と呼ぶ．本書では用語としては,「(境界がなめらかな曲線からなる) $\mathbb{R}^2$ の領域」しか使用しない．この場合には, $\mathbb{R}^2$ の領域とは,「ちぎれていなくて（すなわち, 2つ以上の部分に分かれていなくて), 境界曲線がまったく含まれていないもの」をイメージしておけばよい.

**領域である**

**領域である**

**領域でない**
(連結でない)

**領域でない**
(開集合でない)

## (4) 写像

一般に, 関数 $y = f(x)$ は「数」に「数」を対応させるものである．具体的には, $f(x) = x^2$ の場合だと, 例えば $x = 3$ という数に対して $f(3) = 3^2 = 9$ という数が対応している．このような「関数」の概念を「数」に限定せず, 一般の“もの”(集合の要素) に一般化した概念が「写像」である．(したがって, もちろん「関数」も「写像」の一種である.) 例えば,「映画」に対して, その「映画監督」を対応させるものを写像 $f$ とすると**

---

* $(a, \infty)$, $(-\infty, b)$, $(-\infty, \infty)$ のような区間も開区間の仲間に入れてやると,「開区間 $(a, b)$ に対して」という一言で, ものごとの記述が簡単になる場合がある．(要するに, “$a = -\infty$” や “$b = \infty$” のような状況でも, いちいち場合分けして議論せずにすむ場合がある．もちろん, **$\infty$ や $-\infty$ は数ではない**から, あくまで便法であるに注意すること.) ← こんなことでもなけりゃ, $\mathbb{R}$ をわざわざ $(-\infty, \infty)$ と書くヤツはおらんて.

** ただし,「映画」の中には同名のタイトルのものがありますが, それらは別のものとしてあつかいます．例えば,「猿の惑星」や「ゴジラ」にはリメイク版がありますが,「タイトル」が同じであるだけで,「映画」としては異なりますから.

$$f(\text{スター・ウォーズ}) = \text{ジョージ・ルーカス}\ ^{*}$$
$$f(\text{インディー・ジョーンズ 最後の聖戦}) = \text{スティーブン・スピルバーグ}\ ^{**}$$
$$\vdots$$

というようになる．写像というときは，**どこからどこへの写像であるかをハッキリしておかなければならない．** $f$ を集合 $X$ から集合 $Y$ への写像というときは，$X$ は $x$ がとりうる値の集合（関数 $f$ の**定義域**と呼ぶ）で，$Y$ は $f(x)$ がとりうる値をすべて含むような集合（大きめにとっておいてもよい）である．写像 $f$ というときは，この 2 つの集合 $X$ と $Y$ が明確に定まっている必要がある．上記の関数 $f(x) = x^2$ を写像と見なしたときには

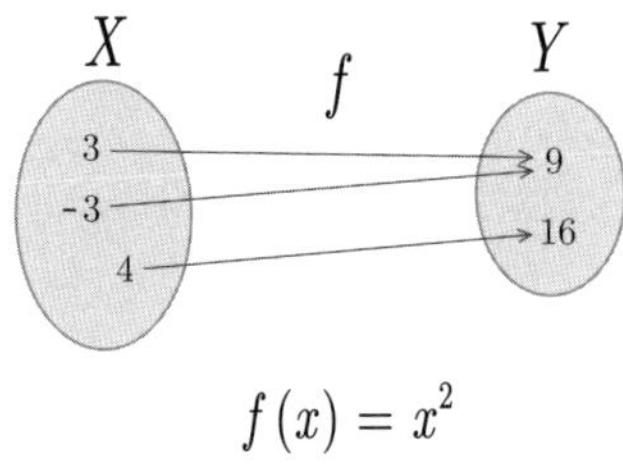


$$f(x) = x^2$$

のようになるが，例えば，定義域 $X$ を整数全体の集合にするのか，あるいは，実数全体の集合にするのか，最初にちゃんと定めておかなければならない[†]．また，上で述べた「映画」を「映画監督」に対応させる写像の例は

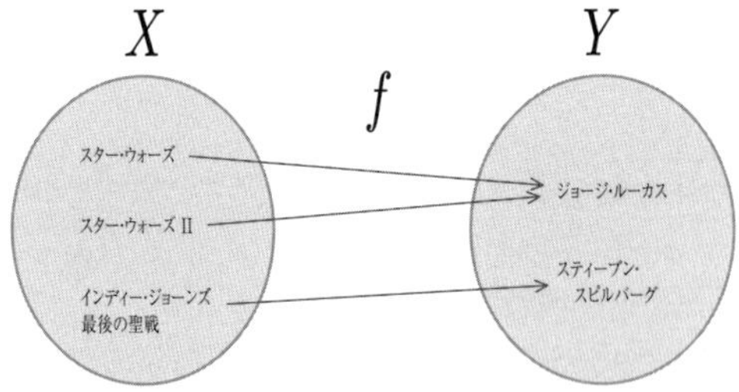


となるが，例えば，定義域となる集合 $X$ は「映画」全体からなる集合であり，また，集合 $Y$ を「映画監督」全体からなる集合とすればよい[††]．

---

[*] 「スター・ウォーズ」と書いたら，1977 年公開の最初の「スター・ウォーズ」のこと．エピソードの番号でいうと「スター・ウォーズ エピソード 4」らしい．

[**] ちなみに，「インディー・ジョーンズ」は，ルーカスとスピルバーグが偶然出会い，「将来自分たちが作りたい映画」について語り合ったことがきっかけで生まれたものであるらしい．

[†] したがって，$f(x) = x^2$ という関数も，$X$ を整数全体の集合 $\mathbb{Z}$ としたものと，整数全体の集合 $\mathbb{R}$ としたものは，異なる写像である．（「関数」としても異なると見るのが数学的なあつかい方である．）

[††] 集合 $Y$ は，もっと大きくとってもよい．例えば，「人間」全体からなる集合としてもかまわない．（$Y$ が異なるので，写像としては異なるものとして，あつかうことにはなりますが．）

さて，このような写像に対して，重要な概念が3つある．それは「単射」,「全射」,「全単射」である．

1. 写像 $f$ が **単射** (injection) であるとは，$f$ によって同じ要素に対応するものがないことである*．上記の「映画」の例では，

$$f(\text{スター・ウォーズ}) = \text{ジョージ・ルーカス}$$
$$f(\text{スター・ウォーズ II}) = \text{ジョージ・ルーカス}$$

であり,「スター・ウォーズ」と「スター・ウォーズ II」という2つの要素が同じ要素「ジョージ・ルーカス」に対応しているので，単射ではない.

2. 写像 $f$ が **全射** (surjection) であるとは，$Y$ のすべての要素に対して，$f$ によって対応する $X$ の要素があることである**．上で述べた「『映画』全体の集合から『映画監督』全体の集合への写像」の例では，もし「まだ一度も映画を制作したことがない映画監督」がいるならば，その監督に対応する映画はないので，全射ではない.

3. 写像 $f$ が **全単射** (bijection) であるとは，$f$ が単射であり，かつ，全射であることである．これは，$f$ が $X$ の要素と $Y$ の要素の間に一対一の対応を与えていることに他ならないことが確かめられる．

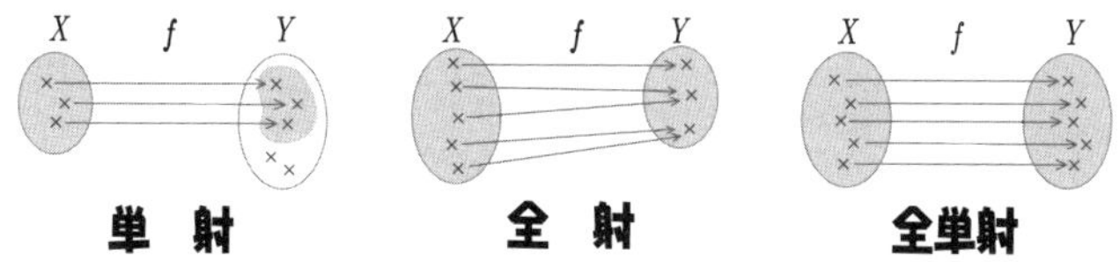


## (5) 微分

関数 $f(x)$ の1階微分，2階微分，3階微分をそれぞれ $f'(x)$, $f''(x)$, $f'''(x)$ で表す．すなわち，

$$f'(x) = \frac{df}{dx}(x), \quad f''(x) = \frac{d^2 f}{dx^2}(x), \quad f'''(x) = \frac{d^3 f}{dx^3}(x)$$

である．4階以上は $'$ の数が多くなるので，$'$ をつけずに階数の数字を用いて，4階

* 正確に述べると次のようになる．写像 $f$ が単射であるとは，「集合 $X$ のすべての要素 $x_1, x_2$ に対して，$f(x_1) = f(x_2)$ ならば $x_1 = x_2$ である」という条件が満たされるものをいう．その中の「$f(x_1) = f(x_2)$ ならば $x_1 = x_2$ である」という主張は，対偶をとって，「$x_1 \neq x_2$ ならば $f(x_1) \neq f(x_2)$ である」と書き直すと，少しわかりやすいかもしれない．

** もう少していねいに書くと,「集合 $Y$ のすべての要素 $y$ に対して，集合 $X$ のある要素 $x$ があって，$f(x) = y$ となる」とき，写像 $f$ は全射であるという．

微分 $f^{(4)}$，5 階微分 $f^{(5)}$，$\cdots$ と表すことが多い．$n$ 階微分は $f^{(n)}$ である．

本書では，（特に 48 ページ以降において）曲線 $C$ のパラメーターとして，

弧長パラメーター $s$ を用いた曲線 $C(s)$

と

一般のパラメーター $t$ を用いた曲線 $C(t)$

を区別するために

**s** による微分は $'$ を用いて $C'(s), C''(s), \cdots$
**t** による微分は $\dot{}$ を用いて $\dot{C}(t), \ddot{C}(t), \cdots$

と表している*．

また，関数（あるいは，写像）が何階までも微分可能なことを $\boldsymbol{C^\infty}$ **級****であると呼ぶ．

## (6) 偏微分

2 変数関数 $f(x, y)$ に対しては，変数が $x$ と $y$ の 2 つあるので，微分するときはどちらの変数で微分するかによって，2 通りの微分が考えられる．まず，

$y$ を“定数”と見なして $x$ で微分する

ことを†

$$\frac{\partial f}{\partial x} \quad \text{あるいは} \quad \frac{\partial f}{\partial x}(x, y) \quad \text{あるいは} \quad \frac{\partial}{\partial x}f(x, y)$$

---

* 物理学では，微分の記号に $'$ でなくて $\dot{}$ を用いることが多い．もちろん，その場合のパラメーター $t$ は「時間」である．

** “$C^\infty$ 級”は「シー・インフィニティきゅう」と読む．（「無限大」は，英語では「インフィニティ (infinity)」なので．）また，もっと一般に，非負の整数 $r$ に対して，$r$ 階まで微分可能で，$r$ 階微分が連続であるとき，$\boldsymbol{C^r}$ **級**（「シー・アールきゅう」）であるという．このとき，$C^0$ 級（「シー・ゼロきゅう」）というのは，単に「連続である」と言っているのと同じである．

† 正確には

$$\frac{\partial f}{\partial x}(x, y) = \lim_{h \to 0} \frac{f(x+h, y) - f(x, y)}{h}$$

である．もちろん，この極限が存在するかどうかは一般には不明で，極限が存在するとき“$x$ について偏微分可能である”とか言ったりするが，**微分幾何学においては，ほとんどの場合，（偏）微分できる対象をあつかっているので，（偏）微分可能かどうかは気にせずに，どんどん（偏）微分していってください．**

と書き*，$x$ による $f(x,\,y)$ の **偏微分** と呼ぶ．同様に，

$x$ を“定数”と見なして $y$ で微分する

ことを

$$\frac{\partial f}{\partial y} \quad \text{あるいは} \quad \frac{\partial f}{\partial y}(x,\,y) \quad \text{あるいは} \quad \frac{\partial}{\partial y}f(x,\,y)$$

と書き，$y$ による $f(x,\,y)$ の **偏微分** と呼ぶ**．2 階以上の偏微分も同様である．

$$\frac{\partial^2 f}{\partial x^2}=\frac{\partial}{\partial x}\frac{\partial f}{\partial x},\quad \frac{\partial^2 f}{\partial x \partial y}=\frac{\partial}{\partial x}\frac{\partial f}{\partial y},\quad \frac{\partial^2 f}{\partial y \partial x}=\frac{\partial}{\partial y}\frac{\partial f}{\partial x},\quad \frac{\partial^2 f}{\partial y^2}=\frac{\partial}{\partial y}\frac{\partial f}{\partial y},\quad \cdots$$

## (7) ベクトル

### (a) ベクトル

実数（あるいは複素数）を縦あるいは横に一列に並べてカッコで囲ったもの，すなわち

$$\begin{pmatrix} x_1 \\ x_2 \\ x_3 \\ \vdots \\ x_n \end{pmatrix} \quad \text{あるいは} \quad (x_1,\,x_2,\,x_3,\,\cdots,\,x_n)$$

の形のものを**ベクトル** (matrix)，あるいは ***n* 次元ベクトル** といい†，各 $x_i$ のことを（ベクトルの）**成分**と呼ぶ．本書で用いられるのは，

---

* $\frac{\partial f}{\partial x}$ とか $\frac{\partial f}{\partial x}(x,\,y)$ とか $\frac{\partial}{\partial x}f(x,\,y)$ と書いたりするのは，一変数の関数 $g(x)$ の微分を $\frac{dg}{dx}$ とか $\frac{dg}{dx}(x)$ とか $\frac{d}{dx}g(x)$ と書いたりするのと同様である．偏微分のときの微分の記号は $d$ を用いなくて $\partial$ を使用する．$\partial$ は「ラウンド・ディー」とか「ディー」と読む．また，$x=a$ における微分（微分係数）を $\frac{dg}{dx}(a)$ と書くのと同様に，2 変数関数 $f(x,\,y)$ の $(x,\,y)=(a,\,b)$ における偏微分は $\frac{\partial f}{\partial x}(a,\,b)$, $\frac{\partial f}{\partial y}(a,\,b)$ と表す．

** 学生の答案を見ていると，たまに“怪しげな微分”がおこなわれていることがある．そのような微分は，一般に「**変微分**」と呼ばれている．

変な微分 → $\frac{dy}{\partial x}$ 変な自分 →

† 縦に並んでいるものを「**縦ベクトル**」といい，横に並んでいるものを「**横ベクトル**」と呼ぶ．横ベクトルのときは，上記のように，隣り合う成分の区切りにコンマ (,) を用いることが多い．

2次元の縦ベクトル $\begin{pmatrix} x_1 \\ x_2 \end{pmatrix}$ あるいは，3次元の縦ベクトル $\begin{pmatrix} x_1 \\ x_2 \\ x_3 \end{pmatrix}$

である．（スペースの関係で横ベクトル $(x_1, x_2)$, $(x_1, x_2, x_3)$ で代用することもある．）

(b) ベクトルの和とスカラー倍

2つの**ベクトルの和**は成分ごとに和をとる．例えば

$$\begin{pmatrix} x_1 \\ x_2 \\ x_3 \\ \vdots \\ x_n \end{pmatrix} + \begin{pmatrix} y_1 \\ y_2 \\ y_3 \\ \vdots \\ y_n \end{pmatrix} = \begin{pmatrix} x_1 + y_1 \\ x_2 + y_2 \\ x_3 + y_3 \\ \vdots \\ x_n + y_n \end{pmatrix}$$

である．

また，**ベクトルのスカラー倍**（“ベクトルの定数倍” のこと）も*，各成分ごとにスカラー（定数）をかければよい．例えば，任意の実数 $c$ に対して

$$c \begin{pmatrix} x_1 \\ x_2 \\ x_3 \\ \vdots \\ x_n \end{pmatrix} = \begin{pmatrix} cx_1 \\ cx_2 \\ cx_3 \\ \vdots \\ cx_n \end{pmatrix}$$

である．

* 「ベクトル」に対して，ふつうの数を**スカラー**と呼ぶ．したがって，「スカラー倍」というのは “定数倍” のことである．

### (c) 線形独立（一次独立）

ベクトル $a_1, a_2, \cdots, a_n$ が**線形独立**あるいは**一次独立**であるとは*，その中のどのベクトル $a_j$ も他のベクトルの線形結合で書けないこと**，すなわち，

$$a_j = c_1a_1 + \cdots + c_{j-1}a_{j-1} + c_{j+1}a_{j+1} + \cdots + c_na_n \qquad (c_i \text{ は実数})$$

の形には表せないことをいう．

図形的にいえば，ベクトル $a_1, a_2, \cdots, a_n$ が“独立な方向”を向いていることに他ならない．

## $\mathbb{R}^2$ における線形独立性

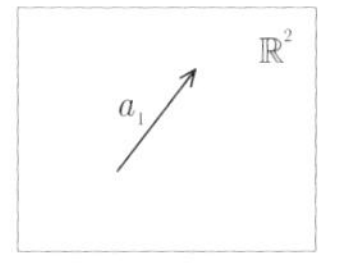

$a_1$ は線形独立である

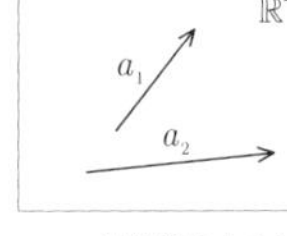

$a_1$, $a_2$ は線形独立である

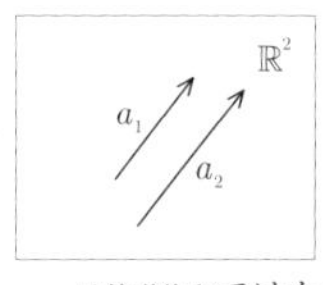

$a_1$, $a_2$ は線形独立ではない

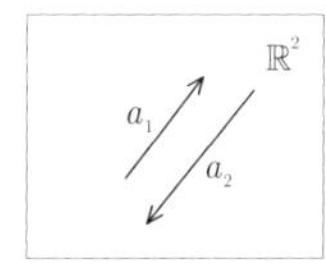

$a_1$, $a_2$ は線形独立ではない

## $\mathbb{R}^3$ における線形独立性

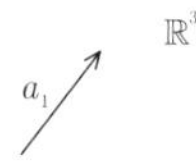

$a_1$ は線形独立である

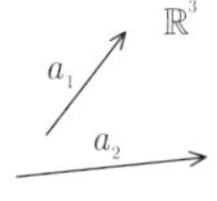

$a_1$, $a_2$ は線形独立である

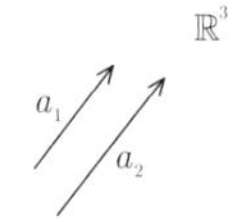

$a_1$, $a_2$ は線形独立ではない

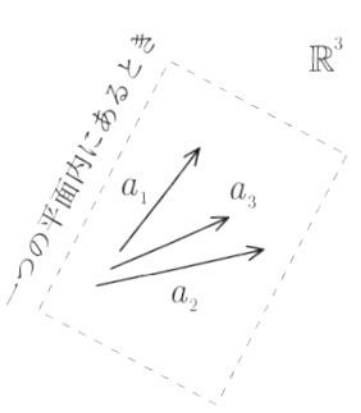


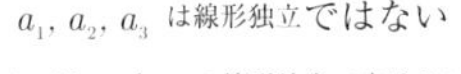
$a_1$, $a_2$, $a_3$ は線形独立ではない

($a_3$ は $a_1$ と $a_2$ の線形結合で書ける)

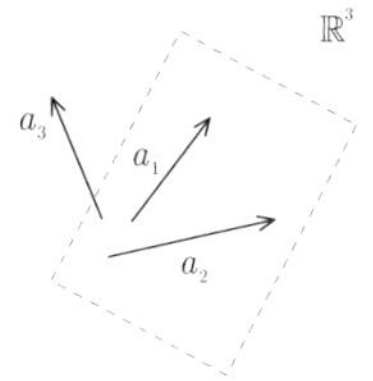

$a_1$, $a_2$, $a_3$ は線形独立である

---

* 「線形独立」も「一次独立」も “linear independent” の和訳であり，“linear” を「線形」と訳すか，「一次」と訳すかの違いである．また，「線形」を「線型」と書く人もいる．

** ベクトル $b_1, b_2, \cdots, b_n$ の**線形結合**あるいは**一次結合**とは，実数 $c_1, c_2, \cdots, c_n$ を用いて $c_1b_1 + c_2b_2 + \cdots + c_nb_n$ と表したものをいう．

2次元平面 $\mathbb{R}^2$ には2つの線形独立なベクトルがあり，3次元空間 $\mathbb{R}^3$ には3つの線形独立なベクトルがある*.

線形独立の定義は，上記の言い方でなく，ふつうはもう少しスマートな，以下のような表現で述べられる.

ベクトル $a_1, a_2, \cdots, a_n$ が**線形独立**あるいは**一次独立**であるとは，

$$(*) \qquad c_1a_1 + c_2a_2 + \cdots + c_na_n = 0$$

ならば

$$(**) \qquad c_1 = c_2 = \cdots = c_n = 0$$

が成り立つことをいう．これは，「線形結合の関係式 $(*)$ があるとすれば，$(**)$ のような自明なものに限る（係数 $c_1, c_2, \cdots, c_n$ がすべてゼロである，要するに，ベクトル $a_1, a_2, \cdots, a_n$ には何の線形関係もない)」ということであり，線形独立の定義としては上記と同じことを言っていることは少し考えるとわかるであろう.

線形独立でないとき，**線形従属**あるいは**一次従属**であるという.

(d) ベクトルのノルム

2次元ベクトル $x = \begin{pmatrix} x_1 \\ x_2 \end{pmatrix}$ に対して**，ベクトル $x$ の**ノルム** (**norm**)$\|x\|$ を

$$\|x\| \overset{\text{定義}}{=} \sqrt{(x_1)^2 + (x_2)^2}$$

と定義し†，3次元ベクトル $x = \begin{pmatrix} x_1 \\ x_2 \\ x_3 \end{pmatrix}$ に対して，

$$\|x\| \overset{\text{定義}}{=} \sqrt{(x_1)^2 + (x_2)^2 + (x_3)^2}$$

と定義する.

---

* 逆に，線形独立なベクトルの最大個数を，その線型空間の次元と定義するのが一般論である.

** ベクトル $x$ をふつうの数と区別するために，太文字で $\boldsymbol{x}$ というように表すこともある．また，$\vec{x}$ と書くこともあるが，これは一般的には，あまり用いられない.

† 記号 $\|x\|$ を読むときも，「$x$ のノルム」と呼べばよい．仕事がたまってくると，ついつい「ノルム」を「ノルマ」と呼んでしまうのは「のろま」なせいでしょうか.

(e) ベクトルの内積

2つの2次元ベクトル $x = \begin{pmatrix} x_1 \\ x_2 \end{pmatrix}$, $y = \begin{pmatrix} y_1 \\ y_2 \end{pmatrix}$ に対して，ベクトル $x$ と $y$ の内積 $x \cdot y$ を

$$x \cdot y \overset{\text{定義}}{=} x_1 y_1 + x_2 y_2$$

と定義し，2つの3次元ベクトル $x = \begin{pmatrix} x_1 \\ x_2 \\ x_3 \end{pmatrix}$, $y = \begin{pmatrix} y_1 \\ y_2 \\ y_3 \end{pmatrix}$ に対して，

$$x \cdot y \overset{\text{定義}}{=} x_1 y_1 + x_2 y_2 + x_3 y_3$$

と定義する．

(f) シュワルツ (Schwarz) の不等式*——内積とノルムの関係

任意の2つのベクトル $x, y$（同じ次元のもの）に対して，

$$|x \cdot y| \leq \|x\| \, \|y\| \qquad \text{（シュワルツの不等式）}$$

が成り立つ．等号成立は，定数 $c$ が存在して $y = cx$ あるいは $x = cy$ となるとき，そのときに限る．

* 英語読みで「シュワルツ」と読むことも多いが，「シュヴァルツ」のほうが原音に近いようである．

(g) 直交

2つのベクトル $x, y$ の内積がゼロであるとき，この2つのベクトルは**直交**するという．

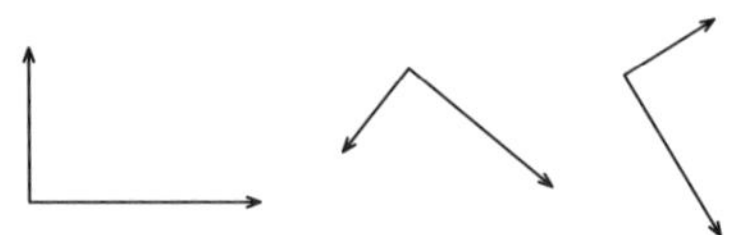

**直交する2つのベクトル**

(h) 基底

線形独立なベクトルの組で，最大個数のものを***基底**と呼ぶ．$\mathbb{R}^2$ の基底は2つのベクトルからなり，$\mathbb{R}^3$ の基底は3つのベクトルから構成されている．

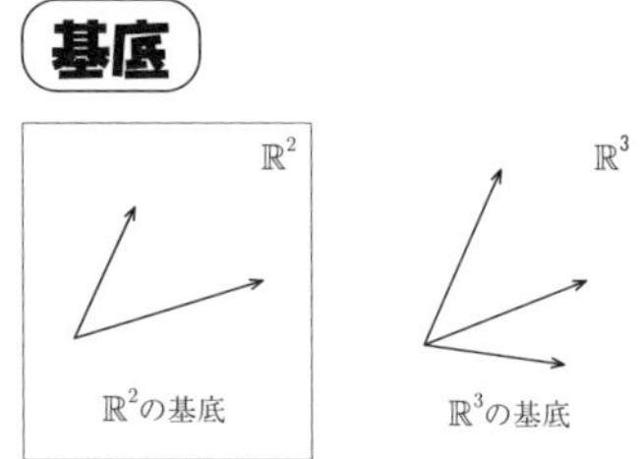


**最大個数の線形独立なベクトル**

各ベクトルの大きさが1であり，互いに直交しているような基底のことを**正規直交基底**（せいきちょっこうきてい）という．

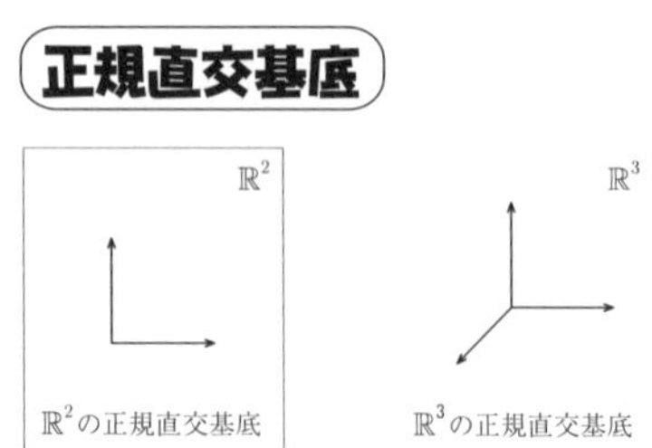


**大きさが1で，互いに直交している**

---

* 最大個数というのは，これ以上ベクトルを加えると線形独立にはならないような状態のベクトルの個数のことである．

# (8) 行列

(a) 行列

実数（あるいは複素数）を長方形に並べてカッコで囲んだもの，すなわち

$$\begin{pmatrix} a_{11} & a_{12} & \cdots & a_{1n} \\ a_{21} & a_{22} & \cdots & a_{2n} \\ \vdots & \vdots & & \vdots \\ a_{m1} & a_{m2} & \cdots & a_{mn} \end{pmatrix}$$

の形のものを**行列** (**matrix**) といい，横の並びを**行**（ぎょう），縦の並びを**列**（れつ），各 $a_{ij}$ を**成分**と呼ぶ*．上記のように，行が $m$ 個で，列が $n$ 個あるとき**，その行列を **$m$ 行 $n$ 列の行列**，あるいは，**$m \times n$ 行列**と呼ぶ．また，縦ベクトルは列が 1 つしかない行列（すなわち，$n = 1$）であり，横ベクトルは行が 1 つしかない行列（すなわち，$m = 1$）であると思えば，ベクトルは行列の特別な場合と見なすことができる†．さらに $m = n$ のとき，すなわち，行列の成分が正方形に並んでいるときは，**正方行列**，あるいは，**$n$ 次の正方行列**と呼ぶ．本書で用いられるのは，主に

$$2\text{ 次の正方行列} \quad \begin{pmatrix} a_{11} & a_{12} \\ a_{21} & a_{22} \end{pmatrix}$$

あるいは，

$$3\text{ 次元の正方行列} \quad \begin{pmatrix} a_{11} & a_{12} & a_{13} \\ a_{21} & a_{22} & a_{23} \\ a_{31} & a_{32} & a_{33} \end{pmatrix}$$

である．

---

* 「『行』と『列』を合わせて『行列』」なんて言い方ができるのは和訳だからで，英語では，行が row で，列が column である．

** 「行が $m$ **本**で，列が $n$ **本**」と数えるべきなのかもしれない．

† さらに，行列の各々の「行」，各々の「列」をそれぞれ，横ベクトル，縦ベクトルと見なすと，行列とは「横ベクトルが縦に並んだもの」あるいは「縦ベクトルが横に並んだもの」と見ることができる．

$$\text{行列} = \begin{pmatrix} \boxed{\text{横ベクトル}} \\ \boxed{\text{横ベクトル}} \\ \vdots \end{pmatrix} = \begin{pmatrix} \boxed{\text{縦ベクトル}} & \boxed{\text{縦ベクトル}} & \cdots \end{pmatrix}$$

このように見なしたときの横ベクトルを**行ベクトル**，縦ベクトルを**列ベクトル**ということもある．

(b) 行列とベクトルの積（その 1）

2 次の正方行列 $A = \begin{pmatrix} a_{11} & a_{12} \\ a_{21} & a_{22} \end{pmatrix}$ と 2 次元ベクトル $x = \begin{pmatrix} x_1 \\ x_2 \end{pmatrix}$ の積 $Ax$ を

$$Ax = \begin{pmatrix} a_{11} & a_{12} \\ a_{21} & a_{22} \end{pmatrix} \begin{pmatrix} x_1 \\ x_2 \end{pmatrix} \overset{\text{定義}}{=} \begin{pmatrix} a_{11}x_1 + a_{12}x_2 \\ a_{21}x_1 + a_{22}x_2 \end{pmatrix}$$

と定義する*.

(c) 行列とベクトルの積（その 2）

3 次元の正方行列 $A = \begin{pmatrix} a_{11} & a_{12} & a_{13} \\ a_{21} & a_{22} & a_{23} \\ a_{31} & a_{32} & a_{33} \end{pmatrix}$ と 3 次元ベクトル $x = \begin{pmatrix} x_1 \\ x_2 \\ x_3 \end{pmatrix}$ の積 $Ax$ を

$$Ax = \begin{pmatrix} a_{11} & a_{12} & a_{13} \\ a_{21} & a_{22} & a_{23} \\ a_{31} & a_{32} & a_{33} \end{pmatrix} \begin{pmatrix} x_1 \\ x_2 \\ x_3 \end{pmatrix} \overset{\text{定義}}{=} \begin{pmatrix} a_{11}x_1 + a_{12}x_2 + a_{13}x_3 \\ a_{21}x_1 + a_{22}x_2 + a_{23}x_3 \\ a_{31}x_1 + a_{32}x_2 + a_{33}x_3 \end{pmatrix}$$

と定義する．4 次以上の正方行列とベクトルの積も同様に定義できる．

---

* 積をこのように定義するのは，こう定義すると，1 次式 $y = ax$ の一般化である連立 1 次式

$$y_1 = a_{11}x_1 + a_{12}x_2$$
$$y_2 = a_{21}x_1 + a_{22}x_2$$

が，$x = \begin{pmatrix} x_1 \\ x_2 \end{pmatrix}$，$y = \begin{pmatrix} y_1 \\ y_2 \end{pmatrix}$ とおくことにより $y = Ax$ という形に書き表せて，統一的な表現で議論できるなど，様々なメリットがあるからである．一般に，**数学における「定義」は，便利さ・一般性・美的感覚など種々の動機にもとづいて，「こう定義したい」という数学的欲求が背後にあることに注意しよう．**

今日の金言

「定義」とは
「定まるもの」ではなく，
「定めるもの」である．

えーこと言うやんか，このおっさん

(d) 行列の積（その 1）

2 次の正方行列 $A = \begin{pmatrix} a_{11} & a_{12} \\ a_{21} & a_{22} \end{pmatrix}$ と 2 次の正方行列 $B = \begin{pmatrix} b_{11} & b_{12} \\ b_{21} & b_{22} \end{pmatrix}$ の積 $AB$ を

$$AB = \begin{pmatrix} a_{11} & a_{12} \\ a_{21} & a_{22} \end{pmatrix} \begin{pmatrix} b_{11} & b_{12} \\ b_{21} & b_{22} \end{pmatrix} \overset{\text{定義}}{=} \begin{pmatrix} a_{11}b_{11} + a_{12}b_{21} & a_{11}b_{12} + a_{12}b_{22} \\ a_{21}b_{11} + a_{22}b_{21} & a_{21}b_{12} + a_{22}b_{22} \end{pmatrix}$$

と定義する*.

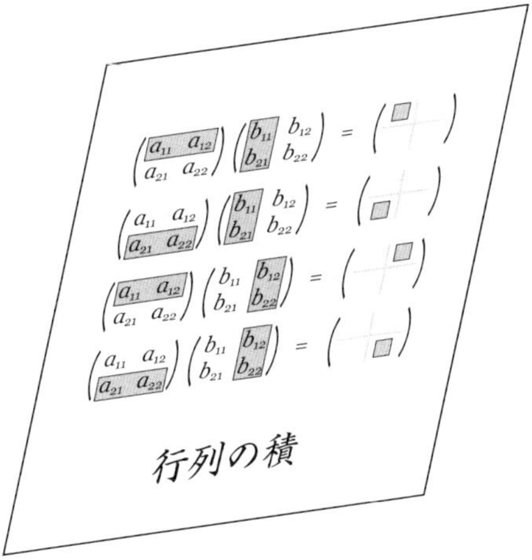

(e) 行列の積（その 2）

3 次元の正方行列 $A = \begin{pmatrix} a_{11} & a_{12} & a_{13} \\ a_{21} & a_{22} & a_{23} \\ a_{31} & a_{32} & a_{33} \end{pmatrix}$ と 3 次元の正方行列 $B = \begin{pmatrix} b_{11} & b_{12} & b_{13} \\ b_{21} & b_{22} & b_{23} \\ b_{31} & b_{32} & b_{33} \end{pmatrix}$ の積 $AB$ を

* 行列 $B = \begin{pmatrix} b_{11} & b_{12} \\ b_{21} & b_{22} \end{pmatrix}$ を 2 つの縦ベクトル $\begin{pmatrix} b_{11} \\ b_{21} \end{pmatrix}$, $\begin{pmatrix} b_{12} \\ b_{22} \end{pmatrix}$ が横に並んだものと見なすと，積 $AB$ は，積 $\begin{pmatrix} a_{11} & a_{12} \\ a_{21} & a_{22} \end{pmatrix} \begin{pmatrix} b_{11} \\ b_{21} \end{pmatrix}$ と $\begin{pmatrix} a_{11} & a_{12} \\ a_{21} & a_{22} \end{pmatrix} \begin{pmatrix} b_{12} \\ b_{22} \end{pmatrix}$（これらは縦ベクトル）を横に並べたものとするのが自然であろう．実際これが積 $AB$ の定義になっている．

$$AB = \begin{pmatrix} a_{11} & a_{12} & a_{13} \\ a_{21} & a_{22} & a_{23} \\ a_{31} & a_{32} & a_{33} \end{pmatrix} \begin{pmatrix} b_{11} & b_{12} & b_{13} \\ b_{21} & b_{22} & b_{23} \\ b_{31} & b_{32} & b_{33} \end{pmatrix}$$

$$\overset{\text{定義}}{=} \begin{pmatrix} a_{11}b_{11}+a_{12}b_{21}+a_{13}b_{31} & a_{11}b_{12}+a_{12}b_{22}+a_{13}b_{32} & a_{11}b_{13}+a_{12}b_{23}+a_{13}b_{33} \\ a_{21}b_{11}+a_{22}b_{21}+a_{23}b_{31} & a_{21}b_{12}+a_{22}b_{22}+a_{23}b_{32} & a_{21}b_{13}+a_{22}b_{23}+a_{23}b_{33} \\ a_{31}b_{11}+a_{32}b_{21}+a_{33}b_{31} & a_{31}b_{12}+a_{32}b_{22}+a_{33}b_{32} & a_{31}b_{13}+a_{32}b_{23}+a_{33}b_{33} \end{pmatrix}$$

と定義する．このように定義するのは上記の 2 次の正方行列の積のときと同様の“動機”からである．

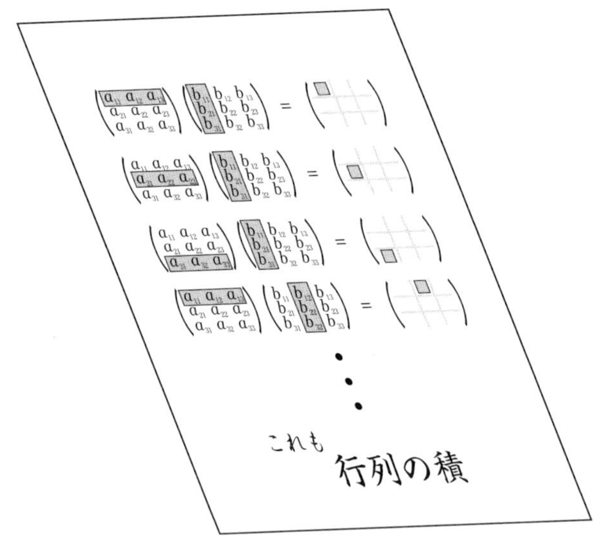


(f) 行列の積（その 3）

正方行列でない行列の積についても，152 ページで用いたので，念のため書いておく．例えば，2 次の正方行列 $A = \begin{pmatrix} a_{11} & a_{12} \\ a_{21} & a_{22} \end{pmatrix}$ と行列 $B = \begin{pmatrix} b_{11} & b_{12} & b_{13} \\ b_{21} & b_{22} & b_{23} \end{pmatrix}$ の積 $AB$ を

$$AB = \begin{pmatrix} a_{11} & a_{12} \\ a_{21} & a_{22} \end{pmatrix} \begin{pmatrix} b_{11} & b_{12} & b_{13} \\ b_{21} & b_{22} & b_{23} \end{pmatrix}$$

$$\stackrel{\text{定義}}{=}\begin{pmatrix} a_{11}b_{11}+a_{12}b_{21} & a_{11}b_{12}+a_{12}b_{22} & a_{11}b_{13}+a_{12}b_{23} \\ a_{21}b_{11}+a_{22}b_{21} & a_{21}b_{12}+a_{22}b_{22} & a_{21}b_{13}+a_{22}b_{23} \end{pmatrix}$$

と定義する．こう定義すればよいのは，これまでの流れから自然であろう．一般の行列の積 $AB$ も同様である*.

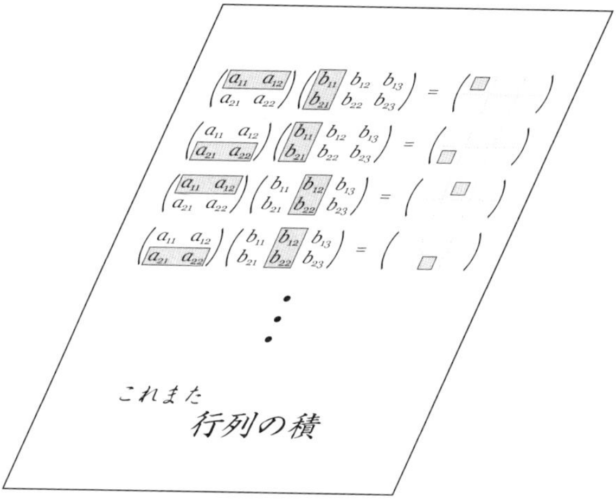

(g) 単位行列

2 次の正方行列 $I=\begin{pmatrix} 1 & 0 \\ 0 & 1 \end{pmatrix}$ を考えると，任意の 2 次の正方行列 $A=\begin{pmatrix} a_{11} & a_{12} \\ a_{21} & a_{22} \end{pmatrix}$ に対して，$AI=IA=A$ であることが確かめられる．これは，行列 $I$ がちょうど，数字の 1 と同様の役割（任意の実数 $a$ に対して，$a1=1a=a$）を果たしていることがわかる．行列 $I$ を**単位行列**と呼ぶ.

(h) 逆行列

任意の 2 次の正方行列 $A=\begin{pmatrix} a & b \\ c & d \end{pmatrix}$ に対して**，$ad-bc\neq 0$†のとき，行

---

* 積 $AB$ が定義されるためには，「$A$ の列の数と $B$ の行の数が等しいこと」が必要である．これは，これまでの定義をながめるとわかる．

** 2 次の正方行列は成分の数が 4 つだけなので，一般の 2 次の正方行列を表すときも上記のような添字を使った書き方 $\begin{pmatrix} a_{11} & a_{12} \\ a_{21} & a_{22} \end{pmatrix}$ は用いないで，単に $\begin{pmatrix} a & b \\ c & d \end{pmatrix}$ と書くことが多い．

† $ad-bc$ は行列 $A$ の行列式（後出）である．

列 $B = \dfrac{1}{ad-bc}\begin{pmatrix} d & -b \\ -c & a \end{pmatrix}$ を考えると，$AB = BA = I$ であることが確かめられる．ここで $I$ は単位行列である．これは，行列 $B$ がちょうど，数字の“逆数”と同様の役割（$ab = ba = 1$ を満たす数 $b$ は $a$ の逆数と呼ばれる）を果たしていることがわかる．上記の行列 $B$ を $A$ の**逆行列**と呼び，$A^{-1}$ あるいは $\begin{pmatrix} a & b \\ c & d \end{pmatrix}^{-1}$ と書く．

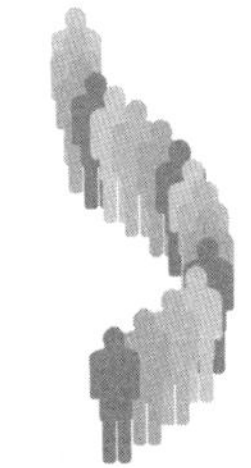

「あの店はすごい. 行列ができるんだってさ.」
「どのくらいの行列?」
「3次の正方行列らしいよ.」

「行列」のできる店

**どんな行列や!!**

(i) 転置行列

2 次の正方行列 $A = \begin{pmatrix} a_{11} & a_{12} \\ a_{21} & a_{22} \end{pmatrix}$ に対して，“「左上から右下へ向かう対角線」を中心に折り返した形の行列”のことを $A$ の**転置（てんち）行列**といい，${}^tA$ と書く．

$$ {}^tA \overset{\text{定義}}{=} \begin{pmatrix} a_{11} & a_{21} \\ a_{12} & a_{22} \end{pmatrix} $$

3 次の正方行列 $A = \begin{pmatrix} a_{11} & a_{12} & a_{13} \\ a_{21} & a_{22} & a_{23} \\ a_{31} & a_{32} & a_{33} \end{pmatrix}$ に対して，“「左上から右下へ向かう対角線」を中心に折り返した形の行列”のことを $A$ の**転置（てんち）行列**といい，${}^tA$ と書く．

$$ {}^tA \overset{\text{定義}}{=} \begin{pmatrix} a_{11} & a_{21} & a_{31} \\ a_{12} & a_{22} & a_{32} \\ a_{13} & a_{23} & a_{33} \end{pmatrix} $$

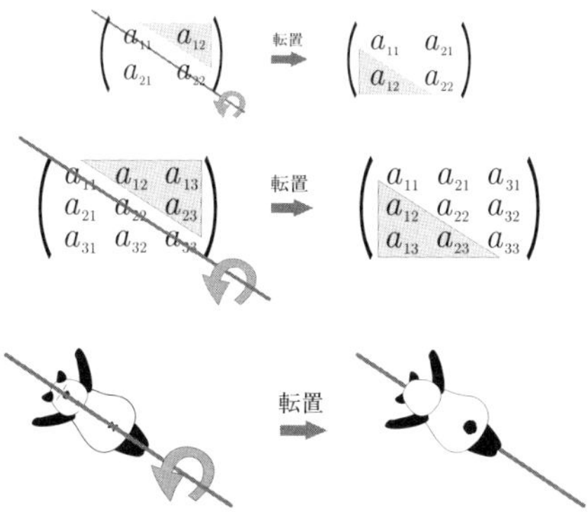

(j) トレース

2 次の正方行列 $A = \begin{pmatrix} a_{11} & a_{12} \\ a_{21} & a_{22} \end{pmatrix}$ に対して,

$$\mathrm{tr}\, A \overset{\text{定義}}{=} a_{11} + a_{22}$$

とおき*, $A$ の**トレース (trace)** という**.

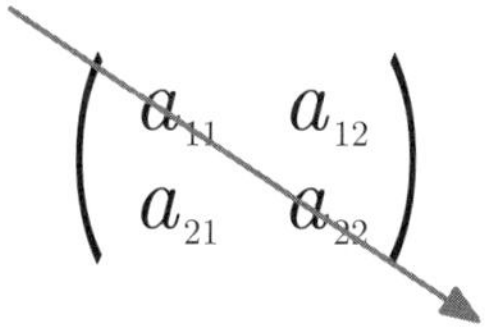

3 次元の正方行列 $A = \begin{pmatrix} a_{11} & a_{12} & a_{13} \\ a_{21} & a_{22} & a_{23} \\ a_{31} & a_{32} & a_{33} \end{pmatrix}$ に対して,

$$\mathrm{tr}\, A \overset{\text{定義}}{=} a_{11} + a_{22} + a_{33}$$

とおき†, $A$ の**トレース (trace)** という.

---

* $\mathrm{tr}\, A$ は $\mathrm{tr} \begin{pmatrix} a_{11} & a_{12} \\ a_{21} & a_{22} \end{pmatrix}$ とも書く.

** trace は「跡(せき)」と和訳されることもあるが, この言い方はあまりポピュラーではない.

† $\mathrm{tr}\, A$ は $\mathrm{tr} \begin{pmatrix} a_{11} & a_{12} & a_{13} \\ a_{21} & a_{22} & a_{23} \\ a_{31} & a_{32} & a_{33} \end{pmatrix}$ とも書く.

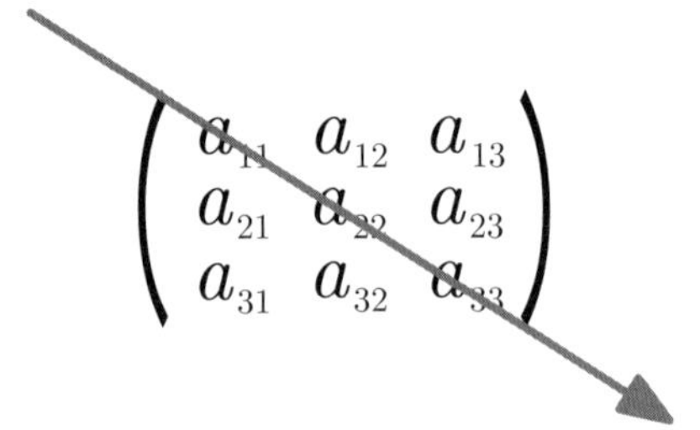

(k) 行列式

2 次の正方行列 $A = \begin{pmatrix} a_{11} & a_{12} \\ a_{21} & a_{22} \end{pmatrix}$ に対して，

$$\det A \overset{\text{定義}}{=} a_{11}a_{22} - a_{12}a_{21}$$

とおき[*]，$A$ の**行列式** (**determinant**) という．

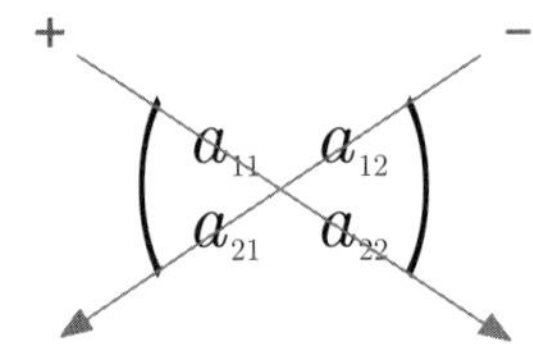


3 次元の正方行列 $A = \begin{pmatrix} a_{11} & a_{12} & a_{13} \\ a_{21} & a_{22} & a_{23} \\ a_{31} & a_{32} & a_{33} \end{pmatrix}$ に対して，

$$\det A \overset{\text{定義}}{=} a_{11}a_{22}a_{33} + a_{12}a_{23}a_{31} + a_{13}a_{21}a_{32} \\ -a_{13}a_{22}a_{31} - a_{11}a_{23}a_{32} - a_{12}a_{21}a_{33}$$

とおき[**]，$A$ の**行列式** (**determinant**) という．

---

[*] $\det A$ は $\det\begin{pmatrix} a_{11} & a_{12} \\ a_{21} & a_{22} \end{pmatrix}$ とか $\begin{vmatrix} a_{11} & a_{12} \\ a_{21} & a_{22} \end{vmatrix}$ とも書く．

[**] $\det A$ は $\det\begin{pmatrix} a_{11} & a_{12} & a_{13} \\ a_{21} & a_{22} & a_{23} \\ a_{31} & a_{32} & a_{33} \end{pmatrix}$ とか $\begin{vmatrix} a_{11} & a_{12} & a_{13} \\ a_{21} & a_{22} & a_{23} \\ a_{31} & a_{32} & a_{33} \end{vmatrix}$ とも書く．

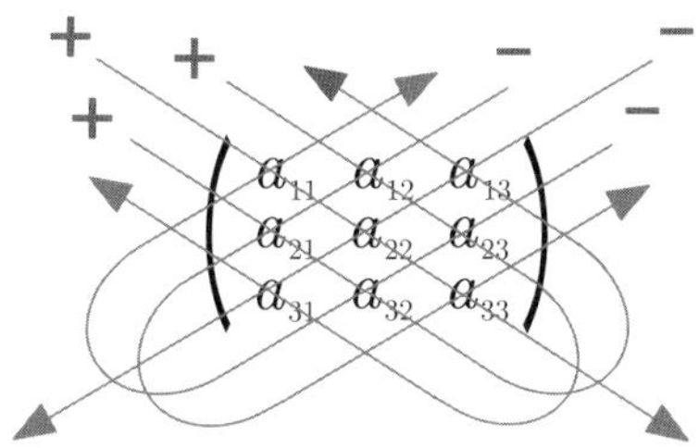


(1) 行列式の基本的性質

3 次の正方行列

$$\begin{pmatrix} a_1 & b_1 & c_1 \\ a_2 & b_2 & c_2 \\ a_3 & b_3 & c_3 \end{pmatrix}$$

が与えられているとき，この行列の列ベクトルを

$$\boldsymbol{a} = \begin{pmatrix} a_1 \\ a_2 \\ a_3 \end{pmatrix}, \quad \boldsymbol{b} = \begin{pmatrix} b_1 \\ b_2 \\ b_3 \end{pmatrix}, \quad \boldsymbol{c} = \begin{pmatrix} c_1 \\ c_2 \\ c_3 \end{pmatrix}$$

と表すと

$$(\boldsymbol{a},\ \boldsymbol{b},\ \boldsymbol{c})$$

と書ける*．行列 $(\boldsymbol{a},\ \boldsymbol{b},\ \boldsymbol{c})$ の行列式 $\det(\boldsymbol{a},\ \boldsymbol{b},\ \boldsymbol{c})$ は次の 3 つの基本的性質をも

---

* 277 ページの脚注でふれたように，「行列は縦ベクトルが並んだもの」と見なすことも少なくない．上記のように，縦ベクトルの間にコンマ (,) をつけて

$$(\boldsymbol{a},\ \boldsymbol{b},\ \boldsymbol{c})$$

と表すことが多いが，コンマをつけずに単に並べて

$$(\boldsymbol{a}\ \ \boldsymbol{b}\ \ \boldsymbol{c})$$

と書く流儀もある．この場合，コンマ (,) は単に**「わかりやすいようにつけた区切りの目印」**であり，あまり意味をもたないことに注意しておこう．また，ついでに述べておくと，1 行 3 列の行列は

$$(x_1\ \ x_2\ \ x_3)$$

とコンマを書かないのに対し，ベクトルはふつうコンマをつけて

$$(x_1,\ x_2,\ x_3)$$

と表すが，これも上記と同様の理由からである．

つ*.

(i) 線形性 … 各列ベクトルの部分で線形性をもつ

$$\begin{aligned}\det(p\boldsymbol{a}_1 + q\boldsymbol{a}_2,\ \boldsymbol{b},\ \boldsymbol{c}) &= p\det(\boldsymbol{a}_1,\ \boldsymbol{b},\ \boldsymbol{c}) + q\det(\boldsymbol{a}_2,\ \boldsymbol{b},\ \boldsymbol{c})\\ \det(\boldsymbol{a},\ p\boldsymbol{b}_1 + q\boldsymbol{b}_2,\ \boldsymbol{c}) &= p\det(\boldsymbol{a},\ \boldsymbol{b}_1,\ \boldsymbol{c}) + q\det(\boldsymbol{a},\ \boldsymbol{b}_2,\ \boldsymbol{c})\\ \det(\boldsymbol{a},\ \boldsymbol{b},\ p\boldsymbol{c}_1 + q\boldsymbol{c}_2) &= p\det(\boldsymbol{a},\ \boldsymbol{b},\ \boldsymbol{c}_1) + q\det(\boldsymbol{a},\ \boldsymbol{b},\ \boldsymbol{c}_2)\end{aligned}$$

ここで，$p, q$ は実数とする．

(ii) 交代性 … 2つの列ベクトルを入れかえると，符号が変わる

$$\begin{aligned}\det(\boldsymbol{b},\ \boldsymbol{a},\ \boldsymbol{c}) &= -\det(\boldsymbol{a},\ \boldsymbol{b},\ \boldsymbol{c})\\ \det(\boldsymbol{a},\ \boldsymbol{c},\ \boldsymbol{b}) &= -\det(\boldsymbol{a},\ \boldsymbol{b},\ \boldsymbol{c})\\ \det(\boldsymbol{c},\ \boldsymbol{b},\ \boldsymbol{a}) &= -\det(\boldsymbol{a},\ \boldsymbol{b},\ \boldsymbol{c})\end{aligned}$$

(iii) 交代性からの帰結 … 同じ列ベクトルがあると，ゼロになる

$$\begin{aligned}\det(\boldsymbol{a},\ \boldsymbol{a},\ \boldsymbol{c}) &= 0\\ \det(\boldsymbol{a},\ \boldsymbol{b},\ \boldsymbol{b}) &= 0\\ \det(\boldsymbol{c},\ \boldsymbol{b},\ \boldsymbol{c}) &= 0\end{aligned}$$

(iii) は「交代性からの帰結」とあるように，(ii) から導かれる．実際，(ii) の第1式で $b = a$ とおくと，

$$\det(\boldsymbol{a},\ \boldsymbol{a},\ \boldsymbol{c}) = -\det(\boldsymbol{a},\ \boldsymbol{a},\ \boldsymbol{c})$$

となり，$\det(\boldsymbol{a},\ \boldsymbol{a},\ \boldsymbol{c}) = 0$ が得られる．

### (m) 行列式の基本的性質（その2）

正方行列 $A$ とその転置行列 ${}^tA$ に対して $\det A = \det {}^tA$ である．

### (n) 階数

一般の $m \times n$ 行列 $A$ に対して，以下の3つの数は等しい**．この数のことを

---

* ここでは，本文中に使用する状況に限定して述べているが，これらの基本的性質は，一般の $m$ 行 $n$ 列の行列についても同様に成り立つ．また，ここでは行列を「列ベクトルが横に並んだもの」と見なして述べているが，「行ベクトルが縦に並んだもの」と見ても同様の基本的性質が成り立つ．

** これら3つの数が等しいことは，行列の基本変形で $A$ を

$$\tilde{A} = \begin{array}{c}\\ r\left\{\begin{array}{c}\\ \\ \\ \\ \end{array}\right.\\ \\ \end{array}\left(\begin{array}{cccc|c} \multicolumn{4}{c|}{\overbrace{\hphantom{1\ 0\ \cdots\ 0}}^{r}} & \\ 1 & 0 & \cdots & 0 & \\ 0 & 1 & \cdots & 0 & * \\ \vdots & \vdots & \ddots & \vdots & \\ 0 & 0 & \cdots & 1 & \\ \hline \multicolumn{4}{c|}{O} & O \end{array}\right)$$

行列 $A$ の**階数**（かいすう），または，**ランク** (rank) と呼ぶ*.

(i) 行列 $A$ の**行**ベクトルの線形独立なものの最大個数

(ii) 行列 $A$ の**列**ベクトルの線形独立なものの最大個数

(iii) 0 でない行列式をもつ，$A$ の小行列（正方行列）の最大 “サイズ”**

行列の階数の定義の三側面

1次独立な行ベクトルの最大個数

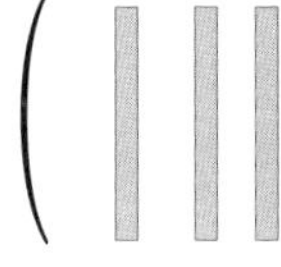

1次独立な列ベクトルの最大個数

0でない行列式をもつ小行列の最大サイズ

ランクのちがい

---

の形に変形したとき，「“$A$ の階数 $=\tilde{A}$の階数” である」という事実（「行列の基本変形では，階数は変わらない」という事実）に注意すれば，行列 $\tilde{A}$ の階数を求めればよいことからわかる．実際，上記の $\tilde{A}$ の階数は $r$ であり，

　　**行**ベクトルの線形独立なものの最大個数
$=$ **列**ベクトルの線形独立なものの最大個数
$=$ 0 でない行列式をもつ小行列の最大サイズ
$=$ $r$

であることは，行列の形から明らかであろう．

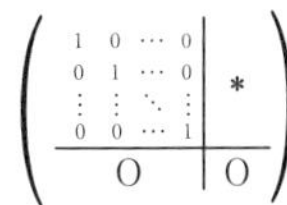

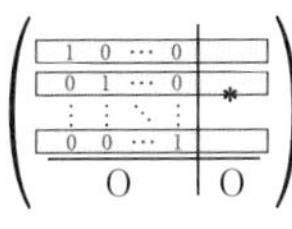

1次独立な行ベクトルの最大個数

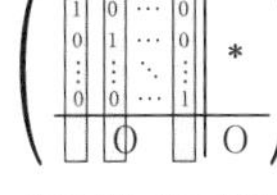

1次独立な列ベクトルの最大個数

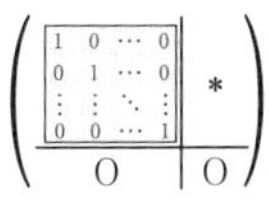

0でない行列式をもつ小行列の最大サイズ

ちなみに，階数 $r$ は，上記の 3 つの定義（行ベクトルによる定義，列ベクトルによる定義，小行列式による定義）の他に，「行列 $A$ を線形写像と見たときの像の次元」という言い方もある．

* 「階数」は rank の和訳である．「階数」より「ランク」のほうが言いやすいので，こちらの呼び名を用いる人も多い．

** ここでの「正方行列の “サイズ”」とは，その行列の行または列の数のことを意味している．（正方行列なので，「行の数 $=$ 列の数」であることに注意．）例えば，$2\times 2$ 行列のサイズは 2 であり，$3\times 3$ 行列のサイズは 3 である．

# ギリシャ文字の一覧表

数学では，ギリシャ語のアルファベットを記号として用いることがあります．そこで，ギリシャ文字とその“読み方”（日本語表記）を以下にまとめておくことにします．**日本語表記は，数学において標準的と思われるものを採用しました**[*]．（ほとんどのものは自然科学の分野で標準的です．）

| ギリシャ文字（小文字） | ギリシャ文字（大文字） | （数学における）日本語表記 | ローマ字つづり |
|---|---|---|---|
| $\alpha$ | A | アルファ | alpha |
| $\beta$ | B | ベータ | beta |
| $\gamma$ | $\Gamma$ | ガンマ | gamma |
| $\delta$ | $\Delta$ | デルタ | delta |
| $\epsilon$, $\varepsilon$ | E | イプシロン[**] | epsilon |
| $\zeta$ | Z | ゼータ | zeta |
| $\eta$ | H | エータ，イータ | eta |
| $\theta$, $\vartheta$ | $\Theta$ | シータ，テータ[†] | theta |
| $\iota$ | I | イオタ | iota |
| $\kappa$ | K | カッパ | kappa |
| $\lambda$ | $\Lambda$ | ラムダ | lambda |
| $\mu$ | M | ミュー | mu |
| $\nu$ | N | ニュー | nu |
| $\xi$ | $\Xi$ | クシー，クサイ，グザイ | xi |
| o | O | オミクロン | omicron |
| $\pi$ | $\Pi$ | パイ | pi |
| $\rho$ | $P$ | ロー | rho |
| $\sigma$ | $\Sigma$ | シグマ | sigma |
| $\tau$ | T | タウ | tau |
| $\upsilon$ | $\Upsilon$ | ウプシロン，ユプシロン | upsilon |
| $\phi$, $\varphi$ | $\Phi$ | ファイ | phi |
| $\chi$ | X | カイ | chi |
| $\psi$ | $\Psi$ | プサイ | psi |
| $\omega$ | $\Omega$ | オメガ | omega |

---

[*] このように書きましたのも，$\pi$ **（パイ）**，$\phi$ **（ファイ）**，$\chi$ **（カイ）**，$\psi$ **（プサイ）** については，実際のギリシャ語での発音はそれぞれ**ピー，フィー，キィー，プシー**のほうが原音に近いからです．

** (前ページ) 「エプシロン」のほうが原音に近く，そう表記する人もいますが，数学では「イプシロン」が標準的です．

† (前ページ) $\theta$ を角度の記号として表すときは「シータ」と読むことが多いですが，$\vartheta$ や $\Theta$ という記号で表される特別な関数は，「テータ関数」と呼ばれています．そのまま「$\vartheta$ 関数」とか「$\Theta$ 関数」と書くことも多いです．ちなみに，「テータ」のほうが，もともとのギリシャ語の発音に近いみたいです．

# 思いつくままの参考図書

「曲線と曲面」の学習が終わった人にとって，「微分幾何学」の標準的なコースとしては，次にくるのが「多様体（たようたい）」の概念です．ただ，「多様体」は，「曲線と曲面」より抽象的で，したがって，ムズカシイと感じる内容になると思います*．挑戦してみる人は，「微分幾何学」，「多様体」，「リーマン多様体」などのキーワードを念頭において**，大きな書店の数学書の棚を探索してみてください†．このあたりを独習するなら，例えば，

和達三樹「微分・位相幾何」(理工系の基礎数学 10)，岩波書店

の第 3 章とかで，まず全体像を頭に入れてから，くわしく書かれたテキストをていねいに読み進めることをオススメします††．テキストの選び方ですが，大きな書店で実際に手に取ってみて，自分のフィーリングに合ったものにしましょう．

以下，ここにあげるのは，「多様体の微分幾何学」の方向ではなくて，本書を読み終わったあと，「曲線と曲面」に関して，もう少し視野を広げたり理解を深めたい

---

* 多様体は，曲線や曲面の一般化であるといっても，「あつかい方」と「設定」が違います．「あつかい方」では，「パラメーター」が「局所的なパラメーター」，あるいは **「局所座標」** と呼ばれるものになります．また，「設定」については，「$\mathbb{R}^3$ の曲線」(空間曲線) というときの $\mathbb{R}^3$ のような「曲線が“入っている”空間」の存在を仮定しないで話を進めるために，抽象的な議論が展開されます．ただ，この「“入っている”空間」を仮定しない多様体についても，**「どんな多様体も十分大きい次元のユークリッド空間 $\mathbb{R}^n$ に等長的に (isometric) 埋め込むことができる」**（**したがって，多様体は $\mathbb{R}^n$ の中に“入っている”と，はじめから仮定しておいてもかまわない**）という **ナッシュ (Nash) の埋め込み定理** があるので，この「設定」を回避する手もないことはないのですが….

** 大ざっぱに言うと，曲線や曲面を典型例とする一般の（一般の次元の）“曲がった対象”が「多様体」であり，それに，長さや面積・体積のような空間を占（し）める割合を測るための“ものさし”を入れたものが「リーマン多様体」です．「リーマン多様体」はアインシュタインの一般相対性理論の記述に用いられたので，専門外の人にも知られるようになりました．

† ふつうの書店では，数学書のコーナーはほとんどないか，情報処理関連のもので占拠（せんきょ）されていたりします．「需要と供給の関係」といえばそれまでですが，少しさびしいですね．

†† 一般に「数学の本はムズカシイ」とよく言われますが，その理由は，**「数学が“積み上げ式”の学問である（先に進めば進むほど，それまで学んだものが予備知識として必要とされる）という宿命」** と，**「厳密な議論や理論展開が要求される分野の性格」** によるところが大きいです．こうした分野である「数学」を攻略するには，**「全体像の把握（はあく）」** と **「地道（じみち）な努力」** しかありません．本書のはじめに **「数学は登山である」** と書きましたが，これから登ろうとする山の全体像を思い描きながら，一歩一歩，着実に進んでいってください．そのうちに，見たこともないような，きれいな景色が見えてくることでしょう．

人のための和書を，いくつかあげてみることにします．思いつくまま書きましたので，完備というにはほど遠いです．あくまで参考程度と思ってください*.

[1] 西川青季「幾何学」(新数学講座 5)，朝倉書店，2002.

タイトルは「幾何学」ですが，対象を曲線に限定して，微分幾何学，位相幾何学，微分位相幾何学の 3 つの観点から曲線をあつかっています．「基本群」，「回転数」，「四頂点定理」，「等周不等式」，「フルネ-セレの公式」，「全曲率」，「ジョルダンの曲線定理」，「正則ホモトピー」など，豊富な話題が満載されています．

[2] 砂田利一「幾何入門」(放送大学教材)，日本放送出版協会，2004.

これは，2004 年度の放送大学のテキストのようです．「閉曲線で分割された領域が 2 色で塗り分けられるか」**という "2 色問題" をもとにして，数学で用いられる方法や考え方，さらには，問題意識や姿勢を，様々な例を通して伝えようとしています．

[3] 長野正「曲面の数学 現代数学入門」，培風館，1968.

少し昔の本ですが，曲面を題材にして，「微分幾何学」，「位相幾何学」，「複素関数論」などの様々な分野を解説しているガイドブックです．

[4] 小林昭七「曲線と曲面の微分幾何 (改訂版)」(基礎数学選書 17)，裳華房，1995.

非常にスマートな構成で書かれたベストセラーの書です．微分形式を用いた曲面の表現についても述べてあるので，本書を読んだあとに，これを読むと曲面についての理解が深まると思います．

[5] 川崎徹郎「曲面と多様体」(講座数学の考え方 14)，朝倉書店，2001.

タイトルに「多様体」が入った書物は一般に，多様体の解説が主であり，曲線や曲面についての記述はほとんどないか，あっても最初のほうに，ほんの少しだけ書いてあることが多いです．しかし，この本の半分は曲面をあつかっています．ところどころに楽しそうな曲面の絵もあって，著者の意気込みを感じます．

---

* 参考図書や関連書籍を網羅(もうら)するのは大変なので，それは最初からあきらめました．どちらかというと特徴的なものを選びました．「あの名著が入っとらん!!」とか，いろいろ御意見もありましょうが，おゆるしいただければ幸いです．

** 単なる「閉曲線」というと，自分自身と交わってもよいことに注意しましょう．(閉曲線については，59 ページを参照してください．)

[6] 剱持勝衛「曲面論講義 平均曲率一定曲面入門」, 培風館, 2000.

149 ページの脚注でもふれた「平均曲率一定の曲面 (CMC 曲面)」を対象にしたユニークな書です. 図や CG (コンピューター・グラフィック) があるので, それらをながめているだけでも, 楽しいかもしれません.

[7] フランク・モーガン「リーマン幾何学 ビギナーズ・ガイド」(AK ピータース・トッパン数理科学シリーズ), トッパン, 1993.

曲線, 曲面から始めて,「$\mathbb{R}^n$ の中の $m$ 次元曲面」への拡張という立場から,「リーマン幾何学」の "ビギナーズ・ガイド" を与えています. 120 ページほどの小冊子なので, そんなに肩がこらないかもしれません.

本書 (←今読んでいるこの本のこと) の各章末の演習問題における曲線や曲面のグラフィックスは Mathematica (マセマティカ) という数学統合ソフトウェアによるものです. Mathematica は, 計算や数式処理などのほか, 曲線や曲面のグラフィックスも簡単に書けるので, 手近にあるときは, ぜひ使ってみてください*. Mathematica を用いて曲線や曲面をあつかっている書籍には, 例えば, 次のようなものがあります.

[8] A. グレイ「Mathematica 曲線と曲面の微分幾何」(トッパン), 1996.

数学の書籍は一般書に比べるとあまり売れないためか, いつの間にか品切れや絶版になってしまうことが多いです**. これまであげたような書籍についても, 現在, 書店で入手可能であるかどうかは確認しておりません. 書店で購入できないときは, 図書館か古本屋で探してみましょう.

* 高価なソフトなので, 個人で購入するのは勇気と財力が必要です. ちなみに, 本書で使用した Mathematica は, 私が勤務する山口大学が, サイトライセンスで契約しているものです. ありがとう, 山口大学.

** 最近では, オフセット印刷でなくて, 個別の注文に応じてプリンタ出力する「オンデマンド印刷」が, 少しずつですが増えてきました. 需要(じゅよう)の少ない教科書や専門書を必要とする人にとっては, 朗報(ろうほう)かもしれません.

# 略　解

## 第 1 章の章末問題の略解

［1］から［9］までは，命題 1.5.3 を用いて計算すればよい．
［1］まずは，双曲線関数の復習をしておこう．

**双曲線関数**

**定義**

$$\sinh t = \frac{e^t - e^{-t}}{2}$$
$$\cosh t = \frac{e^t + e^{-t}}{2}$$

**性質**

$$\cosh^2 t - \sinh^2 t = 1$$
$$\sinh 2t = 2\sinh t\cosh t \quad \text{（2 倍角の公式）}$$
$$\cosh 2t = \sinh^2 t + \cosh^2 t \quad \text{（2 倍角の公式）}$$

**微分**

$$\frac{d}{dt}\sinh t = \cosh t$$
$$\frac{d}{dt}\cosh t = \sinh t$$

さて，$C(t) = \big(x(t),\, y(t)\big) = \left(t,\, a\cosh\left(\dfrac{t}{a}\right)\right)$ より

$$\dot{C}(t) = \big(\dot{x}(t),\, \dot{y}(t)\big) = \left(1,\, \sinh\left(\frac{t}{a}\right)\right)$$

$$\ddot{C}(t) = \bigl(\ddot{x}(t),\, \ddot{y}(t)\bigr) = \left(0,\, \frac{1}{a}\cosh\left(\frac{t}{a}\right)\right)$$

である．これらを命題 1.5.3 の公式に代入して計算すると

$$\kappa(t) = \frac{\dfrac{1}{a}\cosh\left(\dfrac{t}{a}\right)}{\left(1+\sinh^2\left(\dfrac{t}{a}\right)\right)^{\frac{3}{2}}} = \frac{\cosh\left(\dfrac{t}{a}\right)}{a\left(\cosh^2\left(\dfrac{t}{a}\right)\right)^{\frac{3}{2}}} = \frac{1}{a\cosh^2\left(\dfrac{t}{a}\right)}$$

となる．

［2］ $C(t) = \bigl(x(t),\, y(t)\bigr) = (at\cos t,\, at\sin t)$ より

$$\begin{aligned}\dot{C}(t) &= \bigl(\dot{x}(t),\, \dot{y}(t)\bigr) = \bigl(a\cos t - at\sin t,\, a\sin t + at\cos t\bigr)\\ \ddot{C}(t) &= \bigl(\ddot{x}(t),\, \ddot{y}(t)\bigr) = \bigl(-2a\sin t - at\cos t,\, 2a\cos t - at\sin t\bigr)\end{aligned}$$

である．これらを命題 1.5.3 の公式に代入して計算すると

$$\kappa(t) = \frac{2a^2 + a^2t^2}{(a^2 + a^2t^2)^{\frac{3}{2}}} = \frac{2 + t^2}{a\,(1+t^2)^{\frac{3}{2}}}$$

となる．

［3］ $C(t) = \bigl(x(t),\, y(t)\bigr) = (ae^{bt}\cos t,\, ae^{bt}\sin t)$ より

$$\begin{aligned}\dot{C}(t) &= \bigl(\dot{x}(t),\, \dot{y}(t)\bigr) = \bigl(abe^{bt}\cos t - ae^{bt}\sin t,\, abe^{bt}\sin t + ae^{bt}\cos t\bigr)\\ \ddot{C}(t) &= \bigl(\ddot{x}(t),\, \ddot{y}(t)\bigr)\\ &= \bigl(a(b^2-1)e^{bt}\cos t - 2abe^{bt}\sin t,\, a(b^2-1)e^{bt}\sin t + 2abe^{bt}\cos t\bigr)\end{aligned}$$

である．これらを命題 1.5.3 の公式に代入して計算すると

$$\kappa(t) = \frac{2a^2b^2e^{2bt} - a^2(b^2-1)e^{2bt}}{(a^2b^2e^{2bt} + a^2e^{2bt})^{\frac{3}{2}}} = \frac{1}{ae^{bt}\sqrt{b^2+1}}$$

となる．

［4］ $C(t) = \bigl(x(t),\, y(t)\bigr) = \left(\dfrac{a}{t}\cos t,\, \dfrac{a}{t}\sin t\right)$ より

$$\begin{aligned}\dot{C}(t) &= \bigl(\dot{x}(t),\, \dot{y}(t)\bigr) = \left(-\frac{a}{t}\sin t - \frac{a}{t^2}\cos t,\, \frac{a}{t}\cos t - \frac{a}{t^2}\sin t\right)\\ \ddot{C}(t) &= \bigl(\ddot{x}(t),\, \ddot{y}(t)\bigr)\\ &= \left(a\left(\frac{2}{t^3} - \frac{1}{t}\right)\cos t + \frac{2a}{t^2}\sin t,\, a\left(\frac{2}{t^3} - \frac{1}{t}\right)\sin t - \frac{2a}{t^2}\cos t\right)\end{aligned}$$

である．これらを命題 1.5.3 の公式に代入して計算すると

$$\kappa(t) = \frac{-\dfrac{a^2}{t}\left(\dfrac{2}{t^3} - \dfrac{1}{t}\right) + \dfrac{2a^2}{t^4}}{\left(\dfrac{a^2}{t^2} + \dfrac{a^2}{t^4}\right)^{\frac{3}{2}}} = \frac{t^4}{a\,(t^2+1)^{\frac{3}{2}}}$$

となる．

［5］ $C(t) = \bigl(x(t),\, y(t)\bigr) = (a\cos^3 t,\, a\sin^3 t)$ より

$$\dot{C}(t) = \bigl(\dot{x}(t),\, \dot{y}(t)\bigr) = \bigl(-3a\cos^2 t\sin t,\, 3a\sin^2 t\cos t\bigr)$$
$$\ddot{C}(t) = \bigl(\ddot{x}(t),\, \ddot{y}(t)\bigr) = \bigl(6a\cos t\sin^2 t - 3a\cos^3 t,\, 6a\sin t\cos^2 t - 3a\sin^3 t\bigr)$$

である．これらを命題 1.5.3 の公式に代入して計算すると

$$\kappa(t) = \frac{-9a^2(\sin^4 t\cos^2 t + \sin^2 t\cos^4 t)}{(9a^2\cos^4 t\sin^2 t + 9a^2\sin^4 t\cos^2 t)^{\frac{3}{2}}} = -\frac{\sin^2 t\cos^2 t}{3a(\sin^2 t\cos^2 t)^{\frac{3}{2}}} = -\frac{1}{3a|\sin t\cos t|}$$

となる．$t = \dfrac{n\pi}{2}$ $(n \in \mathbb{Z})$ では，分母が 0 になるので，そこでは曲率が発散していることに注意せよ．曲率が発散するのは，57 ページにおけるアステロイドの図では，曲線上のとがった 4 点に対応している．（もともと，アステロイドは，その 4 点で $\dot{C}(t) = 0$ であり，そこでは正則ではない*.）

［6］ $C(t) = \bigl(x(t),\, y(t)\bigr) = (at - b\sin t,\, a - b\cos t)$ より

$$\dot{C}(t) = \bigl(\dot{x}(t),\, \dot{y}(t)\bigr) = (a - b\cos t,\, b\sin t)$$
$$\ddot{C}(t) = \bigl(\ddot{x}(t),\, \ddot{y}(t)\bigr) = (b\sin t,\, b\cos t)$$

である．これらを命題 1.5.3 の公式に代入して計算すると

$$\kappa(t) = \frac{ab\cos t - b^2\cos^2 t - b^2\sin^2 t}{(a^2 - 2ab\cos t + b^2)^{\frac{3}{2}}} = \frac{ab\cos t - b^2}{(a^2 - 2ab\cos t + b^2)^{\frac{3}{2}}}$$

となる．

---

* 曲線 $C$ が正則であるという概念は，弧長パラメーター $s$ を用いて $C'(s) \neq 0$ という条件で定義されたが，一般のパラメーターを用いて $\dot{C}(t) \neq 0$ という同じ形の条件で書くことができる．実際，合成関数の微分法により $C'(s) = \dot{C}(t(s))\dfrac{dt}{ds}(s)$ であり（この式では，パラメーター $t$ は $s$ の関数 $t = t(s)$ と見ている），また，パラメーターのとりかえでは $\dfrac{dt}{ds}(s) \neq 0$ であるので，$C'(s) \neq 0$ という条件と $\dot{C}(t) \neq 0$ という条件は同じであるからである．

[7] $C(t) = \big(x(t),\, y(t)\big) = \Big(a\sqrt{2\cos 2t}\cos t,\, a\sqrt{2\cos 2t}\sin t\Big)$ より

$$\begin{aligned}\dot{C}(t) &= \big(\dot{x}(t),\, \dot{y}(t)\big)\\ &= \left(-\frac{\sqrt{2}\,a}{\sqrt{\cos 2t}}(\sin 2t\cos t + \cos 2t\sin t),\ \frac{\sqrt{2}\,a}{\sqrt{\cos 2t}}(\cos 2t\cos t - \sin 2t\sin t)\right)\\ &= \left(-\frac{\sqrt{2}\,a}{\sqrt{\cos 2t}}\sin 3t,\ \frac{\sqrt{2}\,a}{\sqrt{\cos 2t}}\cos 3t\right)\\ \ddot{C}(t) &= \big(\ddot{x}(t),\, \ddot{y}(t)\big)\\ &= \left(\frac{-\sqrt{2}\,a(3\cos 3t\cos 2t + \sin 3t\sin 2t)}{\cos 2t\sqrt{\cos 2t}},\ \frac{\sqrt{2}\,a(-3\sin 3t\cos 2t + \cos 3t\sin 2t)}{\cos 2t\sqrt{\cos 2t}}\right)\end{aligned}$$

である．これらを命題 1.5.3 の公式に代入して計算すると

$$\kappa(t) = \frac{\dfrac{6a^2}{\cos 2t}}{\left(\dfrac{2a^2}{\cos 2t}\right)^{\frac{3}{2}}} = \frac{3\sqrt{\cos 2t}}{\sqrt{2}a}$$

となる．

[8] $C(t) = \big(x(t),\, y(t)\big) = \left(\dfrac{3at}{1+t^3},\ \dfrac{3at^2}{1+t^3}\right)$ より

$$\begin{aligned}\dot{C}(t) &= \big(\dot{x}(t),\, \dot{y}(t)\big)\\ &= \left(\frac{3a - 6at^3}{(1+t^3)^2},\ \frac{6at - 3at^4}{(1+t^3)^2}\right)\\ \ddot{C}(t) &= \big(\ddot{x}(t),\, \ddot{y}(t)\big)\\ &= \left(\frac{-36at^2 + 18at^5}{(1+t^3)^3},\ \frac{6a - 42at^3 + 6at^6}{(1+t^3)^3}\right)\end{aligned}$$

である．これらを命題 1.5.3 の公式に代入して計算すると

$$\kappa(t) = \frac{\dfrac{18a^2(1+t^3)^3}{(1+t^3)^5}}{\dfrac{27a^3(1+4t^2-4t^3-4t^5+4t^6+t^8)^{\frac{3}{2}}}{(1+t^3)^6}} = \frac{2(1+t^3)^4}{3a(1+4t^2-4t^3-4t^5+4t^6+t^8)^{\frac{3}{2}}}$$

となる．

[9] $C(t) = \big(x(t),\, y(t)\big) = \big(a(1+\cos t)\cos t,\, a(1+\cos t)\sin t\big)$ より

$$\dot{C}(t) = \big(\dot{x}(t),\, \dot{y}(t)\big)$$

$$= \big(-a\sin t\cos t - a(1+\cos t)\sin t,\ -a\sin t\sin t + a(1+\cos t)\cos t\big)$$
$$= \big(-a\sin 2t - a\sin t,\ a\cos 2t + a\cos t\big)$$
$$\ddot{C}(t) = \big(\ddot{x}(t),\, \ddot{y}(t)\big)$$
$$= \big(-2a\cos 2t - a\cos t,\ -2a\sin 2t - a\sin t\big)$$

である．これらを命題 1.5.3 の公式に代入して計算すると

$$\kappa(t) = \frac{3a^2(1+\cos t)}{\big(2a^2(1+\cos t)\big)^{\frac{3}{2}}} = \frac{3}{2\sqrt{2}a\sqrt{1+\cos t}}$$

となる．

［10］(1): はじめに，

$$\left\|\frac{d\overline{C}}{ds}(s)\right\| = a\,\|C'(s)\| = a$$

であることに注意しておく．曲線 $\overline{C}$ の弧長パラメーター $\overline{s}$ は，補題 1.3.6 の証明におけるように，初期値問題

$$\begin{cases} \dfrac{d\overline{s}}{ds} = \left\|\dfrac{d\overline{C}}{ds}(s)\right\| = a \\ \overline{s}(0) = 0 \end{cases}$$

の解（パラメーター $s$ は，曲線 $\overline{C}$ に関しては，一般のパラメーターであることに注意せよ）であり，したがって，

$$\overline{s} = \int_0^s \frac{d\overline{s}}{ds}ds = \int_0^s ads = as$$

となる．これで (1) が証明された．

(2): まず，$\{\, e_1(s),\, e_2(s)\,\}$, $\{\,\overline{e}_1(\overline{s})\,\overline{e}_2(\overline{s})\,\}$ をそれぞれ，曲線 $C(s)$, $\overline{C}(\overline{s})$ の動標構とすると，

(i) $$e_1(s) = \overline{e}_1(\overline{s}),\ e_2(s) = \overline{e}_2(\overline{s})$$

である．（ここで，$s$ と $\overline{s}$ は対応する点である．言いかえると，例えば，$e_1(s)=\overline{e}_1(\overline{s})$ は，右辺の $\overline{s}$ を $s$ の関数 $\overline{s}=\overline{s}(s)$ と見て，両辺ともに $s$ の関数と見なしているか，あるいは，左辺の $s$ を $\overline{s}$ の関数 $s=s(\overline{s})$ と見て，両辺ともに $\overline{s}$ の関数と見なしている．）(i) は，実際

$$\overline{e}_1(\overline{s})=\frac{d\overline{C}}{d\overline{s}}(\overline{s})=\frac{d\overline{C}}{ds}(s)\,\frac{ds}{d\overline{s}}(\overline{s})=\frac{d(aC)}{ds}(s)\,\frac{1}{a}=\frac{dC}{ds}(s)\;=e_1(s)$$

であることと，および，$e_2, \overline{e}_2$ は，それぞれ $e_1, \overline{e}_1$ を正の方向に 90 度回転して得られるものであることから得られる．また，

(ii) $$\frac{d\overline{e}_1}{d\overline{s}}(\overline{s})=\frac{d\overline{e}_1}{ds}(s)\frac{ds}{d\overline{s}}(\overline{s})\overset{(1)\text{より}}{=}\frac{d\overline{e}_1}{ds}(s)\frac{1}{a}=\frac{de_1}{ds}(s)\frac{1}{a}$$

である．さらに，フルネ-セレの公式より

(iii) $$\begin{cases}\dfrac{de_1}{ds}(s)=\kappa(s)e_2(s)\\[2ex]\dfrac{d\overline{e}_1}{d\overline{s}}(\overline{s})=\overline{\kappa}(\overline{s})\overline{e}_2(\overline{s})\end{cases}$$

である．以上の (i), (ii), (iii) より，

$$\overline{\kappa}(\overline{s})=\frac{1}{a}\kappa(s)$$

という結論が得られる．

[11]「弧長パラメーターで表されている場合」と「一般のパラメーターの場合」の 2 段階に分けて調べる．

**(A) 弧長パラメーター $s$ で表されている場合**

曲線

$$C(s)=\begin{pmatrix}x(s)\\y(s)\end{pmatrix}$$

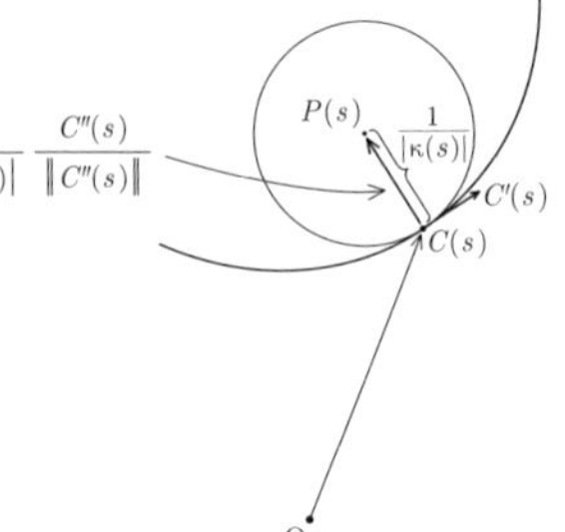


の曲率円の中心を $P(s)$ とすると

$$P(s)=C(s)+\frac{1}{|\kappa(s)|}\,\frac{C''(s)}{\|C''(s)\|}$$

である．

ベクトル $e_2(s)$ は，ベクトル $e_1(s)=C'(s)$ を反時計回りに 90 度 (弧度法では $\frac{\pi}{2}$) だけ回転したベクトルであるから

$$e_2(s)=\begin{pmatrix}\cos\frac{\pi}{2} & -\sin\frac{\pi}{2}\\ \sin\frac{\pi}{2} & \cos\frac{\pi}{2}\end{pmatrix}\begin{pmatrix}x'(s)\\y'(s)\end{pmatrix}=\begin{pmatrix}0 & -1\\1 & 0\end{pmatrix}\begin{pmatrix}x'(s)\\y'(s)\end{pmatrix}=\begin{pmatrix}-y'(s)\\x'(s)\end{pmatrix}$$

である．一方

$$C''(s) = e_1'(s) \overset{\substack{\text{フルネ・セレの}\\ \text{公式より}}}{=} \kappa(s)e_2(s)$$

であることに注意すると

$$\begin{aligned}
P(s) &= C(s) + \frac{1}{|\kappa(s)|}\,\frac{\kappa(s)e_2(s)}{\|\kappa(s)e_2(s)\|} \\
&= C(s) + \frac{\kappa(s)e_2(s)}{|\kappa(s)|^2} \\
&= C(s) + \frac{1}{\kappa(s)}e_2(s) \\
&= \begin{pmatrix} x(s) \\ y(s) \end{pmatrix} + \frac{1}{x'(s)y''(s) - x''(s)y'(s)} \begin{pmatrix} -y'(s) \\ x'(s) \end{pmatrix}
\end{aligned}$$

となる．この式の右辺が，曲率円の中心の軌跡，すなわち，縮閉線のパラメーター表示である．

**(B) 一般のパラメーター $t$ の場合**

弧長パラメーターの場合に求めた式をもとに，パラメーターのとりかえを用いて，一般のパラメーターの場合を計算する．パラメーターのとりかえにより，$t$ は $s$ の関数 $t = t(s)$ と見ることができる．また，パラメーター $t$ と $s$ は同じ向きとしてよい．このとき，50 ページの (1), (2) と同様にして，合成関数の微分法より

$$\begin{aligned}
x'(s) &= \dot{x}(t(s))\,\frac{dt}{ds}(s) \\
y'(s) &= \dot{y}(t(s))\,\frac{dt}{ds}(s) \\
x''(s) &= \ddot{x}(t(s))\left(\frac{dt}{ds}(s)\right)^2 + \dot{x}(t(s))\,\frac{d^2t}{ds^2}(s) \\
y''(s) &= \ddot{y}(t(s))\left(\frac{dt}{ds}(s)\right)^2 + \dot{y}(t(s))\,\frac{d^2t}{ds^2}(s)
\end{aligned}$$

である．したがって

$$\begin{aligned}
&x'(s)y''(s) - x''(s)y'(s) \\
&= \dot{x}(t(s))\,\frac{dt}{ds}(s)\left(\ddot{y}(t(s))\left(\frac{dt}{ds}(s)\right)^2 + \dot{y}(t(s))\,\frac{d^2t}{ds^2}(s)\right) \\
&\quad - \dot{y}(t(s))\,\frac{dt}{ds}(s)\left(\ddot{x}(t(s))\left(\frac{dt}{ds}(s)\right)^2 + \dot{x}(t(s))\,\frac{d^2t}{ds^2}(s)\right)
\end{aligned}$$

$$= \left(\dot{x}(t(s))\ddot{y}(t(s)) - \ddot{x}(t(s))\dot{y}(t(s))\right)\left(\frac{dt}{ds}(t(s))\right)^3$$

および

$$\begin{pmatrix} -y'(s) \\ x'(s) \end{pmatrix} = \frac{dt}{ds}(t(s)) \begin{pmatrix} -\dot{y}(t(s)) \\ \dot{x}(t(s)) \end{pmatrix}$$

が得られる．また，$s$ と $t$ が同じ向きであることから，$\dfrac{dt}{ds}(s) > 0$ であることに注意すると，

$$\frac{dt}{ds}(s) = \frac{1}{\|\dot{C}(t(s))\|} = \frac{1}{\sqrt{\dot{x}(t(s))^2 + \dot{y}(t(s))^2}}$$

となる．以上から

$$\begin{aligned}
P(s) &= \begin{pmatrix} x(s) \\ y(s) \end{pmatrix} + \frac{1}{x'(s)y''(s) - x''(s)y'(s)} \begin{pmatrix} -y'(s) \\ x'(s) \end{pmatrix} \\
&= \begin{pmatrix} x(s) \\ y(s) \end{pmatrix} + \frac{1}{\left(\dot{x}(t(s))\ddot{y}(t(s)) - \ddot{x}(t(s))\dot{y}(t(s))\right)\left(\dfrac{dt}{ds}(t(s))\right)^3} \frac{dt}{ds}(t(s)) \begin{pmatrix} -\dot{y}(t(s)) \\ \dot{x}(t(s)) \end{pmatrix} \\
&= \begin{pmatrix} x(s) \\ y(s) \end{pmatrix} + \frac{1}{\dot{x}(t(s))\ddot{y}(t(s)) - \ddot{x}(t(s))\dot{y}(t(s))} \frac{1}{\left(\dfrac{dt}{ds}(t(s))\right)^2} \begin{pmatrix} -\dot{y}(t(s)) \\ \dot{x}(t(s)) \end{pmatrix} \\
&= \begin{pmatrix} x(s) \\ y(s) \end{pmatrix} + \frac{\dot{x}^2(t(s)) + \dot{y}^2(t(s))}{\dot{x}(t(s))\ddot{y}(t(s)) - \ddot{x}(t(s))\dot{y}(t(s))} \begin{pmatrix} -\dot{y}(t(s)) \\ \dot{x}(t(s)) \end{pmatrix}
\end{aligned}$$

となる．そこで，$s$ を $t$ の関数 $s = s(t)$ と見なすと，関数 $s(t)$ と $t(s)$ は互いに逆関数であるから，$t(s(t)) = t$ である．上式に $s = s(t)$ を代入し，$P(s(t)), x(s(t)), y(s(t))$ を $t$ の関数としてそれぞれ $P(t), x(t), y(t)$ と書くと

$$P(t) = \begin{pmatrix} x(t) \\ y(t) \end{pmatrix} + \frac{\dot{x}^2(t) + \dot{y}^2(t)}{\dot{x}(t)\ddot{y}(t) - \ddot{x}(t)\dot{y}(t)} \begin{pmatrix} -\dot{y}(t) \\ \dot{x}(t) \end{pmatrix}$$

となる．この式の右辺が，縮閉線のパラメーター表示である．

[12] $\kappa(s)$ が定数関数であれば，四頂点定理は明らかに成り立つから，そうでないとしてよい．このとき，$\kappa(s)$ は最大値と最小値をとり，その点では，$\kappa'(s) = 0$ である*．したがって，頂点は少なくとも 2 つあることがわかった．

* 「端点で最大値あるいは最小値をとる場合，そこでは $\kappa'(s) = 0$ がいえない場合もあるのでは？」と心配する人もいるかもしれない．

以上で，［12］の証明は終わった．（↑これだけかい．）ムズカシイのは，4 つの頂点のうち，残りの 2 つの頂点の存在を証明することである．以下，これを示そう．背理法である．

上記の議論で，曲率 $\kappa(s)$ が最大値，最小値をとる点があることがわかったので，それらの点をそれぞれ，$C(s_1) = (x(s_1), y(s_1))$, $C(s_2) = (x(s_2), y(s_2))$ とする．2 点 $C(s_1)$, $C(s_2)$ により，曲線 $C$ は 2 つの弧 $C_1$, $C_2$ に分けられる．$C(s_1)$ から $C(s_2)$ へ向かう弧を $C_1$ とし，残りを $C_2$ としよう．$C(s_1)$ で $\kappa(s)$ が最大値をとることに注意すると，**点 $C(s_1)$ の十分近くに限定すれば**，$C_1$ 上では $\kappa'(s) < 0$ であり，$C_2$ 上では $\kappa'(s) > 0$ である．

ここで，もし，この 2 つ以外に頂点がないとすると $C_1$ および $C_2$ それぞれの上で $\kappa'(s)$ は定符号となるから，（点 $C(s_1)$ の十分近くに限定しなくても）$C_1$ 上ではすべて $\kappa'(s) < 0$ であり，$C_2$ 上ではすべて $\kappa'(s) > 0$ ということになる．一方，2 点 $C(s_1)$, $C(s_2)$ を通る直線を

---

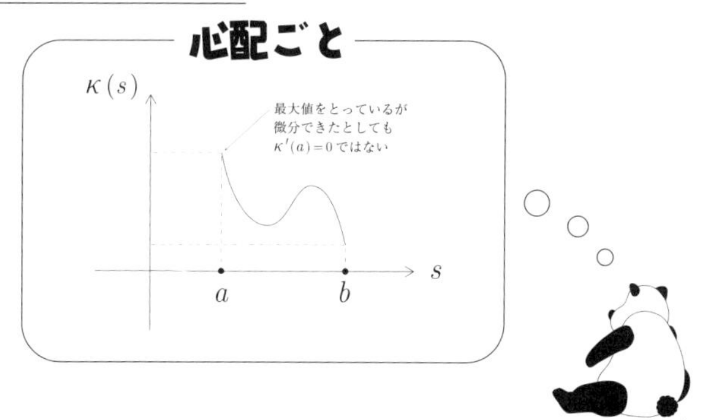


今の状況では，曲線は「**なめらかな閉曲線**」であるので，定義（59 ページ）から，両端点とそこでの微分がすべて一致している．特に，$\kappa(s)$ とその微分も両端点で一致している．したがって，この場合もその端点で $\kappa'(s) = 0$ が成り立つことが容易に確かめられる．

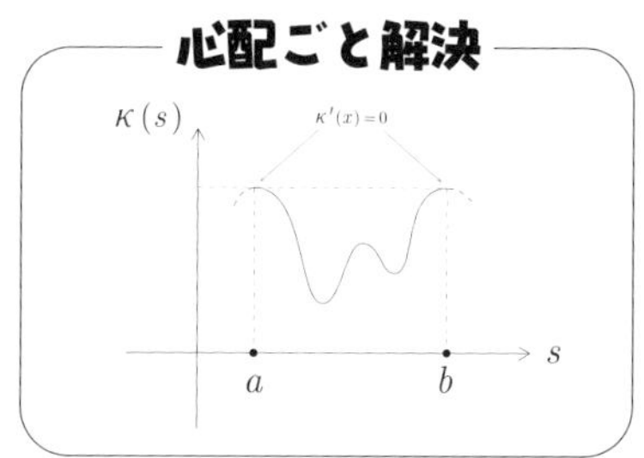


**ホントは、こんなかたち**

$$ax + by + c = 0$$

とすると，

$$ax(s_1) + bx(s_1) + c = 0$$
$$ax(s_2) + bx(s_2) + c = 0$$

であり，曲線 $C$ の凸性より，曲線 $C$ は，この直線とこの 2 点以外では交わらないから，$C_1$ および $C_2$ それぞれの上で $ax(s) + by(s) + c = 0$ は定符号で，しかも，符号は逆である．例えば，$C_1$ 上で $ax(s) + by(s) + c > 0$ であり，$C_2$ 上で $ax(s) + by(s) + c < 0$ としてよい．($C_1$ 上で $ax(s) + by(s) + c < 0$，かつ $C_2$ 上で $ax(s) + by(s) + c > 0$ である場合も以下の議論と同様に矛盾が出る.)

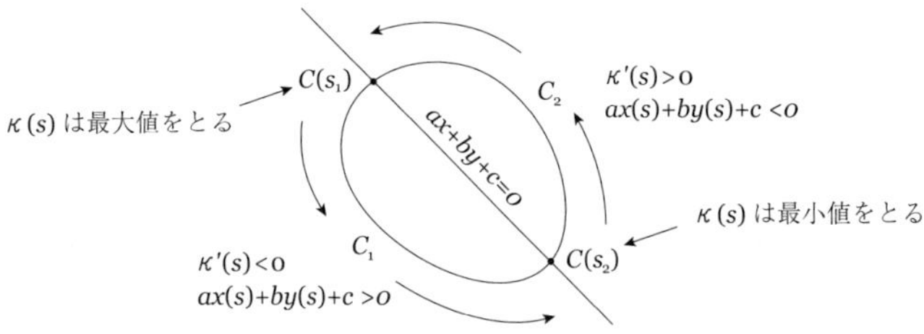


このとき，曲線 $C$ 上の点では 2 点 $C(s_1), C(s_2)$ を除いて $\kappa'(s)(ax(s) + by(s) + c) < 0$ となり，

$$\int_C \kappa'(s)(ax(s) + by(s) + c)ds < 0 \quad \text{特に,} \quad \int_C \kappa'(s)(ax(s) + by(s) + c)ds \neq 0$$

となる．以下は，フルネ-セレの公式を用いて，

$$(*) \qquad \int_C \kappa'(s)(ax(s) + by(s) + c)ds = 0$$

であることを示し，矛盾を導く．

まず，$C$ が閉曲線であることから

$$\int_C \kappa'(s)c = c\int_C \kappa'(s) = 0$$

であることは明らかである．次に，フルネ-セレの公式より $e_1'(s) = \kappa(s)e_2(s)$，すなわち，

$$x''(s) = -\kappa(s)y'(s)$$
$$y''(s) = \kappa(s)x'(s)$$

であること*，特に $\kappa(s)x'(s) = y''(s)$ であることに注意すると，

---

* $e_1'(s) = \begin{pmatrix} x''(s) \\ y''(s) \end{pmatrix}$，$e_2(s) \overset{e_1(s)\text{を反時計回りの方向に 90 度回転}}{=} \begin{pmatrix} 0 & -1 \\ 1 & 0 \end{pmatrix}\begin{pmatrix} x'(s) \\ y'(s) \end{pmatrix} = \begin{pmatrix} -y'(s) \\ x'(s) \end{pmatrix}$ であることから得られる．

$$
\begin{aligned}
\int_C \kappa'(s)ax(s)ds &= a\int_C \kappa'(s)x(s)ds \\
&\overset{\text{部分積分の公式}}{=} -a\int_C \kappa(s)x'(s)ds \\
&= -a\int_C y''(s)ds \\
&= 0
\end{aligned}
$$

である*．また，$\kappa(s)y'(s) = -x''(s)$ であることを用いると

$$\int_C \kappa'(s)by(s)ds = -b\int_C \kappa(s)y'(s)ds = b\int_C x''(s) = 0$$

となる．以上から $(*)$ が成り立つことがわかり，矛盾となる．この矛盾は，頂点が 2 つしかないという仮定からくるものであり，頂点は少なくとも 3 つあることがわかった．

今度は 3 つしかないとして矛盾を出そう．これまでと同様に，$\kappa(s)$ は $C(s_1)$, $C(s_2)$ の点においてそれぞれ最大値，最小値をとり，弧 $C_1$, $C_2$ や直線 $ax+by+c=0$ も同じ設定とする．さて，3 つめの頂点を $C(s_3)$ とする．点 $C(s_3)$ は，$C_1$ 上にあるとしてよい．（$C_2$ 上にあるときも，以下と同様の議論で矛盾が出る．）

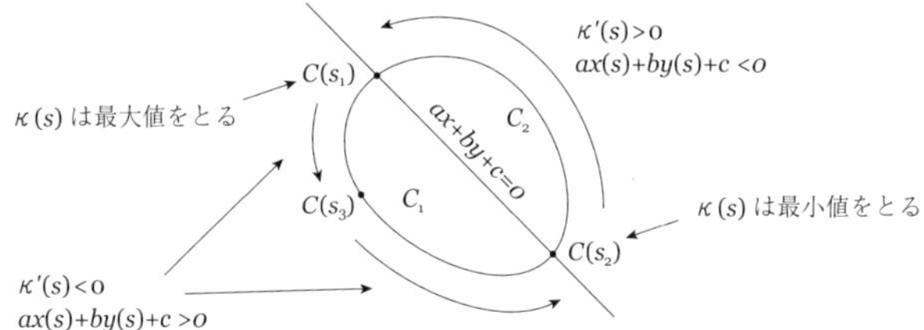


点 $C(s_1)$ で $\kappa(s)$ が最大値をとるということを考慮すると，$C(s_1)$ から $C(s_3)$ に向かう弧の上では（端点 $C(s_1)$, $C(s_3)$ を除いて）$\kappa'(s) < 0$ である．さらに，$C(s_1)$ から $C(s_3)$ に向かう弧の上では（端点 $C(s_3)$, $C(s_2)$ を除いて）$\kappa'(s)$ は一定符号であるが，$C(s_2)$ が最小値であることを考慮すると $\kappa'(s) < 0$ でなければならない．以上のことを総合すると，曲線 $C$ 上では，3 点 $C(s_1)$, $C(s_2)$, $C(s_3)$ を除いて $\kappa'(s)(ax(s)+by(s)+c) < 0$ となり，

* 曲線 $C(s) = (x(s), y(s))$ $(s \in [a, b])$ はなめらかな閉曲線であるから，$C(a) = C(b)$, すなわち $x(a) = x(b)$, $y(a) = y(b)$ であり，また，$x'(a) = x'(b)$, $y'(a) = y'(b)$ である．（曲線の端点が一致し，そこでの接線も一致する．）したがって

$$\int_C y''(s)ds = \int_a^b y''(s)ds = y'(b) - y'(a) = 0$$

が導かれる．$\int_C x''(s)ds = 0$ についても同様である．

$$\int_C \kappa'(s)(ax(s)+by(s)+c)ds < 0, \quad \text{特に}, \quad \int_C \kappa'(s)(ax(s)+by(s)+c)ds \neq 0$$

となる．これは $(*)$ と矛盾する．以上で，頂点は少なくとも 4 つあることが示され，証明が終わった*.

**お、終わった・・・。**

*（**素朴な疑問**）この証明は，「頂点が **2** つしかない」として矛盾を出し，さらに，「頂点が **3** つしかない」として同様の議論により矛盾を出すことにより，結局「頂点が少なくとも **4** つある」ことを示した．**それでは，「頂点が 4 つしかない」と仮定すると，同様の議論により矛盾が出てこないのだろうか？** もし矛盾が出ると「**5** 頂点定理」(←もちろん一般には成り立たない）が証明されてしまうので，矛盾は出ないはずである．実際，303 ページの図で，4 つめの頂点 $C(s_4)$ が $C_2$ 上にあると同様の議論により矛盾が出てしまうが，下図のように $C(s_3)$, $C(s_4)$ が $C_1$ 上にある場合は，$C(s_3)$ と $C(s_4)$ を両端とする弧（図の太線の部分）の上では，$\kappa'(s) < 0$ であることを導くことができず，どこにも矛盾はない．

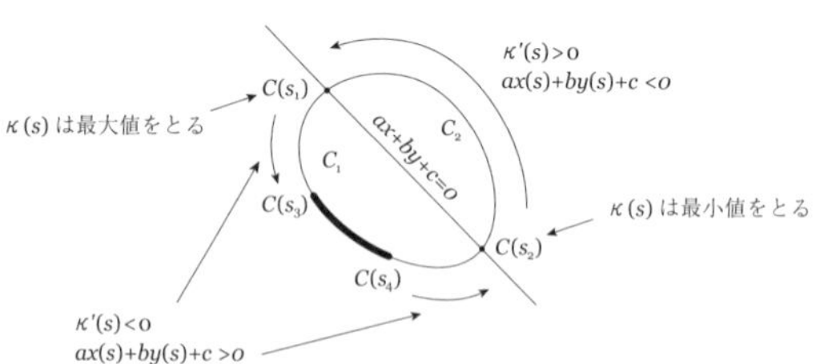


証明が終わったときには，**もう一度証明を振り返ってみて，「今の証明には何が効いていたのか？」を問い直してみることが大切である．**

# 第 2 章の章末問題の略解

［1］から［6］まで（および［7］）は，命題 2.3.18 を用いて計算すればよい．

［1］$C(t) = \big(x(t),\, y(t),\, z(t)\big) = \big(at,\, bt^2,\, ct^3\big)$ より

$$\begin{aligned}\dot{C}(t) &= \big(\dot{x}(t),\, \dot{y}(t),\, \dot{z}(t)\big) = \big(a,\, 2bt,\, 3ct^2\big)\\ \ddot{C}(t) &= \big(\ddot{x}(t),\, \ddot{y}(t),\, \ddot{z}(t)\big) = (0,\, 2b,\, 6ct)\\ \dddot{C}(t) &= \big(\dddot{x}(t),\, \dddot{y}(t),\, \dddot{z}(t)\big) = (0,\, 0,\, 6c)\end{aligned}$$

であり，したがって，

$$\begin{aligned}\|\dot{C}(t)\|^2 &= a^2 + 4b^2t^2 + 9c^2t^4\\ \|\ddot{C}(t)\|^2 &= 4b^2 + 36c^2t^2\\ \dot{C}(t)\cdot\ddot{C}(t) &= 4b^2t + 18c^2t^3\\ \det\Big(\dot{C}(t),\ \ddot{C}(t),\ \dddot{C}(t)\Big) &= 12abc\end{aligned}$$

である．これらを命題 2.3.18 の公式に代入して計算すると

$$\begin{aligned}\kappa(t) &= \frac{\sqrt{(a^2+4b^2t^2+9c^2t^4)(4b^2+36c^2t^2)-(4b^2t+18c^2t^3)^2}}{(a^2+4b^2t^2+9c^2t^4)^{\frac{3}{2}}}\\ &= \frac{\sqrt{4a^2b^2+36(a^2+b^2t^2)c^2t^2}}{(a^2+4b^2t^2+9c^2t^4)^{\frac{3}{2}}} = \frac{2\sqrt{a^2b^2+9(a^2+b^2t^2)c^2t^2}}{(a^2+4b^2t^2+9c^2t^4)^{\frac{3}{2}}}\\ \tau(t) &= \frac{12abc}{4a^2b^2+36(a^2+b^2t^2)c^2t^2} = \frac{3abc}{a^2b^2+9(a^2+b^2t^2)c^2t^2}\end{aligned}$$

となる．

［2］双曲線関数については，293 ページを参照のこと．さて，$C(t) = \big(x(t),\, y(t),\, z(t)\big) = (a\cosh t,\, a\sinh t,\, bt)$ より

$$\begin{aligned}\dot{C}(t) &= \big(\dot{x}(t),\, \dot{y}(t),\, \dot{z}(t)\big) = (a\sinh t,\, a\cosh t,\, b)\\ \ddot{C}(t) &= \big(\ddot{x}(t),\, \ddot{y}(t),\, \ddot{z}(t)\big) = (a\cosh t,\, a\sin t,\, 0)\\ \dddot{C}(t) &= \big(\dddot{x}(t),\, \dddot{y}(t),\, \dddot{z}(t)\big) = (a\sinh t,\, a\cosh t,\, 0)\end{aligned}$$

であり，したがって，

$$\begin{aligned}\|\dot{C}(t)\|^2 &= a^2\sinh^2 t + a^2\cosh^2 t + b^2 = a^2\cosh 2t + b^2\\ \|\ddot{C}(t)\|^2 &= a^2\sinh^2 t + a^2\cosh^2 t = a^2\cosh 2t\end{aligned}$$

$$\dot{C}(t)\cdot\ddot{C}(t) = 2a^2\sinh t\cosh t = a^2\sinh 2t$$
$$\det\left(\dot{C}(t),\ \ddot{C}(t),\ \dddot{C}(t)\right) = a^2b\cosh^2 t - a^2b\sinh^2 t = a^2b$$

である．ここで，双曲線関数の 2 倍角の公式（293 ページ）を用いた．これらを命題 2.3.18 の公式に代入して計算すると

$$\begin{aligned}\kappa(t) &= \frac{\sqrt{(a^2\cosh 2t + b^2)\,a^2\cosh 2t - a^4\sinh^2 2t}}{(a^2\cosh 2t + b^2)^{\frac{3}{2}}} = \frac{a\sqrt{a^2+b^2\cosh 2t}}{(a^2\cosh 2t + b^2)^{\frac{3}{2}}}\\ \tau(t) &= \frac{a^2b}{(a^2\cosh 2t + b^2)\,a^2\cosh 2t - a^4\sinh^2 2t} = \frac{b}{a^2+b^2\cosh 2t}\end{aligned}$$

となる．

［3］$C(t) = \big(x(t),\, y(t),\, z(t)\big) = \big(ae^{bt}\cos t,\ ae^{bt}\sin t,\ ct\big)$ より

$$\begin{aligned}\dot{C}(t) &= \big(\dot{x}(t),\, \dot{y}(t),\, \dot{z}(t)\big) = \big(abe^{bt}\cos t - ae^{bt}\sin t,\ abe^{bt}\sin t + ae^{bt}\cos t,\ c\big)\\ \ddot{C}(t) &= \big(\ddot{x}(t),\, \ddot{y}(t),\, \ddot{z}(t)\big)\\ &= \big(a(b^2-1)e^{bt}\cos t - 2abe^{bt}\sin t,\ a(b^2-1)e^{bt}\sin t + 2abe^{bt}\cos t,\ 0\big)\\ \dddot{C}(t) &= \big(\dddot{x}(t),\, \dddot{y}(t),\, \dddot{z}(t)\big)\\ &= \big(ab(b^2-3)e^{bt}\cos t - a(3b^2-1)e^{bt}\sin t,\ ab(b^2-3)e^{bt}\sin t + a(3b^2-1)e^{bt}\cos t,\ 0\big)\end{aligned}$$

であり，したがって，

$$\begin{aligned}\|\dot{C}(t)\|^2 &= c^2 + a^2(b^2+1)e^{2bt}\\ \|\ddot{C}(t)\|^2 &= a^2(b^2+1)^2e^{2bt}\\ \dot{C}(t)\cdot\ddot{C}(t) &= a^2b(b^2+1)^2e^{2bt}\\ \det\left(\dot{C}(t),\ \ddot{C}(t),\ \dddot{C}(t)\right) &= a^2(b^2+1)^2ce^{2bt}\end{aligned}$$

である．これらを命題 2.3.18 の公式に代入して計算すると

$$\begin{aligned}\kappa(t) &= \frac{\sqrt{a^2(b^2+1)^2e^{2bt}(c^2+a^2e^{2bt})}}{\big(c^2+a^2(b^2+1)e^{2bt}\big)^{\frac{3}{2}}} = \frac{a(b^2+1)e^{bt}\sqrt{c^2+a^2e^{2bt}}}{\big(c^2+a^2(b^2+1)e^{2bt}\big)^{\frac{3}{2}}}\\ \tau(t) &= \frac{a^2(b^2+1)^2ce^{2bt}}{a^2(b^2+1)^2e^{2bt}(c^2+a^2e^{2bt})} = \frac{c}{c^2+a^2e^{2bt}}\end{aligned}$$

となる．

［4］$C(t) = \big(x(t),\, y(t),\, z(t)\big) = \left(\dfrac{a}{t}\cos t,\, \dfrac{a}{t}\sin t,\, bt\right)$ より

$$\dot{C}(t) = \big(\dot{x}(t),\, \dot{y}(t),\, \dot{z}(t)\big) = \left(-\frac{a}{t^2}\cos t - \frac{a}{t}\sin t,\, -\frac{a}{t^2}\sin t + \frac{a}{t}\cos t,\, b\right)$$

$$\ddot{C}(t) = \big(\ddot{x}(t),\, \ddot{y}(t),\, \ddot{z}(t)\big) = \left(-\frac{a(t^2-2)}{t^3}\cos t + \frac{2a}{t^2}\sin t,\, -\frac{a(t^2-2)}{t^3}\sin t - \frac{2a}{t^2}\cos t,\, 0\right)$$

$$\dddot{C}(t) = \big(\dddot{x}(t),\, \dddot{y}(t),\, \dddot{z}(t)\big)$$
$$= \left(\frac{3a(t^2-2)}{t^4}\cos t + \frac{a(t^2-6)}{t^3}\sin t,\, \frac{3a(t^2-2)}{t^4}\sin t - \frac{a(t^2-6)}{t^3}\cos t,\, 0\right)$$

であり，したがって，

$$\|\dot{C}(t)\|^2 = b^2 + \frac{a^2(t^2+1)}{t^4}$$
$$\|\ddot{C}(t)\|^2 = \frac{a^2(t^4+4)}{t^6}$$
$$\dot{C}(t)\cdot\ddot{C}(t) = -\frac{a^2(t^2+2)}{t^5}$$
$$\det\left(\dot{C}(t),\ \ddot{C}(t),\ \dddot{C}(t)\right) = \frac{a^2b(t^2-2)}{t^4}$$

である．これらを命題 2.3.18 の公式に代入して計算すると

$$\kappa(t) = \frac{\sqrt{\dfrac{a^2\big(a^2t^2+b^2(t^4+4)\big)}{t^6}}}{\left(b^2+\dfrac{a^2(t^2+1)}{t^4}\right)^{\frac{3}{2}}} = \frac{a^2\sqrt{a^2t^2+b^2(t^4+4)}}{\big(b^2t^4+a^2(t^2+1)\big)^{\frac{3}{2}}}$$

$$\tau(t) = \frac{\dfrac{a^2b(t^2-2)^2}{t^4}}{\dfrac{a^2\big(a^2t^2+b^2(t^4+4)\big)}{t^6}} = \frac{bt^2(t^2-2)}{a^2t^2+b^2(t^4+4)}$$

となる．

[5] $C(t) = \big(x(t),\, y(t),\, z(t)\big) = \big(a\cos^2 t,\, a\sin t\cos t,\, a\sin t\big)$ より

$$\dot{C}(t) = \big(\dot{x}(t),\, \dot{y}(t),\, \dot{z}(t)\big) = \big(-2a\cos t\ \sin t,\, a\cos^2 t - a\sin^2 t,\, a\cos t\big)$$
$$= (-a\sin 2t,\, a\cos 2t,\, a\cos t)$$
$$\ddot{C}(t) = \big(\ddot{x}(t),\, \ddot{y}(t),\, \ddot{z}(t)\big) = (-2a\cos 2t,\, -2a\sin 2t,\, -a\sin t)$$
$$\dddot{C}(t) = \big(\dddot{x}(t),\, \dddot{y}(t),\, \dddot{z}(t)\big) = (4a\sin 2t,\, -4a\cos 2t,\, -a\cos t)$$

であり，したがって，

$$\|\dot{C}(t)\|^2 = a^2\sin^2 2t + a^2\cos^2 2t + a^2\cos^2 t = a^2 + a^2\cos^2 t$$
$$\|\ddot{C}(t)\|^2 = 4a^2\cos^2 2t + 4a^2\sin^2 2t + a^2\sin^2 t = 4a^2 + a^2\sin^2 t$$
$$\dot{C}(t)\cdot\ddot{C}(t) = -a^2\sin t\cos t$$
$$\det\left(\dot{C}(t),\ \ddot{C}(t),\ \dddot{C}(t)\right) = 8a^3(\sin^2 2t+\cos^2 2t)\cos t - 2a^3(\sin^2 2t+\cos^2 2t)\cos t = 6a^3\cos t$$

である．これらを命題 2.3.18 の公式に代入して計算すると

$$\begin{aligned}
\kappa(t) &= \frac{\sqrt{(a^2+a^2\cos^2 t)(4a^2+a^2\sin^2 t)-a^4\sin^2 t\cos^2 t}}{(a^2+a^2\cos^2 t)^{\frac{3}{2}}} \\
&= \frac{\sqrt{4a^4+a^4\sin^2 t+4a^4\cos^2 t}}{(a^2+a^2\cos^2 t)^{\frac{3}{2}}} = \frac{\sqrt{4+\sin^2 t+4\cos^2 t}}{a(1+\cos^2 t)^{\frac{3}{2}}} \\
&\overset{\substack{\sin^2 t=1-\cos^2 t\\ \text{を用いて}}}{=} \frac{\sqrt{5+3\cos^2 t}}{a(1+\cos^2 t)^{\frac{3}{2}}} \\
\tau(t) &= \frac{6a^3\cos t}{a^4(4+\sin^2 t+4\cos^2 t)} = \frac{6\cos t}{a(5+3\cos^2 t)}
\end{aligned}$$

となる.

［6］ $C(t)=(a\cos kt\ \cos t,\ a\cos kt\ \sin t,\ a\sin kt)$ より

$$\begin{aligned}
\dot{C}(t) &= \big(\dot{x}(t),\ \dot{y}(t),\ \dot{z}(t)\big) \\
&= (-ak\sin kt\cos t - a\cos kt\sin t,\ -ak\sin kt\sin t - a\cos kt\cos t,\ ak\cos kt) \\
\ddot{C}(t) &= \big(\ddot{x}(t),\ \ddot{y}(t),\ \ddot{z}(t)\big) \\
&= \big(2ak\sin kt\sin t - a(k^2+1)\cos kt\cos t, \\
&\qquad -2ak\sin kt\cos t - a(k^2+1)\cos kt\sin t,\ \ -ak^2\sin kt\big) \\
\dddot{C}(t) &= \big(\dddot{x}(t),\ \dddot{y}(t),\ \dddot{z}(t)\big) \\
&= \big(ak(k^2+3)\sin kt\cos t + a(3k^2+1)\cos kt\sin t, \\
&\qquad ak(k^2+3)\sin kt\sin t - a(3k^2+1)\cos kt\cos t,\ -ak^3\cos kt\big)
\end{aligned}$$

であり，したがって,

$$\begin{aligned}
\|\dot{C}(t)\|^2 &= a^2k^2 + a^2\cos^2 kt \\
\|\ddot{C}(t)\|^2 &= a^2(k^2+1)^2\cos^2 kt + a^2k^2(k^2+4)\sin^2 kt \\
\dot{C}(t)\cdot\ddot{C}(t) &= -a^2k\sin kt\cos kt
\end{aligned}$$

である．これらを命題 2.3.18 の公式に代入して計算すると

$$\begin{aligned}
&\kappa(t) \\
&= \frac{\sqrt{\big(a^2k^2+a^2\cos^2 kt\big)\big(a^2(k^2+1)^2\cos^2 kt+a^2k^2(k^2+4)\sin^2 kt\big) - a^4k^4\sin^2 kt\cos^2 kt}}{(a^2k^2+a^2\cos^2 kt)^{\frac{3}{2}}} \\
&\overset{\substack{\sin^2 kt=1-\cos^2 kt\\ \text{を用いて}}}{=} \frac{\sqrt{k^4(k^2+4)-k^2(k^2-4)\cos^2 kt-(k^2-1)\cos^4 kt}}{a(k^2+\cos^2 kt)^{\frac{3}{2}}}
\end{aligned}$$

となる.

計算ばっかりやー

[7] $C(t) = \big(x(t),\, y(t),\, z(t)\big) = (t,\, t^2 - t,\, 1 - t^2)$ より

$$\begin{aligned}
\dot{C}(t) &= \big(\dot{x}(t),\, \dot{y}(t),\, \dot{z}(t)\big) = (1,\, 2t-1,\, -2t) \\
\ddot{C}(t) &= \big(\ddot{x}(t),\, \ddot{y}(t),\, \ddot{z}(t)\big) = (0,\, 2,\, -2) \\
\dddot{C}(t) &= \big(\dddot{x}(t),\, \dddot{y}(t),\, \dddot{z}(t)\big) = (0,\, 0,\, 0)
\end{aligned}$$

であり，したがって，

$$\begin{aligned}
\|\dot{C}(t)\|^2 &= 1 + (2t-1)^2 + (-2t)^2 = 2(4t^2 - 2t + 1) \\
&= 2\big(3t^2 + (t-1)^2\big) \neq 0 \\
\|\ddot{C}(t)\|^2 &= 8 \\
\dot{C}(t) \cdot \ddot{C}(t) &= 8t - 2 \\
\det\Big(\dot{C}(t),\, \ddot{C}(t),\, \dddot{C}(t)\Big) &= 0
\end{aligned}$$

である．これらを命題 2.3.18 の公式に代入して計算すると

$$\begin{aligned}
\kappa(t) &= \frac{\sqrt{16(4t^2-2t+1)-(8t-2)^2}}{\big(2(4t^2-2t+1)\big)^{\frac{3}{2}}} = \frac{\sqrt{\frac{3}{2}}}{(4t^2-2t+1)^{\frac{3}{2}}} \\
\tau(t) &= 0
\end{aligned}$$

となる．したがって，$\kappa(t) \neq 0$ かつ $\tau(t) = 0$ であるので，定理 2.3.20 より，曲線 $C(t)$ は平面曲線である．

ちなみに，この曲線は

$$\begin{cases} x(t) = t \\ y(t) = t^2 - t \\ z(t) = 1 - t^2 \end{cases}$$

であるから $x(t) + y(t) + z(t) = 1$ を満たすことが容易に確かめられる．したがって，曲線 $C(t)$ は，$\mathbb{R}^3$ の中の平面 $x + y + z = 1$ の上の曲線である．

ところで，上記の証明をながめてみると，$\kappa(t) \neq 0$ と $\dddot{C}(t) = (0, 0, 0)$ という 2 つの条件が成り立っていれば，「平面曲線である」という結論が得られることがわかる．したがって，次の主張が成り立つ．

**定理**　2 次以下の多項式 $f_1(t)$, $f_2(t)$, $f_3(t)$ で表示される曲線

$$C(t) = (f_1(t),\ f_2(t),\ f_3(t))$$

に対して，この曲線の曲率 $\kappa(t)$ が $\kappa(t) \neq 0$ を満たすならば，曲線 $C(t)$ は平面曲線である．

「2 次以下の多項式」の 3 階微分は 0 なので，$\dddot{C}(t) = (0, 0, 0)$ となり，上記の証明と同様な議論により結論が得られる．

[8] 曲率が一定の定数 $\kappa$ であり，捩率も一定の定数 $\tau$ であるような曲線 $C$ が任意に与えられたとする．そこで，新しい曲線 $C_0$ を

$$C_0(t) = \left(\frac{\kappa}{\kappa^2+\tau^2}\cos t,\ \frac{\kappa}{\kappa^2+\tau^2}\sin t,\ \frac{\tau}{\kappa^2+\tau^2}t\right)$$

で定義すると，これは，例題 2.1.4 において，$a = \dfrac{\kappa}{\kappa^2+\tau^2}$, $b = \dfrac{\tau}{\kappa^2+\tau^2}$ としたときの常らせんに他ならない．このとき，例題 2.3.13 の解答より，

$$\text{曲線}\ C_0\ \text{の曲率} = \frac{a}{a^2+b^2} = \frac{\dfrac{\kappa}{\kappa^2+\tau^2}}{\left(\dfrac{\kappa}{\kappa^2+\tau^2}\right)^2 + \left(\dfrac{\tau}{\kappa^2+\tau^2}\right)^2} = \kappa$$

$$\text{曲線}\ C_0\ \text{の捩率} = \frac{b}{a^2+b^2} = \frac{\dfrac{\tau}{\kappa^2+\tau^2}}{\left(\dfrac{\kappa}{\kappa^2+\tau^2}\right)^2 + \left(\dfrac{\tau}{\kappa^2+\tau^2}\right)^2} = \tau$$

となる．以上より，曲線 $C$ と曲線 $C_0$ はどちらも，曲率 $\kappa$ と捩率 $\tau$ をもつことがわかった．したがって，定理 2.3.21 の (2) より，曲線 $C$ と曲線 $C_0$ は平行移動と回転の自由度を除いて一致する．(平行移動と回転で重ね合わせることができる．) 以上で証明が終わった．

# 第 3 章の章末問題の略解

[1] から [7] までは，定理 3.5.4 を用いて計算すればよい．

[1] 与えられた曲面は

$$\begin{aligned} S(u,\,v) &= \big(x(u,\,v),\,y(u,\,v),\,z(u,\,v)\big) \\ &= (r\cos u\cos v,\,r\cos u\sin v,\,r\sin u) \end{aligned}$$

であるから，

$$\begin{aligned} \frac{\partial S}{\partial u} &= \left(\frac{\partial x}{\partial u},\,\frac{\partial y}{\partial u},\,\frac{\partial z}{\partial u}\right) = (-r\sin u\cos v,\,-r\sin u\sin v,\,r\cos u) \\ \frac{\partial S}{\partial v} &= \left(\frac{\partial x}{\partial v},\,\frac{\partial y}{\partial v},\,\frac{\partial z}{\partial v}\right) = (-r\cos u\sin v,\,r\cos u\cos v,\,0) \\ \frac{\partial^2 S}{\partial u^2} &= \left(\frac{\partial^2 x}{\partial u^2},\,\frac{\partial^2 y}{\partial u^2},\,\frac{\partial^2 z}{\partial u^2}\right) = (-r\cos u\cos v,\,-r\cos u\sin v,\,-r\sin u) \\ \frac{\partial^2 S}{\partial u\partial v} &= \left(\frac{\partial^2 x}{\partial u\partial v},\,\frac{\partial^2 y}{\partial u\partial v},\,\frac{\partial^2 z}{\partial u\partial v}\right) = (r\sin u\sin v,\,-r\sin u\cos v,\,0) \\ \frac{\partial^2 S}{\partial v^2} &= \left(\frac{\partial^2 x}{\partial v^2},\,\frac{\partial^2 y}{\partial v^2},\,\frac{\partial^2 z}{\partial v^2}\right) = (-r\cos u\cos v,\,-r\cos u\sin v,\,0) \\ n &= \frac{\frac{\partial S}{\partial u}\times\frac{\partial S}{\partial v}}{\left\|\frac{\partial S}{\partial u}\times\frac{\partial S}{\partial v}\right\|} = (-\cos u\cos v,-\cos u\sin v,\,-\sin u) \end{aligned}$$

となる．したがって，第 1 基本量，第 2 基本量の定義（定義 3.3.1，定義 3.4.1）より

$$\begin{aligned} E &= r^2 \\ F &= 0 \\ G &= r^2\cos^2 u \\ L &= r \\ M &= 0 \\ N &= r\cos^2 u \end{aligned}$$

であることがわかる．これを定理 3.5.4 の公式に代入して計算すると，平均曲率 $H$ および，ガウス曲率 $K$ は

$$\begin{aligned} H &= \frac{1}{r} \\ K &= \frac{1}{r^2} \end{aligned}$$

となる．

[2] 与えられた曲面は

$$\begin{aligned} S(u,\,v) &= \bigl(x(u,\,v),\,y(u,\,v),\,z(u,\,v)\bigr) \\ &= (a\cos u\cos v,\,b\cos u\sin v,\,c\sin u) \end{aligned}$$

であるから，

$$\frac{\partial S}{\partial u} = \left(\frac{\partial x}{\partial u},\,\frac{\partial y}{\partial u},\,\frac{\partial z}{\partial u}\right) = (-a\sin u\cos v,\,-b\sin u\sin v,\,c\cos u)$$
$$\frac{\partial S}{\partial v} = \left(\frac{\partial x}{\partial v},\,\frac{\partial y}{\partial v},\,\frac{\partial z}{\partial v}\right) = (-a\cos u\sin v,\,b\cos u\cos v,\,0)$$
$$\frac{\partial^2 S}{\partial u^2} = \left(\frac{\partial^2 x}{\partial u^2},\,\frac{\partial^2 y}{\partial u^2},\,\frac{\partial^2 z}{\partial u^2}\right) = (-a\cos u\cos v,\,-b\cos u\sin v,\,-c\sin u)$$
$$\frac{\partial^2 S}{\partial u\partial v} = \left(\frac{\partial^2 x}{\partial u\partial v},\,\frac{\partial^2 y}{\partial u\partial v},\,\frac{\partial^2 z}{\partial u\partial v}\right) = (a\sin u\sin v,\,-b\sin u\cos v,\,0)$$
$$\frac{\partial^2 S}{\partial v^2} = \left(\frac{\partial^2 x}{\partial v^2},\,\frac{\partial^2 y}{\partial v^2},\,\frac{\partial^2 z}{\partial v^2}\right) = (-a\cos u\cos v,\,-b\cos u\sin v,\,0)$$
$$n = \frac{\frac{\partial S}{\partial u}\times\frac{\partial S}{\partial v}}{\left\|\frac{\partial S}{\partial u}\times\frac{\partial S}{\partial v}\right\|} = \frac{1}{\sqrt{\lambda}}(-bc\cos u\cos v,-ca\cos u\sin v,\,-ab\sin u)$$

となる．ここで

$$\lambda = \lambda(u,\,v) \overset{def}{=} (b^2c^2\cos^2 v + c^2a^2\sin^2 v)\cos^2 u + a^2b^2\sin^2 u\ ^{*}$$

とおいた．このとき，第 1 基本量，第 2 基本量の定義（定義 3.3.1，定義 3.4.1）より

$$\begin{aligned} E &= (a^2\cos^2 v + b^2\sin^2 v)\sin^2 u + c^2\cos^2 u \\ F &= (a^2 - b^2)\sin u\cos u\sin v\cos v \\ G &= (a^2\sin^2 v + b^2\cos^2 v)\cos^2 u \\ L &= \frac{abc}{\sqrt{\lambda}} \\ M &= 0 \\ N &= \frac{abc\cos^2 u}{\sqrt{\lambda}} \end{aligned}$$

であることがわかる．これを定理 3.5.4 の公式に代入して計算すると，平均曲率 $H$ および，ガウス曲率 $K$ は

$$H = \frac{abc}{2\lambda^{\frac{3}{2}}}\left\{(-a^2\cos^2 v - b^2\sin^2 v + c^2)\cos^2 u + (a^2+b^2)\right\}$$

---

* 記号 $A \overset{def}{=} B$ は「$A$ を $B$ で定義する」の意味である．数学ではよく使われる．

$$K = \frac{(abc)^2}{\lambda^2}$$

となる．($a = b = c = r$ の場合は，［1］の結果に一致することに注意せよ.)

［3］与えられた曲面は

$$\begin{aligned} S(u, v) &= \big(x(u, v), y(u, v), z(u, v)\big) \\ &= (a \cosh u \cos v, b \cosh u \sin v, c \sinh u) \end{aligned}$$

であるから，

$$\begin{aligned} \frac{\partial S}{\partial u} &= \left(\frac{\partial x}{\partial u}, \frac{\partial y}{\partial u}, \frac{\partial z}{\partial u}\right) = (a \sinh u \cos v, b \sinh u \sin v, c \cosh u) \\ \frac{\partial S}{\partial v} &= \left(\frac{\partial x}{\partial v}, \frac{\partial y}{\partial v}, \frac{\partial z}{\partial v}\right) = (-a \cosh u \sin v, b \cosh u \cos v, 0) \\ \frac{\partial^2 S}{\partial u^2} &= \left(\frac{\partial^2 x}{\partial u^2}, \frac{\partial^2 y}{\partial u^2}, \frac{\partial^2 z}{\partial u^2}\right) = (a \cosh u \cos v, b \cosh u \sin v, c \sinh u) \\ \frac{\partial^2 S}{\partial u \partial v} &= \left(\frac{\partial^2 x}{\partial u \partial v}, \frac{\partial^2 y}{\partial u \partial v}, \frac{\partial^2 z}{\partial u \partial v}\right) = (-a \sinh u \sin v, b \sinh u \cos v, 0) \\ \frac{\partial^2 S}{\partial v^2} &= \left(\frac{\partial^2 x}{\partial v^2}, \frac{\partial^2 y}{\partial v^2}, \frac{\partial^2 z}{\partial v^2}\right) = (-a \cosh u \cos v, -b \cosh u \sin v, 0) \\ n &= \frac{\frac{\partial S}{\partial u} \times \frac{\partial S}{\partial v}}{\left\| \frac{\partial S}{\partial u} \times \frac{\partial S}{\partial v} \right\|} = \frac{1}{\sqrt{\lambda}}(-bc \cosh u \cos v, -ca \cosh u \sin v, ab \sinh u) \end{aligned}$$

となる．ここで

$$\lambda = \lambda(u, v) \stackrel{def}{=} (b^2c^2 \cos^2 v + c^2a^2 \sin^2 v) \cosh^2 u + a^2b^2 \sinh^2 u$$

とおいた．このとき，第 1 基本量，第 2 基本量の定義（定義 3.3.1，定義 3.4.1）より

$$\begin{aligned} E &= (a^2 \cos^2 v + b^2 \sin^2 v) \sinh^2 u + c^2 \cosh^2 u \\ F &= (b^2 - a^2) \sinh u \cosh u \sin v \cos v \\ G &= (a^2 \sin^2 v + b^2 \cos^2 v) \cosh^2 u \\ L &= -\frac{abc}{\sqrt{\lambda}} \\ M &= 0 \\ N &= \frac{abc}{\sqrt{\lambda}} \cosh^2 u \end{aligned}$$

であることがわかる．これを定理 3.5.4 の公式に代入して計算すると，平均曲率 $H$ および，ガウス曲率 $K$ は

$$H = \frac{abc}{2\lambda^{\frac{3}{2}}} \left\{ (a^2 \cos^2 v + b^2 \sin^2 v + c^2) \cosh^2 u - (a^2 + b^2) \right\} \ ^*$$

$$K = -\frac{(abc)^2}{\lambda^2}$$

となる．

［4］与えられた曲面は

$$\begin{aligned} S(u,\,v) &= \bigl(x(u,\,v),\,y(u,\,v),\,z(u,\,v)\bigr) \\ &= (a\sinh u\cos v,\,b\sinh u\sin v,\,c\cosh u) \end{aligned}$$

であるから，

$$\begin{aligned}
\frac{\partial S}{\partial u} &= \left(\frac{\partial x}{\partial u},\,\frac{\partial y}{\partial u},\,\frac{\partial z}{\partial u}\right) = (a\cosh u\cos v,\,b\cosh u\sin v,\,c\sinh u) \\
\frac{\partial S}{\partial v} &= \left(\frac{\partial x}{\partial v},\,\frac{\partial y}{\partial v},\,\frac{\partial z}{\partial v}\right) = (-a\sinh u\sin v,\,b\sinh u\cos v,\,0) \\
\frac{\partial^2 S}{\partial u^2} &= \left(\frac{\partial^2 x}{\partial u^2},\,\frac{\partial^2 y}{\partial u^2},\,\frac{\partial^2 z}{\partial u^2}\right) = (a\sinh u\cos v,\,b\sinh u\sin v,\,c\cosh u) \\
\frac{\partial^2 S}{\partial u\partial v} &= \left(\frac{\partial^2 x}{\partial u\partial v},\,\frac{\partial^2 y}{\partial u\partial v},\,\frac{\partial^2 z}{\partial u\partial v}\right) = (-a\cosh u\sin v,\,b\cosh u\cos v,\,0) \\
\frac{\partial^2 S}{\partial v^2} &= \left(\frac{\partial^2 x}{\partial v^2},\,\frac{\partial^2 y}{\partial v^2},\,\frac{\partial^2 z}{\partial v^2}\right) = (-a\sinh u\cos v,\,-b\sinh u\sin v,\,0) \\
n &= \frac{\frac{\partial S}{\partial u}\times\frac{\partial S}{\partial v}}{\left\|\frac{\partial S}{\partial u}\times\frac{\partial S}{\partial v}\right\|} = \frac{1}{\sqrt{\lambda}}(-bc\sinh u\cos v,\,-ca\sinh u\sin v,\,ab\cosh u)
\end{aligned}$$

となる．ここで

$$\lambda = \lambda(u,\,v) \overset{def}{=} (b^2c^2\cos^2 v + c^2a^2\sin^2 v)\sinh^2 u + a^2b^2\cosh^2 u$$

とおいた．このとき，第 1 基本量，第 2 基本量の定義（定義 3.3.1，定義 3.4.1）より

$$\begin{aligned}
E &= (a^2\cos^2 v + b^2\sin^2 v)\cosh^2 u + c^2\sinh^2 u \\
F &= (b^2 - a^2)\sinh u\cosh u\sin v\cos v \\
G &= (a^2\sin^2 v + b^2\cos^2 v)\sinh^2 u \\
L &= \frac{abc}{\sqrt{\lambda}} \\
M &= 0
\end{aligned}$$

---

*（前ページ） 代入して整理すると

$$H = \frac{abc}{2\lambda^{\frac{3}{2}}}\left\{(a^2\cos^2 v + b^2\sin^2)\sinh^2 u + c^2\cosh^2 u - (a^2\sin^2 v + b^2\cos^2 v)\right\}$$

となる．これに，恒等式 $\sinh^2 u = \cosh^2 u - 1$ を代入して計算すると，この結果が得られる．

$$N = \frac{abc}{\sqrt{\lambda}} \sinh^2 u$$

であることがわかる．これを定理 3.5.4 の公式に代入して計算すると，平均曲率 $H$ および，ガウス曲率 $K$ は

$$H = \frac{abc}{2\lambda^{\frac{3}{2}}} \left\{ (a^2 \cos^2 v + b^2 \sin^2 v + c^2) \sinh^2 u + (a^2 + b^2) \right\} {}^{*}$$

$$K = \frac{(abc)^2}{\lambda^2}$$

となる．

［5］与えられた曲面は

$$\begin{aligned} S(u, v) &= \bigl(x(u, v), y(u, v), z(u, v)\bigr) \\ &= (au, bv, u^2 + v^2) \end{aligned}$$

であるから，

$$\begin{aligned} \frac{\partial S}{\partial u} &= \left( \frac{\partial x}{\partial u}, \frac{\partial y}{\partial u}, \frac{\partial z}{\partial u} \right) = (a, 0, 2u) \\ \frac{\partial S}{\partial v} &= \left( \frac{\partial x}{\partial v}, \frac{\partial y}{\partial v}, \frac{\partial z}{\partial v} \right) = (0, b, 2v) \\ \frac{\partial^2 S}{\partial u^2} &= \left( \frac{\partial^2 x}{\partial u^2}, \frac{\partial^2 y}{\partial u^2}, \frac{\partial^2 z}{\partial u^2} \right) = (0, 0, 2) \\ \frac{\partial^2 S}{\partial u \partial v} &= \left( \frac{\partial^2 x}{\partial u \partial v}, \frac{\partial^2 y}{\partial u \partial v}, \frac{\partial^2 z}{\partial u \partial v} \right) = (0, 0, 0) \\ \frac{\partial^2 S}{\partial v^2} &= \left( \frac{\partial^2 x}{\partial v^2}, \frac{\partial^2 y}{\partial v^2}, \frac{\partial^2 z}{\partial v^2} \right) = (0, 0, 2) \\ n &= \frac{\frac{\partial S}{\partial u} \times \frac{\partial S}{\partial v}}{\left\| \frac{\partial S}{\partial u} \times \frac{\partial S}{\partial v} \right\|} = \frac{1}{\sqrt{\lambda}}(-2bu, -2av, ab) \end{aligned}$$

となる．ここで

$$\lambda = \lambda(u, v) \stackrel{def}{=} 4b^2u^2 + 4a^2v^2 + a^2b^2$$

とおいた．このとき，第 1 基本量，第 2 基本量の定義（定義 3.3.1，定義 3.4.1）より

$$E = 4u^2 + a^2$$

* 代入して整理すると

$$H = \frac{abc}{2\lambda^{\frac{3}{2}}} \left\{ (a^2 \cos^2 v + b^2 \sin^2) \cosh^2 u + c^2 \sinh^2 u + (a^2 \sin^2 v + b^2 \cos^2 v) \right\}$$

となる．これに，恒等式 $\cosh^2 u = \sinh^2 u + 1$ を代入して計算すると，この結果が得られる．

$$F = 4uv$$
$$G = 4v^2 + b^2$$
$$L = \frac{2ab}{\sqrt{\lambda}}$$
$$M = 0$$
$$N = \frac{2ab}{\sqrt{\lambda}}$$

であることがわかる．これを定理 3.5.4 の公式に代入して計算すると，平均曲率 $H$ および，ガウス曲率 $K$ は

$$H = \frac{ab(4u^2 + 4v^2 + a^2 + b^2)}{\lambda^{\frac{3}{2}}}$$

$$K = \frac{4a^2b^2}{\lambda^2}$$

となる．

［6］ 与えられた曲面は

$$\begin{aligned} S(u, v) &= \big(x(u, v), y(u, v), z(u, v)\big) \\ &= (au, bv, u^2 - v^2) \end{aligned}$$

であるから，

$$\frac{\partial S}{\partial u} = \left(\frac{\partial x}{\partial u}, \frac{\partial y}{\partial u}, \frac{\partial z}{\partial u}\right) = (a, 0, 2u)$$
$$\frac{\partial S}{\partial v} = \left(\frac{\partial x}{\partial v}, \frac{\partial y}{\partial v}, \frac{\partial z}{\partial v}\right) = (0, b, -2v)$$
$$\frac{\partial^2 S}{\partial u^2} = \left(\frac{\partial^2 x}{\partial u^2}, \frac{\partial^2 y}{\partial u^2}, \frac{\partial^2 z}{\partial u^2}\right) = (0, 0, 2)$$
$$\frac{\partial^2 S}{\partial u \partial v} = \left(\frac{\partial^2 x}{\partial u \partial v}, \frac{\partial^2 y}{\partial u \partial v}, \frac{\partial^2 z}{\partial u \partial v}\right) = (0, 0, 0)$$
$$\frac{\partial^2 S}{\partial v^2} = \left(\frac{\partial^2 x}{\partial v^2}, \frac{\partial^2 y}{\partial v^2}, \frac{\partial^2 z}{\partial v^2}\right) = (0, 0, -2)$$
$$n = \frac{\frac{\partial S}{\partial u} \times \frac{\partial S}{\partial v}}{\left\| \frac{\partial S}{\partial u} \times \frac{\partial S}{\partial v} \right\|} = \frac{1}{\sqrt{\lambda}}(-2bu, 2av, ab)$$

となる．ここで

$$\lambda = \lambda(u, v) \stackrel{def}{=} 4b^2u^2 + 4a^2v^2 + a^2b^2$$

とおいた．このとき，第 1 基本量，第 2 基本量の定義（定義 3.3.1，定義 3.4.1）より

$$E = 4u^2 + a^2$$

$$
\begin{aligned}
F &= -4uv \\
G &= 4v^2 + b^2 \\
L &= \frac{2ab}{\sqrt{\lambda}} \\
M &= 0 \\
N &= -\frac{2ab}{\sqrt{\lambda}}
\end{aligned}
$$

であることがわかる．これを定理 3.5.4 の公式に代入して計算すると，平均曲率 $H$ および，ガウス曲率 $K$ は

$$
\begin{aligned}
H &= \frac{ab(-4u^2 + 4v^2 - a^2 + b^2)}{\lambda^{\frac{3}{2}}} \\
K &= -\frac{4a^2b^2}{\lambda^2}
\end{aligned}
$$

となる．

[7] 与えられた曲面は

$$
\begin{aligned}
S(u,\, v) &= \bigl(x(u,\, v),\, y(u,\, v),\, z(u,\, v)\bigr) \\
&= ((R + r\cos u)\cos v,\, (R + r\cos u)\sin v,\, r\sin u)
\end{aligned}
$$

であるから，

$$
\begin{aligned}
\frac{\partial S}{\partial u} &= \left(\frac{\partial x}{\partial u},\, \frac{\partial y}{\partial u},\, \frac{\partial z}{\partial u}\right) = (-r\sin u\cos v,\, -r\sin u\sin v,\, r\cos u) \\
\frac{\partial S}{\partial v} &= \left(\frac{\partial x}{\partial v},\, \frac{\partial y}{\partial v},\, \frac{\partial z}{\partial v}\right) = (-(R + r\cos u)\sin v,\, (R + r\cos u)\cos v,\, 0) \\
\frac{\partial^2 S}{\partial u^2} &= \left(\frac{\partial^2 x}{\partial u^2},\, \frac{\partial^2 y}{\partial u^2},\, \frac{\partial^2 z}{\partial u^2}\right) = (-r\cos u\cos v,\, -r\cos u\sin v,\, -r\sin u) \\
\frac{\partial^2 S}{\partial u\partial v} &= \left(\frac{\partial^2 x}{\partial u\partial v},\, \frac{\partial^2 y}{\partial u\partial v},\, \frac{\partial^2 z}{\partial u\partial v}\right) = (r\sin u\sin v,\, -r\sin u\cos v,\, 0) \\
\frac{\partial^2 S}{\partial v^2} &= \left(\frac{\partial^2 x}{\partial v^2},\, \frac{\partial^2 y}{\partial v^2},\, \frac{\partial^2 z}{\partial v^2}\right) = (-(R + r\cos u)\cos v,\, -(R + r\cos u)\sin v,\, 0) \\
n &= \frac{\frac{\partial S}{\partial u} \times \frac{\partial S}{\partial v}}{\left\|\frac{\partial S}{\partial u} \times \frac{\partial S}{\partial v}\right\|} = (-\cos u\cos v,\, -\cos u\sin v,\, -\sin u)
\end{aligned}
$$

となる．したがって，第 1 基本量，第 2 基本量の定義（定義 3.3.1，定義 3.4.1）より

$$
\begin{aligned}
E &= r^2 \\
F &= 0
\end{aligned}
$$

$$G = (R + r\cos u)^2$$
$$L = r$$
$$M = 0$$
$$N = (R + r\cos u)\cos u$$

であることがわかる．これを定理 3.5.4 の公式に代入して計算すると，平均曲率 $H$ および，ガウス曲率 $K$ は

$$H = \frac{R + 2r\cos u}{2r(R + r\cos u)}$$

$$K = \frac{\cos u}{r(R + r\cos u)}$$

となる．

[8] 主曲率を $\lambda_1, \lambda_2$ とすると，平均曲率 $H$ および ガウス曲率 $K$ はそれぞれ

$$H = \frac{1}{2}(\lambda_1 + \lambda_2), \quad K = \lambda_1\lambda_2$$

と表される．極小曲面は $H = 0$ を満たすから，$\lambda_1 + \lambda_2 = 0$, すなわち，$\lambda_2 = -\lambda_1$ であり，これを上の $K$ の式に代入すると

$$K = \lambda_1(-\lambda_1) = -\lambda_1^2 \leq 0$$

となる．

[9] 等温座標であることより $F = 0$ が成り立つから，定理 3.8.2 の公式を用いることができる．この公式に，等温座標のもう一つの条件 $G = E$ を代入すると

$$K = -\frac{1}{2E}\left\{\frac{\partial}{\partial u}\left(\frac{1}{E}\frac{\partial E}{\partial u}\right) + \frac{\partial}{\partial v}\left(\frac{1}{E}\frac{\partial E}{\partial v}\right)\right\}$$

となる．一方，

$$\frac{\partial}{\partial u}\log E = \frac{1}{E}\frac{\partial E}{\partial u}, \quad \frac{\partial}{\partial v}\log E = \frac{1}{E}\frac{\partial E}{\partial v}$$

であることに注意すれば求める等式が得られる．

［10］(1)　オイラー数は位相不変量（同相ならば同じ値をもつ量）であることから，球面に同相な曲面 $S$ のオイラー数は球面のオイラー数に等しく，その値は 2 である．このとき，ガウス-ボネの定理より

$$\iint_S K d\mu = 2\pi\chi(S) = 4\pi > 0$$

となる．もし $K$ がいたるところ非正であるならば，それを $S$ 上積分したものも非正となり，上記の不等式に矛盾する．ゆえに，ガウス曲率 $K$ が正となる点が存在する．

(2)　トーラスに同相な曲面 $S$ のオイラー数は 0 であるので，ガウス-ボネの定理より

$$\iint_S K d\mu = 2\pi\chi(S) = 0$$

となる．もし $K = 0$ となる点がないとすると，$S$ が連結であることから，いたるところ $K > 0$ であるか，あるいは，いたるところ $K < 0$ となる．このとき $\iint_S K d\mu > 0$ あるいは $\iint_S K d\mu < 0$ となり，上記の等式に矛盾する．ゆえに，ガウス曲率 $K = 0$ となる点が存在する．

# 表彰状

あなたは、「曲線と曲面の微分幾何学」を修得したことを称え、ここに表彰状を送ります。

すんごく偉い人より

ほんとにちゃんと勉強した人だけな.

# 索　　引

【記号】



【欧文】

## 【ア行】



## 【カ行】

## 【サ行】

【タ行】

## 【ナ行】



## 【ハ行】



## 【マ行】

## 【ヤ行】



## 【ラ行】



## 【ワ行】

## 著 者 紹 介

中内伸光（なかうち のぶみつ）

1983年　大阪大学大学院理学研究科修士課程修了
現　在　山口大学創成科学研究科 教授
　　　　博士（理学）
主　著『数学の基礎体力をつけるための ろんりの練習帳』
　　　（共立出版）



じっくり学ぶ曲線と曲面
——微分幾何学初歩——

2005 年 9 月 15 日　初版 1 刷発行
2024 年 4 月 25 日　初版 14 刷発行

検印廃止
NDC 414.7
ISBN 978-4-320-01788-7
Printed in Japan

著　者　中内伸光　ⓒ2005

発行者　南條光章

発行所　**共立出版株式会社**
東京都文京区小日向 4-6-19
電話　東京 (03)3947-2511 番
郵便番号 112-0006
振替口座 00110-2-57035 番
URL www.kyoritsu-pub.co.jp

印　刷　加藤文明社

製　本　協栄製本

一般社団法人
自然科学書協会
会員